"十二五"普通高等教育本科国家级规划教材

电力电子技术

（第三版）

贺益康　潘再平　编著

科学出版社

北　京

内 容 简 介

本书是针对电气工程及其自动化专业基础课程教学需要而编写的教材,其内容经过精选,既保持了学科的完整性,又反映了该领域内的最新技术成果,更注意适应教学的需要。本书内容包括功率半导体器件及其驱动与保护、可控整流与有源逆变、直流-直流变换(斩波)、直流-交流逆变电路、PWM逆变及整流、交流调压与调功、交流-交流变换、谐振软开关技术以及电力电子技术在电气工程中的应用等。

本书可作为高等学校电气工程及其自动化专业的教材,也可供从事电力电子技术、运动控制(交流调速)技术、电力系统及其自动化等领域工作的工程技术人员参考。

图书在版编目(CIP)数据

电力电子技术/贺益康,潘再平编著.—3 版.—北京:科学出版社,2019.6
"十二五"普通高等教育本科国家级规划教材
ISBN 978-7-03-060140-7

Ⅰ.①电… Ⅱ.①贺…②潘… Ⅲ.①电力电子技术-高等学校-教材
Ⅳ.①TM1

中国版本图书馆 CIP 数据核字(2018)第 288499 号

责任编辑:余 江 张丽花/责任校对:郭瑞芝
责任印制:吴兆东/封面设计:迷底书装

科学出版社 出版
北京东黄城根北街 16 号
邮政编码:100717
http://www.sciencep.com

北京中科印刷有限公司印刷
科学出版社发行 各地新华书店经销
*
2004 年 4 月第 一 版 开本:787×1092 1/16
2010 年 7 月第 二 版 印张:18
2019 年 6 月第 三 版 字数:432 000
2023年12月第二十次印刷

定价:69.00 元
(如有印装质量问题,我社负责调换)

第三版前言

本书是《电力电子技术(第二版)》(贺益康、潘再平编著,科学出版社,2010 年出版)一书的再版,也是国家精品课程主干教材,入选"十二五"普通高等教育本科国家级规划教材。为适应电气工程及其自动化专业的专业基础课程教学需要,第三版编写中除继续保持前两版的优点,即一方面注重电力电子技术学科本身内容的系统性、完整性和教学所需的循序渐进性,另一方面也突出了对电气工程及其自动化专业学科内容发展的需要、与后续专业课程衔接必需的针对性以及内容上的新颖性和先进性;同时根据多年教学实践,在保持章节结构大体不变的前提下,对原书内容的某些不足、文图错误和电力电子技术及应用的最新发展,进行了较大篇幅的增补和修正。具体表现如下:

(1) 在 4.3 节中增加了变压器隔离型 DC-DC 变换器的内容。

(2) 针对电力电子技术在新能源发电技术中的最新应用,第八章中重点补充了有源电力滤波器、电力谐波抑制、静止无功补偿、分布式发电系统与微电网、多功能并网逆变器、超级电容器与蓄电池混合储能等,为电气工程及其自动化专业本科学生的进一步深化学习、研究生的自学和参考提供方便。

作者对在第一版、第二版使用中提出意见的读者表示衷心的感谢! 同时希望广大读者对第三版教材多提宝贵建议和意见,敬请批评指正。

作　者

2018 年 12 月于浙江大学

第二版前言

第一版前言

目　　录

第一章　功率半导体器件

功率半导体器件是电力电子电路的基础,要想学好电力电子技术,必须掌握功率半导体器件的特性和使用方法。本章主要介绍各种电力电子器件的工作原理、基本特性、主要参数,其中包括不可控的功率二极管、半控的晶闸管和全控型器件,如大功率双极型晶体管(GTR)、功率场效应晶体管(power MOSFET)、绝缘栅双极型晶体管(IGBT)等。

1.1　概　　述

1.1.1　功率半导体器件的定义

图 1-1 为电力电子装置的示意图,输入电功率经功率变换器变换后输出至负载。功率变换器即为通常所说的电力电子电路(也称主电路),它由电力电子器件构成。目前,除了在大功率高频微波电路中仍使用真空管(电真空器件)外,其余的电力电子电路均由功率半导体器件组成。

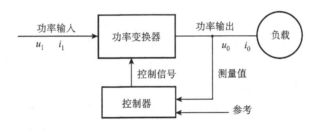

图 1-1　电力电子装置示意图

功率半导体器件的工作特点如下:

1) 与模拟电子电路中半导体器件工作在线性放大状态不同,通常情况下,功率半导体器件都工作在开关状态。管子导通时,通态阻抗很小,相当于短路,管压降近似为零,流过的电流由外电路决定;管子关断时,断态阻抗很大,相当于断路,漏电流近似为零,管子两端的电压也由外电路决定。由于电力电子电路处理的大多为高电压、大电流的电能,要求功率半导体器件的导通压降低、漏电流小,这样才能保证功率半导体器件在导通和阻断时损耗小,从而避免器件发热。通常情况下,功率半导体器件的断态漏电流很小,断态损耗不大,通态损耗占器件功率损耗的主要部分。

2) 在高频逆变器、高频整流器等频率较高的电力电子电路中,功率半导体器件的开通、关断频率比较高,因此必须考虑功率半导体器件由断态转换成通态及由通态转换成断态时在转换过程中所产生的损耗,分别称为开通损耗和关断损耗,总称为开关损耗。开关损耗在高频电力电子电路中占总损耗(通态损耗、断态损耗和开关损耗)的主要部分,通常采用开通、关断缓冲电路来降低开关损耗。

3) 尽管电力电子电路所处理的电功率大至兆瓦级,小到毫瓦级,但大功率却是功率半导体器件的特点,这要求功率半导体器件应该是能承受高电压、大电流的器件,而且需要安装散热器,防止因损耗而散发的热量导致器件温度过高而损坏。

综合上面功率半导体器件的工作特点,一个理想的功率半导体器件应该是全控型器件,具有好的静态和动态特性,在截止状态时能承受高电压且漏电流要小;在导通状态时能流过大电流和很低的管压降;在开关转换时,具有短的开、关时间;通态损耗、断态损耗和开关损耗均要小,同时还要能承受高的 di/dt 和 du/dt。

1.1.2　功率半导体器件的发展

功率半导体器件是电力电子技术的基础,也是电力电子技术发展的“龙头”。从 1958 年美国通用电气公司研制出世界上第一个工业用普通晶闸管开始,电能的变换和控制就开始了从旋转的变流机组和静止的离子变流器进入由功率半导体器件构成的变流器时代。功率半导体器件的发展经历了以下阶段。

大功率二极管产生于 20 世纪 40 年代,是功率半导体器件中结构最简单、使用最广泛的一种器件。目前已形成整流二极管(rectifier diode)、快恢复二极管(fast recovery diode,FRD)和肖特基二极管(Schottky barrier diode,SBD)三种主要类型。

20 世纪 60 年代出现的晶闸管(thyristor, or silicon controlled rectifier,SCR)可以算作第一代电力电子器件,它的出现使电力电子技术发生了根本性的变化。但它是一种无自关断能力的半控器件,应用中必须考虑关断问题,电路结构上必须设置关断(换流)电路,大大复杂了电路结构、增加了成本。此外晶闸管的开关频率也不高,难于实现变流装置的高频化。晶闸管的派生器件有逆导晶闸管、双向晶闸管、光控晶闸管等。

20 世纪 70 年代出现了第二代的全控型器件,如门极可关断晶闸管(gate-turn-off thyristor,GTO)、大功率双极型晶体管(bipolar junction transistor,BJT, or giant transistor,GTR)、功率场效应管(power metal oxide semiconductor field effect transistor,power MOSFET)等,它们的开、关均可由控制极(门极、基极、栅极)控制,开关频率相对晶闸管较高。但也有不足之处:GTR、GTO 开关频率仍较低(几千赫兹);GTO 是电流控制型器件,因而在关断时需要很大的反向驱动电流;GTO 通态压降大、du/dt 及 di/dt 耐量低,需要较大的吸收电路;GTR 的驱动电流较大、耐浪涌电流能力差,耐压低、易受二次击穿而损坏;power MOSFET 开关速度快、工作频率高(可达数百千赫兹以上),为现有电力电子器件中频率之最,因而最适合应用于开关电源、高频感应加热等高频场合,但其电流容量小、耐压低、通态压降大,不适宜运用于大功率装置。

20 世纪 80 年代出现了以绝缘栅双极型晶体管(insulated-gate bipolar transistor,IGBT或 IGT)为代表的第三代复合导电机构的场控半导体器件,另外还有静电感应式晶体管(static induction transistor,SIT)、静电感应式晶闸管(static induction thyristor,SITH)、MOS 控制晶闸管(MOS controlled thyristor,MCT)、集成门极换流晶闸管(integrated gate-commutated thyristor,IGCT)等。这些器件有较高的开关频率,有更高的耐压,电流容量也大,可构成大功率、高频的电力电子电路。

20 世纪 80 年代后期,功率半导体器件的发展趋势为模块化、集成化,按照电力电子电路的各种拓扑结构,将多个相同的功率半导体器件或不同的功率半导体器件封装在一个模块中,这样可缩小器件体积、降低成本、提高可靠性。现在使用的第四代电力电子器件——

集成功率半导体器件(power integrated circuit,PIC),它将功率器件与驱动电路、控制电路及保护电路集成在一块芯片上,从而开辟了电力电子器件智能化的方向,具有广阔的应用前景。目前经常使用的智能功率模块(intelligent power module,IPM)就是典型的例子,IPM除了集成功率器件和驱动电路以外,还集成了过压、过流、过热等故障监测电路,并可将监测信号传送至 CPU,以保证 IPM 自身不受损坏。

值得指出的是,新一代器件的出现并不意味着老器件被淘汰,世界上 SCR 产量仍占全部功率半导体器件总数的近半,是目前高压、大电流装置中不可替代的元件。

1.1.3 功率半导体器件的分类

功率半导体器件可按可控性、驱动信号类型来进行分类。

1. 按可控性分类

根据能被驱动(触发)电路输出控制信号所控制的程度,可将功率半导体器件分为不可控型器件、半控型器件、全控型器件三种。

(1)不可控型器件

不能用控制信号来控制开通、关断的功率半导体器件称为不可控型器件,如大功率二极管。此类器件的开通和关断完全由其在主电路中承受的电压、电流决定。对大功率二极管来说,加正向阳极电压,二极管导通;加反向阳极电压,二极管关断。

(2)半控型器件

能利用控制信号控制其开通,但不能控制其关断的功率半导体器件称为半控型器件。晶闸管及其大多数派生器件(GTO除外)都为半控型器件,它们的开通由来自触发电路的触发脉冲来控制,而关断则只能由其在主电路中承受的电压、电流或其他辅助换流电路来完成。

(3)全控型器件

能利用控制信号控制其开通,也能控制其关断的功率半导体器件称为全控型器件。GTO、GTR、P-MOSFET、IGBT 等都是全控型器件。

2. 按驱动信号类型分类

(1)电流驱动型

通过在控制端注入或抽出电流来实现开通或关断的器件称为电流驱动型功率半导体器件。GTO、GTR 为电流驱动型功率半导体器件。

(2)电压驱动型

通过在控制端和另一公共端加入一定的电压信号来实现开通或关断的器件称为电压驱动型功率半导体器件。P-MOSFET、IGBT 为电压驱动型功率半导体器件。

1.2 大功率二极管

在电力电子装置中,常使用不可控的大功率二极管。这种电力电子器件常被用于为不可控整流、电感性负载回路的续流、电压源型逆变电路提供无功路径以及电流源型逆变电路换流电容与反电势负载的隔离等场合。由于大功率二极管的基本工作原理和特性与一般电子线路中使用的二极管相同,本节着重在大功率、快恢复等特点上进行阐述。

1.2.1 大功率二极管的结构

大功率二极管的内部结构是一个具有 P 型及 N 型两层半导体、一个 PN 结和阳极 A、阴极 K 的两层两端半导体器件,其符号表示如图 1-2(a)所示。

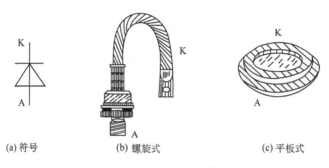

| (a) 符号 | (b) 螺旋式 | (c) 平板式 |

图 1-2　大功率二极管

从外部构成看,可分成管芯和散热器两部分。这是由于二极管工作时管芯中要通过强大的电流,而 PN 结又有一定的正向电阻,管芯会因损耗而发热。为了管芯的冷却,必须配备散热器。一般情况下,200A 以下的管芯采用螺旋式[图 1-2(b)],200A 以上则采用平板式[图 1-2(c)]。

1.2.2 大功率二极管的特性

1. 大功率二极管的伏安特性

二极管阳极和阴极间的电压 U_{ak} 与阳极电流 i_a 间的关系称为伏安特性,如图 1-3 所示。第 I 象限为正向特性区,表现为正向导通状态。当加上小于 0.5V 的正向阳极电压时,二极管只流过微小的正向电流。当正向阳极电压超过 0.5V 时,正向电流急剧增加,曲线呈现与纵轴平行趋势。此时阳极电流的大小完全由外电路决定,二极管只承受一个很小的管压降 $U_F = 0.4 \sim 1.2V$。

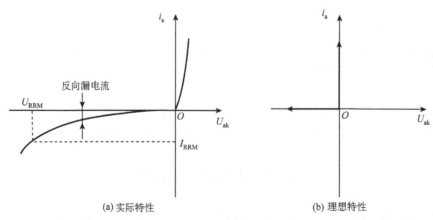

| (a) 实际特性 | (b) 理想特性 |

图 1-3　大功率二极管的伏安特性

第 III 象限为反向特性区,表现为反向阻断状态。当二极管加上反向阳极电压时,开始只有极小的反向漏电流,特性平行横轴。随着电压增加,反向电流有所增大。当反向电压增加到一定程度时,漏电流就开始急剧增加,此时必须对反向电压加以限制,否则二极管将因反向电压击穿而损坏。由于大功率二极管的通态压降和反向漏电流数值都很小,忽略通态压降和反向漏电流后的大功率二极管的理想伏安特性如图1-3(b)所示。

2. 大功率二极管的开通、关断特性

大功率二极管的工作原理和一般二极管一样都是基于PN结的单向导电性,即加上正向阳极电压时,PN结正向偏置,二极管导通,呈现较小的正向电阻;加上反向阳极电压时,PN结反向偏置,二极管阻断,呈现极大的反向电阻。半导体变流装置就是利用了大功率二极管的这种单向导电性。大功率二极管有别于普通二极管的地方是具有延迟导通和延迟关断的特征,关断时会出现瞬时反向电流和瞬时反向过电压。

(1)大功率二极管的开通过程

大功率二极管的开通需一定的过程,初期出现较高的瞬态压降,过一段时间后才达到稳定,且导通压降很小。上述现象表明大功率二极管在开通初期呈现出明显的电感效应,无法立即响应正向电流的变化。图1-4为大功率二极管开通过程中的管压降 u_D 和正向电流 i_D 的变化曲线。由图1-4可见,在正向恢复时间 t_{fr} 内,正在开通的大功率二极管上承受的峰值电压 U_{DM} 比稳态管压降高得多,在有些二极管中的峰值电压可达几十伏。

大功率二极管开通时呈现的电感效应与器件内部机理、引线长度、器件封装所采用的磁性材料有关。在高频电路中作为快速开关器件使用时,应考虑大功率二极管的正向恢复时间等因素。

(2)大功率二极管的关断过程

图1-5为大功率二极管关断过程电压、电流波形。t_1 时刻二极管电流 I_F 开始下降,t_2 时刻下降至零,此后反向增长,这个时间段内二极管仍维持一个正向偏置的管压降 U_{D0}。t_3 时刻反向电流达其峰值 I_{RM},然后突然衰减,至 t_4 时为零。图中 $t_{rr}=t_4-t_3$ 为反向恢复时间。这样的电流、电压波形是大功率二极管内载流子或电荷分布与变化的结果。t_2 时刻后,尽管流过的电流已反向,但二极管仍正向偏置,决定了管内PN结存储的电荷仍是一个正向

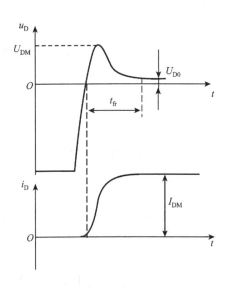

图1-4 大功率二极管的开通过程

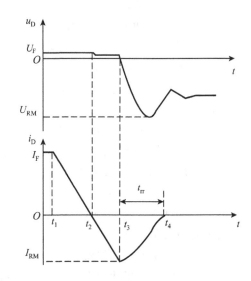

图1-5 大功率二极管的关断过程

分布。从正的电荷分布到能承受反压时,需要花时间来改变这个电荷分布,也就产生了关断时延。电荷变化的大小决定了反向恢复电流的峰值 I_{RM},所以正向电流 I_F 越大,总的电荷变化也大,I_{RM} 也大。随着载流子或电荷的消失,二极管电阻增大,到一定阻值就阻断了反向恢复电流。如果反向电流很快下降至零,将会在带电感的电路中感应出一个危险的过电压,危及二极管的安全,必须采用适当的吸收电路来加以保护。

当大功率二极管应用在低频整流电路时可不考虑其动态过程,但在高频逆变器、高频整流器、缓冲电路等频率较高的电力电子电路中就要考虑大功率二极管的开通、关断等动态过程。在上述频率较高的电路中通常使用快恢复二极管。反向恢复时间很短的大功率二极管称为快恢复二极管,简称快速二极管。快速二极管在结构上可分为 PN 结型结构和改进的 PIN型结构,在同等容量下,PIN 型结构具有导通压降低,反向快速恢复性能好的优点。普通大功率二极管的反向恢复时间 $t_{rr} = 2\sim5\mu s$,快速恢复二极管的反向恢复时间 $t_{rr} = 200\sim500ns$。

普通大功率二极管的特点是:漏电流小、通态压降较高(0.7~1.8V)、反向恢复时间较长、可获得很高的电压和电流定额,多用于牵引、充电、电镀等对转换速度要求不高的电力电子装置中。较快的反向恢复时间是快恢复二极管的显著特点,但是它的通态压降却很高(1.6~4V),它常应用于斩波、逆变等电路中充当旁路二极管或阻塞二极管。以金属和半导体接触形成的势垒为基础的二极管,称为肖特基二极管,肖特基整流管兼有快的反向恢复时间和低的通态压降(0.3~0.6V)的优点,但其漏电流较大、耐压能力小,常用于高频低压仪表和开关电源。

1.2.3　大功率二极管的主要参数

1. 正向平均电流(额定电流)I_F

正向平均电流是指在规定+40℃的环境温度和标准散热条件下,元件结温达到额定且稳定时,容许长时间连续流过工频正弦半波电流的平均值。将此电流整化到等于或小于规定的电流等级,则为该二极管的额定电流。在选用大功率二极管时,应按元件允许通过的电流有效值来选取。对应额定电流 I_F 的有效值为 $1.57I_F$。

2. 反向重复峰值电压(额定电压)U_{RRM}

在额定结温条件下,元件反向伏安特性曲线(第Ⅲ象限)急剧拐弯处所对应的反向峰值电压称为反向不重复峰值电压 U_{RSM}。反向不重复峰值电压值的 80% 称为反向重复峰值电压 U_{RRM}。再将 U_{RRM} 整化到等于或小于该值的电压等级,即为元件的额定电压。

3. 正向平均电压 U_F

在规定的+40℃环境温度和标准的散热条件下,元件通以工频正弦半波额定正向平均电流时,元件阳、阴极间电压的平均值,有时也称为管压降。元件发热与损耗和 U_F 有关,一般应选用管压降小的元件,以降低元件的导通损耗。

4. 大功率二极管的型号

普通型大功率二极管型号用 ZP 表示,其中 Z 代表整流特性,P 为普通型。普通型大功率二极管型号可表示如下:

ZP[电流等级]-[电压等级/100][通态平均电压组别]

如型号为 ZP50-16 的大功率二极管表示:普通型大功率二极管,额定电流为 50A,额定电压为 1600V。

1.3 晶 闸 管

课件

晶闸管(SCR)也称可控硅,属半控型功率半导体器件。晶闸管能承受的电压、电流在功率半导体器件中均为最高,价格便宜、工作可靠,尽管其开关频率较低,但在大功率、低频的电力电子装置中仍占主导地位。

1.3.1 晶闸管的结构

晶闸管是大功率的半导体器件,从总体结构上看,可区分为管芯及散热器两大部分,分别如图1-6、图1-7所示。

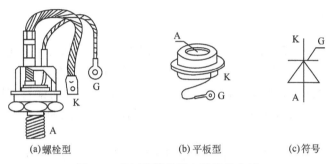

(a)螺栓型 (b)平板型 (c)符号

图1-6 晶闸管管芯及电路符号表示

管芯是晶闸管的本体部分,由半导体材料构成,具有三个与外电路连接的电极:阳极A、阴极K和门极(或称控制极)G,其电路图中符号表示如图1-6(c)所示。散热器则是为了将管芯在工作时由损耗产生的热量带走而设置的冷却器。按照晶闸管管芯与散热器间的安装方式,晶闸管可分为螺栓型与平板型两种。螺栓型[图1-6(a)]依靠螺栓将管芯与散热器紧密连接在一起,并靠相互接触的一个面传递热量。显然,螺栓型结构散热效果差,用于200A以下容量的元件;平板型[图1-6(b)]结构散热效果较好,可用于200A以上的元件。冷却散热片的介质可以是空气,有自冷与风冷之分。自冷[图1-7(a)]是利用空气的自然流动进行热交换带走传递到散热片表面的热量;风冷[图1-7(b)]则是采用强迫通风设备来吹拂散热器表面带走热量,显然风冷的效果比自冷效果好。由于水作为散热介质时其热容量比空气大,故

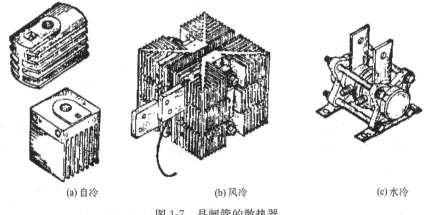

(a)自冷 (b)风冷 (c)水冷

图1-7 晶闸管的散热器

在大容量或者相当容量却需要缩小散热器体积的情况下,可以采用水冷结构。水冷是用水作散热介质,使它流过平板型管芯的两个面,带走器件工作时产生的热量[图 1-7(c)]。

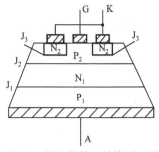

图 1-8　晶闸管管芯结构原理图

晶闸管管芯的内部结构如图 1-8 所示,是一个四层(P_1-N_1-P_2-N_2)三端(A、K、G)的功率半导体器件。它是在 N 型的硅基片(N_1)的两边扩散 P 型半导体杂质层(P_1、P_2),形成了两个 PN 结 J_1、J_2。再在 P_2 层内扩散 N 型半导体杂质层 N_2 又形成另一个 PN 结 J_3。然后在相应位置放置钼片作电极,引出阳极 A、阴极 K 及门极 G,形成了一个四层三端的大功率电子元件。这个四层半导体器件由于有三个 PN 结的存在,决定了它的可控导通特性。

1.3.2　晶闸管的工作原理

晶闸管内部结构上有三个 PN 结。当阳极加上负电压、阴极加上正电压时(晶闸管承受反向阳极电压),J_1、J_3 结上反向偏置,管子处于反向阻断状态,不导通;当阳极加上正电压、阴极加上负电压时(晶闸管承受正向阳极电压),J_2 结又处于反向偏置,管子处于正向阻断状态,仍然不导通。那么晶闸管在什么条件下才能从阻断变成导通,又在什么条件下才能从导通恢复为阻断呢?

当阳极电源使晶闸管阳极电位高于阴极电位时,晶闸管承受正向阳极电压,反之承受反向阳极电压。当门极控制电源使晶闸管门极电位高于阴极电位时,晶闸管承受正向门极电压,反之承受反向门极电压。通过理论分析和实验验证表明:

1) 只有当晶闸管同时承受正向阳极电压和正向门极电压时晶闸管才能导通,两者缺一不可。

2) 晶闸管一旦导通后门极将失去控制作用,门极电压对管子随后的导通或关断均不起作用,故使晶闸管导通的门极电压不必是一个持续的电平,只要是一个具有一定宽度的正向脉冲电压即可,脉冲的宽度与晶闸管的开通特性及负载性质有关。这个脉冲常称为触发脉冲。

3) 要使已导通的晶闸管关断,必须使阳极电流降低到某一数值之下(几十毫安)。这可以通过增大负载电阻,降低阳极电压至接近于零或施加反向阳极电压来实现。这个能保持晶闸管导通的最小电流称为维持电流,是晶闸管的一个重要参数。

晶闸管为什么会有以上导通和关断的特性,这与晶闸管内部发生的物理过程有关。晶闸管是一个具有 P_1-N_1-P_2-N_2 四层半导体的器件,内部形成三个 PN 结 J_1、J_2、J_3,晶闸管承受正向阳极电压时,其中 J_1、J_3 承受正向阻断电压,J_2 承受反向阻断电压。晶闸管可以看成是一个 PNP 型三极管 VT_1(P_1-N_1-P_2)和一个 NPN 型三极管 VT_2(N_1-P_2-N_2)组合而成,如图 1-9 所示。

可以看出,两个晶体管连接的特点是一个晶体管的集电极电流是另一个晶体管的基极电流,当有足够的门极电流 I_g 流入时,两个相互复合的晶体管电路就会形成强烈的正反馈,导致两个晶体管饱和导通,也即晶闸管的导通。

设流入 VT_1 管的发射极电流 I_{e1} 即晶闸管的阳极电流 I_a,它就是 P_1 区内的空穴扩散电流。这样流过 J_2 结的电流应为 $I_{c1} = \alpha_1 I_a$,其中 $\alpha_1 = I_{c1}/I_{e1}$ 为 VT_1 管的共基极电流放大倍

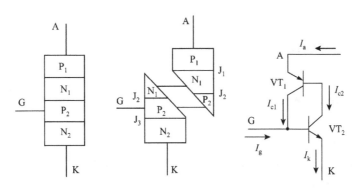

图 1-9　晶闸管的等效复合三极管效应

数。同样流入 VT_2 管的发射极电流 I_{e2} 即晶闸管的阴极电流 I_k，它就是 N_2 区内的电子扩散电流。这样流过 J_2 结的电流为 $I_{c2}=\alpha_2 I_k$，其中 $\alpha_2=I_{c2}/I_{e2}$ 为 VT_2 管的共基极电流放大倍数。流过 J_2 结的电流除 I_{c1}、I_{c2} 外，还有在正向阳极电压下处于反压状态下 J_2 结的反向漏电流 I_{c0}。如果把两个晶体管分别看成两个广义的节点，则晶闸管的阳极电流应为

$$I_a = I_{c1} + I_{c2} + I_{c0} = \alpha_1 I_a + \alpha_2 I_k + I_{c0} \tag{1-1}$$

晶闸管的阴极电流为

$$I_k = I_a + I_g \tag{1-2}$$

从以上两式中可求出阳极电流表达式为

$$I_a = \frac{I_{c0} + \alpha_2 I_g}{1 - (\alpha_1 + \alpha_2)} \tag{1-3}$$

　　两个等效晶体管共基极电流放大倍数 α_1、α_2 是随其发射极电流 I_a、I_c 非线性变化的；当 I_a、I_c 很小时，α_1、α_2 也很小；α_1、α_2 随电流 I_a、I_c 增大而增大。

　　当晶闸管承受正向阳极电压但门极电压为零时，$I_g=0$。由于漏电流很小，I_a、I_c 也很小，致使 α_1、α_2 很小。由式(1-3)可见，此时 $I_a \approx I_{c0}$ 为正向漏电流，晶闸管处于正向阻断状态，不导通。

　　当晶闸管承受正向阳极电压而门极电流为 I_g 时，特别是当 I_g 增大到一定程度的时候，等效晶体管 VT_2 的发射极电流 I_{e2} 也增大，致使电流放大系数 α_2 随之增大，产生足够大的集电极电流 $I_{c2}=\alpha_2 I_{e2}$。由于两等效晶体管的复合接法，I_{c2} 即为 VT_1 的基极电流，从而使 I_{e1} 增大，α_1 也增大，α_1 的增大将导致产生更大的集电极电流 I_{c1} 流过 VT_2 管的基极，这样强烈的正反馈过程将导致两等效晶体管电流放大系数迅速增加。当 $\alpha_1 + \alpha_2 \approx 1$ 时，式(1-3)表达的阳极电流 I_a 将急剧增大，变得无法从晶闸管内部进行控制，此时的晶闸管阳极电流 I_a 完全由外部电路条件来决定，晶闸管此时已处于正向导通状态。

　　正向导通以后，由于正反馈的作用，可维持 $1 - (\alpha_1 + \alpha_2) \approx 0$。此时即使 $I_g=0$ 也不能使晶闸管关断，说明门极对已导通的晶闸管失去控制作用。

　　为了使已导通的晶闸管关断，唯一可行的办法是使阳极电流 I_a 减小到维持电流以下。因为此时 α_1、α_2 已相应减小，内部等效晶体管之间的正反馈关系无法维持。当 α_1、α_2 减小到 $1 - (\alpha_1 + \alpha_2) \approx 1$ 时，$I_a \approx I_{c0}$，晶闸管恢复阻断状态而关断。

　　如果晶闸管承受的是反向阳极电压，由于等效晶体管 VT_1、VT_2 均处于反压状态，无论

有无门极电流 I_g，晶闸管都不能导通。

1.3.3　晶闸管的基本特性

1. 静态特性

静态特性又称伏安特性，指的是器件端电压与电流的关系。这里介绍阳极伏安特性和门极伏安特性。

（1）阳极伏安特性

晶闸管的阳极伏安特性表示晶闸管阳极与阴极之间的电压 U_{ak} 与阳极电流 i_a 之间的关系曲线，如图 1-10 所示。

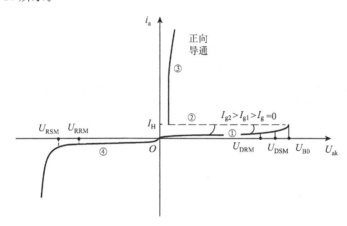

图 1-10　晶闸管阳极伏安特性
①正向阻断高阻区；②负阻区；③正向导通低阻区；④反向阻断高阻区

阳极伏安特性可以划分为两个区域：第Ⅰ象限为正向特性区，第Ⅲ象限为反向特性区。第Ⅰ象限的正向特性又可分为正向阻断状态及正向导通状态。正向阻断状态随着不同的门极电流 I_g 呈现不同的分支。在 $I_g=0$ 的情况下，随着正向阳极电压 U_{ak} 的增加，由于 J_2 结处于反压状态，晶闸管处于断态，在很大范围内只有很小的正向漏电流，特性曲线很靠近并与横轴平行。当 U_{ak} 增大到一个称为正向转折电压 U_{B0} 时，漏电流增大到一定数值，J_1、J_3 结内电场削弱很多，两等效晶体管的共基极电流放大系数 α_1、α_2 随之增大，使电子扩散电流 $\alpha_2 I_k$ 与空穴扩散电流 $\alpha_1 I_a$ 分别与 J_2 结中的空穴和电子相复合，使得 J_2 结的电势壁垒消失。这样，晶闸管就由阻断突然变成导通，反映在特性曲线上就从正向阻断状态的高阻区①（高电压、小电流），经过虚线所示的负阻区②（电流增大、电压减小），到达导通状态的低阻区③（低电压、大电流）。

正向导通状态下的特性与一般二极管的正向特性一样，此时晶闸管流过很大的阳极电流而管子本身只承受约 1V 的管压降。特性曲线靠近并几乎平行于纵轴。在正常工作时，晶闸管是不允许采取使阳极电压高过转折电压 U_{B0} 而使之导通的工作方式，而是采用施加正向门极电压，送入触发电流 I_g 使之导通的工作方式，以防损伤元件。当加上门极电压使 $I_g>0$ 后，晶闸管的正向转折电压就大大降低，元件将在较低的阳极电压下由阻断变为导通。当 I_g 足够大时，晶闸管的正向转折电压很小，相当于整流二极管一样，一加上正向阳极电压管子就可导通。晶闸管的正常导通应采取这种门极触发方式。

晶闸管正向阻断特性与门极电流 I_g 有关,说明门极可以控制晶闸管从正向阻断至正向导通的转化,即控制管子的开通。然而一旦管子导通,晶闸管就工作在与 I_g 无关的正向导通特性上。要关断管子,就只得像关断一般二极管一样,使阳极电流 I_a 减小。当阳极电流减小到 $I_a < I_H$(维持电流)时,晶闸管才能从正向导通的低阻区③返回到正向阻断的高阻区①,管子关断阳极电流 $I_a \approx 0$ 后并不意味着管子已真正关断,因为管内半导体层中的空穴或电子载流子仍然存在,没有复合。此时重新施加正向阳极电压,即使没有正向门极电压也可使这些载流子重新运动,形成电流,管子再次导通,这称为未恢复正向阻断能力。为了保证晶闸管可靠而迅速关断,真正恢复正向阻断能力,常在管子阳极电压降为零后再施加一段时间的反向电压,以促使载流子经复合而消失。晶闸管在第Ⅲ象限的反向特性与二极管的反向特性类似。

（2）门极伏安特性

晶闸管的门极与阴极间存在着一个 PN 结 J_3,门极伏安特性就是指这个 PN 结上正向门极电压 U_g 与门极电流 I_g 间的关系。由于这个结的伏安特性很分散,无法找到一条典型的代表曲线,只能用一条极限高阻门极特性和一条极限低阻门极特性之间的一片区域来代表所有元件的门极伏安特性,如图 1-11 阴影区域所示。

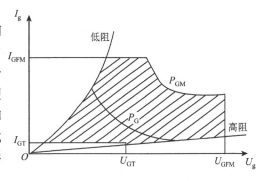

图 1-11　晶闸管门极伏安特性

在晶闸管的正常使用中,门极 PN 结不能承受过大的电压、电流及功率,这是门极伏安特性区的上界限,它们分别用门极正向峰值电压 U_{GFM}、门极正向峰值电流 I_{GFM}、门极峰值功率 P_{GM} 来表征。此外门极触发也具有一定的灵敏度,为了能可靠地触发晶闸管,正向门极电压必须大于门极触发电压 U_{GT},正向门极电流必须大于门极触发电流 I_{GT}。U_{GT}、I_{GT} 规定了门极上的电压、电流值必须位于图 1-11 的阴影区内,而平均功率损耗也不应超过规定的平均功率 P_G。

2. 动态特性

当晶闸管作为开关元件应用于电力电子电路时,应考虑晶闸管的开关特性,即开通特性和关断特性。

（1）开通特性

晶闸管开通方式一般有:①主电压开通。门极开路,将主电压 u_{ak} 加到断态不重复峰值电压 U_{B0},使晶闸管导通,这也称为硬导通,这种开通方式会损坏晶闸管,在正常工作时不能使用。②门极电流开通。在正向阳极电压的条件下,加入正向门极电压,使晶闸管导通。一般情况下,晶闸管都采用这种方式开通。③du/dt 开通。门极开路,晶闸管阳极正向电压变化率过大而导致器件开通,这种开通属于误动作,应该避免。另外还有场控、光控、温控等开通方式,分别适用于场控晶闸管、光控晶闸管和温控晶闸管。

晶闸管由截止转为导通的过程为开通过程。图 1-12 给出了晶闸管的开关特性。在晶闸管处于正向阻断的条件下突加门极触发电流,由于晶闸管内部正反馈过程及外电路电感的影响,阳极电流的增长需要一定的时间。从突加门极电流时刻到阳极电流上升到稳定值 I_T 的 10% 所需的时间称为延迟时间 t_d,而阳极电流从 $10\%I_T$ 上升到 $90\%I_T$ 所需的时间称

为上升时间 t_r，延迟时间与上升时间之和为晶闸管的开通时间 $t_{gt}=t_d+t_r$，普通晶闸管的延迟时间为 $0.5\sim1.5\mu s$，上升时间为 $0.5\sim3\mu s$。延迟时间随门极电流的增大而减少，延迟时间和上升时间随阳极电压上升而下降。

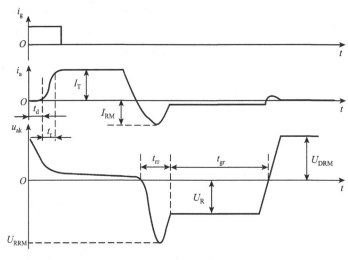

图 1-12　晶闸管的开关特性

（2）关断特性

通常采用外加反压的方法将已导通的晶闸管关断。反压可利用电源、负载和辅助换流电路来提供。

要关断已导通的晶闸管，通常给晶闸管加反向阳极电压。晶闸管的关断就是要使各层区内载流子消失，使元件对正向阳极电压恢复阻断能力。突加反向阳极电压后，由于外电路电感的存在，晶闸管阳极电流的下降会有一个过程，当阳极电流过零时，也会出现反向恢复电流，反向电流达最大值 I_{RM} 后，再朝反方向快速衰减接近于零，此时晶闸管恢复对反向电压的阻断能力。电流过零到反向电流接近于零所经历的时间称反向阻断恢复时间 t_{rr}。由于载流子复合仍需一定的时间，反向电流接近于零到晶闸管恢复正向电压阻断能力所需的时间称为正向阻断恢复时间 t_{gr}。晶闸管的关断时间 $t_q=t_{rr}+t_{gr}$。普通晶闸管的关断时间为几百微秒。要使已导通的晶闸管完全恢复正向阻断能力，加在晶闸管上的反向阳极电压时间必须大于 t_q，否则晶闸管无法可靠关断。为缩短关断时间可适当加大反压，并保持一段时间，以使载流子充分复合而消失。

1.3.4　晶闸管的主要参数

要正确使用一个晶闸管，除了了解晶闸管的静态、动态特性外，还必须定量地掌握晶闸管的一些主要参数。现对经常使用的几个晶闸管的参数作一介绍。

1. 电压参数

（1）断态重复峰值电压 U_{DRM}

门极开路，元件额定结温时，从晶闸管阳极伏安特性正向阻断高阻区（图 1-10 中的曲线①）漏电流急剧增长的拐弯处所决定的电压称为断态不重复峰值电压 U_{DSM}，"不重复"表明这个电压不可长期重复施加。取断态不重复峰值电压的 80% 定义为断态重复峰值电压

U_{DRM}，"重复"表示这个电压可以以每秒 50 次，每次持续时间不大于 10ms 的重复方式施加于元件上。

（2）反向重复峰值电压 U_{RRM}

门极开路，元件额定结温时，从晶闸管阳极伏安特性反向阻断高阻区（图 1-10 中曲线④）反向漏电流急剧增长的拐弯处所决定的电压称为反向不重复峰值电压 U_{RSM}，这个电压是不能长期重复施加的。取反向不重复峰值电压的 80％ 定义为反向重复峰值电压 U_{RRM}，这个电压允许重复施加。

（3）晶闸管的额定电压 U_R

取 U_{DRM} 和 U_{RRM} 中较小的一个，并整化至等于或小于该值的规定电压等级。电压等级不是任意决定的，额定电压在 1000V 以下是每 100V 一个电压等级，1000～3000V 则是每 200V 一个电压等级。

由于晶闸管工作中可能会遭受到一些意想不到的瞬时过电压，为了确保管子安全运行，在选用晶闸管时应使其额定电压为正常工作电压峰值 U_M 的 2～3 倍，以作安全裕量，即

$$U_R = (2 \sim 3)U_M \tag{1-4}$$

（4）通态平均电压 $U_{T(AV)}$

其指在晶闸管通过单相工频正弦半波电流，额定结温、额定平均电流下，晶闸管阳极与阴极间电压的平均值，也称为管压降。在晶闸管型号中，常按通态平均电压的数值进行分组，以大写英文字母 A～I 表示。通态平均电压影响元件的损耗与发热，应该选用管压降小的元件。

2. 电流参数

（1）通态平均电流 $I_{T(AV)}$

在环境温度为 +40℃ 及规定的冷却条件下，晶闸管元件在电阻性负载的单相、工频、正弦半波、导通角不小于 170° 的电路中，当结温稳定在额定值 125℃ 时所允许的通态最大平均电流称为额定通态平均电流 $I_{T(AV)}$。将这个电流整化至规定的电流等级，则为该元件的额定电流。从以上定义可以看出，晶闸管是以电流的平均值而不是有效值作为它的电流定额。然而规定平均值电流作为额定电流不一定能保证晶闸管的安全使用，原因是排除电压击穿的破坏外，影响晶闸管工作安全与否的主要因素是管芯 PN 结的温度。结温的高低决定于元件的发热与冷却两方面的平衡。在规定的冷却条件下，结温主要取决于管子的 $I_T^2 R$ 损耗，这里 I_T 应是流过晶闸管电流的有效值而不是平均值。因此，选用晶闸管时应根据有效电流相等的原则来确定晶闸管的额定电流。由于晶闸管的过载能力小，为保证安全可靠工作，所选用晶闸管的额定电流 $I_{T(AV)}$ 应使其对应有效值电流为实际流过电流有效值的 1.5～2 倍。按晶闸管额定电流的定义，一个额定电流为 100A 的晶闸管，其允许通过的电流有效值为 157A。晶闸管额定电流的选择可按下式计算：

$$I_{T(AV)} = \frac{1.5 \sim 2}{1.57} I_T \tag{1-5}$$

（2）维持电流 I_H

维持电流是指晶闸管维持导通所必需的最小电流，一般为几十到几百毫安。维持电流与结温有关，结温越高，维持电流越小，晶闸管越难关断。

（3）擎住电流 I_L

晶闸管刚从阻断状态转变为导通状态并撤除门极触发信号时,维持元件导通所需的最小阳极电流称为擎住电流。一般擎住电流比维持电流大 2～4 倍。

3. 其他参数

（1）断态电压临界上升率 du/dt

在额定结温和门极断路条件下,使元件从断态转入通态的最低电压上升率称为断态电压临界上升率。晶闸管使用中要求断态下阳极电压的上升速度要低于此值。

提出 du/dt 这个参数是为了防止晶闸管工作时发生误导通。这是由于阻断状态下 J_2 结相当于一个电容,虽依靠它阻断了正向阳极电压,但在施加正向阳极电压过程中,却会有充电电流流过结面,并流到门极的 J_3 结上,起类似触发电流的作用。如果 du/dt 过大,则充电电流足以使晶闸管误导通。为了限制断态电压上升率,可以在晶闸管阳极与阴极间并上一个 RC 阻容支路,利用电容两端电压不能突变的特点来限制电压上升率。电阻 R 的作用是防止并联电容与阳极主回路电感产生串联谐振。

（2）通态电流临界上升率 di/dt

通态电流临界上升率是指在规定的条件下,晶闸管由门极进行触发导通时,管子能够承受而不致损坏的通态平均电流的最大上升率。当门极输入触发电流后,首先是在门极附近形成小面积的导通区,随着时间的增长,导通区逐渐向外扩大,直至全部结面变成导通为止。如果电流上升过快,而元件导通的结面还未扩展至应有的大小,则可能引起局部过大的电流密度,使门极附近区域过热而烧毁晶闸管。为此规定了通态电流上升率的极限值,应用时晶闸管所允许的最大电流上升率要小于这个数值。

为了限制电路的电流上升率,可以在阳极主回路中串入小电感,以对增长过快的电流进行阻塞。

（3）门极触发电流 I_{GT} 与门极触发电压 U_{GT}

在室温下,晶闸管施加 6V 的正向阳极电压时,元件从阻断到完全开通所需的最小门极电流称为门极触发电流 I_{GT}。对应于此 I_{GT} 的门极电压为门极触发电压 U_{GT}。由于门极的 PN 结特性分散性大,造成同一型号元件 I_{GT}、U_{GT} 相差很大。

一般来说,如元件的触发电流、触发电压太小,则容易接受外界干扰引起误触发;如触发电流、触发电压太大,则容易引起元件触发导通上的困难。此外环境温度也是影响门极触发参数的重要因素。当环境温度或元件工作温度升高时,I_{GT}、U_{GT} 会显著降低;环境温度降低时,I_{GT}、U_{GT} 会有所增加。这就造成了同一晶闸管往往夏天易误触发导通而冬天却可能出现不开通的不正常状态。

为了使变流装置的触发电路对同类晶闸管都有正常触发功能,要求触发电路送出的触发电流、电压值适当大于标准所规定的 I_{GT}、U_{GT} 上限值,但不应该超过门极正向峰值电流 I_{GFM}、门极正向峰值电压 U_{GFM},功率也不能超过门极峰值功率 P_{GM} 和门极平均功率 P_G。

4. 晶闸管的型号

普通型晶闸管型号可表示如下:

$$KP[电流等级]-[电压等级/100][通态平均电压组别]$$

式中,K 代表闸流特性,P 为普通型。如 KP500-15 型号的晶闸管表示其通态平均电流(额定电流) $I_{T(AV)}$ 为 500A,正反向重复峰值电压(额定电压) U_R 为 1500V,通态平均电压组别以英文字母标出,如表 1-1 所示,小容量的元件可不标。

表 1-1 晶闸管通态平均电压分组

组别	A	B	C	D	E
通态平均电压/V	$U_T \leqslant 0.4$	$0.4 < U_T \leqslant 0.5$	$0.5 < U_T \leqslant 0.6$	$0.6 < U_T \leqslant 0.7$	$0.7 < U_T \leqslant 0.8$
组别	F	G	H	I	
通态平均电压/V	$0.8 < U_T \leqslant 0.9$	$0.9 < U_T \leqslant 1.0$	$1.0 < U_T \leqslant 1.1$	$1.1 < U_T \leqslant 1.2$	

1.3.5 晶闸管的派生器件

1. 快速晶闸管

快速晶闸管(fast switching thyristor,FST)的外形、基本结构、伏安特性及符号均与普通型晶闸管相同,但开通速度快、关断时间短,可使用在频率大于 400Hz 的电力电子电路中,如变频器、中频电源、不停电电源、斩波器等。

快速晶闸管的特点是:①开通时间和关断时间短,一般开通时间为 $1 \sim 2\mu s$,关断时间为数微秒。②开关损耗小。③有较高的电流上升率和电压上升率。通态电流临界上升率 $di/dt \geqslant 100A/\mu s$,断态电压临界上升率 $du/dt \geqslant 100V/\mu s$。④允许使用频率范围广,几十至几千赫兹。

快速晶闸管使用中要注意:①为保证关断时间,运行结温不能过高,且要施加足够的反向阳极电压。②为确保不超过规定的通态电流临界上升率 di/dt,门极须采用强触发脉冲。③在高频或脉冲状态下工作时,必须按厂家规定的电流-频率特性和脉冲工作状态有关的特性来选择元件的电流定额,而不能简单地按平均电流的大小来选用。

快速晶闸管的型号与普通晶闸管类似,只是用 KK 来代替 KP。

2. 双向晶闸管

双向晶闸管(triode AC switch,TRIAC)是一个 NPNPN 五层结构的三端器件,有两个主电极 T_1、T_2,一个门极 G。它正、反两个方向均能用同一门极控制触发导通,所以它在结构上可以看成一对普通晶闸管的反并联,其特性也反映了反并联晶闸管的组合效果,即在第 I、第Ⅲ象限具有对称的阳极伏安特性,如图 1-13 所示。

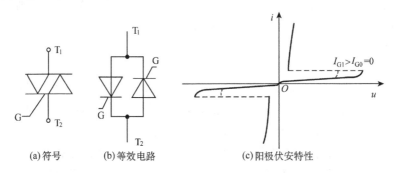

(a)符号 (b)等效电路 (c)阳极伏安特性

图 1-13 双向晶闸管

双向晶闸管主要应用在交流调压电路中,因而通态时的额定电流不是用平均值而是用有效值表示,这点必须与其他晶闸管的额定电流定义加以区别。当双向晶闸管在交流电路中使用时,须承受正、反两个方向半波的电流和电压。当元件在一个方向导通刚结束时,管芯各半导体层内的载流子还没有回复到阻断时的状态,马上就承受反向电压会使载流子重新运动,构成元件反向电压状态下的触发电流,引起元件反向误导通,造成换流失败。为了保证正、反向半波交替工作时的换流能力,必须限制换流电流、换流电压的变化率在小于规定的数值范围内。

双向晶闸管的型号用 KS 表示。

3. 逆导晶闸管

在逆变电路和斩波电路中,经常有晶闸管与大功率二极管反并联使用的情况。根据这种复合使用的要求,人们将两种器件制作在同一芯片上,派生出了另一种晶闸管元件——逆导晶闸管(reverse conducting thyristor,RCT)。所以逆导晶闸管无论从结构上还是特性上都反映了这两种功率半导体器件的复合效果,其符号、等效电路及阳极伏安特性如图 1-14 所示。

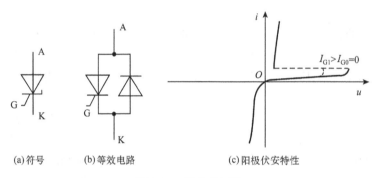

(a)符号　　　(b)等效电路　　　　　(c)阳极伏安特性

图 1-14　逆导晶闸管

可以看出,当逆导晶闸管承受正向阳极电压时,元件表现出普通晶闸管的特性,阳极伏安特性位于第Ⅰ象限。当逆导晶闸管承受反向阳极电压时,反向导通(逆导),元件表现出了导通二极管的低阻特性,阳极伏安特性位于第Ⅲ象限。

由于逆导晶闸管在管芯构造上是反并联的晶闸管和大功率二极管的集成,它具有正向管压降小、关断时间短、高温特性好、结温高等优点,构成的变流装置体积小、重量轻且成本低。特别是由于简化了元件间的接线,消除了大功率二极管的配线电感,晶闸管承受反压的时间增加,有利于快速换流,从而可提高变流装置的工作频率。

逆导晶闸管的型号用 KN 表示。

4. 门极可关断晶闸管

门极可关断晶闸管(GTO)是一种具有自关断能力的闸流特性功率半导体器件,门极加上正向脉冲电流时就能导通,加上负脉冲电流时就能关断。由于不用换流回路,简化了变流装置主回路,提高了线路的可靠性,减少了关断所需能量,也提高了装置的工作频率。GTO 的基本结构和阳极伏安特性与普通晶闸管相同,门极伏安特性则有较大的差异,它反映了门极可关断的特殊性。由于 GTO 可以用触发电路来开通、关断,故属于全控型器件。GTO 的符号如图 1-15 所示。

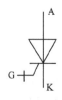

图 1-15　GTO 符号　　　在设计制造 GTO 时,应使图 1-16 中等效晶体管 VT$_2$ 的共基极

电流放大系数 α_2 较大。由图可知

$$i_{B2} + i_{C2} = i_C$$

$$i_{C2} = \alpha_2 i_C$$

$$i_C = i_{B2}/(1-\alpha_2)$$

当 GTO 处于通态时，$I_g = 0$，$i_{B2} = i_{C1}$，如果突加一个负触发电流 $-I_g$，则有以下变化：

$$i_{B2} = (i_{C1} - I_g) \downarrow \to i_{C2} \downarrow \to \alpha_2 \downarrow \to (1-\alpha_2) \uparrow \to i_C \downarrow \downarrow \to i_a \downarrow \downarrow \to \alpha_1、\alpha_2 \downarrow \to i_C、i_a \text{继续减小}$$

由此可见，加上 $-I_g$ 后，将引起 i_C、i_a 持续减小的正反馈，最终导致 GTO 阳极电流减小到维持电流 I_H 以下，使 GTO 从通态转入断态。

GTO 的门极伏安特性如图 1-17 所示。在元件阻断的情况下，逐渐增加门极正向电压 u_g，门极电流 i_g 随之增加。由于处于阻断状态，阳极电流 $i_a \approx 0$，如①段所示。当门极电流增大到开通门极电流 I_{GF} 时，阳极电流出现，使门极电压发生了跃增，特性曲线从①段跳到了②段，晶闸管导通。导通时门极电压的跳变大小与阳极电流大小有关，i_a 越大，跃增幅度越大。

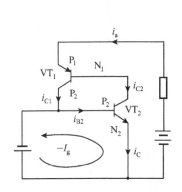

图 1-16 GTO 的关断原理图

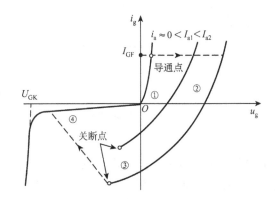

图 1-17 GTO 的门极伏安特性

在导通的情况下欲关断晶闸管，可给门极施加反向电压。此时门极特性的工作点根据不同的阳极电流，沿不同特性分支，从第Ⅰ象限经第Ⅳ象限而到达第Ⅲ象限的③段。当门极反向电流达到一定大小时，晶闸管关断，实现了门极控制的关断过程。在关断点上，门极特性再次发生了由③段到④段的跃变。此时门极电压增加，门极电流下降。当完全阻断时，阳极电流 $i_a \approx 0$，门极工作点在门极结的反向特性④上，其中 U_{GK} 为门极结反向击穿电压。从门极伏安特性可以看出，GTO 的阳极电流 i_a 越大，关断时所需的门极脉冲电流也越大。

GTO 主要参数如下。

(1) 最大可关断阳极电流 I_{ATO}

I_{ATO} 是表示 GTO 额定电流大小的参数。它与普通晶闸管用通态平均电流作为额定电流不同。在实际应用中，I_{ATO} 随着工作频率、再加电压、阳极电压上升率、结温、门极负电流的波形及电路参数的变化而变化。

(2) 电流关断增益 β_{off}

β_{off} 是指最大可关断阳极电流 I_{ATO} 与门极负脉冲电流最大值 I_{GM} 之比，它是表征 GTO 关

断能力强弱的重要特征参数。β_{off} 一般较小,数值为 3~5,因此要关断已导通的 GTO 所需门极负脉冲电流的最大值就比较大,这是 GTO 比较明显的缺点。

GTO 的其他参数与普通晶闸管的参数相似,这里就不再介绍。目前,GTO 产品的额定电流、额定电压已超过 6kA、6kV,在 10MV·A 以上的特大型电力电子变流装置中得到应用。

5. 光控晶闸管

光控晶闸管(light triggered thyristor,LTT)又称光触发晶闸管,其符号、等效电路及伏安特性如图 1-18 所示。当在光控晶闸管阳极加入正向外加电压时,J_2 结被反向偏置。当光照在反偏的 J_2 结上时,促使 J_2 结的漏电流增大,在晶闸管内正反馈作用下促使晶闸管由断态转为通态。光控晶闸管的伏安特性如图 1-18(c)所示,随着光强度的增大,光控晶闸管的转折点左移。

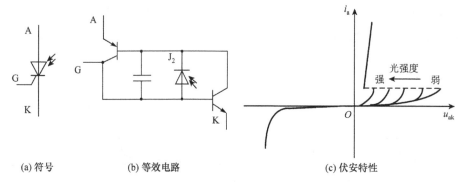

(a) 符号　　　　　(b) 等效电路　　　　　(c) 伏安特性

图 1-18　光控晶闸管

在高压大功率晶闸管电力电子变换和控制装置中,例如在高压直流输电的整流和逆变电路中,要求触发控制电路与高压主电路隔离、绝缘,选用光控晶闸管可解决这个问题。大功率光控晶闸管都采用半导体激光器光源,通过光缆来传输较强大的光信号,产生触发脉冲信号开通光控晶闸管。

1.4　大功率晶体管

大功率晶体管(GTR)是一种具有两种极性载流子(空穴及电子)均起导电作用的半导体器件,称为双极型器件。它与晶闸管不同,具有线性放大特性,但在变流应用中却是工作在开关状态,以减小其功率损耗。它可以通过基极信号方便地进行通、断控制,是典型的全控型器件。

1.4.1　结构

从工作原理和基本特性上看,大功率晶体管与普通晶体管并无本质上的差别,但它们在工作特性的侧重面上有较大的差别。对于普通晶体管,被关注的特性参数为电流放大倍数、线性度、频率响应、噪声、温漂等;而对于大功率晶体管,重要参数是击穿电压、最大允许功耗、开关速度等。为了承受高压大电流,大功率晶体管不仅尺寸要随容量的增加而加大,其内部结构、外形也需做相应的变化。

普通晶体管的结构已在模拟电子技术中做过专门介绍,它是由两个 PN 结相间而成的。图 1-19(a)为 NPN 型普通晶体管的结构示意图。图 1-19(b)为 GTR 的结构原理图,一个 GTR 芯片包含大量的并联晶体管单元,这些晶体管单元共用一个大面积集电极,而发射极和基极则被化整为零。这种结构可以有效解决所谓的发射极电流聚边现象。图 1-19(c)为 GTR 的标识符号,与普通晶体管完全相同。

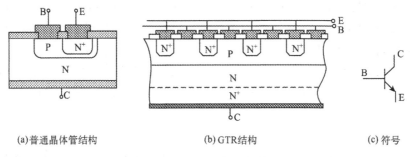

| (a)普通晶体管结构 | (b)GTR结构 | (c)符号 |

图 1-19 GTR 的结构与符号

1.4.2 工作特性

1. 静态特性

GTR 的静态特性可分为输入特性和输出特性。

(1)输入特性

输入特性如图 1-20(a)所示,它表示 U_{CE} 一定时,基极电流 I_B 与基极-发射极间电压 U_{BE} 之间的函数关系。它与二极管 PN 结的正向伏安特性相似。当 U_{CE} 增大时,输入特性右移。一般情况下,GTR 的正向偏压 U_{BE} 大约为 1V。

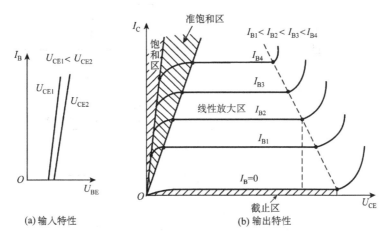

| (a)输入特性 | (b)输出特性 |

图 1-20 GTR 的输入、输出特性

(2)输出特性

大功率晶体管运行时常采用共射极接法,共射极电路的输出特性是指集电极电流 I_C 和集电极-发射极电压 U_{CE} 的函数关系,如图 1-20(b)所示。由图中可以看出,GTR 的工作状态可以分成四个区域:截止区(也称阻断区)、线性放大区、准饱和区和饱和区(也称深饱和区)。

截止区对应于基极电流 $I_B=0$ 的情况,在该区域中,GTR 承受高电压,仅有很小的漏电流存在,相当于开关处于断态的情况。该区的特点是发射结和集电结均为反向偏置。

在线性放大区中,集电极电流与基极电流呈线性关系,特性曲线近似平直。该区的特点是集电结反向偏置、发射结正向偏置。对工作于开关状态的 GTR 来说,应当尽量避免工作于线性放大区,否则由于工作在高电压大电流下,功耗会很大。

准饱和区是指线性放大区和饱和区之间的区域,正是输出特性中明显弯曲的部分。在此区域中,随着基区电流的增加,开始出现基区宽调制效应,电流增益开始下降,集电极电流与基区电流之间不再呈线性关系,但仍保持着发射结正偏、集电结反偏。

而在饱和区中,当基极电流变化时,集电极电流却不再随之变化。此时,该区域的电流增益与导通电压均很小,相当于处于通态的开关。此区的特点是发射结和集电结均处于正向偏置状态。

2. 动态特性

GTR 主要工作在截止区及饱和区,切换过程中快速通过放大区,这个开关过程即反映了 GTR 的动态特性。

当在 GTR 基极施以脉冲驱动信号时,GTR 将工作在开关状态,如图 1-21 所示。在 t_0 时刻加入正向基极电流,GTR 经延迟和上升阶段后达到饱和区,故开通时间 t_{on} 为延迟时间 t_d 与上升时间 t_r 之和,其中 t_d 是由基极与发射极间结电容 C_{be} 充电而引起的,t_r 是由基区电荷储存需要一定时间而造成的。当反向基极电流信号加到基极时,GTR 经存储和下降阶段才返回截止区,则关断时间 t_{off} 为存储时间 t_s 与下降时间 t_f 之和,其中 t_s 是除去基区超量储存电荷过程引起的,t_f 是基极与发射极间结电容 C_{be} 放电而产生的结果。

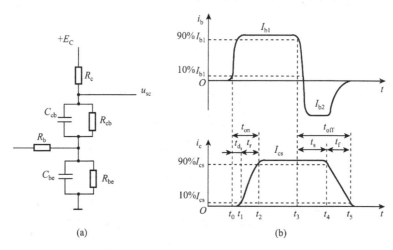

图 1-21 GTR 动态等效电路及开关特性

在实际应用时,增大驱动电流,可使 t_d 和 t_r 都减小,但电流也不能太大,否则将增大存储时间。在关断 GTR 时,加反向基极电压可加快电容上电荷的释放,从而减少 t_s 与 t_f,但基极电压不能太大,以免使发射结击穿。

为提高 GTR 的开关速度,可选用结电容比较小的快速开关晶体管,也可利用加速电容来改善 GTR 的开关特性。在 GTR 基极电路电阻 R_b 两端并联一电容 C_s,利用换流瞬间其上电压不能突变的特性可改善晶体管的开关特性。

1.4.3　主要参数

1. 电压参数

（1）集电极额定电压 U_{CEM}

加在 GTR 上的电压如超过规定值时，会出现电压击穿现象。击穿电压与 GTR 本身特性及外电路的接法有关。各种不同接法时的击穿电压的关系如下：

$$BU_{CBO} > BU_{CEX} > BU_{CES} > BU_{CER} > BU_{CEO}$$

式中，BU_{CBO} 为发射极开路时，集电极与基极间的反向击穿电压；BU_{CEX} 为发射极反向偏置时，集电极与发射极间的击穿电压；BU_{CES}、BU_{CER} 分别为发射极与基极间用电阻连接或短路连接时，集电极和发射极间的击穿电压；BU_{CEO} 为基极开路时，集电极和发射极间的击穿电压。GTR 的最高工作电压 U_{CEM} 应比最小击穿电压 BU_{CEO} 低，从而保证元件工作安全。

（2）饱和压降 U_{CES}

单个 GTR 的饱和压降一般不超过 1.5V，U_{CES} 随集电极电流 I_{CM} 的增大而增大。

2. 电流参数

（1）集电极额定电流（最大允许电流）I_{CM}

集电极额定电流是取决于最高允许结温下引线、硅片等的破坏电流，超过这一额定值必将导致晶体管内部结构件的烧毁。在实际使用中可以利用热容量效应，根据占空比来增大连续电流，但不能超过峰值额定电流。

（2）基极电流最大允许值 I_{BM}

基极电流最大允许值比集电极额定电流的数值要小得多，通常 $I_{BM}=(1/10\sim1/2)I_{CM}$，而基极-发射极间的最大电压额定值通常只有几伏。

3. 集电极最大耗散功率 P_{CM}

集电极最大耗散功率是指最高工作温度下允许的耗散功率。它受结温的限制，由集电极工作电压和电流的乘积决定。

1.4.4　二次击穿现象与安全工作区

1. 二次击穿现象

二次击穿是 GTR 突然损坏的主要原因之一，成为影响其安全可靠使用的一个重要因素。二次击穿现象可以用图 1-22 来说明。当集射极电压 U_{CE} 增大到集射极间的击穿电压 U_{CEO} 时，集电极电流 I_C 将急剧增大，出现击穿现象，如图 1-22（a）的 AB 段所示。这是首次出现正常性质的雪崩现象，称为一次击穿，一般不会损坏 GTR 器件。一次击穿后如继续增大外加电压 U_{CE}，电流 I_C 将持续增长。当达到图示的 C 点仍继续让 GTR 工作时，由于 U_{CE} 较高，将产生相当大的能量，使集电极局部过热。当过热持续时间超过一定程度时，U_{CE} 会急剧下降至某一低电压值，如果没有限流措施，则将进入低电压、大电流的负阻区 CD 段，电流增长直至元件烧毁。这种向低电压大电流状态的跃变称为二次击穿，C 点为二次击穿的临界点。所以二次击穿是在极短的时间内（纳秒至微秒级），能量在半导体处局部集中，形成热斑点，导致热电击穿的过程。

二次击穿在基极正偏（$I_B>0$）、反偏（$I_B<0$）及基极开路的零偏状态下均成立，如图 1-22（b）所示。把不同基极偏置状态下开始发生二次击穿所对应的临界点连接起来，可

形成二次击穿临界线。由于正偏时二次击穿所需功率往往小于元件的功率容量 P_{CM},故正偏对 GTR 安全造成的威胁最大。反偏工作时尽管集电极电流很小,但在电感负载下关断时将有感应电势叠加在电源电压上形成高压,也能使瞬时功率超过元件的功率容量而造成二次击穿。

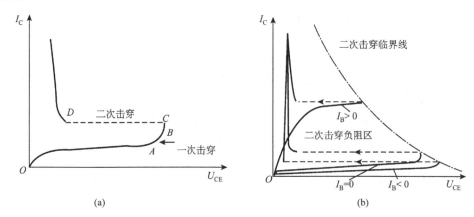

图 1-22　GTR 的二次击穿现象

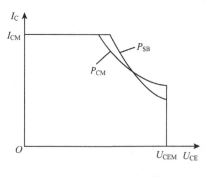

图 1-23　GTR 的安全工作区

为了防止发生二次击穿,重要的是保证 GTR 开关过程中瞬时功率不要超过允许的功率容量 P_{CM},这可通过规定 GTR 的安全工作区及采用缓冲(吸收)电路来实现。

2. 安全工作区

GTR 在工作时不能超过最高工作电压 U_{CEM}、最大允许电流 I_{CM}、最大耗散功率 P_{CM} 及二次击穿临界线 P_{SB}。这些限制条件构成了 GTR 的安全工作区(safe operating area,SOA),如图 1-23 所示。

当器件工作在脉冲状态下时,安全工作区域要比工作在直流状态下大,安全工作区随脉冲宽度 PW 减小而进一步扩大,故 GTR 在高频工作时安全区最大。

1.5　功率场效应晶体管

功率场效应晶体管(P-MOSFET)是一种单极型(只有电子或空穴作单一导电机构)电压控制半导体元件,其特点是控制极(栅极)静态内阻极高($10^9\,\Omega$),驱动功率很小,开关速度高,无二次击穿,安全工作区宽等。开关频率可高达 500kHz,特别适合高频化的电力电子装置,但由于 MOSFET 电流容量小,耐压低,一般只适用小功率的电力电子装置。

1.5.1　结构与工作原理

1. 结构

MOSFET 的类型很多,按导电沟道可分为 P 沟道和 N 沟道;根据栅极电压与导电沟道出现的关系可分为耗尽型和增强型。功率场效应晶体管一般为 N 沟道增强型。从结构上看,功率场效应晶体管与小功率 MOS 管有比较大的差别。小功率 MOS 管的导电沟道平行于芯片表面,是横向导电器件。而 P-MOSFET 常采用垂直导电结构,称 VMOSFET(vertical MOSFET),这种结构可提高 MOSFET 器件的耐电压、耐电流的能力。图 1-24 给出了具有垂直导电双扩散 MOS 结构的(vertical double-diffused MOSFET,VD-MOSFET)单元的结构图及电路符号。一个 MOSFET 器件实际上是由许多小单元并联组成。

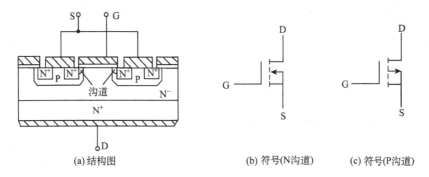

(a) 结构图　　　　　　(b) 符号(N沟道)　　(c) 符号(P沟道)

图 1-24　MOSFET 的结构图及电路符号

2. 工作原理

如图 1-24 所示,MOSFET 的三个极分别为栅极 G、漏极 D 和源极 S。当漏极接正电源,源极接负电源,栅源极间的电压为零时,P 基区与 N 区之间的 PN 结反偏,漏源极之间无电流通过。如在栅源极间加一正电压 U_{GS},则栅极上的正电压将其下面的 P 基区中的空穴推开,而将电子吸引到栅极下的 P 基区表面,当 U_{GS} 大于开启电压 $U_{GS(th)}$ 时,栅极下 P 基区表面的电子浓度将超过空穴浓度,从而使 P 型半导体反型成 N 型半导体,成为反型层,由反型层构成的 N 沟道使 PN 结消失,漏极和源极间开始导电。U_{GS} 数值越大,P-MOSFET 导电能力越强,i_D 也就越大。

1.5.2　工作特性

1. 静态特性

(1) 漏极伏安特性

漏极伏安特性也称输出特性,如图 1-25 所示,可以分为三个区:可调电阻区Ⅰ,饱和区Ⅱ,击穿区Ⅲ。在Ⅰ区内,固定栅极电压 U_{GS},漏源电压 U_{DS} 从零上升过程中,漏极电流 i_D 首先线性增长,接近饱和区时,i_D 变化减缓,而后开始进入饱和。达到饱和区Ⅱ后,虽 U_{DS} 增大,但 i_D 维持恒定。从这个区域中的曲线可以看出,在同样的漏源电压 U_{DS} 下,U_{GS} 越高,漏极电流 i_D 也越大。当 U_{DS} 过大时,元件会出现击穿现象,进入击穿区Ⅲ。

(2) 转移特性

漏极电流 i_D 与栅源极电压 U_{GS} 反映了输入电压和输出电流的关系,称为转移特性,如图 1-26 所示。当 i_D 较大时,该特性基本上为线性。曲线的斜率 $g_m = \Delta i_D / \Delta U_{GS}$ 称为跨导,表示 P-MOSFET 栅源电压对漏极电流的控制能力,与 GTR 的电流增益 β 含义相似。图 1-26 中所示的 $U_{GS(th)}$ 为开启电压,只有 $U_{GS} > U_{GS(th)}$ 时才会出现导电沟道,产生漏极电流 i_D。

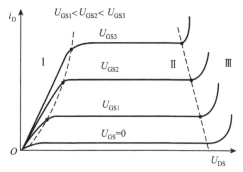

图 1-25 漏极伏安特性

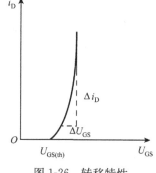

图 1-26 转移特性

2. 开关特性

P-MOSFET 是多数载流子器件,不存在少数载流子特有的存储效应,因此开关时间很短,典型值为 20ns,而影响开关速度的主要是器件极间电容。图 1-27 为元件极间电容的等效电路,从中可以求得器件输入电容为 $C_{in}=C_{GS}+C_{GD}$。正是 C_{in} 在开关过程中需要进行充、放电,影响了开关速度。同时也可看出,静态时虽栅极电流很小,驱动功率小,但动态时由于电容充放电电流有一定强度,故动态驱动仍需一定的栅极功率。开关频率越高,栅极驱动功率也越大。

P-MOSFET 的开关过程如图 1-28 所示,其中 u_P 为驱动电源信号,u_{GS} 为栅极电压,i_D 为漏极电流,P-MOSFET 所接负载为电阻性负载。当 u_P 信号到来时,输入电容 C_{in} 有一充电过程,使栅极电压 u_{GS} 只能按指数规律上升。当 u_{GS} 达到开启电压 $U_{GS(th)}$ 时,开始形成导电沟道,出现漏极电流 i_D,这段时间 $t_{d(on)}$ 为开通延迟时间。此后 i_D 随 u_{GS} 上升,u_{DS} 下降直至接近饱和区,漏极电流从零上升至此所需时间 t_r 为上升时间。这样,P-MOSFET 的开通时间为 $t_{on}=t_{d(on)}+t_r$。i_D 达到稳定值后,栅极电压 u_{GS} 继续上升达到稳定值。器件的关断过程与其开通过程相反,当 u_P 信号下降为零后,栅极输入电容 C_{in} 上储存的电荷将通过信号源进行放电,使栅极电压 u_{GS} 按指数下降,到 u_P 结束后的 $t_{d(off)}$ 时刻,i_D 电流才开始减小,故 $t_{d(off)}$ 称为关断延迟时间。以后 C_{in} 继续放电,u_{GS} 继续下降,i_D 亦继续下降。到 $u_{GS}<U_{GS(th)}$ 时,导电沟道消失,$i_D=0$。漏极电流从稳定值下降到零所需时间 t_f 称为下降时间,这样 P-MOSFET 的关断时间应为 $t_{off}=t_{d(off)}+t_f$。从以上分析看出,要提高器件开关速度,须减小 $t_{d(on)}$、t_r、$t_{d(off)}$、t_f 时间,在元件极间电容已存在的条件下,需要减小栅极驱动电源内阻,以提高 C_{in} 的充、放电速度,同时驱动电路还要能向栅极输入电容 C_{in} 提供足够的充、放电功率。

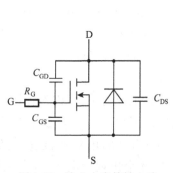

图 1-27 输入电容等效电路

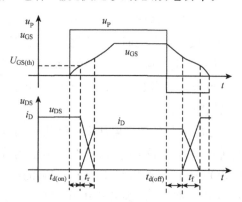

图 1-28 开关特性

1.5.3　主要参数与安全工作区

1. 主要参数

（1）漏极电压 U_{DS}

漏极电压 U_{DS} 为 P-MOSFET 的电压定额。

（2）电流定额 I_D

电流定额 I_D 为漏极直流电流，I_{DM} 为漏极脉冲电流幅值。

（3）栅源电压 U_{GS}

栅源间加的电压不能大于此电压，否则将击穿元件。

（4）通态电阻 $R_{DS(on)}$

在确定的 U_{GS} 下，元件由可调电阻区进入饱和区时漏源极间的直流电阻。$R_{DS(on)}$ 是影响最大输出功率的重要参数。

2. 安全工作区

P-MOSFET 是多数载流子工作的器件，元件的通态电阻具有正的温度系数，即温度升高通态电阻增大，使漏极电流能随温度升高而下降，因而不存在电流集中和二次击穿的限制，有较宽的安全工作区。P-MOSFET 的正向偏置安全工作区由四条边界包围框成，如图 1-29 所示，其中 Ⅰ 为漏源通态电阻限制线；Ⅱ 为最大漏极电流 I_{DM} 限制线；Ⅲ 为最大功耗限制线；Ⅳ 为最大漏源电压限制线。

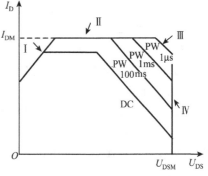

图 1-29　P-MOSFET 正向偏置安全工作区

课件

1.6　绝缘栅双极型晶体管

由于 GTR 是电流控制型器件，对基极驱动功率要求高，常常会因驱动功率、关断时间、开关损耗等问题引起器件损坏，还有二次击穿的特殊问题。此外受存储时间影响，开关速度不高。P-MOSFET 为电压控制型器件，驱动功率小，开关速度快，但存在通态压降大、电流容量低等问题，难以制成高电压、大电流器件。20 世纪 80 年代出现了将它们与导通机制相结合的第三代功率半导体器件——绝缘栅双极型晶体管（IGBT）。这是一种双（导通）机制的复合器件，它的输入控制部分为 MOSFET，输出级为 GTR，集中了 MOSFET 及 GTR 分别具有的优点：高输入阻抗，可采用逻辑电平来直接驱动，实现电压控制，开关速度高，饱和压降低，电阻及损耗小，电流、电压容量大，抗浪涌电流能力强，没有二次击穿现象，安全工作区宽等。

1.6.1　结构与工作原理

1. 结构

IGBT 的基本结构如图 1-30（a）所示，与 P-MOSFET 结构十分相似，相当于一个用 MOSFET 驱动的厚基区 PNP 晶体管。IGBT 内部实际上包含了两个双极型晶体管 P^+NP

及 N^+PN，它们又组合成了一个等效的晶闸管。这个等效晶闸管将在 IGBT 器件使用中引起一种"擎住效应"，会影响 IGBT 的安全使用。

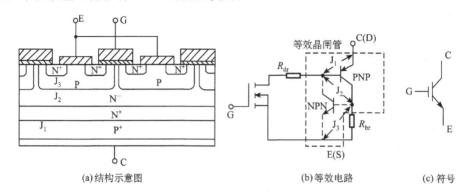

(a) 结构示意图　　　　　　　　　(b) 等效电路　　　　(c) 符号

图 1-30　IGBT 示意图

2. 工作原理

IGBT 的等效电路如图 1-30(b)所示，是以 PNP 型厚基区 GTR 为主导元件、N 沟道 MOSFET 为驱动元件的达林顿电路结构器件，R_{dr} 为 GTR 基区内的调制电阻。图 1-30(c) 则是 IGBT 的电路符号。

IGBT 的开通与关断由栅极电压控制。栅极上加正向电压时 MOSFET 内部形成沟道，并为 PNP 型晶体管提供基极电流，此时从 P^+ 注入 N 区的少数载流子空穴对 N 区进行电导调制，减少该区电阻 R_{dr}，使 IGBT 高阻断态转入低阻通态。在栅极加上反向电压后，MOSFET 中的导电沟道消除，PNP 型晶体管的基极电流被切断，IGBT 关断。

1.6.2　工作特性

1. 静态特性

IGBT 的静态特性主要有输出特性及转移特性，如图 1-31 所示。输出特性表达了集电极电流 I_C 与集电极-发射极间电压 U_{CE} 之间的关系，分饱和区、放大区及击穿区，饱和导通时管压降比 P-MOSFET 低得多，一般为 $2\sim5V$。IGBT 输出特性的特点是集电极电流 I_C 由栅极电压 U_G 控制，U_G 越大 I_C 越大。在反向集射极电压作用下器件呈反向阻断特性，一般只流过微小的反向漏电流。

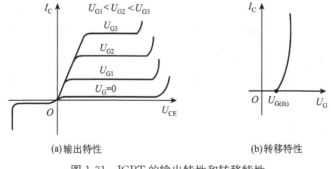

(a) 输出特性　　　　　　　　　(b) 转移特性

图 1-31　IGBT 的输出特性和转移特性

IGBT 的转移特性表示了栅极电压 U_G 对集电极电流 I_C 的控制关系。在大部分范围内，I_C 与 U_G 呈线性关系；只有当 U_G 接近开启电压 $U_{G(th)}$ 时才呈非线性关系，I_C 变得很小；当 $U_G < U_{G(th)}$ 时，$I_C = 0$，IGBT 处于关断状态，由于 U_G 对 I_C 有控制作用，所以最大栅极电压应受最大集电极电流 I_{CM} 的限制，其最佳值为 $U_G = 15V$。

2. 动态特性

IGBT 的动态特性即开关特性，如图 1-32 所示，其开通过程主要由其 MOSFET 结构决定。当栅极电压 u_G 达开启电压 $U_{G(th)}$ 后，集电极电流 i_C 迅速增长，其中栅极电压从负偏置值增大至开启电压所需时间 $t_{d(on)}$ 为开通延迟时间；集电极电流由 10% 额定值增长至 90% 额定值所需时间为电流上升时间 t_{ri}，故总的开通时间为 $t_{on} = t_{d(on)} + t_{ri}$。

IGBT 的关断过程较为复杂，其中 u_G 由正常 15V 降至开启电压 $U_{G(th)}$ 所需时间为关断延迟时间 $t_{d(off)}$，自此 i_C 开始衰减。集电极电流由 90% 额定值下降至 10% 额定值所需时间为下降时间 $t_{fi} = t_{fi1} + t_{fi2}$，其中 t_{fi1} 对应器件中 MOSFET 部分的关断过程，t_{fi2} 对应器件中 PNP 晶体管中存储电荷的消失过程。由于经 t_{fi1} 时间后 MOSFET 结构已关断，IGBT 又未承受反压，器件内存储电荷难以被迅速消除，所以集电极电流需较长时间下降，形成电流拖尾现象。由于此时集射极电压 u_{CE} 已建立，电流的过长拖尾将形成较大功耗，使结温升高。总的关断时间则为 $t_{off} = t_{d(off)} + t_{fi}$。

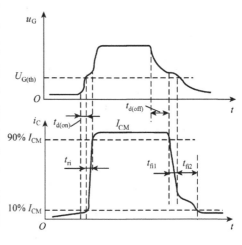

图 1-32　IGBT 的开关特性

IGBT 的开通时间 t_{on}、上升时间 t_{ri}、关断时间 t_{off} 及下降时间 t_{fi} 均随集电极电流和栅极电阻 R_G 的增加而变大，其中 R_G 的影响最大，故可用 R_G 来控制集电极的电流变化速率。

1.6.3　擎住效应和安全工作区

1. 擎住效应

如前所述，在 IGBT 管内存在一个由两个晶体管构成的寄生晶闸管，同时 P 基区内存在一个体区电阻 R_{br}，跨接在 N^+PN 晶体管的基极与发射极之间，P 基区的横向空穴电流会在其上产生压降，在 J_3 结上形成一个正向偏置电压。若 IGBT 的集电极电流 I_C 大到一定程度，这个 R_{br} 上的电压足以使 N^+PN 晶体管开通，经过连锁反应，可使寄生晶闸管导通，从而 IGBT 栅极对器件失去控制，这就是所谓的擎住效应。它将使 IGBT 集电极电流增大，产生过高功耗导致器件损坏。

擎住现象有静态与动态之分。静态擎住是指通态集电极电流大于某临界值后产生的擎住现象；动态擎住现象是指关断过程中产生的擎住现象。IGBT 关断时，MOSFET 结构部分关断速度很快，J_2 结的反压迅速建立，反压建立速度与 IGBT 所受重加 du_{CE}/dt 大小有关。du_{CE}/dt 越大，J_2 结反压建立越快，关断越迅速，但在 J_2 结上引起的位移电流 $C_{J_2}(du_{CE}/dt)$ 也越大。此位移电流流过体区电阻 R_{br} 时可产生足以使 N^+PN 管导通的正向偏置电压，使寄生晶闸管开通，即发生动态擎住现象。由于动态擎住时允许的集电极电流比静态擎住时小，故器件的 I_{CM} 应按动态擎住所允许的数值来决定。为了避免发生擎住现象，使用中应保证集电极电流不超过 I_{CM}，或者增大栅极电阻 R_G 以减缓 IGBT 的关断速度，减小重加 du_{CE}/dt 的值。总之，使用中必须避免发生擎住效应，以确保器件的安全。

2. 安全工作区

IGBT 开通与关断时，均具有较宽的安全工作区。IGBT 开通时对应正向偏置安全工作区（FBSOA），如图 1-33（a）所示。它是由避免动态擎住而确定的最大集电极电流 I_{CM}、器件内 P^+NP 晶体管击穿电压确定的最大允许集射极电压 U_{CEO} 以及最大允许功耗线所框成。值得指出的是，由于饱和导通后集电极电流 I_C 与集射极间电压 u_{CE} 无关，其大小由栅极电压 U_G 决定[图 1-31（a）]，故可通过控制 U_G 来控制 I_C，进而避免擎住效应发生，因此还可确定出与最大集电极电流 I_{CM} 对应的最大栅极电压 U_{GM}。

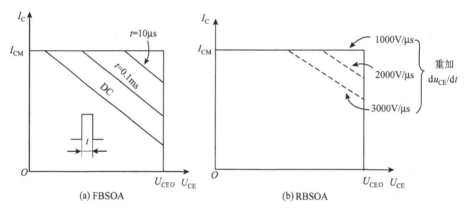

图 1-33　IGBT 的安全工作区

IGBT 关断时所对应的为反向偏置安全工作区（RBSOA），如图 1-33（b）所示。它随着关断时的重加电压上升率 du_{CE}/dt 变化，du_{CE}/dt 越大，越易产生动态擎住效应，安全工作区越小。一般可以通过选择适当栅极电压 U_G 和栅极驱动电阻 R_G 来控制 du_{CE}/dt，避免擎住效应发生，扩大安全工作区。

1.7　其他功率开关器件

1.7.1　静电感应晶体管和静电感应晶闸管

静电感应晶体管（SIT）和静电感应晶闸管（SITH）是两种结构与原理有许多相似之处的新型高频大功率电力电子器件，是利用静电感应原理控制工作电流的功率开关器件。SIT 和 SITH 具有功耗低、开关速度高、输入阻抗高、可用栅压控制开关等优点，在感应加热、超声波加工、广播发射等高频大功率装置以及逆变电源、开关电源、放电设备电源等新型电源中得到应用。

1. 静电感应晶体管

静电感应晶体管是一种结型场效应晶体管，于 1970 年开始被研制。SIT 的结构如图 1-34（a）所示。在一块掺杂浓度很高的 N 型半导体两侧有 P 型半导体薄层，分别引出漏极 D、源极 S 和栅极 G。当 G、S 之间电压 $U_{GS}=0$ 时，电源 U_S 可以经很宽的 N 区（有多数载流子电子，可导电）流过电流，N 区通道的等效电阻不大，SIT 处于通态。如果 G、S 两端外加负电压即($U_{GS}<0$),即图 1-34(a)中半导体 N 接正电压,半导体 P 接负电压,P_1N 与 P_2N 这两个 PN 结都加了反向电压,则会形成两个耗尽层 A_1 和 A_2(耗尽层中无载流子,不导电),使原来可以导电的 N 区变窄,等效电阻加大。当 G、S 之间的反偏电压大到一定的临界值以后,两侧的耗尽层变宽到连在一起时,若导电的 N 区消失,则漏极 D 和源极 S 之间的等效电阻变为无限大而使 SIT 转为断态。由于 2 耗尽层是由外加反偏电压形成外静电场而产生的,通过外加电压形成静电场作用控制管子的通、断状态,故称为静电感应晶体管 SIT。SIT 在电路中的开关作用类似于一个继电器的常闭触点,G、S 两端无外加电压 $U_{GS}=0$ 时 SIT 处于通态(闭合)接通电路,有外加电压 U_{GS} 作用后 SIT 由通态(闭合)转为断态(断开)。

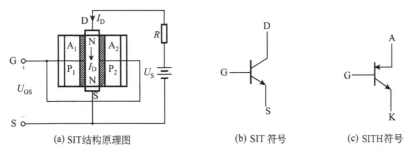

(a) SIT结构原理图　　　　　(b) SIT 符号　　　　　(c) SITH符号

图 1-34　SIT 的结构和符号

图 1-34(a)为 SIT 的结构原理图,图 1-34(b)和(c)分别为 SIT 和 SITH 的符号。SIT 通态电阻较大,故导通时损耗也较大。

2. 静电感应晶闸管

静电感应晶闸管(SITH)又称为场控晶闸管(field controlled thyristor,FCT),其通-断控制机理与 SIT 类似。结构上的差别仅在于 SITH 是在 SIT 结构基础上增加了一个 PN 结,而在内部多形成了一个三极管,两个三极管构成一个晶闸管而成为静电感应晶闸管。

栅极不加电压时,SITH 与 SIT 一样也处于通态;外加栅极负电压时,由通态转入断态。由于 SITH 比 SIT 多了一个具有注入功能的 PN 结,所以 SITH 属于两种载流子导电的双极型功率器件。实际使用时,为了使器件可靠地导通,常取 5～6V 的正栅压而不是零栅压以降低器件通态压降。一般关断 SIT 和 SITH 需要几十伏的负栅压。

1.7.2　MOS 控制晶闸管和集成门极换流晶闸管

1. MOS 控制晶闸管

MOS 控制晶闸管(MCT)的静态特性与晶闸管相似,由于它的输入端由 MOS 管控制,MCT 属场控型器件,其开关速度快,驱动电路比 GTO 的驱动电路要简单;MCT 的输出端为晶闸管结构,其通态压降较低,与 SCR 相当,比 IGBT 和 GTR 都要低。

MCT 出现于 20 世纪 80 年代,开始发展很快,但其结构和制造工艺比较复杂,成品率不高。由于这些关键技术问题没有得到很好的解决,目前 MCT 没能投入实际使用。MCT 的结构类似于 IGBT,是一种复合型大功率器件,它将 P-MOSFET 的高输入阻抗、低驱动功率及快开关速度和晶闸管的高电压、大电流、低导通压降的特点结合起来。其等效电路和符号如图 1-35 所示。

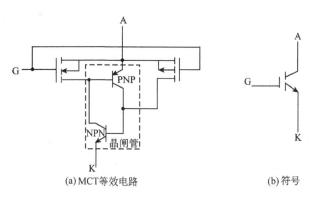

(a) MCT 等效电路　　　　　　　　　　(b) 符号

图 1-35　MCT 等效电路及符号

2. 集成门极换流晶闸管

集成门极换流晶闸管(IGCT)于 20 世纪 90 年代开始出现。IGCT 的结构是将 GTO 芯片与反并联二极管和门极驱动电路集成在一起,再将其门极驱动器在外部以低电感方式连接成环状的门电极。IGCT 具有大电流、高电压、高开关频率(比 GTO 高 10 倍)、结构紧凑、可靠性好、损耗低、制造成品率高等特点。目前,IGCT 已在电力系统中得到应用,以后有可能取代 GTO 在大功率场合应用的地位。

1.7.3　功率模块与功率集成电路

近二十多年来,功率半导体器件研制和开发中的一个共同趋势是模块化。功率半导体开关模块(功率模块)是把同类的开关器件或不同类的一个或多个开关器件,按一定的电路拓扑结构连接并封装在一起的开关器件组合体。模块化可以缩小开关电路装置的体积,降低成本,提高可靠性,便于电力电子电路的设计、研制,更重要的是由于各开关器件之间的连线紧凑,减小了线路电感,在高频工作时可以简化对保护、缓冲电路的要求。

功率模块(power module)最常见的拓扑结构有串联、并联、单相桥、三相桥以及它们的子电路,而同类开关器件的串、并联目的是要提高整体额定电压、电流。

如将功率半导体器件与电力电子装置控制系统中的检测环节、驱动电路、故障保护、缓冲环节、自诊断等电路制作在同一芯片上,则构成功率集成电路(power integrated circuit,PIC)。PIC 中有高压集成电路(high voltage IC,HVIC)、智能功率集成电路(smart power IC,SPIC)、智能功率模块(intelligent power module,IPM)等,这些功率模块已得到了较为广泛的应用。

三菱电机公司在 1991 年推出的 IPM 是较为先进的混合集成功率器件,由高速、低功耗的 IGBT 芯片和优化的门极驱动及保护电路构成,其基本原理如图 1-36 所示。由于采用了能连续监测功率器件电流的具有电流传感功能的 IGBT 芯片,从而实现了高效的过流保护和短路保护。IPM 集成了过热和欠压锁定保护电路,系统的可靠性得到进一步提高。目前,IPM 已经在中频(<20kHz)、中功率范围内得到了应用。

IPM 的特点为:采用低饱和压降、高开关速度、内设低损耗电流传感器的 IGBT 功率器件。采用单电源、逻辑电平输入、优化的栅极驱动。实行实时逻辑栅压控制模式,以严密的时序逻辑,对过电流、欠电压、短路、过热等故障进行监控保护。提供系统故障输出,向系统

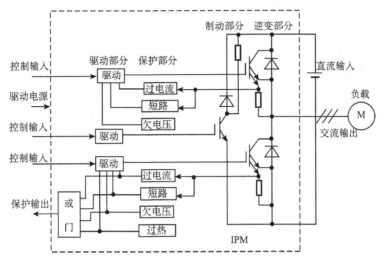

图 1-36 IPM 的原理框图

控制器提供报警信号。对输出三相故障,如桥臂直通、三相短路、对地短路故障也提供了良好的保护。

本 章 小 结

本章介绍了功率二极管、晶闸管(SCR)、大功率晶体管(GTR)、晶闸管派生器件[门极可关断晶闸管(GTO)等]、功率场效应晶体管(P-MOSFET)、绝缘栅双极型晶体管(IGBT)、MOS 控制晶闸管(MCT)、静电感应晶体管(SIT)、静电感应晶闸管(SITH)、集成门极换流晶闸管(IGCT)、功率模块与功率集成电路[智能功率模块(IPM)等]等各种功率半导体开关器件、模块的基本结构、工作原理、基本特性、主要参数等内容。

功率半导体器件可按下列形式分类。

(1) 按开关器件开通、关断可控性的不同分类

1) 不可控器件。

功率二极管是不可控开关器件。加正向阳极电压时,功率二极管导通;反之,功率二极管关断。

2) 半控器件。

普通晶闸管 SCR 属于半控器件。只有在正向阳极电压、正向门极电压时,SCR 导通;导通后,SCR 的门极失去控制作用,即门极只能控制其导通而不能控制其关断;要使已导通的 SCR 关断,需加反向阳极电压,或使其阳极电流减至维持电流 I_H 以下。

3) 全控型器件。

大功率晶体管 GTR、门极可关断晶闸管 GTO、功率场效应晶体管 P-MOSFET、绝缘栅双极型晶体管 IGBT、MOS 控制晶闸管 MCT、静电感应晶体管 SIT、静电感应晶闸管 SITH、集成门极换流晶闸管 IGCT 等功率半导体器件为全控型器件,即通过控制极上的驱动信号既能控制其开通又能控制其关断。

(2) 按控制极驱动信号的类型区分

根据开通和关断所需控制极驱动信号的不同要求,开关器件又可分为电流控制型开关

器件和电压控制型开关器件两大类。

1）电流控制型开关器件。

SCR、GTR、GTO 等器件为电流控制型器件。电流控制型器件具有通态压降低、导通损耗小、工作频率低、驱动功率大、驱动电路复杂等特点。

2）电压控制型开关器件。

P-MOSFET、IGBT、MCT、SIT、SITH、IGCT 等器件为电压控制型开关器件。电压控制型开关器件具有输入阻抗大、驱动功率小、驱动电路简单、工作频率高等特点。

（3）按开关器件内部导电载流子的情况区分

按开关器件内部电子和空穴两种载流子参与导电的情况，开关器件又可分为单极型器件、双极型器件和复合型器件。

1）单极型器件。

只有一种载流子（电子或空穴）参与导电的功率半导体器件称为单极型器件，如 P-MOSFET、SIT 等，单极型器件都是电压驱动型全控器件。

2）双极型器件。

电子和空穴两种载流子均参与导电的功率半导体器件称为双极型器件。功率二极管、SCR、GTO、GTR、SITH 等器件中的电子与空穴均参与导电，故属双极型器件。

3）复合型器件。

IGBT 和 MCT 是由 MOSFET 和 GTR 或 SCR 复合而成，因此是复合型电力电子器件。IGBT 和 MCT 的驱动输入部分是 MOSFET，因此也都是电压驱动型全控器件。

目前已广泛应用的开关器件中电压、电流额定值最高的功率半导体开关器件是 SCR，其余依次是 GTO、IGBT、MCT、GTR，最小的是 P-MOSFET。允许工作频率最高的功率半导体开关器件是 P-MOSFET，其余依次是 IGBT、GTR、MCT 和 GTO，最低的是 SCR。

近十几年功率半导体器件发展的一个重要趋势是将功率半导体电力开关器件与其驱动、缓冲、检测、控制和保护等硬件集成一体，构成一个功率集成电路 PIC。PIC 器件不仅方便了使用，而且能降低系统成本，减轻重量，缩小体积，把寄生电感减小到几乎为零，大大提高了电力电子变换和控制的可靠性。IPM 是功率集成电路中典型的例子，近年得到了较为广泛的应用。

思考题与习题

1. 功率二极管在电力电子电路中有哪些用途？

2. 说明晶闸管的基本工作原理。在哪些情况下，晶闸管可以从断态转变为通态？已处于通态的晶闸管，撤除其驱动电流为什么不能关断，怎样才能关断晶闸管？

3. 把一个晶闸管与灯泡串联，加上交流电压，如图 1-37 所示。试问：

1）开关 S 闭合前灯泡亮不亮？

2）开关 S 闭合后灯泡亮不亮？

3）开关 S 闭合一段时间后再打开，断开开关后灯泡亮不亮？原因是什么？

4. 在夏天工作正常的晶闸管装置到冬天变得不可靠，可能是什么现象和原因？冬天工作正常到夏天变得不可靠又可能是什么现象和原因？

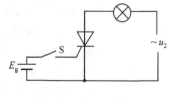

图 1-37

5. 型号为 KP100-3,维持电流 I_H＝4mA 的晶闸管,使用在如图 1-38 电路中是否合理? 为什么?(分析时不考虑电压、电流裕量)

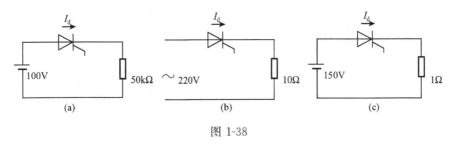

图 1-38

6. 用正弦波电压加于晶闸管上,晶闸管的正、反向漏电流波形也是正弦的吗? 流过正弦半波电流时,元件的管压降波形是怎样的?

7. 如图 1-39 所示,当不接负载电阻 R_d 时,发现改变晶闸管的触发脉冲相位(即触发脉冲相对于交流阳极电压过零点的时刻)电压表的读数总是很小;而当接上负载后就一切工作正常。试问是什么原因?

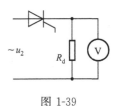

图 1-39

8. 直流电源电压 U＝220V,经晶闸管 VT 对负载供电,负载电阻 R＝20Ω,电感 L＝1H,晶闸管擎住电流 I_L＝55mA,维持电流 I_H＝22mA,用一个方波脉冲电流触发晶闸管。试计算:

1) 如果负载电阻 R＝20Ω,触发脉冲的宽度为 300μs,可否使晶闸管可靠地开通?

2) 如果晶闸管已处于通态,在电路中增加一个 1kΩ 的电阻能否使晶闸管从通态转入断态?

9. 如图 1-40 所示,当 VT_2 触发导通时利用电容 C 上已充电的电压使 VT_1 关断。现发现当 C 太小时,VT_2 导通时 VT_1 关不断,试问是何原因?

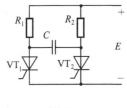

图 1-40

10. 图 1-41 中阴影部分表示流过晶闸管的电流波形,其最大值均为 I_m。试计算各电流波形的平均值 I_{d1}、I_{d2}、I_{d3},电流有效值 I_1、I_2、I_3 和它们的波形系数 K_{f1}、K_{f2}、K_{f3}。

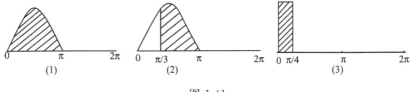

图 1-41

11. 上题中若不考虑安全裕量,问额定电流为 100A 的晶闸管能送出平均值电流 I_{d1}、I_{d2}、I_{d3} 各多少? 相应的电流最大值 I_{m1}、I_{m2}、I_{m3} 又各多少?

12. 单相正弦交流电源,晶闸管和负载电阻串联,交流电源电压有效值 220V。试计算晶闸管实际承受的正、反向电压最高是多少? 考虑晶闸管的电压安全裕量为 3 倍,其额定电压应如何选取?

13. 设上题中晶闸管的通态平均电流为 100A,考虑晶闸管的电流安全裕量为 2 倍,试分别计算导电角为 180°和 90°时,电路允许的峰值电流各是多少?

14. 如图 1-42 所示,画出负载 R_d 上的电压波形(不计管压降)。

15. 如图 1-43 所示,在 t_1 时刻合上开关 S,t_2 时刻断开开关 S,试画出负载上的电压波形(不计管压降)。

16. 说明 GTO 的关断原理。

17. 描述 GTR 的二次击穿特性。

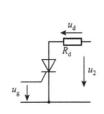
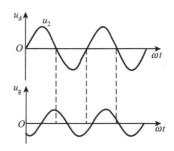

图 1-42

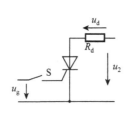
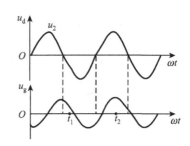

图 1-43

18. 为什么 GTR 在开关瞬变过程中易被击穿？有什么预防措施？

19. 作为开关使用时 P-MOSFET 器件主要的优缺点是什么？如何应用这些优点、避免这些缺点？

20. P-MOSFET 器件使用中应注意什么？

21. IGBT 有哪些突出优点？

22. 什么是 IGBT 的擎住现象？使用中如何避免？

23. 对 GTR、P-MOSFET 及 IGBT 进行比较（导电机构、开关特性、优缺点及应用范围）。

24. 比较 MOS 控制晶闸管 MCT 与静电感应晶体管 SIT 的通-断控制机理。

第二章　功率半导体器件的驱动与保护

本章介绍应用最广泛的晶闸管移相驱动(触发)电路、大功率晶体管驱动电路、功率场效应晶体管驱动电路及绝缘栅双极型晶体管驱动电路。驱动电路的基础知识在"模拟电子技术基础"课程中已做过讲述。在学习具体驱动电路时,可以与各种主电路结合起来学,注意掌握电路中各点的波形,这样便于理解驱动电路的工作原理。功率半导体器件在电力电子电路中使用时,除了选择有相应裕量的器件外,还必须对器件实施过压、过流等保护措施,本章具体介绍这些保护措施。

2.1　晶闸管的驱动与保护

2.1.1　晶闸管的触发电路

晶闸管触发电路的作用是将控制信号 U_k 转变成控制角 α(或 β)信号,向晶闸管提供门极电流,决定各个晶闸管的导通时刻。因此,触发电路与主电路一样是晶闸管装置中的重要部分。两者之间既相对独立,又相互依存。正确设计的触发电路可以充分发挥晶闸管装置的潜力,保证运行的安全可靠。触发电路在晶闸管变流装置中的地位如图 2-1 所示,可把触发电路和主电路看成一个功率放大器,以小功率的输入信号直接控制大功率的输出。

图 2-1　触发电路在晶闸管装置中的地位

1. 触发脉冲要求

晶闸管装置种类很多,工作方式也不同,故对触发电路的要求也不同。下面介绍对触发电路的基本要求。

1) 触发信号可以是交流、直流或脉冲形式。由于晶闸管触发导通后,门极即失去控制作用,为减少门极损耗,一般触发信号采用脉冲形式。

2) 触发脉冲信号应有一定的功率和宽度。触发电路的任务是提供控制晶闸管的门极触发信号。由于晶闸管门极参数的分散性以及其触发电压、电流随温度变化的特性,为使各合格元件在各种条件下均能可靠触发,触发电流、电压必须大于门极触发电流 I_{GT} 和触发电压 U_{GT},即脉冲信号触发功率必须保证在各种工作条件下都能使晶闸管可靠导通。触发脉冲信号应有一定的宽度,脉冲前沿要陡,保证触发的晶闸管可靠导通。如果触发脉冲过窄,在脉冲终止时主电路电流还未上升到晶闸管的擎住电流,则晶闸管会重新关断。

3) 为使并联晶闸管元件能同时导通,触发电路应能产生强触发脉冲。在大电流晶闸管并联电路中,要求并联元件能同时导通,各元件的 di/dt 都应在允许范围之内。由于元件特性的分散性,先导通元件的 di/dt 就会超过允许值而损坏,故应采取图 2-2 所示的强触发脉冲。强触发电流幅值为触发电流值的 5 倍左右,前沿陡度应不小于 0.5A/μs,最好大于

$1A/\mu s$;强触发宽度对应时间 t_2 应大于 $50\mu s$,脉冲持续时间 t_3 应大于 $550\mu s$。

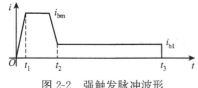

图 2-2　强触发脉冲波形

4)触发脉冲的同步及移相范围。为使晶闸管在每个周期都在相同的控制角 α 下触发导通,触发脉冲必须与电源同步,也就是说触发信号应与电源保持固定的相位关系。同时,为了使电路在给定的范围内工作,应保证触发脉冲能在相应范围内进行移相。

5)隔离输出方式及抗干扰能力。触发电路通常采用单独的低压电源供电,因此应采用某种方法将其与主电路电源隔离。常用的是在触发电路与主电路之间连接脉冲变压器。此类脉冲变压器需做专门设计。触发电路正确可靠的运行是晶闸管设备的安全运行极为重要的环节。引起触发电路误动作的主要原因之一是由主电路或安装在触发电路附近的继电器和接触器引起的干扰。主电路的干扰常通过触发电路的输出级而进入触发电路,常用的抗干扰措施为:脉冲变压器采用静电屏蔽、串联二极管、并联电容等。

2. 单结晶体管移相触发电路

(1)单结晶体管的结构与特性

单结晶体管又称双基极二极管,其结构示意图和符号见图 2-3。单结晶体管共有三个极:第一基极 b_1,第二基极 b_2 和发射极 e。如图 2-3 所示,在一块高电阻率的 N 型硅片两端,引入两个欧姆接触电极,分别称为第一基极 b_1 和第二基极 b_2;硅片另一侧靠近 b_2 处,用合金法或扩散法掺入 P 型杂质,引出电极 e,称为发射极。e 对 b_1 和 b_2 均为一个 PN 结,具有二极管导电性能,所以称为双基极二极管。

两个基极 b_1 和 b_2 间的 N 型区域电阻 R_{bb} 称为基区电阻。R_{bb} 可看成由第一基极 b_1 和发射极 e 之间的硅片电阻 R_{b_1} 以及 b_2 与 e 之间的硅片电阻 R_{b_2} 串联而成。正常工作时,R_{b_1} 的阻值随发射极电流 I_e 变化而变化(见下面分析),故可等效成一个可变电阻。PN 结相当于一只二极管 VD。单结晶体管的等效电路和图形符号如图 2-3 (b)、(c)所示。

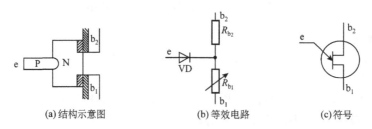

(a)结构示意图　　　(b)等效电路　　　(c)符号

图 2-3　单结晶体管的结构、等效电路及符号

图 2-4 示出了单结晶体管的实验电路,由图可说明单结晶体管的特性。

当发射极断开时,在 b_1 和 b_2 间加电压 U_{bb},则电流由 b_2 流向 b_1,如以 b_1 为参考点,则图中 A 点电位为

$$U_A = U_{bb}\frac{R_{b_1}}{R_{bb}} = \eta U_{bb} \qquad (2\text{-}1)$$

式中,$\eta = R_{b_1}/R_{bb}$,称为单结晶体管的分压

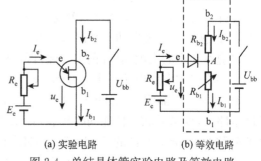

(a)实验电路　　　(b)等效电路

图 2-4　单结晶体管实验电路及等效电路

比,是单结晶体管的主要参数之一。其数值一般为 $0.3\sim0.9$,由管子的内部结构决定。

如果在 e、b_1 之间加一可调电压 E_e,此时 e 和 b_1 间就等效于一个二极管,调节 E_e 或 R_e,可改变 U_e 的大小,U_e 的变化会使等效二极管 VD 的导通情况发生变化。

U_e 从零增加但小于 ηU_{bb} 时,二极管 VD 反偏,只有很小的反向电流,VD 处于截止状态。当 $U_e=\eta U_{bb}$ 时,VD 处于零偏置,$I_e=0$,VD 仍处于截止状态。当 $\eta U_{bb}+U_D>U_e>\eta U_{bb}$ 时,VD 虽已处于正偏,但仍小于 VD 正向导通时的管压降 U_D,故 VD 仍处于截止状态。当 U_e 增加到 $U_e\geqslant\eta U_{bb}+U_D$ 时,管子导通,由于发射极 P 区的空穴不断注入 N 区,N 区载流子大量增加,阻值迅速减小,从而有

$$R_{b_1}\downarrow\rightarrow U_A=\eta U_{bb}\downarrow\rightarrow PN结正偏\uparrow\rightarrow I_e\uparrow$$

尽管 $U_e=E_e-I_eR_e$,当 I_e 增加时 U_e 要减小,但 U_A 下降得更多,即 PN 结正偏更大,故形成强烈的正反馈,I_e 不断增大,U_e 却不断减小,动态电阻为负值,这就是单结晶体管的负阻特性,如图 2-5 中的 PV 段曲线所示。P 点称为峰点,对应的电流称为峰点电流 I_P,I_P 即为使管子导通的最小电流;V 点称为谷点,对应的发射极电压称为谷点电压 U_V。

随着 I_e 继续增大,即空穴注入量增大,使部分空穴不能与基区中的电子复合,出现空穴过剩。这样,P 区空穴继续注入 N 区遇到的阻力增大,相当于 R_{b_1} 变大,此时 U_e 将随 I_e 的增加而逐渐增加,元件又恢复了正阻特性,这个区域称为饱和区。由负阻区到饱和区的转折点即为谷点。谷点电压 U_V 为单结晶体管维持导通的最小发射极电压,$U_e<U_V$ 时,管子将重新截止。

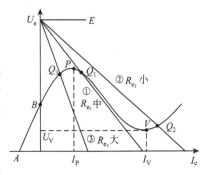

图 2-5　单结晶体管的伏安特性

在单结晶体管触发电路中,常希望选用 η、I_V 较大,U_V 较小的单结晶体管,这样能使输出脉冲幅值大,调节电阻范围大。

(2)单结晶体管弛张振荡电路

单结晶体管弛张振荡电路及其电压波形图如图 2-6 所示。其原理是利用单结晶体管的负阻特性和 RC 充放电电路,组成自激振荡电路以产生可以移相的脉冲。现分析如下:

接上电源 E 后,经 R_e 向电容 C 充电,其时间常数为 R_eC,电容电压 u_C 逐渐增大,单结晶体管的工作点由图 2-5 中 A 点逐渐向上移动。当 u_C 增加到 $u_C=\eta U_{bb}$ 时,单结晶体管的 PN 结处于零偏置,相应于特性中的 B 点。电容继续充电,$u_C>\eta U_{bb}$,管子的 PN 结正偏置,但正偏电压小于 PN 结的开放电压 U_D 时,单结晶体管仍处于截止状态。当 $u_C=\eta U_{bb}+U_D$

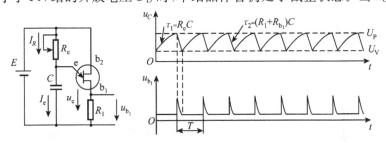

图 2-6　单结晶体管弛张振荡电路及电压波形图

时,即伏安特性上 P 点,PN 结上的正偏电压等于 U_D,PN 结开始导通,也就是 e、b_1 导通,单结晶体管进入负阻状态,电容 C 通过 eb_1 结向 R_1 放电,时间常数为 $(R_1+R_{b_1})C$,与此同时,随着 I_e 的增加,R_b 迅速减小,电流 I_{b_2} 迅速增大,并随同 I_e 流过 R_1,从而在 R_1 上得到正向电压 u_{R_1}。当电容电压 u_C 降至谷点 U_V 时,电容放电结束。由于 R_e 较大,由电源 E 经 R_e 提供的电流小于谷点电流,不能满足导通要求,eb_1 结间的电阻 R_{b_1} 迅速增大,图 2-4(b)中 A 点的电压 U_A 上升,PN 结处于反偏,单结晶体管恢复截止状态。此时,R_1 上电压 u_{R_1} 为零。电容电压 u_C 从 U_V 开始重新充电,重复上述过程。由于 $R_e\gg R_1+R_{b_1}$,电容 C 的充电时间常数 $\tau_1=R_eC$ 远大于放电时间常数 $\tau_2=(R_1+R_{b_1})C$,故电容 C 上的电压波形 u_C 为锯齿波,而 R_1 上的输出电压波形 u_{R_1} 为正向脉冲波。

(3) 触发电路的参数选择

为使单结晶体管触发电路能正常工作,必须对电路中各电阻、电容元件数值做出适当选择。

R_e 的确定:

选择电阻 R_e 数值时要保证单结晶体管工作状态在截止区和负阻区来回变化,保证触发电路能够振荡。在图 2-5 单结晶体管伏安特性上作负载线 $E=I_eR_e+U_e$。由图 2-5 可见,R_e 数值不同,负载线斜率也不同。R_{e_3} 最大,对应的负载线③与伏安特性截止区段交于 Q_3;R_{e_1} 数值次之,对应负载线①与负阻区段伏安特性交于 Q_1;R_{e_2} 数值最小,对应负载线②与饱和区伏安特性交于 Q_2。若 R_e 选得较大,$R_e=R_{e_3}>\dfrac{E-U_P}{I_P}$,则静态工作点为图 2-5 中的 Q_3 点,在伏安特性峰点 P 的左侧,故无法使单结晶体管从截止区进入负阻区,输出脉冲也就不能生成。当 $R_e<\dfrac{E-U_V}{I_V}$ 时,在 u_C 达到 U_P 时,通过 R_e 的电流能大于 I_P,即能使管子工作在负阻区,静态工作点为 Q_2。当 R_e 选得过小,如 $R_e=R_{e1}\ll\dfrac{E-U_V}{I_V}$ 时,一旦单结晶体管导通,R_e 提供的电流大于谷点电流 I_V,管子进入饱和区而不能截止,即图 2-5 中的静态工作点 Q_2,电路停止振荡,也就无法输出脉冲,因此要求 $R_e>\dfrac{E-U_V}{I_V}$。

由上述分析可得出如下结论:保证电路振荡的条件为

$$\frac{E-U_P}{I_P}>R_e>\frac{E-U_V}{I_V} \tag{2-2}$$

如用改变 R_e 来进行移相控制,则要保证 R_e 满足上述不等式。

R_1 的确定:

输出脉冲 u_{R_1} 幅值的大小直接与 R_1 阻值的大小有关。R_1 阻值越大,u_{R_1} 的幅值就越大。但如果 R_1 阻值过大,单结晶体管未导通前的漏电流 I_b 也有可能使晶闸管误触发。因此 R_1 阻值应满足下列不等式

$$R_1<\frac{U_{GD}}{I_b} \tag{2-3}$$

式中,U_{GD} 为额定结温、额定阳极正向阻断电压时不能使晶闸管触发的最大门极电压。

R_2 阻值的选择：

R_2 在电路中可起温度补偿作用。由于电路中 U_D 具有负电阻系数，R_{bb} 具有正温度系数，而单结晶体管的峰值电压 $U_P=U_D+\eta U_{bb}=U_D+\dfrac{R_{b_1}}{R_{bb}}U_{bb}$，其大小受温度影响，温度升高时，$U_P$ 将减小。在第二基极 b_2 上串联具有零温度系数的电阻 R_2 后，如温度升高，由于 R_{bb} 增大，R_2 上的压降就略为减小，则加在单结晶体管 b_1、b_2 上的电压略为升高，从而可补偿 U_D 的减小，使峰值电压 U_P 数值基本不变。

电容 C 的选择：

输出脉冲的宽度取决于电容 C 的放电时间常数 $(R_{b_1}+R_1)C$。如果 C 取得太小，则放电脉冲就可能过窄，不易顺利触发晶闸管。但 C 的电容量过大时，会与 R_e 的选择发生矛盾。当振荡频率 f 一定时，C 越大，R_e 就越小，这样有可能不满足式(2-2)的振荡条件，使单结晶体管工作在饱和区，管子将持续导通而无法振荡。电容 C 的电容值可选 $0.1\sim1.0\mu F$。

单结晶体管触发电路结构简单，便于调试，但管子的参数差异大，在多相电路中不易使用。且其输出功率小，脉冲宽度窄，控制的线性度差，实际移相范围一般小于 $150°$，常用于小功率的单相晶闸管电路中。

（4）单结晶体管触发电路实例

单结晶体管触发电路应解决与主电源的同步问题，采用同步方式的振荡电路称为同步振荡电路。图 2-7 为采用单结晶体管同步振荡电路为触发电路的单相桥式半控整流电路。变压器 TB 初级接主回路电源，变压器副边电压经整流后，再由稳压管 VW 进行限幅削波，从而得到梯形波，将此梯形波作为触发电路电源。由于梯形波是由主电源得出的，故与主电源同步。当主电路电压为零时，触发电路电压也为零，原先已充好电的电容 C 通过单结晶体管的 eb_1 结很快放电完毕。如果忽略放电时间，则电容 C 在下一个半波的过零点处重新开始充电，这样就使得每个半周内触发脉冲出现的时间都相等，也就是达到了同步作用。

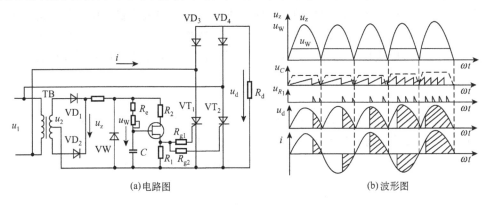

(a)电路图　　　　　　　　　　　(b)波形图

图 2-7　单结晶体管同步振荡电路

由图 2-7(b)可知，电容 C 充电速度越快，触发电路的脉冲波越密，则第一个脉冲出现的时间就越提前，即控制角 α 越小。从而可知改变电阻 R_e，可以改变电容 C 的充电速度，即可控制振荡周期 T 的大小，达到控制触发脉冲移相的目的。触发脉冲的周期 T 可由下式进行计算：

$$T=R_e C\ln\frac{1}{1-\eta} \tag{2-4}$$

在实际电路中,采用直接改变电阻 R_e 的移相方法不方便,为此可采用图 2-8 (a)所示的由三极管代替电位器来实现自动移相。其自动移相的作用是由 u_i 通过 VT_1、VT_2 而实现的。当 $u_i=0$ 时,VT_1、VT_2 均截止,等效电阻很大,电容 C 的充电时间常数就很大,在半周内 u_C 无法充电到峰点电压 U_P,故无触发脉冲输出,晶闸管就不导通。而当 u_i 由零增加时,VT_1 基极电位上升,I_{b_1} 增加,VT_1 工作在放大区,从而使 VT_2 基极电位下降,I_{b_2} 增加,VT_2 也工作在放大区,使得 VT_2 的等效电阻减小,从而使电容 C 的充电时间常数也减小,控制角 α 就可减小。由此,改变输入电压 u_i 的大小,即可实现改变控制角 α 的目的。图 2-8 中的 VD_1、VD_2 对输入电压 u_i 起限幅作用。触发电路输出采用脉冲变压器 MB 输出,将主电路和触发电路隔离。

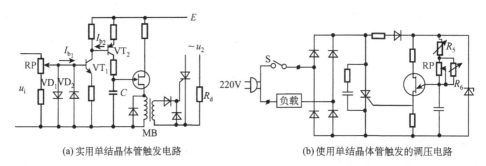

(a) 实用单结晶体管触发电路　　　　　　　　　(b) 使用单结晶体管触发的调压电路

图 2-8　单结晶体管触发电路实例

图 2-8 (b)所示为使用单结晶体管触发的调压电路。此电路可用作电灯的调光,电烙铁、电炉的调温之用。电位器 RP 为调节旋钮,在 R_5、R_6 进行了调节范围预调整后,调节 RP 即可调整晶闸管的导通角。晶闸管导通时,负载通电;晶闸管关断时,负载断电,从而实现调光或调温。晶闸管两端并联阻容吸收电路,对晶闸管进行保护。

3. 锯齿波同步移相触发器

常用的触发电路有正弦波同步触发电路和锯齿波同步触发电路,由于锯齿波同步触发电路具有较好的抗电路干扰、抗电网波动的性能及有较宽的调节范围,因此得到了广泛的应用。该电路由同步检测环节、锯齿波形成环节、同步移相控制环节及脉冲形成与放大环节等组成。图 2-9 为锯齿波同步移相触发电路。

(1) 锯齿波形成环节

锯齿波形成环节由 VW、RP_1、R_3、VT_1 组成的恒流源电路及 VT_2、VT_3、C_2 等元件组成,其中 VT_2 是交流电源的同步开关,起同步检测作用。

当 VT_2 截止时,恒流源电流 I_{C_1} 对 C_2 进行充电,C_2 两端的电压为

$$u_C = \frac{1}{C_2}\int i\mathrm{d}t = \frac{1}{C_2}\int I_{C_1}\mathrm{d}t = \frac{1}{C_2}I_{C_1}t \qquad (2-5)$$

可见 u_C 随时间线性增长,而 $u_{b_3}=u_C$,故 u_{b_3} 形成了锯齿波的上升部分。调节电位器 RP_1 的大小可改变充电电流 I_{C_1},从而也就调节了锯齿波的斜率。VT_3 的接法为一射极跟随器,其射极输出电压 u_{e_3} 与 u_{b_3} 仅差一 PN 结的正向压降,即 u_{e_3} 波形也为一锯齿波。当 VT_2 饱和导通时,R_4 阻值较小,C_2 通过 R_4、VT_2 迅速放电,形成锯齿波电压陡峭的下降部分。只要 VT_2 能周期性地关断和导通,就能使 u_{e_3} 成为周期性的电压波形。

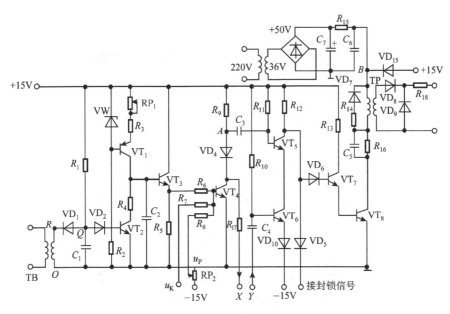

图 2-9 锯齿波同步移相触发电路

（2）同步检测环节

同步检测环节由变压器 TB、VD_1、VD_2、R_1、C_1、VT_2 等元件组成，其作用为利用同步电压来控制锯齿波产生的时刻和宽度。当正弦同步电压 u_{TB} 由正变负时（相当于电角度 180°处），开关管 VT_2 截止，此时开始形成锯齿波。锯齿波的宽度等于 VT_2 的截止时间，其频率由 VT_2 的开关频率也就是电源频率决定。u_{TB} 在负半周的下降段时，VD_1 导通，电容 C_1 被迅速充电，极性为上（一）下（＋）。由于 O 点接地，R 点为负电位，而 Q 点与 R 点仅差一管压降，也为负电位，故 VT_2 反偏，处于截止状态。在 u_{TB} 负半周的上升段，＋15V 电源通过 R_1给 C_1 反向充电，极性为上（＋）下（一）。Q 点电压 C_1 的反向充电电压波形，其上升速度比 R 点的同步电压波形慢，故 VD_1 截止。当 Q 点电位上升到 1.4V（两个 PN 结压降）时，VT_2 导通并将 Q 点电位钳制在 1.4V。到下一个 u_{TB} 负半周开始时，VD_1 再次导通，VT_2 截止，如此周而复始。各点的电压波形如图 2-10 所示。锯齿波的宽度由 VT_2 的截止时间决定，也就是说由充电时间常数 R_1C_1 决定。考虑到锯齿波两端的非线性，一般将 R_1C_1 调整到使宽度为 240°。

（3）移相控制环节

图 2-11 为移相控制电路，输入控制电压 u_K、初相位调整电压 u_P（u_P 为负值）和锯齿波形成环节产生的锯齿波 u_T 分别通过 R_7、R_8、R_6 共同接到 VT_4 管的基极上，由三个电压综合后来控制 VT_4 的截止与导通。

根据叠加原理，在分析 VT_4 基极电位 u_{b_4} 时，可看成 u_T、u_K、u_P 三者单独作用的叠加，其等效电路见图 2-12(a)。为分析方便，将 VT_4 管基极断开。只考虑锯齿波电压 u_T 时，作用在 b_4 上的电压为

$$u_T' = u_T \frac{R_7 /\!/ R_8}{R_6 + R_7 /\!/ R_8} \tag{2-6}$$

可见 u_T' 仍为锯齿波，只是斜率比 u_T 小。

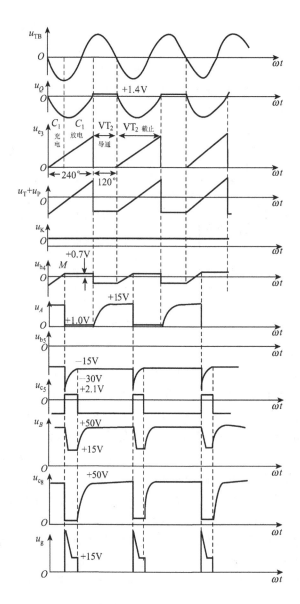

图 2-10　锯齿波移相触发电路电压波形

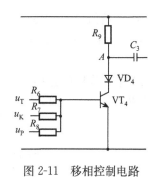

图 2-11　移相控制电路

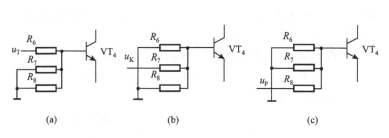

图 2-12　移相控制环节的等效电路

同样,只考虑 u_K 和 u_P 时,见图 2-12 (b)、(c)可得

$$u'_K = u_K \frac{R_6 /\!/ R_8}{R_7 + R_6 /\!/ R_8} \tag{2-7}$$

$$u'_P = u_P \frac{R_6 /\!/ R_7}{R_8 + R_6 /\!/ R_7} \tag{2-8}$$

可见,u'_K 和 u'_P 分别为与 u_K 和 u_P 平行的一直线,只是数值较 u_K 和 u_P 为小。这样可得 VT_4 的基极电流

$$I_{b_4} = \frac{u'_T}{R_{be4}} + \frac{u'_K}{R_{be4}} + \frac{u'_P}{R_{be4}} = \frac{u'_T + u'_K + u'_P}{R_{be4}} = \frac{u'_{b_4}}{R_{be4}} \tag{2-9}$$

式中,R_{be4} 为 VT_4 管发射结正向电阻;u_{b_4} 为 u'_T、u'_K 和 u'_P 叠加的合成电压。当 u_{b_4} 由负变正过零点时,VT_4 由截止变为饱和导通,而 u_{b_4} 波形则被钳制在0.7V。u_P 和 u_K 的作用分别叙述如下:

当 $u_K = 0$ 时,改变 u_P 数值的大小,则 VT_4 开始导通的时刻就会根据 u_P 的增大或减小而前、后移动,也就是移动了输出脉冲的相位。因此适当调整 u_P 数值的大小,可使 $u_K = 0$ 时的脉冲初相位满足各主电路的需要。如对于三相可控桥式整流电路,电阻性负载时,脉冲初始相位为 $120°$,而大电感负载时,初始相位为 $90°$。

u_P 电压确定后固定不变。改变 u_K 的大小同样可以移动输出脉冲的相位。当 $u_K = 0$ 时,输出脉冲相位为 α_0,u_K 增大时,输出脉冲相位逐渐前移,即 α 逐渐减小,从而达到了移相控制的目的。

（4）脉冲形成与放大环节

脉冲形成环节由 VT_4、VT_5、R_6、R_7、R_8、C_3 等元件组成,脉冲放大环节由 VT_7、VT_8 等组成。当合成电压 $u_{b_4} < 0$ 时,VT_4 截止。+15V 电源通过 R_{11} 为 VT_5 管提供了足够大的基极电流,使 VT_5 饱和导通（假定 VT_6 也饱和导通,详见双脉冲形成环节）,VT_5 的集电极电压 u_{C_5} 接近 -15V,VT_7 和 VT_8 截止,没有脉冲输出。与此同时,C_3 通过 R_9、VT_5 充电,充满电后的 C_3 两端电压约为 30V,极性为左（+）右（-）。当 u_{b_4} 电压为 0.7V 时,VT_4 饱和导通,A 点电位由 +15V 突降至 +1V 左右。由于 C_3 两端电压不能突变,VT_5 基极电位突降至 -30V 左右,使 VT_5 截止,其集电极电压由 -15V 迅速上升到 VD_6、VT_7、VT_8 三个 PN 结压降之和 2.1V,从而 VT_7、VT_8 导通,输出触发脉冲。VT_4 导通的同时,C_3 经 +15V 电源、R_{11}、VD_4 及 VT_4 反向充电,使 VT_5 基极电位由 -30V 逐渐升至 -15V,则 VT_5 重新导通。VT_5 集电极电位突降至 -15V 左右,使 VT_7、VT_8 截止,输出脉冲终止。VT_4 导通瞬间是脉冲发出的时刻,而 VT_5 持续截止时间即为脉冲的宽度,此宽度与 C_3 的反向充电时间常数 $R_{11}C_3$ 有关。

R_{13} 和 R_{16} 是 VT_7、VT_8 的限流电阻,以防止 VT_5 长期截止时 VT_7 和 VT_8 管被烧坏。

（5）强触发环节

强触发环节由 +50V 电源、C_6、R_{15}、VD_{15} 等元件组成,见图 2-9。强触发环节可缩短晶闸管的开通时间,改善串联元件的均压、并联元件的均流和提高元件承受 di/dt 的能力。大、中容量的晶闸管装置的触发电路都带有强触发环节。VT_8 导通输出脉冲前,强触发 +50V 电源已通过 R_{15} 向 C_6 充电,B 点的电位升至 +50V。当 VT_8 导通时,C_6 经脉冲变压

器 TP、R_{16} 和 C_5 的并联支路迅速放电。由于放电回路电阻较小,电容 C_6 两端电压衰减得很快,B 点电位迅速下降。当 u_B 稍低于 +15V 时,VD_{15} 导通,此时由于 +50V 电源向 VT_8 提供较大的负载电流,在 R_{15} 上压降很大,不能使 C_6 两端电压超过 +15V,故 B 点电位被钳制在 +15V。VT_8 截止后,C_6 两端电压又被充至 +50V,为下次强触发做准备。电容 C_5 能提高强触发脉冲前沿陡度。

（6）双窄脉冲形成环节

对三相桥式全控整流电路,要求提供宽度大于 60° 小于 120° 的宽脉冲,或间隔 60° 的双窄脉冲。前者要求触发电路输出功率大,所以很少采用,一般都采用双窄脉冲。双窄脉冲的实现是 1 号触发器提供元件 1 的第一个脉冲。落后 60° 的 2 号触发器脉冲除供给元件 2 外,再对元件 1 提供第二个滞后第一个脉冲 60° 的补脉冲。

图 2-9 中 VT_5、VT_6 两管构成"或"门电路,无论哪个管子截止都会使 VT_7、VT_8 导通,输出触发脉冲。1 号触发器内由 VT_4 送来的负脉冲信号使 VT_5 截止,VT_7、VT_8 导通,对元件 1 输出第一个触发窄脉冲。经过 60° 后,2 号触发器同样对元件 2 送出第一个窄脉冲,与此同时,由该触发器中 VT_4 集电极经 R_{17} 的 X 端,接至 1 号触发器的 Y 端。这样,2 号触发器 C_4 产生的负脉冲将使 1 号触发器 VT_6 截止,VT_7、VT_8 导通一次,从而对元件 1 补上了一个落后 60° 的第二个窄脉冲。以此类推,3 号触发器给元件 2 送去补脉冲,4 号触发器给元件 3 送补脉冲……这样循环下去,六个元件都得到了相隔 60° 的补脉冲,其连接见图 2-13。VD_4、R_{17} 能防止双脉冲信号互相干扰。

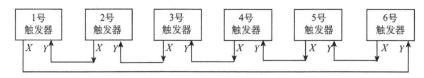

图 2-13　全控桥式整流电路各触发器补脉冲接线图

（7）锯齿波触发电路的特点

锯齿波触发电路的优点是锯齿波同步触发电路不受电网电压波动与波形畸变的直接影响,抗干扰能力强,且移相范围宽。其缺点是该电路相对比较复杂,且整流装置的输出电压 U_d 和控制电压间不满足线性关系。

4. 集成触发器

随着电力电子技术及微电子技术的发展,集成化晶体管触发电路已得到广泛应用。集成化触发器具有体积小、功耗低、性能可靠、使用方便等优点。下面介绍国内常用的 KC（或 KJ）系列单片移相触发电路。KC04 集成触发器电路的电原理图如图 2-14 所示,其中虚线框内为集成电路部分,框外为外接电容、电阻等元件,该电路由同步检测、锯齿波形成、移相、脉冲形成、脉冲分选及功放等环节组成。

$VT_1 \sim VT_4$ 组成同步检测环节。同步电压 u_T 由端 7、8 输入,经限流电阻 R_4 加到 VT_1、VT_2 基极,u_T 为正半周时,VT_1 导通,VT_2、VT_3 截止,m 点为低电平,n 点为高电平;u_T 为负半周时,VT_1 截止,VT_2、VT_3 导通,m 点是高电平,n 点为低电平。VD_1、VD_2 组成"与"门电路,只要 m、n 两点中有一点为低电平,VT_4 基极电位 u_{b_4} 就为低电平,VT_4 管截止,只有在 u_T 过零时刻（准确地说,应为 $|u_T| < 0.7V$）,$VT_1 \sim VT_3$ 都截止,m、n 两点均为高

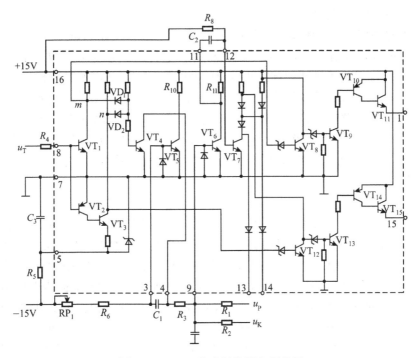

图 2-14　KC04 集成触发器电原理图

电平,则 VT_4 饱和导通。VT_5 为锯齿波形成环节。电容 C_1 在 VT_5 的集电极,组成电容负反馈的锯齿波发生器,也称密勒积分器。VT_4 截止时,C_1 充电形成锯齿波;VT_4 导通时,C_1 放电形成锯齿波回程电压。在 VT_4 截止瞬间,开始形成锯齿波上升段。±15V 电源经 R_{10}、R_6、RP_1 向 C_1 充电,在端 4 形成线性增长的锯齿波。此锯齿波的斜率决定于 R_6、RP_1 和 C_1 的大小。改变电位器 RP_1 的阻值可调整锯齿波的斜率。VT_4 饱和导通时,C_1 经此迅速放电,形成锯齿波回程段。

由 VT_6 等元件组成移相环节。锯齿波电压 u_{e_5}、偏移电压 u_P、控制电压 u_K 分别经 R_3、R_1 和 R_2 在 VT_6 的基极上并联叠加。当 VT_6 基极电压增至 0.7V 时,VT_6 导通。如果固定 u_{e_5}、u_P 而改变 u_K 的大小,则 VT_6 开始导通时刻随之变动,即产生的触发脉冲可以前后移动,达到移相的目的。

VT_7 等元件为脉冲形成环节。VT_6 截止时,C_2 经 +15V 电源、R_{11}、VT_7 充电(VT_7 经 R_8 获得基极电流而导通),C_2 的极性为左(+)右(-)。当 $u_{b_6}=0.7V$ 时,VT_6 导通,由于 C_2 两端电压不能突变,而此时 C_2 左端电位为零电位,即相当于给 VT_7 基极一个负脉冲信号,使 VT_7 截止。此后,C_2 经 +15V 电源、R_5、VT_6 反向充电,当电容电压使 VT_7 基极电位等于 0.7V 时,VT_7 重新导通。VT_7 截止期间,在 VT_7 集电极得到一定宽度的移相脉冲。同步电压 u_T 正、负半周都产生一个相隔 180° 的脉冲,此脉冲的宽度由 C_2 的放电时间常数 C_2R_8 决定。

VT_8、VT_{12} 为脉冲分选环节,VT_9、VT_{10}、VT_{11}、VT_{13}、VT_{14}、VT_{15} 等组成功放环节。VT_7 集电极每个周期输出相隔 180° 的两个脉冲。VT_8 的基极接 m 点,VT_{12} 的基极接 n 点。同步电压正半周时 m 点为正电位,n 点为负电位,则 VT_8 截止,功放级 $VT_9 \sim VT_{11}$ 导通,端 1 输出脉冲(称为正输出);而此时 VT_{12} 导通,使 $VT_{13} \sim VT_{15}$ 截止,端 15 无脉冲输出。当同

步电压为负半周时,情况正好相反,功放级 $VT_{13}\sim VT_{15}$ 导通,端 15 输出脉冲(称为负输出)。

KC04 电路中接在各晶体管基极上的稳压管是为了增强电路的抗干扰能力而设置门限电压。KC04 的移相范围约为 150°,触发器是正极性型,控制电压 u_K 增大时晶闸管的导通角增大。端 13、14 是提供脉冲列调制和封锁脉冲的控制端。此电路具有输出负载能力大,移相性能好,正、负半周脉冲相位均衡性好,对同步电压值无特殊要求等特点。

在 KC 系列触发器中还有六路双脉冲形成器 KC41、脉冲列调制形成器 KC42 等组件,KC41 是三相全控桥式触发电路中必备的组件,而使用 KC42 可产生脉冲列触发信号,达到提高脉冲前沿陡度,减小脉冲变压器体积的目的。有关 KC 系列触发器详细内容可参阅有关产品使用说明书。

5. 数字触发器

前面介绍的分立元件及集成电路触发电路都属于模拟电路。它们的结构比较简单,也较为可靠,但存在着共同的缺点,即采用控制电压和同步电压叠加的移相方法。由于元件参数的分散性、同步电压波形畸变等原因,各个触发器的移相特性存在某种程度的不一致。另外,此类电路还会受到电网电压的影响,当同步电压波形发生畸变,如同步电压不对称度为 ±1° 时,输出脉冲的不对称度可达 3°~5°。这会引起交流电源三相波形不对称,使主变压器原边电流因不平衡而出现谐波电流、电网三相电压中性点偏移等不良后果。

为克服以上缺点,提高触发脉冲的对称度,对较大型的晶闸管变流装置采用了数字式触发电路。目前使用的数字式触发电路大多为由计算机(通常为单片机等)构成的数字触发器。

图 2-15 为常见的 MCS-96 系列单片机构成的数字触发器的原理框图。该数字触发器由脉冲同步、脉冲移相、脉冲形成与输出等几个部分构成。

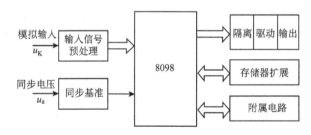

图 2-15　单片机数字触发器

有关数字触发器的详细内容可参阅有关微机原理及应用等教材的相关内容。

6. 触发电路与主电路的同步

(1) 同步的概念

在三相晶闸管电路中,选择触发电路的同步信号是一个很重要的问题。只有触发脉冲在晶闸管阳极电压相对阴极为正时产生,晶闸管才能被触发导通。在调试电力电子装置时,有时会遇到这种现象:晶闸管主电路线路正确,元件完好;而触发电路线路也正确,各输出脉冲正常,能符合移相要求;但主电路与触发电路合成调试时,却发现电路工作不正常,直流输出电压 u_d 波形不规则、不稳定,移相调节不起作用。这种不正常现象主要是主电路与触发电路没实现同步引起的,即送到主电路各晶闸管的触发脉冲与其阳极电压之间相位没有正确对应。

在常用的正弦波移相和锯齿波移相触发电路中,送出脉冲的时刻是由接到触发电路不同相位的同步电压 u_T 来定位,由控制和偏移电压的大小来移相。触发脉冲只有在管子阳极电压为正时在某一区间内出现,晶闸管才能被触发导通。因此必须根据被触发晶闸管的阳极电压相位正确供给各触发电路特定相位的同步信号电压,才能使触发电路分别在各晶闸管需要触发信号的时刻输出脉冲。这种正确选择同步电压相位及得到不同相位同步电压的方法,称为触发电路的同步(或定相)。

每个触发电路的同步电压 u_T 与被触发晶闸管阳极电压的相互关系取决于主电路的不同方式、触发电路的类型、负载性质及不同的移相要求。

(2) 同步的实现

晶闸管电力电子装置通过同步变压器的不同连接形式,再配合阻容滤波器产生的移相效应得到特定的同步信号电压。

三相变压器绕组有多种连接法,其原、副边绕组均可接成星形或三角形。但由于同步变压器副边绕组要分别接至六个触发电路,有公共接地端,采用三角形接法后会引起环流,故同步变压器副边绕组只能采用星形接法,通常有 Y/Y 和 △/Y 两种连接方式。由电机学课程可以知道,三相变压器不同的连接形式可用时钟点数来表示,原边绕组线电压矢量作为长针,副边绕组线电压矢量作为短针,用不同的钟点数来表示不同的连接组。如整流变压器连接组为 △/Y-11,则表示原边绕组为三角形接法,副边绕组为星形接法,副边绕组线电压滞后对应的原边绕组线电压 330°,即长、短针指成 11 点钟。三相变压器的连接组共有 24 种,排除了副边绕组为三角形接法的 12 种后,在触发电路中能使用的有 12 种。

同步的实现可按下列步骤进行:

1) 根据不同的触发电路与脉冲移相范围的要求,确定同步信号 u_{Ta} 与对应晶闸管阳极电压 u_a 之间的相位关系。由上面介绍的锯齿波移相触发电路可见,当触发电路中的同步检测环节使用 NPN 晶体管时,应利用同步信号的上升段;而对 PNP 晶体管,则应利用同步信号的下降段。正弦波触发电路的情况也是如此,对采用 NPN 管组成的正弦波触发电路,而主电路又工作在大电感负载,并要求能可逆运行时,通常将同步电压上升段过零点定在主电路 $\alpha=90°$ 的位置,如图 2-16 中的 ωt_2 时刻,故同步电压 u_{Ta} 滞后对应的晶闸管阳极电压 u_a 120°。如改用 PNP 晶体管,则应使用同步电压下降段的过零点设置在 ωt_2 处,即 u_{Ta} 超前对应的 u_a 60°,如图 2-16(b)所示。对于采用 NPN 晶体管的锯齿波触发电路,因为是在同步电压的负半周内形成锯齿波,又考虑到锯齿波的移相范围约为 240°,为使主电路 $\alpha=90°$ 时刻恰好近似在锯齿波中点,通常使 u_{Ta} 与 u_a 相差 180°,如图 2-16(c)所示。而 PNP 晶体管的锯齿波触发电路,应使 u_{Ta} 与 u_a 同相,如图 2-16(d)所示。对于 KC04 集成触发器,u_{Ta} 应比 u_a 滞后 30°,如图 2-16(e)所示。

2) 根据整流变压器 ZB 的接法和钟点数,以电网某线电压(初级绕组线电压)作为参考量,画出整流变压器副边即晶闸管阳极电压的矢量。再根据步骤 1) 确定的同步信号电压 u_{Ta} 与晶闸管阳极电压 u_a 的相位关系,画出对应的同步相电压矢量和同步线电压矢量。

3) 根据同步变压器副边绕组线电压矢量位置,确定同步变压器 TB 的钟点数和接法。然后将同步变压器的一组副边绕组电压 u_{Ta}、u_{Tb}、u_{Tc} 分别接至 VT_1、VT_3、VT_5 晶闸管的触发电路,另一组(与前述副边绕组相位相差 180°)副边绕组电压 $u_{T(-a)}$、$u_{T(-b)}$、$u_{T(-c)}$ 分别接至 VT_4、VT_6、VT_2 晶闸管的触发电路,则可使触发脉冲与主电路保持同步。

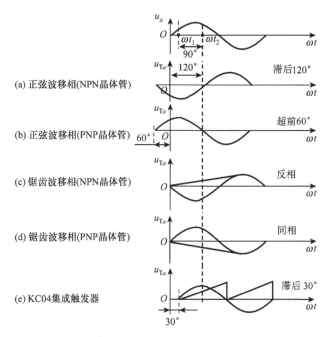

图 2-16　同步信号电压 u_T 与主电压的对应关系

（3）实例

【例 2-1】　三相全控桥式变流器，整流变压器连接组为△/Y-5，触发电路采用 NPN 晶体管组成的锯齿波同步触发电路。同步变压器的副边相电压为 u_T，经阻容滤波后移相为 u_T'，再接至触发电路。u_T' 滞后 u_T 30°，求同步变压器的连接组，并列出主电路元件阳极电压与触发电路同步电压的对应关系表。

【解】　① $\dot{U}_a$ 与 $\dot{U}_{Ta}'$ 相位相差 180°，而 $\dot{U}_{Ta}$ 超前 $\dot{U}_{Ta}'$ 30°，故同步电压 $\dot{U}_{Ta}$ 应比 $\dot{U}_a$ 滞后 180°－30°＝150°。

② 如图 2-17(b)所示，画出△/Y-5 连接组的三相变压器原边 A、B 相线电压、副边 a、b 相线电压和 a 相电压的矢量图，由图 2-17(b)可知 VT$_1$ 管阳极电压 $\dot{U}_a$ 与 $\dot{U}_{AB}$ 反相。在比 $\dot{U}_a$ 落后 150°的位置，画出同步变压器副边 a 相相电压 $\dot{U}_{Ta}$，相应的副边线电压 $\dot{U}_{Tab}$ 超前 $\dot{U}_{Ta}$ 30°，即相当于同步变压器连接组为 10 点钟，故共阴极组 VT$_1$、VT$_3$、VT$_5$ 的同步变压器连接组为 Y/Y-10，而共阳极组与共阴极组的同步电压反向，相位相差 180°，从而采用 Y/Y-4 连接组。

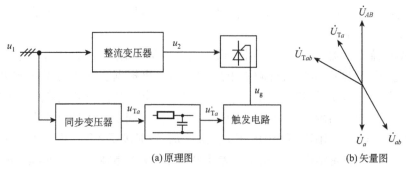

(a)原理图　　　　　　　　　　(b)矢量图

图 2-17　锯齿波同步触发电路的同步

③ 可列出触发电路同步信号与主电路元件阳极电压的关系如下：

元件	VT$_1$	VT$_2$	VT$_3$	VT$_4$	VT$_5$	VT$_6$
阳极电压	u_a	$u_{(-c)}$	u_b	$u_{(-a)}$	u_c	$u_{(-b)}$
同步电压	u_{Ta}	$u_{T(-c)}$	u_{Tb}	$u_{T(-a)}$	u_{Tc}	$u_{T(-b)}$

【例 2-2】 三相可控整流电路，如图 2-18(a)所示。整流变压器的连接组为 Y/Y-12，而同步变压器的连接组已接成△/Y-5，触发电路为同步环节采用 NPN 晶体管组成的正弦波同步触发电路，而同步电压经阻容滤波移相30°，即 u_T' 滞后 u_T 30°。求主电路阳极电压与触发电路同步电压的相位关系，并列出对应关系表。

【解】 ① 根据已知整流变压器的连接组和同步变压器的连接组可画出矢量图如图 2-18(b)所示。

② 采用 NPN 晶体管组成的正弦波同步触发电路，则 $\dot{U}_{Ta}'$ 应滞后 $\dot{U}_a$ 120°。由于滤波环节的影响，$\dot{U}_{Ta}'$ 滞后 $\dot{U}_{Ta}$ 30°，则实际 $\dot{U}_{Ta}$ 应滞后 $\dot{U}_a$ 90°。

③ 由矢量图 2-18(b)可见，$\dot{U}_{Ta}$ 滞后 $\dot{U}_a$ 150°，不符合滞后 $\dot{U}_a$ 90°的要求，而 $\dot{U}_{T(-b)}$ 正好滞后 $\dot{U}_a$ 90°，符合要求，故实际的触发电路同步信号与主电路元件阳极电压的关系如下：

元件	VT$_1$	VT$_2$	VT$_3$	VT$_4$	VT$_5$	VT$_6$
阳极电压	u_a	$u_{(-c)}$	u_b	$u_{(-a)}$	u_c	$u_{(-b)}$
同步电压	$u_{T(-b)}$	u_{Ta}	$u_{T(-c)}$	u_{Tb}	$u_{T(-a)}$	u_{Tc}

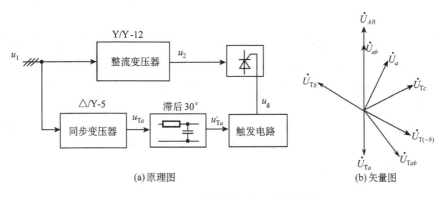

(a)原理图　　(b)矢量图

图 2-18 正弦波同步触发电路的同步

2.1.2 晶闸管的串、并联与保护

1. 晶闸管的串联

当单个晶闸管的额定电压小于实际电路要求时，可以用两个以上同型号元件串联来满足，如图 2-19 所示。

由于元件特性的分散性，当两个同型号晶闸管串联后，在正、反向阻断时虽流过相同的漏电流，但各元件所承受的电压却是不相等的。图 2-19(a)表示了两反向阻断特性不同的晶

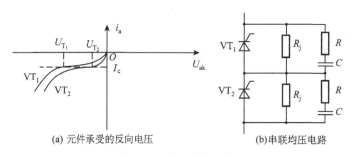

(a) 元件承受的反向电压　　　　　(b)串联均压电路

图 2-19　晶闸管的串联

闸管流过同一漏电流 I_c 时,元件上承受的电压相差甚远的情况,承受高电压的元件有可能因超过额定电压而损坏。为了使各元件上的电压分配均匀,除选用特性比较一致的元件进行串联以外,还应采取均压措施,给每个晶闸管并联均压电阻 R_j,如图 2-19(b)所示。如果均压电阻 R_j 比晶闸管的漏电阻小得多,则串联元件的电压分配主要取决于 R_j。但 R_j 过小将会造成电阻上损耗过大,通常按下式选取:

$$R_j \leqslant (0.1 \sim 0.25) \frac{U_R}{I_{DRM}} \tag{2-10}$$

式中,U_R 为晶闸管的额定电压;I_{DRM} 为断态重复峰值电流。

均压电阻功率可按下式估算:

$$P_{R_j} \geqslant K_{R_j} \left(\frac{U_m}{n_s}\right)^2 \frac{1}{R_j} \tag{2-11}$$

式中,U_m 为元件承受的正反向峰值电压;n_s 为串联元件数;K_{R_j} 为系数,单相为0.25,三相为0.45,直流为1。

均压电阻 R_j 只能使直流或变化缓慢的电压在串联元件上均匀分配,元件开通和关断过程中瞬时电压的分配决定于各管的结电容、触发特性、开通和关断时间等因素。在开通时,后开通的元件将瞬时受到高电压;在关断时,先关断的元件在关断瞬间承受全部换流反向电压,有可能导致元件反向击穿。为了使元件开关过程中电压均匀分布,应给晶闸管两端并联电容 C。又为了防止元件导通瞬间电容放电造成过大的 di/dt 损坏晶闸管,还应在电容支路串联一个电阻,如图 2-19(b)中 R、C 所示。动态均压阻容 R、C 将来还兼作晶闸管关断过电压保护,其数值可按表 2-1 选取。

表 2-1　动态均压阻容的经验数据

$I_{T(AV)}/A$	10	20	30	100	200
$C/\mu F$	0.1	0.15	0.2	0.25	0.5
R/Ω	100	80	40	20	10

电容 C 的交流耐压应略高于 U_m/n_s,电阻 R 的功率近似为

$$P_R = fC \left(\frac{U_m}{n_s}\right)^2 \times 10^{-6} \tag{2-12}$$

式中,f 为电源频率;P_R 单位为 W。

晶闸管串联时虽采取了以上均压措施,但还不能保证绝对均压,因此串联后的晶闸管必须降低电压额定值10%~20%使用,故应选择晶闸管的额定电压为

$$U_R = \frac{(2 \sim 3)U_m}{(0.8 \sim 0.9)n_s} = (2.2 \sim 3.8)\frac{U_m}{n_s} \tag{2-13}$$

2. 晶闸管的并联

单个晶闸管的额定电流不能满足要求时,可以用两个以上同型号元件并联。由于并联各晶闸管在导通状态下的伏安特性不可能完全一致,相同管压降下各元件负担的电流不相同,可能相差很大,如图2-20(a)所示。为了均衡并联晶闸管元件的电流,除选用正向特性一致的元件外,还应采用均流措施。

图2-20(b)为串电感均流方法,采用一个具有相同两线圈的均流电抗器接在两个并联晶闸管电路中。当两元件中电流均衡时,均流电抗器两线圈流过相等的电流。由于绕向相反(以同名端标出),铁心内激磁安匝相互抵消,电抗器不起作用。当电流不相等时,两线圈相差的激磁安匝将在两线圈中产生电势,在两晶闸管及线圈构成的回路中产生环流。这个环流正好使电流小的元件电流增大,电流大的元件电流减小,一直到两元件电流相等为止,从而达到均流的目的。例

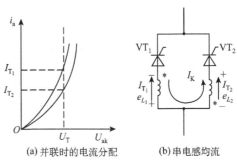

(a) 并联时的电流分配   (b) 串电感均流

图 2-20 晶闸管的并联

如 $I_{T_1} > I_{T_2}$ 时,在 VT_1 所串线圈中感应出如图2-20所示极性的电势 e_{L_1}。由于两线圈耦合紧密,将在 VT_2 所串线圈中也感应出如图2-20所示极性的电势 e_{L_2}。此种极性下 $e_{L_1} + e_{L_2}$ 产生的环绕 VT_1、VT_2 回路的环流将使 I_{T_1} 减小,I_{T_2} 增加,最后达到 $I_{T_1} = I_{T_2}$ 为止。

电感均流的优点是损耗小,适合大容量元件并联,同时电感能限制电流上升率,有动态均流效果。缺点是铁心笨重,线圈绕制不便等。所串联的电抗器可以是空心电感、铁心电感,或是套在晶闸管导线上的磁环,其中以空心电感最普遍,因它接线简单,还有限制 di/dt 和 du/dt 的作用。

晶闸管并联后,也必须降低电流定额使用。一般降低10%~20%,故应选择晶闸管的额定电流为

$$I_{T(AV)} = \frac{(1.5 \sim 2)I_T}{1.57(0.8 \sim 0.9)n_p} = (1.08 \sim 1.27)\frac{I_T}{n_p} \tag{2-14}$$

式中,I_T 为电路中流过的电流有效值;n_p 为并联元件数。

晶闸管串、并联后,要求元件开通时间和关断时间差别小;要求触发脉冲前沿陡、幅值大,使串、并联晶闸管尽量能同时开通或关断。在装置同时需要元件进行串、并联时,通常采取先串后并的方式。

3. 过压保护

晶闸管元件有很多优点,但由于击穿电压比较接近工作电压,热容量又小,因此承受过电压、过电流能力差,短时间的过电压、过电流都可能造成元件损坏。为了使晶闸管元件能正常工作而不损坏,除合理选择元件外,还必须针对过电压、过电流发生的原因采取适当的保护措施。

凡超过晶闸管正常工作时所承受的最大峰值电压的电压均为过电压。过电压根据产生的原因可分为两大类。①操作过电压：由变流装置拉、合闸和器件关断等经常性操作中电磁过程引起的过电压；②浪涌过电压：由雷击等偶然原因引起，从电网进入变流装置的过电压，其幅度可能比操作过电压还高。

对过电压进行保护的原则是：使操作过电压限制在晶闸管额定电压 U_R 以下，使浪涌过电压限制在晶闸管的断态和反向不重复峰值电压 U_{DSM} 和 U_{RSM} 以下。一个晶闸管变流装置或系统应采取过电压保护措施的部位可分为交流侧、直流侧、主电路等几部分，如图 2-21 所示。

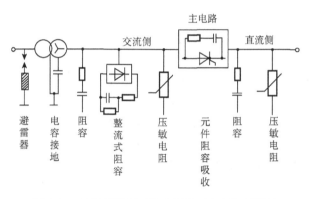

图 2-21　晶闸管装置可能采用的过电压保护措施

对于交流侧发生的过电压，通常可采取以下保护措施：①雷击过电压可在变压器原边加接避雷器保护。②原边电压很高或变化很大的变压器，由于原、副边绕组间存在分布电容，原边合闸时高电压可能通过分布电容耦合到副边而出现瞬时过电压。对此可采取变压器附加屏蔽绕组接地或变压器星形中点通过电容接地方法来减小。③整流变压器空载且电源电压过零时原边拉闸，此时变压器激磁电流及铁心中磁通最大，它们的突变将在副边中感应出很高的过电压，此时可以采用阻容保护或整流式阻容保护。④对于雷击或更高的浪涌电压，如阻容保护还不能吸收或抑制时，还应采用压敏电阻等非线性电阻进行保护。

变流装置输出接有感性负载（平波电抗器、直流电机绕组等），当电路闭合时不会产生过电压，但当桥臂上整流元件过电流保护用的快速熔断器熔断时，储存在负载中的磁场能量突然释放，就会在直流输出端产生过电压。另外当变流装置过载、熔断器切断过载电流时，整流变压器储能的突然释放也会产生过电压。尽管变压器副边已采取保护措施，但变压器过载时储能比空载时储能大，过电压还会通过导通的整流元件反映到直流侧来，带来了直流侧过电压的保护问题。因此，应在直流侧设置与交流侧相同的保护措施，其参数选择原则也相同。

变流装置中的晶闸管元件在导通时，载流子充满各半导体层；关断时由于反向阳极电压的作用，正向电流将下降到零，如图 2-22 中 $t_1 \sim t_2$ 段。当元件电

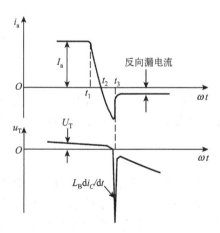

图 2-22　晶闸管关断时的电流电压波形

流下降为零时,元件内仍残存着很多载流子,它们在反向电压的继续作用下将反向运动形成较大的反向电流,如图 2-22 中 $t_2\sim t_3$ 段。反向电流将使载流子迅速消失,造成反向电流以极快的速度下降至很小的反向漏电流。由于电流变化率 di_C/dt 极大,即使和元件串联的线路电感 L_B 很小,但感应电势 $L_B di_C/dt$ 很大,并与电源电压顺极性串联地反向施加在晶闸管元件上,有可能导致晶闸管的反向击穿。这种由于晶闸管关断过程引起的过电压称为关断过电压,或称换流过电压、空穴积蓄效应过电压等,其值可达工作电压峰值的 5~6 倍,所以必须对晶闸管采取保护措施。此时可采用与元件相并联的阻容保护(图 2-23),其 R、C 值与晶闸管串联时动态均压阻容计算方法相同。

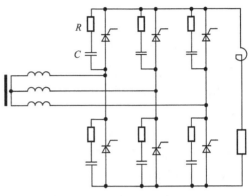

图 2-23　晶闸管关断过电压的阻容保护

过电压保护方法中,主要有阻容保护、压敏电阻保护等,下面介绍如何选择这两种方法的参数。

(1) 阻容保护

交流侧保护时,在变压器副边并联电阻 R、电容 C,如图 2-24 所示,利用电容两端电压不能突变的特性,可以有效地抑制变压器绕组中的过电压。串联电阻能消耗部分过电压能量,同时抑制 LC 回路的振荡。

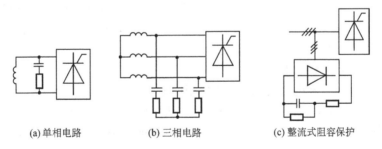

(a) 单相电路　　　(b) 三相电路　　　(c) 整流式阻容保护

图 2-24　交流侧阻容保护的接法

单相阻容保护的计算公式为

$$C \geqslant 6i_0\% \frac{S}{U_2^2} \tag{2-15}$$

$$R \geqslant 2.3 \frac{U_2^2}{S} \sqrt{\frac{u_K\%}{i_0\%}} \tag{2-16}$$

式中,S 为变压器每相平均计算容量,单位为 V・A;U_2 为变压器副边相电压有效值,单位为 V;$i_0\%$ 为变压器的激磁电流百分值,(10~1000)kV・A 的变压器的激磁电流百分值为 4~10;$u_k\%$ 为变压器的短路电压百分值,(10~1000)kV・A 的变压器的短路电压百分值为 5~10;C 的单位为 μF,R 的单位为 Ω。电容 C 的交流耐压大于或等于 $1.5U_e$,U_e 为正常工作时阻容两端交流电压有效值。

上面所列的 R、C 的计算公式是根据单相条件下推导出来的。对于三相电路,如变压器

副边接法与阻容吸收的接法相同,以上公式可直接使用。如两者接法不同,则可先按接法一致来计算,然后把阻容值进行变换,即

$$R_\triangle = 3R_Y \tag{2-17}$$

$$C_\triangle = C_Y/3 \tag{2-18}$$

对于大容量交流装置,三相阻容保护装置比较庞大,此时可采用图 2-24(c)所示三相整流式阻容保护电路。虽然多出了一个三相整流桥,但只需一个电容,而且只承受直流电压,可采用体积小、容量大的电解电容器。再者还可以避免晶闸管导通瞬间因电容放电电流流过引起过大 di/dt。

阻容保护性能可靠,应用广泛,但变流装置正常运行时电阻上要消耗功率,引起电阻发热,体积也较大,对能量较大的浪涌过电压不能完全抑制。为此,还得增设非线性电阻保护装置。

(2) 压敏电阻保护

非线性电阻具有稳压管的伏安特性,可把浪涌电压限制在晶闸管允许的电压范围。压敏电阻是一种金属氧化物的非线性电阻,它具有正、反两个方向相同但很陡的伏安特性,如图 2-25所示。正常工作时漏电流很小(微安级),故损耗小。当过电压时,可通过高达数千安的放电电流 I_Y,因此抑制过电压的能力强。此外它对浪涌电压反应快,本身体积又小,是一种较好的过电压保护器件。它的主要缺点是持续平均功率很小,仅几瓦,如正常工作电压超过它的额定值,则在很短时间内就会烧毁。

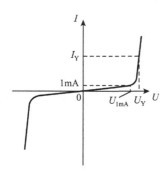

图 2-25 压敏电阻的伏安特性

由于压敏电阻的正、反向特性对称,因此单相电路只需一个,三相电路用三个,接成 Y 形或△形,接法与阻容保护的接法相同。

压敏电阻的主要参数如下。

1) 额定电压 U_{1mA}:漏电流为 1mA 时的电压值。

2) 残压比 U_Y/U_{1mA}:其中 U_Y 为放电电流达规定值 I_Y 时的电压。

3) 允许的通流容量:在规定的波形下(冲击电流前沿 $10\mu s$,波长 $20\mu s$),允许通过的浪涌电流。

例如,MY3 系列压敏电阻的额定电压有 10V、40V、80V、100V、220V、330V、440V、660V、1000V、2000V、3000V 等;放电电流 100A 时残压比小于 3,放电电流 3kA 时残压比小于 5;通流容量有 0.05kA、0.1kA、0.5kA、1kA、2kA、3kA、5kA 等。压敏电阻可按下面方法选择。

1) 额定电压

$$U_{1mA} \geqslant \frac{\varepsilon}{0.8 \sim 0.9} \times 压敏电阻承受工作电压的峰值 \tag{2-19}$$

式中,$\varepsilon=1.05 \sim 1.1$ 为电网电压升高系数;系数$(0.8 \sim 0.9)$为考虑 U_{1mA} 下降 10% 而通过压敏电阻的漏电流仍能保持在 1mA 以下,以及考虑变流装置允许过电压的系数。

2) U_Y 值由被保护元件的耐压值决定。

3) 通流容量应大于实际的浪涌电流,但实际浪涌电流很难计算,故一般当变压器容量大、距外线路近、无避雷器时尽可能取大值。

压敏电阻可起过电压保护作用,但不能用作 du/dt 保护措施。

4. 过电流保护

当变流装置内部某一器件击穿或短路,触发电路或控制电路发生故障,外部出现负载过载、直流侧短路、可逆传动系统产生环流或逆变失败,以及交流电源电压过高或过低、缺相等,均可引起装置其他元件的电流超过正常工作电流。由于晶闸管等功率半导体器件的电流过载能力比一般电气设备差得多,因此必须对变流装置进行适当的过电流保护。

晶闸管变流装置可能采用的几种过电流保护措施如图 2-26 所示,它们分别是:

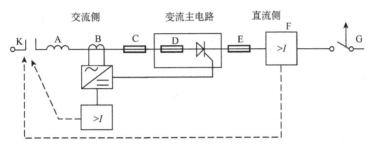

图 2-26　晶闸管装置可能采用的过电流保护措施
A:交流进线电抗器;B:电流检测和过流继电器;C、D、E:快速熔断器;
F:过流继电器;G:直流快速开关

1) 交流进线电抗采用漏抗大的整流变压器,利用电抗限制短路电流。这种方法行之有效,但正常工作时有较大的交流压降。

2) 电流检测装置,过流时发出信号。过流信号一方面可以控制晶闸管触发脉冲快速后移至 $\alpha > 90°$ 区域,变流装置工作在逆变状态,使故障电流迅速下降至零,从而有效抑制了电流,此种方法称为拉逆变保护;另一方面也可控制过流继电器,使交流接触器触点 K 跳开,切断电源。但过流继电器和交流接触器动作都需一定时间(100~200ms),故只有短路电流不大的情况这种保护才能奏效。

3) 直流快速开关。对于采用多个晶闸管并联的大、中容量变流装置,快速熔断器量多且更换不便。为避免过电流时烧断快速熔断器,采用动作时间只有 2ms 的直流快速开关,它可先于快速熔断器动作而保护晶闸管。

4) 快速熔断器。快速熔断器是防止晶闸管过电流损坏的最后一道防线,是晶闸管变流装置中应用最普通的过电流保护措施,可用于交流侧、直流侧、整流主电路之中,具体接法如图 2-27 所示。其中交流侧接快熔能对晶闸管元件短路及直流侧短路均起保护作用,但要求正常工作时快熔额定电流大于晶闸管的额定电流,这样对元件的短路故障所起保护作用较差。直流侧快熔只对负载短路或过载起保护作用,对元件无保护作用。只有晶闸管直接串快熔对元件保护作用最好,因为它们流过同一个电流,因而应用也最广。

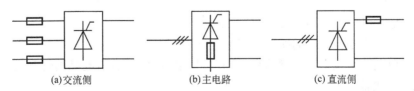

图 2-27　过电流保护快熔的接法

与晶闸管串联的快速熔断器选用原则是：

1) 快熔的额定电压应大于线路正常工作电压有效值。

2) 快熔熔体的额定电流 I_{kR} 是指电流有效值，晶闸管额定电流是指电流平均值 $I_{T(AV)}$。选用时要求快熔熔体额定电流 I_{kR} 小于或等于被保护晶闸管额定电流所对应的有效值 $1.57I_{T(AV)}$，同时要大于正常运行时线路中流过该元件实际电流的有效值 I_T，即

$$1.57I_{T(AV)} \geqslant I_{kR} \geqslant I_T \tag{2-20}$$

有时为保证可靠和方便选用，可简单地取 $I_{kR}=I_{T(AV)}$。

3) 熔断器(安装熔体的外壳)的额定电流应大于或等于熔体电流值。目前生产的快速熔断器，大容量的有插入式 RTK、带熔断指示器的 RS3，小容量的有螺旋式 RLS 等型号，选用时可参阅有关手册。

值得指出的是，一般装置中多采用过电流信号控制触发脉冲拉逆变的方法抑制过电流，再配合使用快熔，使快熔作为过流保护的最后措施，非不得已，希望它不要熔断。

5. 电压上升率 du/dt 的限制

由于元件处于断态时阳极与阴极间存在结电容，当突然施加正向阳极电压时便有一充电电流流过 PN 结面，这个电流将起门极触发电流的作用，可能会使晶闸管误导通。为了防止因阳极电压上升过快引起的误导通，对元件规定了最大允许的电压上升率(断态临界电压上升率)，装置的线路上必须采取措施保证实际的电压上升速度低于这个数值。

(1) 交流侧 du/dt 的限制

从交流侧侵入变流装置的过电压往往有很高的 du/dt 值。如果装置交流侧有整流变压器和阻容吸收装置，则变压器漏感和保护阻容形成滤波环节，使入侵过电压衰减很大，其 du/dt 不会引起元件误导通。在无整流变压器的变流装置中，应在电源输入端串入交流进线电感 L_T，配合阻容吸收装置对 du/dt 进行抑制。

(2) 晶闸管换流 du/dt 的限制

在晶闸管换流重叠期间内，两相晶闸管元件会同时导通，线电压被短路，使输出波形上出现换相缺口。此时晶闸管两端电压 u_T 波形如图 2-28 所示，换流凸起的 $du/dt>0$，其值很大，可能导致晶闸管误导通。

防止晶闸管换流 du/dt 过大的方法是在每个桥臂上串接一桥臂电感 $L_S=(20\sim30)\mu H$，或者在桥臂上套一两个小铁淦氧磁环，也能起到抑制换流 du/dt 的效果。

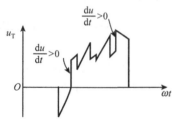

图 2-28　计及换流重叠现象时的晶闸管电压波形

6. 电流上升率 di/dt 的限制

在晶闸管导通的瞬间如果阳极电流增长速度过快，由于元件内部电流还来不及扩大到整个 PN 结面，将会使门极附近的 PN 结因电流密度过大而烧毁，因此规定了对通态临界电流上升率的限制。

产生过大 di/dt 的原因大致有以下几种：

1) 晶闸管从阻断到导通的换流电流增长过快。

2) 交流侧电抗小或交、直流侧阻容吸收装置电容量太大，引起晶闸管开通时流过附加的电容充、放电电流。

3) 与晶闸管并联的阻容保护在晶闸管开通时的放电电流。

4）并联晶闸管中最先导通的管子承受较大的电流上升率。

限制 di/dt 的方法有：

1）利用整流变压器的漏抗或加接交流进线电抗器。

2）桥臂串电感 $L_S=(20\sim30)\mu H$，或桥臂套铁淦氧小磁环，将流经晶闸管的电流上升率限制在允许范围内。

3）交、直流侧采用整流式阻容保护，使电容放电电流不经过晶闸管。

2.2　电流型全控型器件的驱动

2.2.1　门极可关断晶闸管的驱动

1. 基本要求

门极可关断晶闸管（GTO）可以用正门极电流开通和负门极电流关断。在工作机理上，开通时与一般晶闸管基本相同，关断时则完全不一样，因此需要具有特殊的门极关断功能的门极驱动电路。理想的门极驱动电流波形如图 2-29 所示，驱动电流波形的上升沿陡度、波形的宽度和幅度及下降沿的陡度等对 GTO 的特性有很大影响。GTO 门极驱动电路包括门极开通电路、门极关断电路和门极反偏电路。对 GTO 而言，门极控制的关键是关断。

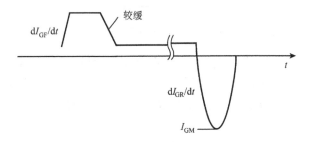

图 2-29　理想的 GTO 门极驱动电流波形

（1）门极开通电路

GTO 的门极触发特性与普通晶闸管基本相同，驱动电路设计也基本一致。要求门极开通控制电流信号具有前沿陡、幅度高、宽度大、后沿缓的脉冲波形。脉冲前沿陡有利于 GTO 的快速导通，一般 dI_{GF}/dt 为 $5\sim10A/\mu s$；脉冲幅度高可实现强触发，有利于缩短开通时间，减少开通损耗；脉冲有足够的宽度则可保证阳极电流可靠建立；后沿缓一些可防止产生振荡。

（2）门极关断电路

已导通的 GTO 用门极反向电流来关断，反向门极电流波形对 GTO 的安全运行有很大影响。要求关断控制电流波形为前沿较陡、宽度足够、幅度较高、后沿平缓。一般关断脉冲电流的上升率 dI_{GR}/dt 取 $10\sim50A/\mu s$，这样可缩短关断时间，减少关断损耗，但 dI_{GR}/dt 过大时会使关断增益下降，通常的关断增益为 $3\sim5$，可见关断脉冲电流要达到阳极电流的 $1/5\sim1/3$ 才能将 GTO 关断。当关断增益保持不变，增加关断控制电流幅值可提高 GTO 的阳极可关断能力。关断脉冲的宽度一般为 $120\mu s$ 左右。

（3）门极反偏电路

由于结构原因,GTO 与普通晶闸管相比承受 du/dt 的能力较差,如阳极电压上升率较高时可能会引起误触发。为此可设置反偏电路,在 GTO 正向阻断期间于门极上施加负偏压,从而提高承受电压上升率 du/dt 的能力。

2. 实例

图 2-30 是一种直接耦合的多信号电容储能驱动电路,电路包括门极开通、门极关断及门极反偏等环节,其中 u_1 是 GTO 的开通信号,u_2 是关断信号,u_3 是反偏控制信号。

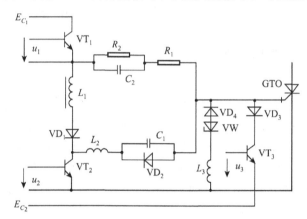

图 2-30　直接耦合式电容储能驱动电路

当 $u_1>0$,而 $u_2=u_3=0$ 时,VT_1 导通。GTO 正向门极电流有两部分,即 $i_g=i_R+i_C$,其中 i_R 是流经 R_1、R_2 支路上的电流,i_C 是由 L_1、L_2、C_1 组成的串联振荡电路中的电流。C_2 是加速电容,在 GTO 导通初期提高 i_g 陡度和幅度,R_2 是 C_2 的放电电阻,VD_1 可防止反向电压由 C_1 加到 VT_1 上。

当 $u_1=0$,而 $u_2>0$,$u_3>0$ 时,VT_1 截止,VT_2 导通。C_1 经 L_2、VT_2 及 GTO 门极放电,产生反向关断电流,使 GTO 关断。L_2 用来限制反向关断电流的负向上升率。GTO 关断之后,L_2 中的电流改为由 VT_2、L_3、VW、VD_4 中流过,形成较缓慢的脉冲后沿,保持关断电流必要的脉宽。

当 VT_2 导通时,VT_3 也同时导通,且在 GTO 阻断期间 VT_3 保持导通,使 GTO 门极加有 5V 的反向偏压。

图 2-31 所示的是由 GTO 构成的单管斩波主电路及其驱动保护电路的原理图。电路由 ±5V 双极性直流电源供电,来自 PWM 信号发生电路的 PWM 脉冲由"2"端经光耦隔离后送入驱动电路,比较器 N1 将正脉冲变为正负脉冲。当 N1 输出高电平时,VT_2 导通,VT_4 也导通,$-5V$ 电源经 L_1、R_{15}、VT_4 提供反向关断电流,关断 GTO 后,再给门极提供反向偏压;当 N1 输出低电平时,VT_2、VT_3 关断,$+5V$ 电源经 R_{13}、R_{14} 和 C_3 加速网络向 GTO 提供开通电流,GTO 导通。R_S、VD_S 及 C_S 构成缓冲电路。

2.2.2　大功率晶体管的驱动

1. 基本要求

GTR 基极驱动电路的作用是将控制电路输出的控制信号电流放大到足以保证大功率

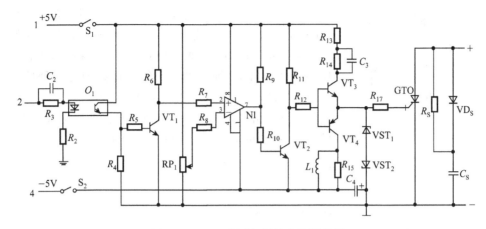

图 2-31　GTO 驱动与保护电路原理图

晶体管能可靠开通或关断。而 GTR 的基极驱动方式直接影响它的工作状况,可使某些特性参数得到改善或受到损害,故应根据主电路的需要正确选择、设计基极驱动电路。基极驱动电路一般应有以下基本要求:

1) GTR 导通期间,管子的管压降应在准饱和工作状态下尽可能小,基极电流 I_b 能自动调节以适应负载电流的变化,保证 GTR 随时处于准饱和工作状态;GTR 关断时,基极能迅速加上足够大的基极反偏电压。这样可保证 GTR 能快速开关。

2) 基极驱动电路应与逻辑电路、控制电路在电气上隔离,通常采用光电隔离或变压器隔离等方式来实现。

3) 基极驱动电路应有足够的保护功能,防止 GTR 过流或进入放大区工作。

理想的基极电流波形如图 2-32 所示。正向基极驱动电流的前沿要陡,即电流上升率 di_b/dt 要高,目的是缩短开通时间,初始基极电流幅值 $I_{bm} > I_{b_1}$,以便使 GTR 能迅速饱和,减少开通时间,使上升时间 t_r 下降,降低开关损耗。当 GTR 导通后,基极电流应及时减小到 I_{b_1},恰好维持 GTR 处于准饱和状态,使基区和集电区间的存储电荷较少,从而使 GTR 在关断时储存时间 t_s 缩短,开关安全区扩大。在关断时,GTR 应加足够大的负基极电流 I_{b_2},使基区存储电荷尽快释放,从而使存储时间 t_s 和下降时间 t_f 缩短,减少关断损耗。在上述理想的基极电流作用下,可使 GTR 快速可靠开通、关断,开关损耗下降,防止二次击穿并可扩大安全工作区。在 GTR 正向阻断期间,可在基极和发射极间加一定的负偏压,以提高 GTR 的阻断能力。

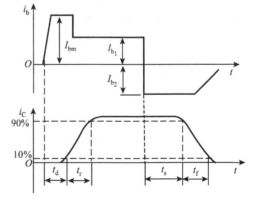

图 2-32　理想的基极电流波形及集电极电流波形

2. 贝克箝位电路

当 GTR 导通后,基极驱动电路应能提供足够大的基极电流使 GTR 处于饱和或准饱和状态,以便降低通态损耗保证 GTR 的安全。而基极电流过大会使 GTR 的饱和度加深,饱和压降小,导通损耗也小。但深度饱和对 GTR 的关断特性不利,使存储时间加长,限制了

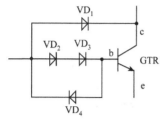

图 2-33 贝克箝位电路

GTR 的开关频率。因此在开关频率较高的场合,不希望 GTR 处于深度饱和状态,而要求 GTR 处于准饱和状态。

抗饱和电路即为一种不使 GTR 进入深度饱和状态下工作的电路,图 2-33 所示的贝克箝位电路即为一种抗饱和电路。利用此电路再配以固定的反向基极电流或固定的基极-发射极反向偏压,即可获得较为满意的驱动效果。当 GTR 导通时,只要箝位二极管 VD$_1$ 处于正偏状态,就有下述关系:

$$U_{be} + U_{D_2} + U_{D_3} = U_{ce} + U_{D_1}$$

从而有

$$U_{ce} = U_{be} + U_{D_2} + U_{D_3} - U_{D_1}$$

如二极管导通压降 $U_D = 0.7V$,则 $U_{ce} = 1.4V$ 使 GTR 处于准饱和状态。

箝位二极管 VD$_1$ 相当于溢流阀的作用,使过量的基极驱动电流不流入基极。改变 VD$_2$ 支路中串联的电位补偿二极管的数目可以改变电路的性能。如集电极电流很大时,由于集电极内部电阻两端压降增大会使 GTR 在深度饱和状态下工作,在此情况下,可适当增加 VD$_2$ 支路的二极管数目。为满足 GTR 关断时需要的反向截止偏置,图 2-33 中反并联了二极管 VD$_4$,使反向偏置有通路。

电路中 VD$_1$ 应选择快速恢复二极管,因 VD$_1$ 恢复期间电流能从集电极流向基极而使 GTR 误导通。VD$_2$、VD$_3$ 应选择快速二极管,它们的导通速度会影响 GTR 基极电流上升率。

3. 实例

对于 SPWM 型的 GTR 变频装置,为了提高变频器的工作频率,要求 GTR 的开关时间尽可能短。图 2-34 为具有反偏压的基极驱动电路,在 GTR 关断时,基极-射极间的反偏压可加速 GTR 的关断。

图 2-34 中的箝位二极管 VD$_2$ 和电位补偿二极管 VD$_3$ 的作用是使 GTR 在导通后始终处于临界饱和状态而不会进入深饱和区。VT$_5$、R_5、C_2、VD$_4$ 及 VW 的作用是使 GTR 在截止时基极和发射极间受到反偏压作用,从而加速 GTR 关断,缩短了关断时间。稳压管 VW 的稳压值要选取合适的数值,太低了反偏效果不明显,过高可能会损坏 GTR,一般选取 2～3V 为宜,C_1 的作用是清除 VT$_3$ 和 VT$_4$ 产生的高频寄生振荡。

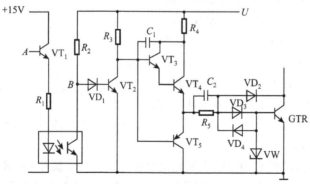

图 2-34 具有反偏压的驱动电路

此驱动电路的工作原理如下：

当控制信号输入端 A 为高电平时，光耦器件原方发光二极管导通，副方光敏三极管导通，则 B 点为低电位，VT_2 截止，VT_3 和 VT_4 导通，VT_5 由于基极和发射极反偏而截止，GTR 导通。此时，电容 C_2 上充有左（＋）右（－）的电压，其数值由 U、R_4、R_5 决定。当控制信号输入端 A 为低电平时，光耦原方发光二极管电流为零，副方光敏三极管截止，VT_2 导通，VT_3 和 VT_4 均截止，VT_5 导通，电容 C_2 由以下路径放电：①C_2 经 VT_5 的 c、e，GTR 的 e、b 及 VD_4 至 C_2。这条回路的放电电流在时间上很短，当 GTR 完全截止时，此回路电流即为零。②C_2 经 VT_5 的 c、e，VW 及 VD_4 至 C_2。由于稳压管 VW 的导通，GTR 的基极、发射极间一直受反向偏压，从而保证 GTR 可靠截止。③C_2 经 R_5 再回到 C_2。

GTR 的热容量很小，过电流能力很低，不能像晶闸管那样采用快速熔断器来保护。目前常用的过流保护方法有以下几种：①LEM 模块保护法，即采用霍尔电流传感器来测取流过 GTR 的电流，当出现过流时，利用霍尔电流传感器的快速响应性能使驱动电路动作，关断 GTR。②逆变器运行中，由于 GTR 关断时间过长，驱动电路故障或某一 GTR 损坏都可能导致桥臂短路故障，造成器件损坏。桥臂互锁保护法则是利用逻辑电路将同一桥臂中的两只 GTR 互锁，只有确认某只 GTR 关断后才能开通另一只 GTR，从而避免了桥臂短路。③状态识别保护法是监测 GTR 导通时的 U_{ce} 或 U_{be}，当 U_{ce} 或 U_{be} 高到一定数值后发出保护信号去关断 GTR，监测 U_{be} 确认故障时间比监测 U_{ce} 时快，能在几微秒内起到保护作用，但在较轻过载情况下，监测 U_{be} 的灵敏度较低。图 2-35 为将监测 U_{ce} 和监测 U_{be} 两种方法结合起来的具有过载、短路保护的驱动电路。

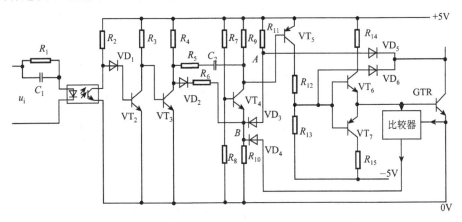

图 2-35　具有过载、短路保护的 GTR 驱动电路

此电路的工作原理如下：

假定 GTR 处于截止状态，VD_5 不通，B 点电位高，VT_4、VT_5 及 VT_6 都截止，VT_7 导通给 GTR 加反压以保证其截止状态。当导通控制信号 u_i 出现后，光耦器件副方光敏三极管导通，则 VT_3 导通，VT_5 基极电流给 C_2 充电，使 VT_5、VT_6 导通，给 GTR 加正向基极驱动电流，GTR 由截止转为导通，其 U_{ce} 下降到饱和压降，则 VD_5 导通使 A、B 两点电位下降，VT_4 导通，从而使 VT_5、VT_6 维持导通。由此可见 R_5、C_2 是 GTR 起动导通所必需的电路，R_5、C_2 的时间常数应大于 GTR 的开通时间才能保证 GTR 可靠导通。当输入截止控制信号时，VT_3 截止，VD_2、R_6 使 B 点电位升高，关断 VT_4，从而使 VT_5、VT_6 均截止，VT_7 导通

加反压至 GTR 使之关断。如果电路发生过载或短路，U_{ce} 大于饱和压降，VD_6 截止，I_c 再增大。由于 I_b 不能随 I_c 增加，这样 GTR 将进入线性工作区，当 U_{ce} 上升到 1.2 倍的饱和压降时，电路设计得使 VD_5 截止，$I_{D_5}=0$，则 A、B 两点电位上升，使 VT_4、VT_5 及 VT_6 截止，VT_7 导通，给 GTR 加上反向偏压并使之关断。当出现过载或短路时，由于 I_b 达到一定数值后不再变化，则 U_{be} 增大，经比较器使 VD_4 导通，使 B 点电位升高而关断 VT_4，同样也就关断了 GTR。只要电路参数选配合适，短路后经 $4\mu s$ 左右就可以对 GTR 加上反向偏压并使之关断，可见监测 U_{be} 的保护响应是很快的。

图 2-36 为某实验装置中 GTR 驱动与保护电路的原理图。该电路的控制信号经光耦隔离后输入 N1（LM555，接成施密特触发器形式），其输出信号用于驱动对管 VT_1、VT_2。VT_1、VT_2 分别由正负电源供电，推挽输出提供 GTR 基极开通与关断的电流。C_5、C_6 为加速电容，可向 GTR 提供瞬时开关大电流以提高开关速度。

$VD_2 \sim VD_5$ 接成贝克箝位电路，使 GTR 始终处于准饱和工作状态，比较器 N2 的作用是通过监测 GTR 的 be 结电压以判断是否过电流，并通过门电路控制器在过电流时关断 GTR。R^* 是基极电流采样电阻，R_S、VD_S、C_S 构成了缓冲电路。

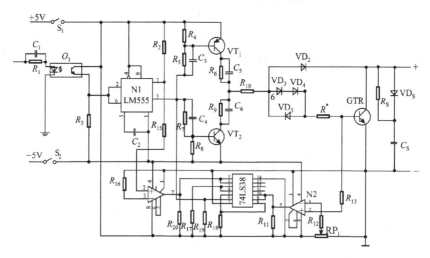

图 2-36　GTR 驱动与保护电路原理图

2.3　电压型全控型器件的驱动

2.3.1　功率场效应晶体管的驱动

1. 基本要求

功率场效应晶体管（P-MOSFET）是电压型控制器件，没有少数载流子的存储效应，因此可以做成高速开关。由于 P-MOSFET 的输入阻抗很大，故驱动电路可做得很简单，且驱动功率也小。

由图 1-27 可见，P-MOSFET 各极间有分布电容，元件在开关过程中要对电容进行充放电，因此在动态驱动时还需一定的栅极驱动功率。按驱动电路与 P-MOSFET 栅极的连接方式可分为直接驱动和隔离驱动，隔离驱动常采用脉冲变压器或光耦器件进行隔离。

2. 实例

图 2-37 是一种具有过载及短路保护功能的窄脉冲驱动电路,当输入信号 u_i 由低变高时,VT_1 导通,脉冲变压器的原边绕组上的电压为电源电压 U_{C_1} 在 R_3 上的分压值,脉冲变压器很快饱和后,耦合到副边绕组的电压是一个正向尖脉冲,该脉冲使 VT_2、VT_3 导通,而 VT_2、VT_3 组成了反馈互锁电路,故 VT_2、VT_3 保持导通使 VT_4 导通,从而使 P-MOSFET 导通。当 u_i 由高电平变低时,在副边绕组感应出一个负向尖脉冲,使 VT_2 截止,VT_3、VT_4 随之截止,VT_5 瞬间导通,从而关断 P-MOSFET。

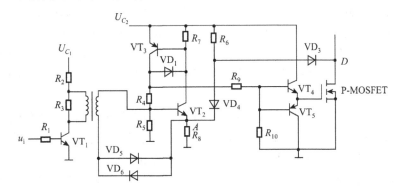

图 2-37　P-MOSFET 栅极驱动电路

该电路中,R_6、VD_3、VD_4 构成自然保护驱动环节。图 2-37 中 A 点电位由电阻 R_4、R_5 分压获得。在正常工作时,P-MOSFET 的漏极 D 点电位低于 A 点电位,故 VD_4 截止,电源 U_{C_2} 经 R_6、VD_3 流过电流至 P-MOSFET。当短路或过载时,P-MOSFET 的 U_{DS} 上升,当 $U_D = U_A$ 时,VD_4 导通,R_6 和 R_8 的分压使 A 点电位升高,由 VT_2、VT_3 组成的互锁电路翻转,使 VT_5 瞬时导通,关断 P-MOSFET,从而有效地保护元件。

某实验系统中的 P-MOSFET 驱动与保护电路原理图见图 2-38。该电路由 +15V 控制电源单极性供电,控制信号经光耦隔离后送入驱动电路,当输入端“2”为高电平时,VT_1 导通并向 VT_2 提供基极电流,于是 VT_2 导通、VT_3 截止,+15V 电源经 R_5 向 P-MOSFET 的栅极供电,并使之导通;当“2”端为低电平时,VT_1、VT_2 截止,电源经 R_3、VD_3 和 C_2 加速网络向 VT_3 提供基极电流,使 VT_3 导通,从而将 P-MOSFET 的栅极接地,迫使 P-MOSFET 关断。

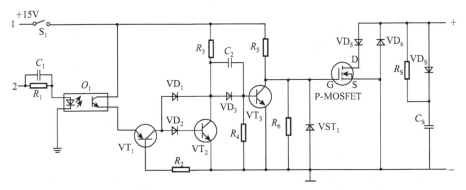

图 2-38　P-MOSFET 驱动与保护电路原理图

目前应用较多的 IR2110 是美国国际整流器公司(international rectifier company)于 1990 年前后开发并投放市场的 P-MOSFET 和 IGBT 专用驱动集成电路。与一般的集成电路相比,它具有许多独特设计。

1) IR2110 内部应用自举技术来实现同一集成电路可同时输出同一桥臂上高压侧与低压侧的两个通道信号,它的内部为自举操作设计了悬浮电源,悬浮电压保证了 IR2110 直接可用于母线电压为 $-4 \sim +500V$ 的系统中来驱动 P-MOSFET 或 IGBT。同时器件本身允许驱动信号的电压上升率达 $\pm 50V/ns$,故保证了芯片自身有整形功能,实现了不论其输入信号前后沿的陡度如何,都可保证加到被驱动 P-MOSFET 或 IGBT 栅极上的驱动信号前后沿很陡,因而可极大地减少被驱动功率器件的开关时间,降低开关损耗。

2) IR2110 的功耗很小,故可极大地减小应用它来驱动功率 MOS 器件时栅极驱动电路的电源容量。从而可减小栅极驱动电路的体积和尺寸,当其工作电源电压为 15V 时,其功耗仅为 1.6mW。

3) IR2110 的输入级电源与输出级电源可应用不同的电压值,因而保证了其输入与 CMOS 或 TTL 电平兼容,而输出具有较宽的驱动电压范围,它允许的工作电压范围为 $5 \sim 20V$。同时,允许逻辑地与工作地之间有 $-5 \sim +5V$ 的电位差。

4) 在 IR2110 内部不但集成有独立的逻辑电源与逻辑信号相连接来实现与用户脉冲形成部分的匹配,而且还集成有滞后和下拉特性的施密特触发器的输入级,以及对每个周期都有上升或下降沿触发的关断逻辑和两个通道上的延时及欠电压封锁单元,这就保证了当驱动电路电压不足时封锁驱动信号,防止被驱动功率 MOS 器件退出饱和区、进入放大区而损坏。

5) IR2110 的输出级采用推挽结构来驱动 P-MOSFET 或 IGBT,因而它可输出最大为 2A 的驱动电流,且开关速度较快,当所驱动的功率 MOS 器件的栅源极等效电容为 1000pF 时,该开关时间的典型值为 25ns。这些设计特点使得 IR2110 特别适合电路中以串联方式连接的高压 N 沟道 P-MOSFET 或 IGBT 的驱动。图 2-39 所示的单相不对称桥式主电路中,同一桥臂上的两个主开关管就属于这种连接方式,因而采用 IR2110 作为驱动芯片非常合适。这样,不但可以大为简化 P-MOSFET 驱动电路的设计,而且可以实现对 P-MOSFET 最优驱动以及快速完整的保护,从而极大地提高控制系统的可靠性和减小硬件系统的体积。

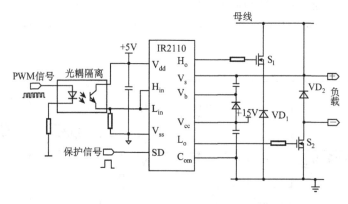

图 2-39　单相不对称桥式电路及主开关驱动原理

图 2-39 为 IR2110 的典型连接方式,引脚 H_{in} 及引脚 L_{in} 分别为驱动逆变桥中同桥臂上、下两个 P-MOSFET 器件的驱动脉冲信号输入端,该电路中两路控制信号完全相同;V_{dd} 和

V_{ss} 分别是输入端的电源引脚和参考地引脚,为了防干扰,其间接有去耦电容;SD 为保护信号输入端,当该脚接高电平时,IR2110 的输出信号全被封锁,其对应输出端恒为低电平;而当该端接低电平时,则 IR2110 的输出跟随引脚 H_{in} 与 L_{in} 而变化。因此在故障发生时,在 SD 端输入高电平,即可达到保护的目的。H_o 和 L_o 分别是上、下两路输出信号,引脚 V_b、V_s 和 V_{cc}、C_{om} 分别是上、下两路输出信号的电源和参考地,它们之间接有去耦电容,其中 V_b 是与 V_{cc} 共同使用外部电源(+15V),并通过自举技术获得的浮动电源,从而使同一电路可以同时输出上、下两路信号。外部电源与 V_b 之间是充电二极管,该管的耐压值必须大于高压母线的峰值电压,为了减小功耗,推荐采用一个超快恢复的二极管。

IR2110 本身不具有逻辑信号与功率信号的隔离功能,因此需要在输入的控制信号和 IR2110 之间加入光耦隔离器件。需要注意的是,由于控制信号开关频率较高,要求光耦器件有良好的跟随性,一般需选用快速光耦。

2.3.2　绝缘栅双极型晶体管的驱动

1. 基本要求

绝缘栅双极型晶体管(IGBT)是具有 P-MOSFET 的高速开关和电压驱动特性及双极型晶体管的低饱和电压特性的电力半导体器件。由于 IGBT 具有与 P-MOSFET 相似的输入特性,输入阻抗高,因此驱动电路相对比较简单,驱动功率也比较小。

IGBT 驱动电路有以下基本要求:

1) 充分陡的脉冲上升沿和下降沿。在 IGBT 开通时,前沿很陡的门极电压加到栅极和发射极间,可使 IGBT 快速开通,从而减小了开通损耗;在 IGBT 关断时,驱动电路提供下降沿很陡的关断电压,并在栅极和发射极之间加一适当的反向偏压,使 IGBT 快速关断,缩短关断时间,减小关断损耗。

2) 足够大的驱动功率。IGBT 导通后,驱动电路的驱动电压和电流要有足够大的幅值,使 IGBT 功率输出级总处于饱和状态。当 IGBT 瞬时过载时,栅极驱动电路提供的驱动功率要足以保证 IGBT 不退出饱和区。

3) 合适的正向驱动电压 U_{GE}。当正向驱动电压 U_{GE} 增加时,IGBT 输出级晶体管的导通压降 U_{CE} 和开通损耗值将下降;但在负载短路过程中,IGBT 的集电极电流也随 U_{GE} 增加而增加,并使 IGBT 承受短路损坏的脉宽变窄,因此 U_{GE} 要选合适的值,一般可取 $(1\pm10\%)\times15V$。

4) 合适的反向偏压。IGBT 关断时,栅极和发射极间加反向偏压可使 IGBT 快速关断,但反向偏压数值也不能过高,否则会造成栅射极反向击穿。反向偏压的一般范围为 $-10\sim-2V$。

5) 驱动电路最好与控制电路在电位上隔离。要求驱动电路有完整的保护功能,抗干扰性能好,驱动电路到 IGBT 模块的引线尽可能短,最好小于 1m,且采用双绞线或同轴电缆屏蔽线,以免引起干扰。

2. 实例

图 2-40 为一电流源栅极驱动电路,由 VT_2 产生稳定的集电极电流 I_{C_2},通过调节电位器 R_C 可以稳定 I_{C_2} 数值。I_{C_2} 在 R_3 上产生稳定的电压降 U_{R_3},使 IGBT 获得稳定的驱动电压。当 u_i 为高电平时,VT_1 导通,VT_2 也导通,从而 I_{C_2} 在 R_3 上有恒压降 U_{R_3},使 IGBT 导通;当 u_i 为低电平时,VT_1、VT_2 均截止,I_{C_2}、U_{R_3} 均近似为零,则 IGBT 关断。

图 2-41 为采用光电耦合的栅极驱动电路。u_i 为高电平时,光耦器件副方三极管导通,MOS 管 VT_1 截止,VT_2 导通,VT_3 截止,$+U_{CC}$ 经 VT_2 向 IGBT 栅极提供驱动电流;当 u_i 为低电平时,光耦器件副方三极管不通,VT_1 导通,VT_2 截止,VT_3 导通,$-U_{CC}$ 经 VT_3 向 IGBT 栅极提供反向电流,使 IGBT 关断。IGBT 栅极输入端接电阻 R_G 可改善脉冲的前后沿陡度及防止振荡,并可限制 IGBT 集电极产生大的电压尖脉冲,R_G 的数值可按 IGBT 的电流容量来选择,一般取值范围在几欧姆到几百欧姆。

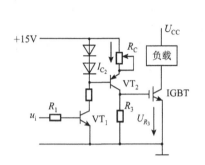

图 2-40　分立元件驱动电路

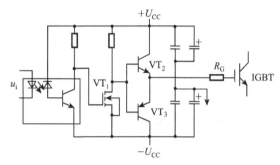

图 2-41　采用光电耦合的栅极驱动电路

目前,国外许多生产 IGBT 器件的厂家为解决 IGBT 驱动的可靠性问题,专门研制生产了与 IGBT 配套的集成栅极驱动电路,比较典型的有日本富士公司的 EXB 系列,其中 EXB850(851)是标准型,驱动电路的信号延迟≤4μs,适用于 10kHz 的开关电路;EXB840(841)为高速型,驱动电路信号延迟≤1μs,适用于 40kHz 的开关电路。EXB 系列芯片的内部结构图如图 2-42 所示。

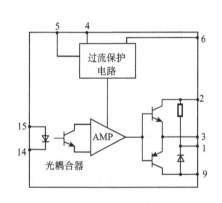

图 2-42　集成化栅极驱动电路内部结构图

EXB 系列芯片为直插式结构,各引脚功能如下:

1——连接用于反向偏置电源的滤波电容器;

2——电源(+20V);

3——驱动输出;

4——用于连接外部电容器,以防止过流保护误动作(绝大多数场合不需要电容器);

5——过流保护输出;

6——集电极电压监测;

7,8——不接;

9——电源(0V);

10,11——不接;

14——驱动信号输入(－);

15——驱动信号输入(＋)。

EXB 系列芯片具有以下功能:

1) 内部集成有可隔离 2500V 交流电压的光电耦合器,故可用于以 IGBT 为主开关器件的进线电压为 380V 的动力设备上。

2）芯片内部有过流检测电路和低速过流切断电路，其过流检测电路按驱动信号与集电极电压之间的关系检测过流，当流过 IGBT 的电流超过内部设定值时，低速切断电路以不使 IGBT 损坏的较慢速度关断 IGBT，其目的是防止以过快速度切断电流时，IGBT 集电极电流快速变化而由于电路中电感存在，集电极产生集电极电压尖脉冲损坏 IGBT。

3）芯片内部还有检测 IGBT 集电极发射极间电压降，从而实现被驱动 IGBT 欠饱和保护的电路。

4）当外部提供＋20V 直流电压时，电路内部可使＋20V 电压变为＋15V 开栅电压和－5V 关栅电压。

EXB 系列集成电路具有以下特点：电路集成化程度高，抗干扰能力强，速度较快，保护功能完善，可实现 IGBT 最优驱动等是其优点；但电路价格较高，每个 IGBT 都需配一片集成驱动电路及一个专用驱动电源，使控制电源结构复杂化。

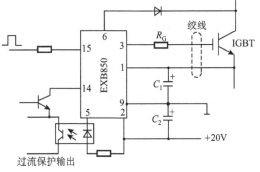

图 2-43 为由 EXB850 模块构成的栅极驱动电路，电路中 C_1、C_2 电容值为 $33\mu F$，主要用来吸收因电源接线阻抗引起的供电电压变化。

图 2-43 EXB850 模块构成的栅极驱动电路

2.4 全控型器件的保护

2.4.1 大功率晶体管的保护

1. 过流保护

GTR 承受电流冲击的能力很弱，使用快速熔断器作为过流保护无任何意义，因为 GTR 可能先行烧毁。此时只能用电子开关的快速动作进行过流保护，其原理是在集电极电流未达破坏元件之值前就撤去基极驱动信号，同时施加反向偏置使晶体管截止。这个过流保护方案实施的关键是如何实现对过流有效和及时的检测，以确保安全运行。

从一般概念出发，可以设想采用电流传感器（如霍尔电流传感器）直接检测集电极电流 I_c 的大小作为过流保护的依据，但这有传感器价格问题。更重要的是在同样的集电极电流下若 GTR 进入放大区工作，则器件的功耗将比开关状态下在饱和截止区工作时急剧增加，而不能从 I_c 大小上直接反映器件的过载情况。由于 GTR 的通态压降 U_{ce} 与元件工作点直接有关，故可采用 U_{ce} 作为过载特征参数，实行有效的过流保护。

图 2-44 为 GTR 的输出特性（伏安特性），其上可划分出饱和区、准（临界）饱和区、线性放大区及截止区。在饱和区，GTR 的通态损耗最小，但这种状态不利于器件迅速关闭切换至截止区。为此，可通过减小和控制正向基极偏置使 GTR 处于饱和状态的边缘，即准饱和状态，此时其通态损耗比饱和状态下稍高，但大大低于线性放大状态。因此，工作在开关状态的 GTR 其负载极限工作点应通过基极电流 I_b 调整在准饱和区，如 A 点（U_{ceg}，I_{cg}）。

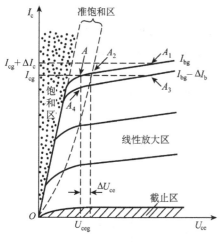

图 2-44　GTR 输出特性

1) 如以测量集电极电流 I_c 作为过流保护原则,当 I_{cg} 测量误差为 ΔI_c 时,则保护电路将在集电极电流为 $I_{cg}+\Delta I_c$ 时才动作,但此时 GTR 工作点已移至线性放大区的 A_1 点,到元件关断时已出现高损耗,导致 GTR 损坏。

2) 如以测量集射极电压 U_{ce} 作为过流保护原则,在相同的相对测量误差下 $(\Delta U_{ce}/U_{ceg}=\Delta I_c/I_{cg})$,GTR 工作点仅移至 A_2 点,仍处于准饱和状态,元件关断时功耗只略有增加,可保证器件安全。

3) 设基极电流 I_b 减少 ΔI_b,当采用电流 I_c 测量的保护方式时,GTR 关断时工作点已移至 A_3,又进入了线性放大区;当采用电压 U_{ce} 测量保护时,GTR 关断时工作点仍在准饱和区,确保了器件安全。

由此可见,采用测量 U_{ce} 变化来检测工作状态、实现过流保护是安全、可靠的。图 2-45 为其原理电路图。

2. 缓冲电路

缓冲电路(snubber circuit)又称为吸收电路。在 GTR 的开关过程中,可能会出现过电压、过电流、过大的 di/dt、du/dt 及过大瞬时功率,从而损坏 GTR,因此需采用缓冲电路来进行保护。

在图 2-46 所示的电感负载下,为抑制 GTR 关断时产生的负载自感过电压,电感 L 两端常并接续

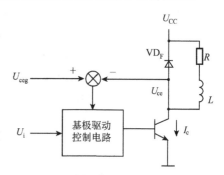

图 2-45　GTR 过流保护原理图

流二极管 VD_F,使 GTR 关断时有负载电流 I_L 经它续流。这样当 GTR 开通时,I_L 将从 VD_F 转移至 GTR,电流转移过程中 VD_F 实际仍处于导通状态,使电源电压 U_{CC} 基本全部施加在 GTR 上,直至 VD_F 关断,负载 L 上才基本承受 U_{CC},GTR 管压降跌至饱和值 $U_{ce(sat)}$。因此 GTR 开通时,实际上大部分时间处于高电压、大电流状态,开通损耗较大。在 GTR 关断时,由于负载电感的作用,集电极电流 I_c 将基本维持恒定,一直到集射极电压 U_{ce} 增大到电源电压 U_{CC},二极管导通为止,I_c 才开始下降。因此,无论开通还是关断过程,GTR 都要经历电压、电流同时很大的一段时间,造成开关损耗 p 很大,如图 2-47 所示,这就限制了器件的工作频率。为此,需采用缓冲电路来解决开关损耗过大问题,其基本思想是错开高电压、大电流出现的时刻,使两者之积(瞬时功率)减小。

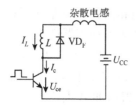

图 2-46　GTR 带电感性负载图

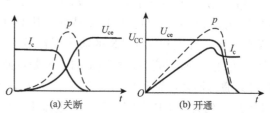

图 2-47　GTR 的关断、开通过程

图 2-48 为 GTR 关断吸收电路,它是在
GTR 集射极间并联电容 C,利用电容两端电
压不能突变的原理延缓关断时集射极间电压
U_{ce} 上升速度,使 U_{ce} 达最大值之前集电极电
流 I_c 已变小,从而使关断过程瞬时功耗 p 变
小,如图 2-48(b)所示。图 2-48(a)中串联电
阻是为了限制 GTR 导通时电容的放电电
流,二极管 VD 则是在 GTR 关断时将 R 旁
路,以充分利用电容的稳压作用。

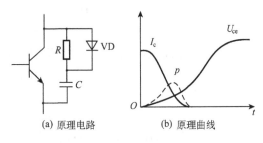

图 2-48　GTR 的关断吸收电路

图 2-49(a)是开通吸收电路,其中与 GTR 串联的电感 L_S 延缓了集电极电流的增长速
度,且当电流急剧增大时会在其上产生较大压降,使得集射极电压在导通时迅速下降。这样
电压、电流出现最大值的时间错开,关断时功率损耗 p 明显减少,如图 2-49(b)所示。
图 2-49(a)中与 L_S 并联的电阻可使 GTR 关断后续流电流迅速衰减,二极管则在 GTR 导通
时隔离 R_S 对 L_S 的旁路作用。

在实际应用中常将开通与关断吸收电路组合在一起构成复合吸收电路,图 2-50 为其中
一种。图中 L_S、R_S、VD 组成开通吸收电路,R_S、VD、C_S 组成关断吸收电路。

缓冲电路同样适用于 P-MOSFET、IGBT 等电力电子器件的开通、关断过程。

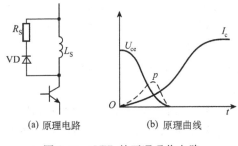

图 2-49　GTR 的开通吸收电路

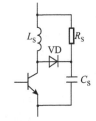

图 2-50　GTR 复合缓冲电路

2.4.2　绝缘栅双极型晶体管的保护

IGBT 的保护措施有:
1) 通过检测过电流信号来切断栅极控制信号,关断器件,实现过流保护。
2) 采用吸收电路抑制过电压、限制过大的电压上升率 du_{ce}/dt。
3) 用温度传感器检测 IGBT 的壳温,过热时使主电路跳闸保护。

IGBT 使用中必须避免出现擎住现象,因此集电极电流不能超过额定电流,包括短路电
流。此外在短路过程中,器件由饱和导通区进入放大区,虽然集电极电流不会增大,但集电
极电压增高,功耗变大。此时短路电流能持续的时间 t 完全由集电极最大允许功耗值所决
定,与集射极间电压 U_{ce}、栅极电压 U_G 及结温 T_J 密切相关。一般规律是:电源电压增加,允
许短路电流持续时间减少;栅极正偏电压 $+U_G$ 增加,短路电流增加,允许短路电流持续时间
减少。所以在有短路过程的电路使用中,IGBT 应选择好所需的最小栅极正偏电压 $+U_G$。

IGBT 过流保护常采用集电极电压判别方法。集电极通态饱和压降 U_{ces} 与集电极电流
I_c 基本呈线性关系,故可由 U_{ces} 的大小来判断 I_c 的大小。特别结温升高后,大电流下 U_{ces} 值

有所增加,这更有利于过电流的识别。

在实施过电流保护关断 IGBT 过程中要注意:

1) 从识别过流信号至切断栅极信号的这段时间必须小于 IGBT 允许短路过电流时间,一般为 $10\mu s$,为此应采用小时延的快速保护电路。

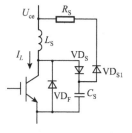

2) 过电流值较大时,需注意过快的切断速度 di_c/dt 会在电感电路中引起很高的自感电势,使集电极产生过电压尖峰,危及管子安全。且由于是过大 di_c/dt 引起,电压尖峰不能被常规过压吸收电路消除,必须采用低速断流措施。

IGBT 的吸收电路与 P-MOSFET、GTR 大体相同,如图 2-51 所示,其中 L_S、VD_{S1}、R_S 构成开通吸收电路,VD_S、C_S 组成关断吸收电路,主要限制电压上升率 dU_{ce}/dt。

图 2-51　IGBT 缓冲电路

本 章 小 结

本章主要介绍了各种功率半导体器件的驱动电路及其过压、过流等保护方法。

晶闸管(SCR)是半控型器件。SCR 的触发电路应满足与主电路同步、能平稳移相且有足够移相范围、脉冲前沿陡、有足够的幅值与脉宽、抗干扰能力强等要求。单结晶体管触发电路简单实用,在单相整流电路中得到应用。锯齿波同步移相触发电路是使用较多的 SCR 触发电路,它主要有同步检测、锯齿波形成、移相控制、脉冲形成、脉冲放大等环节组成。集成化的锯齿波同步移相触发电路有 KC(或 KJ)系列。目前,以单片机为主体的数字化触发电路在大功率整流电路中得到越来越广泛的应用。

晶闸管的过压保护主要使用压敏电阻、阻容吸收等,过流保护则采用电流检测、快速熔断器等,另外还应对 du/dt、di/dt 进行限制。

大功率晶体管(GTR)和门极可关断晶闸管(GTO)属电流型全控型器件。GTO 的驱动电路中的门极开通电路与 SCR 触发电路基本相同,而要求门极关断电路能产生足够大的反向电流来关断已导通的 GTO。GTR 驱动电路除满足一般驱动电路的要求外,还应有抗饱和电路,使 GTR 工作在准饱和区,提高开关速度,降低开关损耗。功率场效应晶体管(P-MOSFET)和绝缘栅双极型晶体管(IGBT)都属电压型全控型器件。由于电压型器件输出阻抗高,驱动电流小,因此驱动电路相对比较简单。目前,有许多专用芯片用来驱动全控型器件,如 IR2110、EXB840 等,这些芯片集成化程度高、保护功能好、抗干扰能力强,使用广泛。

全控型器件的过流保护通常采用检测 U_{ce},利用电子开关的快速动作来及时关断器件。缓冲电路的使用可对由于全控型器件的开关而引起过电压、过电流、过大的 di/dt、du/dt 及过大的瞬时功率进行保护。

思考题与习题

1. 由晶闸管构成的主电路对触发脉冲有哪些要求? 为什么必须满足这些要求?

2. 单结晶体管同步振荡电路是怎样实现同步的? 电路中的 R_e 选得过大或过小对电路工作会有什么影响? 为什么?

3. 一个移相触发电路一般应由哪些环节组成? 以锯齿波同步移相触发电路为例来进行说明。

4. 在锯齿波同步移相触发电路中,双脉冲是如何产生的? 为什么电源电压的波动和波形畸变对锯齿波同步移相触发电路影响较小?

5. 一个三相桥式可控整流电路,采用图 2-9 所示的锯齿波同步移相触发电路。

1) 如果发现输出直流电压的波头有高有低,可能是什么原因引起的?

2) 如果把原来的双窄脉冲触发方式改为宽脉冲触发方式,触发电路应做哪些调整?

6. 证明单结晶体管脉冲移相电路的触发脉冲周期为 $T=R_e C\ln\dfrac{1}{1-\eta}$,式中分压比 $\eta=\dfrac{R_{b_1}}{R_{bb}}$。

7. 三相全控桥采用带滤波器的正弦波触发器,滤波滞后 60°,同步环节的晶体管采用 NPN 型硅管,主变压器连接组为 △/Y-5,同步变压器的连接组为 △/Y-3 和 △/Y-9,试求各元件触发电路的同步电压,并列表表示。

8. 双脉冲形成器的原理电路如图 2-52(a)所示,图中端 16 接 15V 电源,端 7 接低电压,端 1~6 的输入分别来自 3 块 KC 04 的输出端,而相位关系如图 2-52(b)所示,画出端 10~15 的波形。

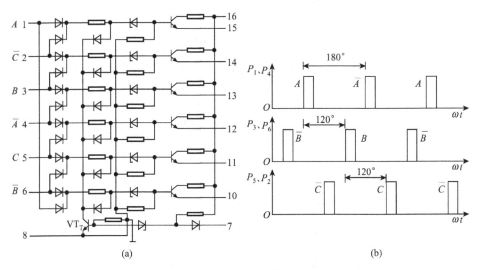

图 2-52　双脉冲形成器原理图

9. 图 2-17 中的锯齿波同步移相触发电路的同步环节采用 PNP 晶体管,RC 滤波网络的移相角为 60°,求:

1) 同步信号电压 u_{Ta} 与对应的晶闸管阳极电压 u_a 的相位关系。

2) 确定同步变压器的连接组,同时列出晶闸管阳极电压和同步信号电压的对应关系表。

10. 三相全控桥的主回路由三相电源经进线电抗器直接连到晶闸管(可认为连接组为 Y/Y-12),同步变压器为 △/Y-1、△/Y-7 连接组。触发器采用正弦波同步移相触发电路,其中同步环节采用 NPN 晶体管,RC 滤波,滤波后相位滞后 30°,变流器要求能整流与逆变运行,试选择同步信号电压。分析时可忽略进线电抗器的相移。

11. 在上题中,主回路和同步变压器都不变,将触发器改为同步环节采用 NPN 晶体管的锯齿波同步移相触发电路,试选择同步信号电压。此时是否要加 RC 滤波环节? 如要加,则要移相多少度?

12. 在有晶闸管串联的高压变流装置中,晶闸管两端并接阻容吸收电路可起到几种保护作用?

13. 发生过电流的原因有哪些? 可以采取哪些过电流保护措施? 它们的保护作用先后次序应如何安排?

14. 说出图 2-53 中①~⑨各保护元件及 VD_F、L_d 的名称及作用(LJ 为过流继电器)。

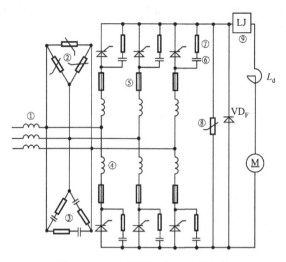

图 2-53　三相桥式整流电路的保护

15. 不使用过电压、过电流保护,选用较高电压等级与较大电流等级的晶闸管行不行?

16. 画出 GTO 理想的门极驱动电流波形,并说明门极开通和关断脉冲的参数要求。

17. 图 2-54 所示为某大功率晶体管驱动模块电路,采用正、负双电源供电。控制信号经光电耦合三极管进入驱动电路,当 S 为高电平时,光敏三极管导通,使 VT_2 和 VT_3 导通。VT_2 导通使 VT_1 导通,VT_3 导通致使 VT_4 和 VT_5 截止,此时送出正的基极驱动电流 I_{b_1}。当 S 为低电平时,光敏三极管截止,使 VT_2 和 VT_3 截止,致使 VT_1 截止而 VT_4 和 VT_5 导通,送出负的基极电流 I_{b_2}。此电路的优点是控制无死区,调节电阻 R_1 和 R_2 能方便地改变 I_{b_1} 和 I_{b_2} 的数值。试在此电路基础上,加抗饱和电路环节(贝克箝位电路)使大功率晶体管在导通期间始终处于临界饱和状态,妥善解决其基极电流的自动调节问题。

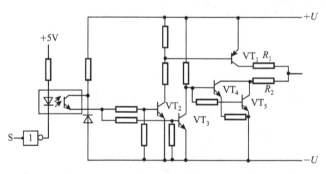

图 2-54　驱动模块电路

18. 说明功率场效应晶体管的开通和关断驱动特性。

19. 试说明绝缘栅双极型晶体管驱动电路与大功率晶体管及功率场效应晶体管驱动电路的异同点。

20. GTR、P-MOSFET、IGBT 使用中,额定电流选择中各要注意什么?

21. GTR、IGBT 等过流保护中,为何要采用检测集射极电压作为保护基准?

22. GTR、P-MOSFET、IGBT 缓冲(吸收)电路的基本结构如何? 其减少被保护器件开关损耗的机理如何?

23. 某直流电动机,额定电压 750V,额定电流 780A,短时最大电流 1200A,准备采用三相桥式可控整流电路供电。试选择变压器及晶闸管(因条件限制,规定单只晶闸管定额不超过 1500V,500A)。

第三章 交流-直流变换

交流-直流(AC-DC)变换又称整流,它是把交流电变换为直流电的变流过程。如果采用大功率二极管作为整流元件,则获得的是大小固定的直流电压,这种变流方式称为不可控整流。如果采用晶闸管作为整流元件,则可以通过控制门极触发脉冲施加的时刻来控制输出整流电压的大小,这种变流称为可控整流。根据交流电源相数,整流可分为单相整流和多相整流,其中多相整流又以三相整流为主。可控整流电路的工作原理、特性、电压电流波形以及电量间的数量关系与整流电路所带负载的性质密切有关,必须根据负载性质的不同分别进行讨论。然而实际负载的情况是复杂的,属于单一性质负载的情况很少,往往是几种性质负载的综合。

本章主要介绍晶闸管相控整流电路。在学习整流电路时,要特别注意电路中的电压、电流波形。根据交流电源的电压波形、功率半导体器件的通断状态和负载的性质,分析电路中各点的电压、电流波形,掌握整流电压和移相控制角的关系。可以这样说:掌握了电路中的电压、电流波形,也就掌握了电路的工作原理。

3.1 单相可控整流电路

3.1.1 单相半波可控整流电路

1. 电阻性负载

图 3-1 表示了一个带电阻性负载的单相半波可控整流电路及电路波形。图 3-1 中 T 为整流变压器,用来变换电压。引入整流变压器后将能使整流电路输入、输出电压间获得合理的匹配,以提高整流电路的性能指标,尤其是整流电路的功率因数。在生产实际中属于电阻

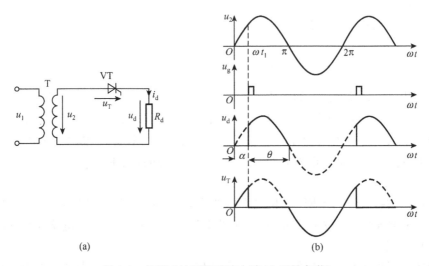

(a)   (b)

图 3-1 单相半波可控整流电路(电阻性负载)

性的负载有电解、电镀、电焊、电阻加热炉等。电阻性负载情况下的最大特点是负载上的电压、电流同相位,波形相同,掌握这个特点对分析电阻性负载下整流电路的工作原理十分重要。

变压器副边电压 u_2 为工频正弦电压,其有效值为 U_2,交变角频率为 ω,通过负载电阻加到晶闸管 VT 的阳极与阴极之间。在 $\omega t = 0 \sim \pi$ 的正半周内,晶闸管阳极电压为正、阴极电压为负,元件承受正向阳极电压,具备导通的必要条件。假设门极到 ωt_1 时刻才有正向触发脉冲电压 u_g,则在 $\omega t = 0 \sim \alpha$ 范围内,晶闸管由于无门极触发电压而不导通,处于正向阻断状态。如果忽略漏电流,则负载上无电流流过,负载电压 $u_d = 0$,晶闸管承受全部电源电压,管子上电压 $u_T = u_2$。在 ωt_1 时刻门极加上正向触发脉冲电压,满足晶闸管导通的充分条件,元件立即导通,负载上流过电流 i_d。如果忽略晶闸管的正向管压降,则 $u_T = 0$,$u_d = u_2$。由于电阻负载下负载电流 $i_d = u_d/R$,则负载电压 u_d、电流 i_d 在此 ωt_1 时刻均发生跃变。在以后的 $\omega t = \alpha \sim \pi$ 范围内,即使门极触发电压消失,晶闸管继续导通,电路维持 $u_T = 0$,$u_d = u_2$,$i_d = u_d/R$ 的状态。当 $\omega t = \pi$ 时,电源电压 u_2 过零,负载电流亦即晶闸管的阳极电流将小于元件的维持电流 I_H,晶闸管关断,负载上电压、电流都将消失。在 $\omega t = \pi \sim 2\pi$ 的负半周,晶闸管承受反向阳极电压而关断,元件处于反向阻断状态。此时元件承受反向电压 $u_T = u_2$,负载电压、电流均为零。

第二个周波将重复第一周波的状态。从图 3-1(b)波形可以看出,经过晶闸管半波整流后的输出电压 u_d 是一个极性不变幅值变化的脉动直流电压;改变晶闸管门极触发脉冲 u_g 出现的时刻 α 就可改变 u_d 的波形。如果将 u_d 在一周期内的平均值定义为直流平均电压 U_d,则改变 α 的大小也就改变了 U_d 的大小,实现了整流输出电压大小可调的可控整流。一般规律是 α 越小,门极触发脉冲出现时间越早,负载电压波形面积越大,在一周期内的平均电压 U_d 就越高。

晶闸管从开始承受正向阳极电压起至开始导通时刻为止的电角度称为控制角,以 α 表示;晶闸管导通时间按交流电源角频率折算出的电角度称为导通角,以 θ 表示。改变控制角 α 的大小,即改变门极触发脉冲出现的时刻,也即改变门极电压相对正向阳极电压出现时刻的相位,称为移相。

整流电路输出直流电压 U_d 为

$$U_d = \frac{1}{2\pi} \int_\alpha^\pi \sqrt{2}U_2 \sin\omega t \, \mathrm{d}\omega t = \frac{\sqrt{2}U_2}{2\pi}(1 + \cos\alpha) = 0.45U_2 \frac{1 + \cos\alpha}{2} \tag{3-1}$$

可以看出,U_d 是控制角 α 的函数。当 $\alpha = 0$ 时,晶闸管全导通,$U_d = 0.45U_2$,直流平均电压最大。当 $\alpha = \pi$ 时,晶闸管全关断,$U_d = 0$,直流平均电压最小。输出直流电压总的变化规律是 α 由小变大时,U_d 由大变小。可以看出,单相半波可控整流电路的最大移相范围为 $180°$。由于可控整流是通过触发脉冲的移相控制来实现的,故亦称相控整流。

2. 电感性负载

当负载的感抗 ωL_d 与电阻 R_d 相比不可忽略时,这种负载称为电感性负载。属于电感性负载的常有各类电机的激磁绕组、串接平波电抗器的负载等。接入电感性负载时电路原理图及波形如图 3-2 所示。

在分析电感性负载的可控整流电路工作过程中,必须充分注意电感对电流变化的阻碍

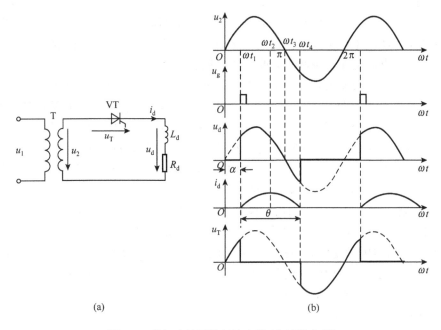

图 3-2 单相半波可控整流电路(电感性负载)

作用。这种阻碍作用表现在电流变化时电感自感电势的产生及其对晶闸管导通的作用。

带电感性负载单相半波可控整流电路的工作过程可用图 3-2(b)中的波形图分段说明。在 $\omega t = 0 \sim \alpha$ 的范围内,晶闸管虽承受正向阳极电压,但门极触发信号 u_g 尚未施加,晶闸管正向阻断,没有负载电流。负载电压 $u_d = 0$,晶闸管两端承受全部的电源电压,$u_T = u_2$。当 $\omega t_1 = \alpha$ 时刻,触发导通晶闸管 VT。假设忽略晶闸管的正向管压降,则 $u_T = 0$,而全部电源电压立即施加到负载上,$u_d = u_2$。由于负载中存在电感,负载电流 i_d 不像在电阻性负载时一样发生跃变,只能从零逐渐增长。在 $\omega t_1 \sim \omega t_2$ 的范围内,i_d 从零增长至其最大值。在 i_d 增长过程中,电感 L_d 上的自感电势 e_L 上(+)下(−),力图阻止电流增长。虽然此时 e_L 与 u_2 极性相反,但作用在晶闸管上的阳极电压 $u_2 + e_L > 0$,元件导通。

在 $\omega t_2 \sim \omega t_3$ 的范围内,i_d 从最大值开始减小。自感电势 e_L 改变方向,上(−)下(+),其极性有助于维持晶闸管导通。当 $\omega t_3 = \pi$ 时刻,电源电压 u_2 过零。如果没有电感的自感电势存在,晶闸管此时将因阳极电压为零而关断。然而由于自感电势的存在,作用在元件上的阳极电压 $u_2 + e_L$ 仍大于 0,使得尽管电源电压为零,管子仍然导通,负载电流 $i_d \neq 0$。

在 $\omega t_3 \sim \omega t_4$ 的范围内,电源电压过零变负。负载电流的继续减小使自感电势继续维持着上(−)下(+)的极性。只要自感电势在数值上大于电源的负电压,晶闸管将继续承受正向阳极电压 $u_2 + e_L > 0$ 而导通。一直到 ωt_4 时刻,自感电势与电源电压大小相等、极性相反,晶闸管才因阳极电压 $u_2 + e_L = 0$ 而关断,$i_d = 0$。从 u_d 波形上可以看出,由于电感的存在,延长了晶闸管导通的时间,使得 u_d 波形中出现了正、负面积,从而使输出直流电压平均值减小。这就是电感负载可控整流电路工作原理上的特点。

如果控制角 α 大,导通延迟,电流正半周内提供给电感中的储能小,维持晶闸管导通的能力差,导通角 θ 就小。负载阻抗角 φ 大,说明负载电感 L_d 大,储能多,维持晶闸管导通能力强,导通角 θ 将大。当负载为 $\omega L_d \gg R_d$ 的大电感时,$\varphi \approx \pi/2$。此时直流电压 u_d 波形的正、负面积接近相等,平均电压 $U_d \approx 0$,造成直流平均电流 $I_d \approx U_d/R_d$ 也很小,负载上得不到所需的功率。所以单相半波可控整流电路如不采取措施是不可能直接带大电感负载正常工作的。解决的办法是在负载两头并联续流二极管。

　　大电感负载下造成输出直流平均电压下降的原因是 u_d 波形中出现了负面积的区域。如果设法将负面积的区域消除掉而只剩正面积的区域,就可提高输出直流电压的平均值。为此,可在整流电路负载的两端按图 3-3(a) 所示极性并接一功率二极管 VD_F。在直流电压 u_d 为正的区域内,VD_F 承受反向阳极电压而阻断,电路工作情况和不接 VD_F 一样,负载电流 i_d 由晶闸管提供。电源电压过零变负后将引起 i_d 减小的趋势,引起电感 L_d 上感应出上(一)下(十)极性的自感电势 e_L,这个极性的 e_L 正好使二极管 VD_F 承受正向阳极电压而导通,使负载电流 i_d 将不经晶闸管而由二极管 VD_F 继续流通,所以二极管 VD_F 常称为续流二极管。由于 VD_F 导通后其管压降近似为零,使负极性电源电压通过 VD_F 全部施加在晶闸管 VT 上,晶闸管将因承受反向阳极电压而关断。这样,在电源电压为负的半波内,负载上得不到电源的负电压,而只有二极管 VD_F 的管压降,接近为零。可见加接了续流二极管的输出直流电压波形和电阻性负载时完全相同,如图 3-3(b) 所示,输出直流电压平均值也就相应提高到了电阻性负载时的大小。

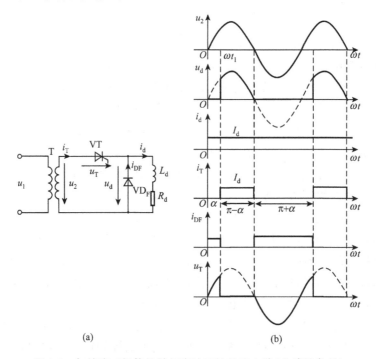

(a)　　　　　　　　　　　　　　　　　　(b)

图 3-3　加续流二极管的单相半波可控整流电路(电感性负载)

　　加接续流二极管后,输出电压波形和电阻性负载时相同,因而直流平均电压 U_d 的大小也相同,其计算公式为式(3-1)。由于负载电感很大,i_d 连续而且大小基本维持不变,近似为一条水平线,恒为 I_d,则流过晶闸管的电流平均值和有效值分别为

$$I_{dT} = \frac{\pi - \alpha}{2\pi} I_d \qquad\qquad\qquad (3\text{-}2)$$

$$I_{\text{T}} = \sqrt{\frac{\pi - \alpha}{2\pi}} I_{\text{d}} \tag{3-3}$$

续流二极管上的电流平均值和有效值分别为

$$I_{\text{dDF}} = \frac{\pi + \alpha}{2\pi} I_{\text{d}} \tag{3-4}$$

$$I_{\text{DF}} = \sqrt{\frac{\pi + \alpha}{2\pi}} I_{\text{d}} \tag{3-5}$$

晶闸管及续流二极管承受的最大正、反向峰值电压均为交流电压的最大值$\sqrt{2}U_2$。最大移相范围为$180°$。

单相半波可控整流电路线路简单,使用晶闸管数目最少,成本低,调整也方便。但它输出电流波形差、脉动频率低(为工频)、脉动幅度大。为了得到平稳的直流,相应所需的平波电抗器电感量也很大。更为突出的是变压器副边线圈中流过含有直流成分的电流,造成变压器铁心直流磁化而饱和。为了克服铁心饱和,只好降低磁通密度,增大铁心截面,致使变压器体积增大,用铜用铁量增加,利用率降低。所以,单相半波可控整流电路只适合于容量小、装置要求小、重量轻及波形要求不高的场合,实际上目前已很少使用这种电路。

3.1.2 单相桥式可控整流电路

1. 电阻性负载

单相桥式整流电路带电阻负载时的原理性接线图如图 3-4(a)所示,图中的 4 个开关器件都为晶闸管,属可控元件,故此电路称为单相桥式全控整流电路。在 $\omega t = 0 \sim \pi$ 的变压器副边电压 u_2 正半周内,a 点电位为(+)、b 点为(-),使晶闸管 VT$_1$、VT$_4$ 承受正向阳极电压。当 $\omega t_1 = \alpha$ 时刻触发导通 VT$_1$、VT$_4$,整流电流沿途径 $a \rightarrow$ VT$_1 \rightarrow R_{\text{d}} \rightarrow$ VT$_4 \rightarrow b$ 流通,使负

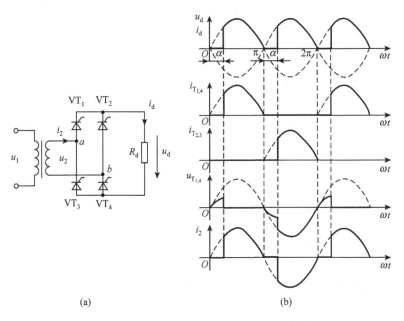

(a)　　　　　　　　　　　　(b)

图 3-4　单相桥式全控整流电路(电阻性负载)

载电阻 R_d 上得到上（＋）下（－）极性的整流电压 u_d；VT_1、VT_4 的导通使正半周的 u_2 反向施加在晶闸管 VT_2、VT_3 上，使其承受反向阳极电压而阻断。晶闸管 VT_1、VT_4 一直要导通到 $\omega t=\pi$ 时刻为止，此时电源电压 u_2 过零，晶闸管阳极电流也下降至零而关断。

在 $\omega t=\pi \sim 2\pi$ 的 u_2 负半周内，b 点为（＋）、a 点为（－），晶闸管 VT_2、VT_3 承受正向阳极电压。当 $\omega t_2=\pi+\alpha$ 时刻，触发导通 VT_2、VT_3，即有整流电流沿路径 $b \rightarrow VT_2 \rightarrow R_d \rightarrow VT_3 \rightarrow a$ 流通，使负载电阻 R_d 上再次得到上（＋）下（－）极性的整流电压 u_d。VT_2、VT_3 的导通使负半周的 u_2 施加在晶闸管 VT_1、VT_4 上，使其承受反向阳极电压而阻断。晶闸管 VT_2、VT_3 一直要导通到 $\omega t=2\pi$ 时刻电源电压 u_2 再次过零为止，此时晶闸管阳极电流下降至零而关断。以后的过程就是 VT_1、VT_4 与 VT_2、VT_3 两对晶闸管在对应的时刻相互交替导通关断，一个个周期周而复始地重复、循环。

图 3-4（b）为单相桥式全控整流电路带电阻性负载时各处的电压、电流波形。可以看出，负载上在 u_2 正、负两个半波内均有电流流过，使直流电压、电流的脉动程度比单相半波得到了改善，一周期内脉动两次（两个波头），脉动频率为工频的两倍。因为桥式整流电路正负半波均能工作，使得变压器副边绕组在正、负半周内均有电流流过，直流电流平均值为零，因而变压器没有直流磁化问题，绕组及铁心利用率较高。

单相桥式可控整流电路直流电压 U_d 为

$$U_d = \frac{1}{\pi}\int_{\alpha}^{\pi} \sqrt{2}U_2 \sin\omega t\, \mathrm{d}\omega t = 0.9U_2 \frac{1+\cos\alpha}{2} \tag{3-6}$$

可以看出，它是半波可控整流电路 U_d 的两倍。当 $\alpha=0$ 时，晶闸管全导通（$\theta=\pi$），相当于二极管的不可控整流，$U_d=0.9U_2$，最大。当 $\alpha=\pi$ 时，晶闸管全关断（$\theta=0$），$U_d=0$，最小，所以单相桥式可控整流电路带电阻负载时的移相范围为 $180°$。

输出直流电流平均值 I_d 为

$$I_d = U_d/R_d = 0.9\frac{U_2}{R_d}\frac{1+\cos\alpha}{2} \tag{3-7}$$

输出直流电流有效值，亦即变压器副边绕组电流有效值 I_2 为

$$I_2 = \sqrt{\frac{1}{\pi}\int_{\alpha}^{\pi}\left(\frac{\sqrt{2}U_2}{R_d}\sin\omega t\right)^2 \mathrm{d}\omega t} = \frac{U_2}{R_d}\sqrt{\frac{1}{2\pi}\sin2\alpha + \frac{\pi-\alpha}{\pi}} \tag{3-8}$$

VT_1、VT_4 与 VT_2、VT_3 两对晶闸管在对应的时刻相互交替导通关断，因此流过晶闸管的直流平均电流 I_{dT} 为输出直流电流平均值 I_d 的一半。

$$I_{dT} = \frac{1}{2}I_d = 0.45\frac{U_2}{R_d}\frac{1+\cos\alpha}{2} \tag{3-9}$$

流过晶闸管的有效电流 I_T 为

$$I_T = \sqrt{\frac{1}{2\pi}\int_{\alpha}^{\pi}\left(\frac{\sqrt{2}U_2}{R_d}\sin\omega t\right)^2 \mathrm{d}\omega t} = \frac{1}{\sqrt{2}}I_2 \tag{3-10}$$

晶闸管承受的最大反向峰值电压为相电压峰值 $\sqrt{2}U_2$。

2. 电感性负载

单相桥式全控整流电路带电感性负载时的原理性接线图如图 3-5（a）所示。假设负载电

感足够大（$\omega L_d \gg R_d$），电路已处于正常工作过程的稳定状态，则负载电流 i_d 连续、平直，大小为 I_d，如图 3-5（b）所示。

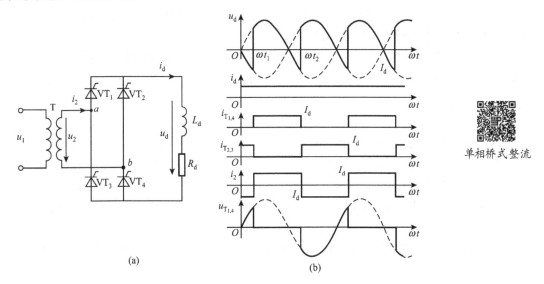

（a）　　　　　　　　　　　　　　　（b）

单相桥式整流

图 3-5　单相桥式全控整流电路（电感性负载）

在变压器副边电压 u_2 正半周内，a 点电位为（＋）、b 点电位为（－），晶闸管 VT_1、VT_4 承受正向阳极电压。当 $\omega t_1 = \alpha$ 时刻触发导通 VT_1、VT_4 时，整流电流沿 $a \rightarrow VT_1 \rightarrow R_d$、$L_d \rightarrow VT_4 \rightarrow b$ 流通，使晶闸管 VT_2、VT_3 承受反向阳极电压而阻断。与电阻性负载时不同，在 u_2 电压过零时 VT_1、VT_4 不会关断。这是由于 u_2 减小时负载电流 i_d 出现减小的趋势，这种趋势促使电感 L_d 上出现下（＋）上（－）的自感电势 e_L，它与 u_2 一起构成晶闸管上的阳极电压。只要 $|e_L| > |u_2|$，即使 u_2 过零变负，亦能保证施加在晶闸管上的阳极电压 $u_2 + e_L > 0$，维持晶闸管继续导通。这样，u_d 波形中将出现负值部分，一直到另一对晶闸管 VT_2、VT_3 导通为止。

在 u_2 的负半周内，b 点为（＋）、a 点为（－），晶闸管 VT_2、VT_3 承受正向阳极电压。当 $\omega t_2 = \pi + \alpha$ 时刻，触发导通 VT_2、VT_3，即有整流电流沿 $b \rightarrow VT_2 \rightarrow R_d$、$L_d \rightarrow VT_3 \rightarrow a$ 流通，晶闸管 VT_1、VT_4 则承受反向阳极电压而关断。这样，负载电流便从 VT_1、VT_4 转移到 VT_2、VT_3 上，我们称这个过程为换流。VT_2、VT_3 要一直导通到下一个周期相应的 α 角时，被重新导通的 VT_1、VT_4 关断为止。直流电压 u_d 的波形如图 3-5（b）所示，具有正、负面积，其平均值即直流平均电压 U_d。

由于电流连续，每对管子必须导通至另一对管子触发导通为止，故每只晶闸管的导通角势必为半个周期 $\theta = \pi$，晶闸管的电流波形为 $180°$ 宽的矩形波。两个半波电流以相反方向流经变压器副边绕组时，因波形对称，使变压器副边电流 i_2 为 $180°$ 宽，正、负半波对称的交流电流。这样，变压器副边绕组内电流无直流分量，也就不存在直流磁化问题。由于电流连续下晶闸管对轮流导通，则晶闸管电压 u_T 波形只有导通时的 $U_T \approx 0$ 以及关断时承受的交流电压 u_2 的局部波形，其形状随控制角 α 而变。

直流平均电压 U_d 为

$$U_d = \frac{1}{\pi} \int_{\alpha}^{\pi+\alpha} \sqrt{2} U_2 \sin\omega t \, \mathrm{d}\omega t = 0.9 U_2 \cos\alpha \qquad (3\text{-}11)$$

可以看出,大电感负载下电流连续时,U_d 为控制角 α 的典型余弦函数。当 $\alpha=0$ 时,$U_d=0.9U_2$;当 $\alpha=\pi/2$ 时,$U_d=0$。因而电感性负载下整流电路的移相范围为 90°。

输出电流波形因电感很大而呈一水平线,使直流电流平均值 I_d 与有效值 I_2 相等,这个有效值也就是变压器副边电流有效值。

由于两对晶闸管轮流导通,一周期内各导通 180°,故流过晶闸管的电流是幅值为 I_d 的 180°宽矩形波,从而可以求得其平均值为 $I_{dT}=I_d/2$。晶闸管电流有效值为 $I_T=I_d/\sqrt{2}$,而晶闸管承受的最大正、反向电压均为相电压峰值 $\sqrt{2}U_2$。

3. 反电势负载

在工业生产中,常常遇到充电的蓄电池和正在运行中的直流电动机之类的负载。它们本身具有一定的直流电势,对于可控整流电路来说是一种反电势性质负载。在分析带反电势负载的可控整流电路时,必须充分注意晶闸管导通的条件,那就是只有当直流电压 u_d 瞬时值大于负载电势 E 时,整流桥中晶闸管才承受正向阳极电压而可能被触发导通,电路才有直流电流 i_d 输出。

当电路负载为蓄电池、直流电机电枢绕组(忽略电感)时,可认为是电阻反电势负载,如图 3-6(a)所示。

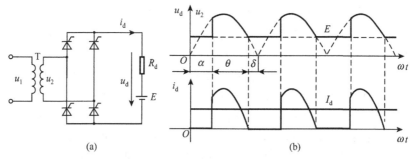

图 3-6　单相桥式全控整流电路(电阻-反电势负载)

由于电势 E 逆晶闸管单向导电方向施加在回路中,使得只有当变压器副边电压 u_2 大于反电势 E 时晶闸管才有可能被触发导通,也才有直流电流 i_d 输出。设变压器副边电压为 $u_2=\sqrt{2}U_2\sin\omega t$,则 u_2 自零上升至 $u_2=E$ 的电角度 δ 可以求得为

$$\delta=\arcsin\left[\frac{E}{\sqrt{2}U_2}\right] \tag{3-12}$$

δ 称为停止导电角,它表征了在给定的反电势 E、交流电压有效值 U_2 下,晶闸管元件可能导通的最早时刻[图 3-6(b)]。

当控制角 $\alpha>\delta$ 时,$u_2>E$,晶闸管上承受正向阳极电压,能触发导通,导通后元件一直工作到 $u_2=E$ 的 $\omega t=\pi-\delta$ 处为止。可以看出,晶闸管导通的时间比电阻性负载时缩短了。反电势 E 越大,导通角 θ 越小,负载电流处于不连续状态。这样一来在输出同样平均电流 I_d 条件下,所要求的电流峰值变大,因而有效值电流要比平均值电流大得多。

当 $\alpha<\delta$ 时,虽触发脉冲在 $\omega t=\alpha$ 时刻施加到晶闸管门极上,但此时 $u_2<E$,管子还承受反向阳极电压而不能导通。一直要待到 $\omega t=\delta$ 时,$u_2=E$ 后,元件才开始承受正向阳极电压,具备导通条件。为此要求触发脉冲具有足够的宽度,保证在 $\omega t=\delta$ 时脉冲尚未消失,才能保证晶闸管可靠地导通。脉冲最小宽度必须大于 $\delta-\alpha$。

电阻-反电势负载下的负载电流是断续的,将出现 $i_d=0$ 的时刻。电流断续对蓄电池充电工作无妨,但用于对直流电动机电枢绕组供电将带来一系列问题,如电机机械特性变软;电流断续时晶闸管导电角 θ 小,电流波形窄,为保证一定大小平均电流则电流峰值大,有效值亦大。高峰值的脉冲电流将造成直流电机换向困难,容易产生火花。由于断续电流的有效值大,势必增加可控整流装置及直流电动机的容量。为了克服这些缺点,一般在反电势负载回路串联一个所谓的平波电抗器,以平滑电流的脉动、延长晶闸管的导通时间,保持电流连续。加设平波电抗器后,整流电路应作为电感-反电势负载来分析。

直流电动机串联平波电抗器后的原理性接线图如图 3-7(a)所示,此时属于电感-反电势负载情况。其中 L_d 为包括平波电抗器及电机电枢线圈在内的线路总电感。

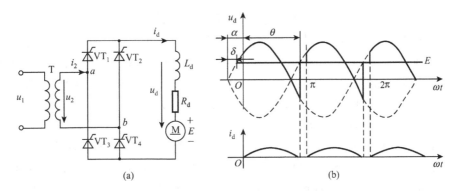

图 3-7　单相桥式全控整流电路(电感-反电势负载)

假设 $\alpha>\delta$ 时触发导通桥式全控整流电路中的一对晶闸管,受电感 L_d 的阻塞作用,直流 i_d 从零开始逐渐增长。又正因为电感的作用,当交流电压 u_2 小于电枢反电势 E 后,L_d 上自感电势能帮助维持晶闸管继续导通,甚至在 u_2 为负值时也能使管子不关断,这是串接电感后电路工作的最大特点。电路的电压、电流波形如图 3-7(b)所示。

单相桥式全控整流电路具有整流波形较好,变压器无直流磁化,绕组利用率高,整流电路功率因数高等优点。另外它的 $U_d/U_2=f(\alpha)$ 函数为余弦关系,斜率比其他单相可控整流陡,说明整流电路电压放大倍数大,控制灵敏度高。单相可控整流电路虽结构简单、制造和调整容易,但电压纹波大、控制滞后时间长从而快速性差。特别是对于三相电网而言仅为一相负载,影响了三相电源的平衡性。因此,在负载容量较大以及对整流电路性能指标有更高要求时,多采用三相可控整流电路。

4. 单相桥式半控整流电路

在整流电路中晶闸管有两个作用:一是控制元件导通的时刻,二是给电流确定通路。对于单相桥式整流电路来说,如果仅仅是为了进行可控整流,实际上在一条电流流通的路径上,只需一只晶闸管就可以控制导通的时刻,另外再使用一只大功率二极管来限定电流的路径就可以了。这样就有可能将单相桥式全控整流电路中的两个晶闸管换成大功率二极管,从而构成单相桥式半控整流电路,图 3-8 为两种单相桥式半控整流电路的原理图。

单相桥式半控整流电路在电阻性负载时的工作情况与全控电路相同。下面分析图 3-8(a)所示半控整流电路在电感性负载时的工作情况。

假设负载中 $\omega L_d \gg R_d$,在 u_2 正半周,移相控制角 α 处给晶闸管 VT_1 加触发脉冲,u_2 经

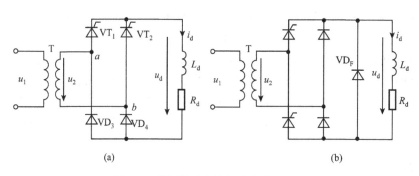

图 3-8　单相桥式半控整流电路原理图

VT$_1$ 和 VD$_4$ 向负载供电。当 u_2 过零变负时,因 L_d 作用使电流连续,VT$_1$ 继续导通。但此时 a 点电位低于 b 点电位,使得电流通路由 VD$_4$ 转移至 VD$_3$,VD$_4$ 关断,电流不再流经变压器副边绕组,而是由 VT$_1$ 和 VD$_3$ 续流。此阶段,忽略器件的通态压降,则 $u_d=0$,不像全控桥电路那样出现 u_d 为负的情况。在 u_2 负半周,$\omega t=\pi+\alpha$ 时刻触发导通 VT$_2$,则 VT$_1$ 承受反向电压关断,u_2 经 VT$_2$ 和 VD$_3$ 向负载供电。u_2 过零变正时,VD$_4$ 导通,VD$_3$ 关断。VT$_2$ 和 VD$_4$ 续流,$u_d=0$,此后重复以上过程。

　　该电路在使用中,有可能出现失控现象。当 α 突然增大至 $180°$ 或触发脉冲丢失时,由于电感储能不经变压器副边绕组释放,只是消耗在负载电阻上,会发生一个晶闸管持续导通而两个二极管轮流导通的情况,这使 u_d 成为正弦半波,即半周期 u_d 为正弦,另外半周期 u_d 为零,相当于单相半波不可控整流电路时的波形。例如,当 VT$_1$ 导通时切断触发电路,则当 u_2 变负时,由于电感的作用,负载电流由 VT$_1$ 和 VD$_3$ 续流;当 u_2 变为正时,因为 VT$_1$ 是导通的,u_2 又经 VT$_1$ 和 VD$_4$ 向负载供电,这就是失控现象。

　　在整流电路负载端反并联续流二极管 VD$_F$,则可避免可能发生的失控现象。有续流二极管时,续流过程由 VD$_F$ 完成,在续流阶段晶闸管关断,这就避免了某一个晶闸管持续导通从而导致失控的现象。图 3-8(b) 为有续流二极管的半控电路原理图。单相桥式半控整流电路中各部分的电压、电流波形由读者自行分析,它们的计算公式可通过波形分析而得出。

3.1.3　单相双半波可控整流电路

　　单相双半波可控整流电路原理图如图 3-9(a) 所示,变压器副边绕组有中心抽头,副边绕组两端分别接晶闸管 VT$_1$、VT$_2$。u_2 正半周时,VT$_1$ 可导通,变压器副边绕组上半部流过正

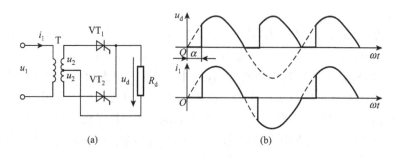

图 3-9　单相双半波整流电路

向电流,负载上得到正向电压 u_d;u_2 负半周时,VT$_2$ 工作,变压器副边绕组下半部流过反向电流,负载上仍得到正向电压 u_d。图 3-9(b)为单相双半波可控整流电路输出电压 u_d 和变压器原边绕组电流 i_1 的波形。

由图 3-9(b)波形可知,输出电压 u_d 波形与单相桥式全控整流电路的波形相同,变压器原边电流为交变电流,变压器不存在直流磁化现象。单相双半波可控整流电路中使用的晶闸管比单相桥式全控整流电路少,仅为 2 个,但是晶闸管承受的最大电压为 $2\sqrt{2}U_2$,是单相桥式全控整流电路的 2 倍。单相双半波整流电路适合在低输出电压的场合应用。

3.2 三相可控整流电路

3.2.1 三相半波可控整流电路

1. 电阻性负载

三相半波可控整流电路接电阻性负载的接线图如图 3-10(a)所示。整流变压器原边绕组一般接成三角形,使三次谐波电流能够流通,以保证变压器电势不发生畸变,从而减小谐波。副边绕组为带中线的星形接法,三个晶闸管阳极分别接至星形的三相,阴极接在一起接至星形的中点。这种晶闸管阴极接在一起的接法称为共阴极接法。共阴极接法便于安排有公共线的触发电路,应用较广。

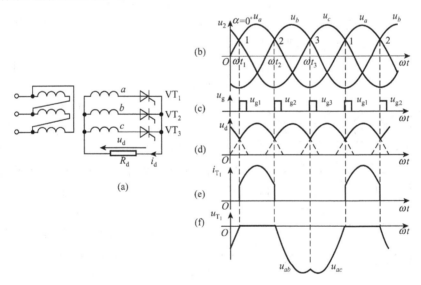

图 3-10 三相半波可控整流电路($\alpha = 0°$)

三相可控整流电路的运行特性、各处波形、基本数量关系不仅与负载性质有关,而且与控制角 α 有很大关系,应按不同 α 进行分析。

(1) $\alpha = 0°$

在三相可控整流电路中,控制角 α 的计算起点不再选择在相电压由负变正的过零点,而选择在各相电压的交点处,即自然换流点,如图 3-10(b)中的 1,2,3,1,…处。这样,$\alpha = 0°$ 意味着在 ωt_1 时给 a 相晶闸管 VT$_1$ 门极上施加触发脉冲 u_{g1};在 ωt_2 时给 b 相晶闸管 VT$_2$ 门极上施加触发脉冲 u_{g2};在 ωt_3 时给 c 相晶闸管 VT$_3$ 门极上施加触发脉冲 u_{g3},等等,如

图 3-10(c)所示。

共阴极接法三相半波整流电路中,晶闸管的导通原则是哪相电压最高与该相相连的元件将导通。如果假定电路已进入稳定工作状态,在 ωt_1 时刻之前 c 相 VT_3 正在导通,那么在 $\omega t_1 \sim \omega t_2$ 期间内,a 相电压 u_a 最高,VT_1 具备导通条件。ωt_1 时刻触发脉冲 u_{g1} 加在 VT_1 门极上,VT_1 导通,负载 R_d 上得到 a 相电压,即 $u_d = u_a$,如图 3-10(d)所示。在 $\omega t_2 \sim \omega t_3$ 期间内,u_b 电压最高,ωt_2 时刻触发脉冲 u_{g2} 加在 VT_2 门极上,VT_2 导通,R_d 上得到 b 相电压,$u_d = u_b$。与此同时,b 点电位通过导通的 VT_2 加在 VT_1 的阳极上。由于此时 $u_b > u_a$,使 VT_1 承受反向阳极电压而关断。VT_2 导通、VT_1 关断,这样就完成了一次换流。同样,在 ωt_3 时刻又将发生 VT_2 向 VT_3 的换流过程。可以看出,对于共阴极接法的三相可控整流电路,换流总是由低电位相换至高电位相。为了保证正常的换流,必须使触发脉冲的相序与电源相序一致。由于三相电源系统平衡,则三只晶闸管将按同样的规律连续不断地循环工作,每管导通 1/3 周期。

共阴极接法三相半波整流电路输出直流电压波形为三相交流相电压的正半周包络线,是一脉动直流,在一个周期内脉动三次(三个波头),最低脉动频率为工频的 3 倍。对于电阻负载,负载电流 i_d 波形与负载电压 u_d 波形相同。变压器副边绕组电流 i_2 即晶闸管中电流 i_T。因此,a 相绕组中电流波形也即 VT_1 中电流波形 i_{T_1} 为直流脉动电流,如图 3-10(e)所示。所以,三相半波整流电路有变压器铁心直流磁化问题。晶闸管承受的电压分为三部分,每部分占 1/3 周期。以 VT_1 管上的电压 u_{T_1} 为例[图 3-10(f)]:VT_1 导通时,为管压降,$u_{T_1} = U_T \approx 0$;VT_2 导通时,$u_{T_1} = u_{ab}$;VT_3 导通时,$u_{T_1} = u_{ac}$。在电流连续条件下,无论控制角 α 如何变化,晶闸管上电压波形总是由这三部分组成,只是在不同 α 下每部分波形的具体形状不同。在 $\alpha = 0°$ 的场合下,晶闸管上承受的全为反向阳极电压,最大值为线电压幅值。

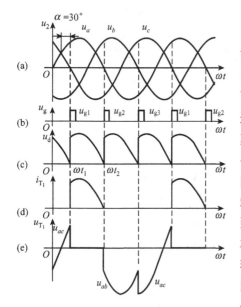

图 3-11　三相半波可控整流电路($\alpha \leqslant 30°$)

(2) $\alpha \leqslant 30°$

图 3-11 表示了 $\alpha = 30°$ 时的波形图。假设分析前电路已进入稳定工作状态,晶闸管 VT_3 导通。当经过 a 相自然换流点处,虽 $u_a > u_c$,但晶闸管 VT_1 门极触发脉冲 u_{g1} 尚未施加,VT_1 管不能导通,VT_3 管继续工作,负载电压 $u_d = u_c$。在 ωt_1 时刻,正好 $\alpha = 30°$,VT_1 触发脉冲到来,管子被触发导通,VT_3 因承受反向阳极电压 u_{ca} 而关断,完成晶闸管 VT_3 至 VT_1 的换流或 c 相至 a 相的换相,负载电压 $u_d = u_a$。由于三相对称,VT_1 将一直导通到 120° 后的时刻 ωt_2,发生 VT_1 至 VT_2 的换流或 a 相至 b 相的换相。以后的过程就是三相晶闸管的轮流导通,输出直流电压 u_d 为三相电压在 120° 范围内的一段包络线。负载电流 i_d 的波形与 u_d 相似,如图 3-11(c)所示。可以看出,$\alpha = 30°$ 时,负载电流开始出现过零点,电流处于临界连续状态。

晶闸管电流仍为直流脉动电流,每管导通时间为 1/3 周期(120°)。晶闸管电压仍由三部分组成,每部分占 1/3 周期,但由于 $\alpha = 30°$,除承受的反向阳极电压波形与 $\alpha = 0°$ 时有所变化外,晶闸管上开始承受正向阻断电压,如图 3-11(e)所示。

(3) $\alpha>30°$

当控制角 $\alpha>30°$ 后,直流电流变得不连续。图 3-12 给出了 $\alpha=60°$ 时的各处电压、电流波形。当一相电压过零变负时,该相晶闸管自然关断。此时虽然下一相电压最高,但该相晶闸管门极触发脉冲尚未到来而不能导通,造成各相晶闸管均不导通的局面,从而输出直流电压、电流均为零,电流断续。一直要到 $\alpha=60°$,下一相管子才能导通,此时管子的导通角小于 $120°$。

随着 α 角的增加,导通角也随之减小,直流平均电压 U_d 也减小。当 $\alpha=150°$ 时,$\theta=0°$,$U_d=0$,故其移相范围为 $150°$。由于电流不连续,使晶闸管上承受的电压与连续时有较大的不同。其波形如图 3-12(e)所示。

直流平均电压 U_d 计算中应按 $\alpha\leqslant30°$ 及 $\alpha>30°$ 两种情况分别处理。

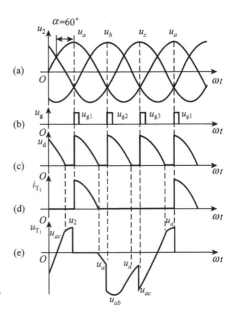

图 3-12　三相半波可控整流电路($\alpha=60°$)

$\alpha\leqslant30°$ 时,负载电流连续,U_d 的计算如下:

$$U_d=\frac{1}{2\pi/3}\int_{\frac{\pi}{6}+\alpha}^{\frac{5}{6}\pi+\alpha}\sqrt{2}U_2\sin\omega t\,\mathrm{d}\omega t$$

$$=\frac{3\sqrt{2}}{2\pi}\sqrt{3}U_2\cos\alpha=1.17U_2\cos\alpha \tag{3-13}$$

当 $\alpha=0°$ 时,$U_d=1.17U_2$,最大。

$\alpha>30°$ 时,直流电流不连续,此时有

$$U_d=\frac{1}{2\pi/3}\int_{\frac{\pi}{6}+\alpha}^{\pi}\sqrt{2}U_2\sin\omega t\,\mathrm{d}\omega t=\frac{3\sqrt{2}}{2\pi}U_2\left[1+\cos\left(\frac{\pi}{6}+\alpha\right)\right]$$

$$=0.675U_2\left[1+\cos\left(\frac{\pi}{6}+\alpha\right)\right] \tag{3-14}$$

晶闸管承受的最大反向电压 U_{RM} 为线电压峰值 $U_{RM}=\sqrt{6}U_2$,晶闸管承受最大正向电压 U_{TM} 为晶闸管不导通时的阴、阳极间电压差,即相电压峰值 $U_{TM}=\sqrt{2}U_2$。

2. 电感性负载

电感性负载时的三相半波可控整流电路如图 3-13(a)所示。假设负载电感足够大,直流电流 i_d 连续、平直,幅值为 I_d。当 $\alpha\leqslant30°$ 时,直流电压波形与电阻负载时相同。当 $\alpha>30°$ 时[如 $\alpha=60°$,如图 3-13(b)所示],由于负载电感 L_d 中感应电势 e_L 的作用,使得交流电压过零时晶闸管不会关断。以 a 相为例,VT_1 在 $\alpha=60°$ 的 ωt_1 时刻导通,直流电压 $u_d=u_a$。当 $u_a=0$ 的 ωt_2 时刻,由于 u_a 的减小将引起流过 L_d 中的电流 i_d 出现减小趋势,自感电势 e_L 的极性将阻止 i_d 的减小,使 VT_1 仍然承受正向阳极电压导通。即使当 u_2 为负时,自感电势与负值相电压之和 u_a+e_L 仍可为正,使 VT_1 继续承受正向阳极电压维持导通,直到 ωt_3 时刻 VT_2

触发导通，发生 VT_1 至 VT_2 的换流为止。这样，当 $\alpha > 30°$ 后，u_d 波形中出现了负电压区域，同时各相晶闸管导通120°，从而保证了负载电流连续。所以大电感负载下，虽 u_d 波形脉动很大，甚至出现负值，但 i_d 波形平直，脉动很小。

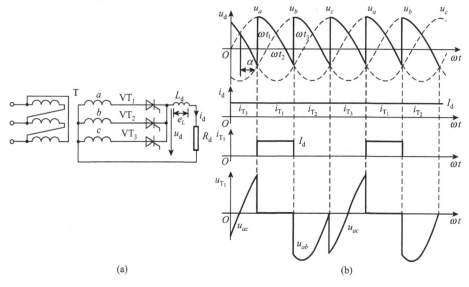

图 3-13　三相半波可控整流电路（电感性负载）

由于电流连续、平稳，晶闸管电流为120°宽，高度为 I_d 的矩形波，图 3-13(b)中给出了晶闸管 VT_1 中的电流 i_{T_1} 波形。其中 $\omega t_2 \sim \omega t_3$ 的一段区域是依靠 L_d 的自感电势 e_L 维持的。晶闸管上电压波形仍然由三段组成，每段占 1/3 周期，如图 3-13(b)中 VT_1 管上电压 u_{T_1} 所示。当 VT_1 导通时不承受电压，$u_{T_1} = 0$；当 VT_1 关断时，由于任何瞬间都有一其他相晶闸管导通而引来他相电压，使 VT_1 承受相应的线电压。

直流平均电压 U_d 为

$$U_d = \frac{1}{2\pi/3} \int_{\frac{\pi}{6}+\alpha}^{\frac{5\pi}{6}+\alpha} \sqrt{2} U_2 \sin\omega t \, \mathrm{d}\omega t = 1.17 U_2 \cos\alpha \tag{3-15}$$

当 $\alpha = 0°$ 时，$U_d = 1.17 U_2$，为最大；当 $\alpha = 90°$ 时，$U_d = 0$；反映在 u_d 波形上是正、负电压区域的面积相等，平均值为零。可见大电感负载下，三相半波电路的移相范围为 90°。

由于晶闸管电流为120°宽、高为 I_d 的矩形波，则其平均值为

$$I_{dT} = \frac{1}{3} I_d \tag{3-16}$$

晶闸管电流有效值为

$$I_T = \sqrt{\frac{120}{360} I_d^2} = \frac{1}{\sqrt{3}} I_d = 0.578 I_d \tag{3-17}$$

变压器副边电流即晶闸管电流，故变压器副边电流有效值为 $I_2 = I_T$，晶闸管承受的最大正、反向峰值电压均为线电压峰值 $U_{TM} = \sqrt{6} U_2$。

三相半波可控整流电路只有 3 只晶闸管，接线简单。与单相可控整流电路相比，输出直流电压脉动较小，输出功率大，三相负载平衡。但三相半波电路也有很多缺陷，首先是变压

器副边绕组只有1/3周期内有单方向电流流过,绕组利用率低。其次单向脉动电流的直流分量将造成变压器严重直流磁化。这些缺陷限制了三相半波可控整流电路的应用场合,多限于中等偏小的容量,如30kW以下的装置。更大容量时或整流电路性能要求高时,可采用三相桥式全控整流电路。

3.2.2 三相桥式全控整流电路

三相桥式全控整流电路是从三相半波可控整流电路发展起来的,实质上是一组共阴极与一组共阳极(三个晶闸管阴极分别接至整流变压器星形接法的副边三相绕组,阳极连在一起接至副边星形的中点)的三相半波可控整流电路的串联。

1. 电感性负载

三相桥式全控整流电路主回路接线如图3-14所示。三相整流变压器采用△/Y接法,以利于减小变压器磁通、电势中的谐波。整流桥由6只晶闸管组成,以满足整流元件全部可控的要求。由于习惯上希望晶闸管的导通按1→2→3→4→5→6顺序进行,则晶闸管应按图3-14所示进行标号。分析中假定,$\omega L_d \gg R_d$,为大电感负载,负载电流i_d连续平直。

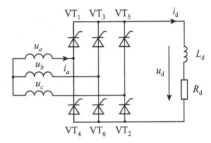

图 3-14 三相桥式全控整流电路

(1) $\alpha = 0°$

图3-15为$\alpha = 0°$时,大电感负载下的电压、电流波形。由三相半波可控整流电路分析可知,共阴极组(VT$_1$、VT$_3$、VT$_5$)的自然换流点位于图3-15(a)中1、3、5处,共阳极组(VT$_4$、VT$_6$、VT$_2$)的自然换流点则在2、4、6处。$\alpha = 0°$就是意味着晶闸管在自然换流点处进行换流,相当于二极管工作状态。当然,换流只能在同组晶闸管之间进行。为了分析方便,将一个周期按换流点等分为六个区间,每区间为60°。

区间①内,a相电压u_a最高,共阴极组 VT$_1$被触发导通;b相电压u_b最低,共阳极组 VT$_6$被触发导通。直流电流沿a→VT$_1$→L_d、R_d→VT$_6$→b回路流通,变压器副边a、b两相工作。忽略晶闸管导通时的管压降,加在负载上的直流电压为$u_d = u_a - u_b = u_{ab}$,即a、b相间线电压,如图3-15(b)所示。

按共阴组所接电压最高时导通,共阳组所接电压最低时导通的规律:

区间②:$u_d = u_a - u_c = u_{ac}$,即a、c相间线电压;

区间③:$u_d = u_b - u_c = u_{bc}$,即b、c相间线电压;

区间④:$u_d = u_b - u_a = u_{ba}$,即b、a相间线电压;

区间⑤:$u_d = u_c - u_a = u_{ca}$,即c、a相间线电压;

区间⑥:$u_d = u_c - u_b = u_{cb}$,即c、b相间线电压。

完成六个区间的一个周期后,以后的周期就重复以上过程。

三相桥式电路在任何时刻必须有两个晶闸管同时导通,一个在共阴极组,一个在共阳极组以构成回路。这样,负载上获得的是相应相间的线电压。比较相、线电压波形可以看出,相电压的交点与线电压的交点在同一位置上,使得线电压的交点同样也是自然换流点。这样,分析三相桥式全控电路工作过程时,可以直接在线电压波形上根据给定控制角来求取直流电压波形。同时可以看出,三相桥式全控整流电路在一个周期内脉动 6 次,即有 6 个波头,故脉动频率为 6 倍电源频率,比三相半波时大 1 倍。

三相桥式全控整流电路中,晶闸管的导通顺序或规律为 VT_1、VT_2、VT_3、VT_4、VT_5、VT_6。晶闸管上电流、电压波形与三相半波整流电路一样。以元件 VT_1 为例,在电流连续条件下,i_{T_1} 为 120°宽的矩形波。u_{T_1} 共由三段组成,每段各占 1/3 周期。VT_1 导通时,元件上的电压为管压降,接近为零;VT_1 关断 VT_3 导通时,元件上承受线电压 u_{ab};VT_1 关断 VT_5 导通时,元件上承受线电压 u_{ac}。从图 3-15 可以看到,当 $\alpha=0°$ 时,晶闸管不承受正向阳极电压。其他晶闸管上电流、电压波形与 VT_1 相同,只在相位上有差异。

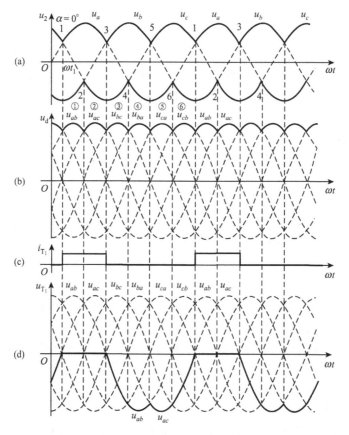

图 3-15　三相桥式全控整流电路波形(电感性负载,$\alpha=0°$)

由于三相桥式整流电路每相上、下桥臂上各有一只晶闸管元件,变压器副边每相绕组中均可在正、反两个方向上流过电流。这样,变压器绕组电流平均值为零,显然无直流磁化问题。

(2) $0°<\alpha \leqslant 60°$

当控制角 $\alpha>0°$ 后,每个晶闸管的触发脉冲将延迟至距各自的自然换流点 α 角度处出现,使得各晶闸管在距离自然换流点 α 处才发生换流。正是由于门极的控制作用保证了晶闸管具有正向阻断能力,才能实现整流电路的可控特性。$\alpha>0°$ 时三相桥式电路的工作原理和电压、电流波形,完全可按 $\alpha=0°$ 时那样将一整周期划分为六个区间的方式来进行分析,只是要注意区间的划分不再是以自然换流点为分界,而是对每相晶闸管触发脉冲到来的时刻,

即自然换流点后 α 处为界来划分。这种随控制角 α 划分区间分析的结果随 α 角不同而异。图 3-16 为 $\alpha=30°$ 时的整流电路电压波形,其中直流电压 u_d 波形可以直接从线电压 u_{2L} 波形上分析求得。图 3-16 还给出了负载电流 i_d、晶闸管 VT_1 上电流 i_{T_1} 及变压器副边 a 相电流 i_a 的波形。

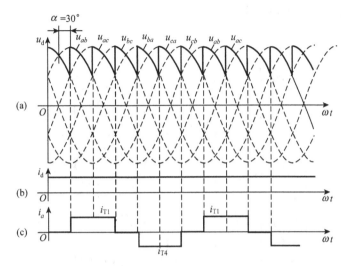

图 3-16 三相桥式全控整流电路波形(电感性负载,$\alpha=30°$)

当 $\alpha=60°$ 时,直流电压 u_d 波形中出现瞬时值为零的点,如图 3-17 所示。由于 $\alpha>60°$ 后直流电压 u_d 将出现瞬时值为负的区域,故 $\alpha=60°$ 是三相桥式全控整流电路输出直流电压 u_d 波形均为正值的临界控制角。

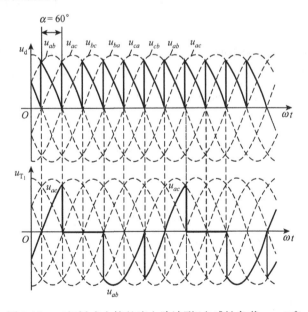

图 3-17 三相桥式全控整流电路波形(电感性负载,$\alpha=60°$)

(3) $\alpha>60°$

$\alpha>60°$ 后,线电压瞬时值将过零变负,此时由于流过负载电感 L_d 中的电流有减小趋势,

使得 L_d 上感应出顺晶闸管单向导电方向的自感电势 e_L，这样作用在导通晶闸管对上的阳极电压为 $u_{2L}+e_L$。由于负载电感足够大，使得在下一对晶闸管触发导通之前能保证 $u_{2L}+e_L>0$，尽管线电压过零变负，仍能保证原导通的晶闸管对继续导通，直流电压 u_d 中出现了负电压波形。直流平均电压 U_d 为一周期内直流电压 u_d 正、负面积之差，使直流平均电压 U_d 减小。图 3-18 为 $\alpha=90°$ 时的 u_d 与 u_{T_1} 电压波形。

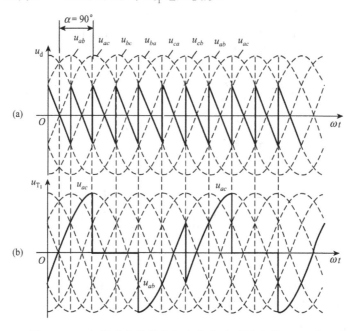

图 3-18　三相桥式全控整流电路波形（电感性负载，$\alpha=90°$）

（4）基本数量关系

由于三相桥式整流电路输出的直流电压 u_d 是线电压波形中的一部分，因此可以直接从线电压着手计算其平均值。又由于在一个周期内 u_d 脉动 6 次，即每隔 $60°$ 波形重复一次，故计算 U_d 时只要对一个 $60°$ 的重复周期进行积分平均计算即可。

直流平均电压 U_d 计算如下：

$$U_d = \frac{1}{\frac{\pi}{3}} \int_{\frac{\pi}{3}+\alpha}^{\frac{2\pi}{3}+\alpha} \sqrt{6} U_2 \sin\omega t \, \mathrm{d}\omega t = 2.34 U_2 \cos\alpha \tag{3-18}$$

由式（3-18）可以看出 U_d 为控制角 α 的函数，当 $\alpha=0°$ 时，$U_d=2.34U_2$；当 $\alpha=90°$ 时，$U_d=0$。可见三相桥式全控整流电路带电感负载时的移相范围为 $90°$。

晶闸管电流与三相半波时相同，即晶闸管电流平均值为

$$I_{dT} = \frac{1}{3} I_d \tag{3-19}$$

晶闸管电流有效值为

$$I_T = \frac{1}{\sqrt{3}} I_d \tag{3-20}$$

变压器副边绕组电流为正、负对称的矩形波电流，其平均值为零，有效值为

$$I_2 = \sqrt{\frac{1}{2\pi}\left[I_d^2 \frac{2\pi}{3} + (-I_d)^2 \frac{2\pi}{3}\right]} = \sqrt{\frac{2}{3}} I_d \tag{3-21}$$

晶闸管承受的最大正、反向峰值电压与三相半波时相同,为线电压峰值

$$U_{TM} = \sqrt{6} U_2 \tag{3-22}$$

(5) 对触发脉冲的要求

在电感性负载下每个晶闸管各导通 1/3 周期(120°),共阴极组与共阳极组同相元件导通时间上互差半个周期(180°),使得三相整流电路中的晶闸管将按 1→2→3→4→5→6 的顺序导通,且两相邻序号晶闸管的导通时间上互差 60°。这样一个导通的顺序也就是各元件上门极触发脉冲的顺序,触发电路必须按此顺序依次将触发信号施加到对应晶闸管门极之上。

整流电路在正常工作中,后一号元件触发导通时前一号元件正在工作,确保了任何时刻共阳极组和共阴极组都各有一元件导通以构成回路。但电源刚合闸时,必须同时触发一对晶闸管电路才能起动。此外在电阻性负载 $\alpha > 60°$ 后,电流将出现断续,电路中电流每次均是从无到有,都相当于一次电路起动。为了保证整流电路合闸后能正常起动或者电流断续后能再次导通,必须使共阳极组及共阴极组内应导通的一对晶闸管同时具有触发脉冲。

有两种脉冲形式可以达到这一要求:一种是采用宽度大于 60° 而小于 120° 的宽脉冲触发,如图 3-19(b)所示。这样可在电路元件换流时,保证相隔 60° 的后一脉冲出现时前一脉冲尚未消失,使电路在任何换流点处均有相邻两元件被触发导通。为了有效利用脉冲变压器,这种宽脉冲常被调制成脉冲链形式。另一种是在触发某一号晶闸管时,同时给前一号晶闸管补发一脉冲。如图 3-19(c)所示,如触发 VT$_1$ 时,同时给 VT$_6$ 补发一脉冲 u'_{g6};触发 VT$_2$ 时,同时给 VT$_1$ 补发一脉冲 u'_{g1} 等。这样,就能保证晶闸管换流点处同时有两个脉冲去触发序号相邻的两个晶闸管以构成回路,其作用与宽脉冲相同。而从一个晶闸管上看,在一周内要连续被触发两次,两次脉冲之间相隔 60°,故称双窄脉冲触发。产生双窄脉冲的触发电路可以减小触发电路的功率和脉冲变压器的体积,目前应用较广。

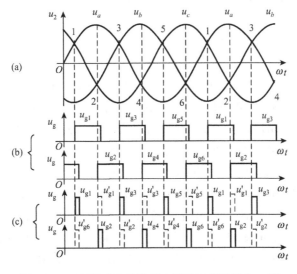

图 3-19 三相桥式全控整流电路的触发脉冲($\alpha = 0°$)

2. 电阻性负载

（1）$\alpha \leqslant 60°$

设负载电阻大小为 R_d。当 $\alpha \leqslant 60°$ 时，直流电压 u_d 及直流电流 i_d 连续，每个晶闸管导通 120°，直流电压、晶闸管上承受的电压与电感性负载时相同。图 3-20 给出了 $\alpha = 60°$ 时的波形图。可以看出，$\alpha = 60°$ 是电阻性负载下电流连续与否的临界点。当 $\alpha > 60°$ 后，由于线电压过零变负时，无负载电感产生的自感电势保证晶闸管继续承受正向阳极电压，元件即被阻断，输出直流电压为零，电流变为不连续，不再出现电感负载时那种 u_d 为负值的情况。

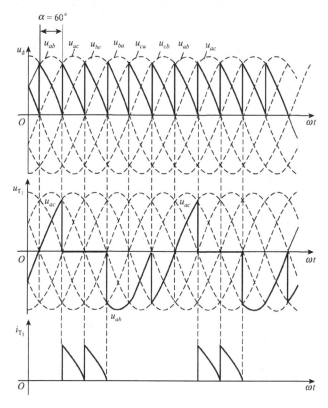

图 3-20　电阻性负载（$\alpha = 60°$）

（2）$\alpha = 90°$

图 3-21 给出了 $\alpha = 90°$ 时的电压波形。从该图可以看出，在 ωt_1 处 $\alpha = 90°$，为 VT_5、VT_1 的换流点，因 a 相电压高于 b 相电压，线电压 $u_{ab} > 0$，晶闸管对 VT_1、VT_6 能被触发导通，直流电压 $u_d = u_{ab}$，直至共阴极自然换流点 $u_a = u_b$ 处，$u_{ab} = 0$ 为止。以后 a 相电压低于 b 相电压，$u_{ab} < 0$，VT_1、VT_6 承受反向阳极电压而关断，输出直流电压 u_d，直流电流 i_d 均为零，电流出现断续现象。到了 ωt_2 时刻，a 相电压高于 c 相电压，线电压 $u_{ac} > 0$，晶闸管对 VT_1、VT_2 被触发导通，直流电压 $u_d = u_{ac}$，直至 $u_{ac} = 0$ 处为止。如此类推，可得到一系列断续的直流电压波形。对于某一晶闸管来说，由于电流断续，一个周期内分两次导通，总的导电角为 $2 \times (120° - \alpha)$。晶闸管上承受的电压波形较为复杂，除了包含电流连续时三种电压（$u_T \approx 0$ 的零电压和两种线电压）外，还包含电流断续时的相电压。晶闸管 VT_1 的电流 i_{T_1} 及电压 u_{T_1} 波形如图 3-21 所示。

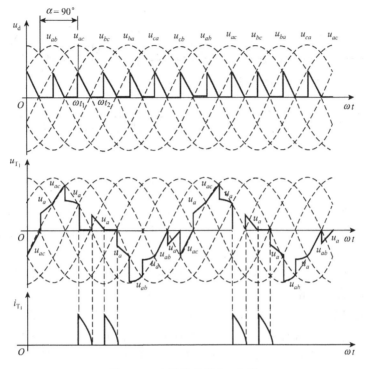

图 3-21 电阻性负载（$\alpha = 90°$）

三相桥式全控整流电路输出直流电压脉动小，脉动频率高。与三相半波可控整流电路相比，在晶闸管承受相同正、反向峰值电压的条件下，所能输出的直流平均电压要大一倍。由于变压器副边绕组中电流为正、负半波对称的交流电流，一方面使变压器绕组利用率提高一倍，也克服了变压器铁心直流磁化问题，所以变压器容量小，装置功率因数高。此外，在一定条件下，三相桥式全控整流电路可以在 $\alpha > 90°$ 后输出瞬时值为负的电压，实现电路的有源逆变，所以在直流电机的可逆拖动中应用较广。

3.2.3 换流重叠现象

在前面可控整流电路的分析、讨论中，都认为晶闸管的换流过程是瞬时完成的。以三相半波可控整流电路带大电感性负载为例，设负载电流连续、平直，大小为 I_d，则认为导通元件中的电流瞬时地增长至 I_d，关断元件中的电流瞬时地从 I_d 下降至零。实际上整流电路中各晶闸管支路总存在有各种电感，其中主要是变压器的漏感及线路的杂散电感，这些电感可等效成变压器副边回路中一集中电感 L_B，如图 3-22(a)所示。可以看出，每相支路中 L_B 的存在总是要阻止电流的快速变化，使得实际整流电路中晶闸管的换流不能瞬时完成。即导通元件中的电流不是由零瞬时增大到 I_d，关断元件中的电流也不是由 I_d 瞬时下降为零，这些过程都需要一定时间来完成。这样，流经每个晶闸管的电流波形将为梯形波，如图 3-22(b)所示。在换流所需的这段时间内，正在导通的管子电流在增长，正在关断的管子电流在衰减，两管处于同时(重叠)导通状态，故称换流重叠现象。

1. 换流压降

以 a 相晶闸管 VT_1 至 b 相晶闸管 VT_2 的换流过程来分析，其电压、电流波形如图 3-22

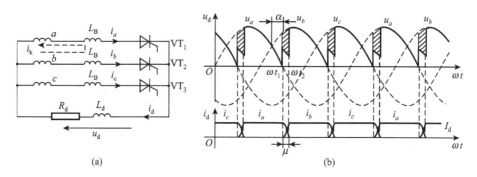

图 3-22　换流重叠现象对可控整流电路电压、电流波形的影响

(b)所示。设 ωt_1 时刻,VT$_2$ 开始被触发导通,b 相电流 i_b 开始从零增长,a 相电流 i_a 开始从 I_d 下降。ωt_2 时刻,i_b 增长至 I_d,i_a 下降为零。这段两晶闸管同时导通的换流重叠时间,折算成电角度为 $\mu = \omega t_2 - \omega t_1$,称为换流重叠角。

在换流重叠角 μ 内,晶闸管 VT$_1$、VT$_2$ 同时导通,可以看作 a、b 两相间发生短路。相间电压差值 $u_b - u_a$ 将在两相漏抗回路中产生一假想的短路电流 i_k,如图3-22(a)所示。i_k 与换流前每个晶闸管初始电流之和就是流过该晶闸管的实际电流。由于电感 L_B 的阻滞作用,i_k 是逐渐增大的。这样,a 相电流 $i_a = I_d - i_k$ 逐渐减小,b 相电流 $i_b = i_k$ 将逐渐增大。当 i_b 增长到 I_d,i_a 减小至零,VT$_1$ 被阻断,完成了 VT$_1$ 至 VT$_2$ 的换流。所以换流重叠过程,也就是换流电流 i_k 从零增长至 I_d 的过程。

在换流期间内,短路电流的增长会在电感 L_B 上感应出电势 $L_B \mathrm{d}i_k/\mathrm{d}t$ 来。对于 a 相而言,$L_B \mathrm{d}i_k/\mathrm{d}t$ 左(−)右(+),b 相 $L_B \mathrm{d}i_k/\mathrm{d}t$ 则左(+)右(−)。如果忽略变压器副边绕组中电阻压降,则 a、b 两相的电压差 $u_b - u_a$ 为两相漏感 L_B 的自感电势所平衡,即

$$u_b - u_a = 2L_B \frac{\mathrm{d}i_k}{\mathrm{d}t} \tag{3-23}$$

而输出直流电压为

$$u_d = u_b - L_B \frac{\mathrm{d}i_k}{\mathrm{d}t} = u_b - \frac{u_b - u_a}{2} = \frac{u_a + u_b}{2} \tag{3-24}$$

上式说明换流重叠期间,直流电压既不是 a 相电压 u_a,也不是 b 相电压 u_b,而是两相电压的平均值,如图 3-22 所示。这样与不计换流重叠角($\mu = 0$)时相比,u_d 波形少了一块如图 3-22 的阴影面积,使直流平均电压 U_d 有所减小。这块面积是由负载电流 I_d 换流引起的,面积在一个晶闸管导通期间内的平均值就是 I_d 引起的压降,称换流压降 ΔU_d。为了进行更一般的计算,设整流电路在一个工作周期内换流 m 次,则每个重复部分的持续时间为 $2\pi/m$。阴影面积可以用电压差 $u_b - u_d = L_B \mathrm{d}i_k/\mathrm{d}t$ 在 α 至 $\alpha + \mu$ 范围内积分求得,即

$$\Delta U_d = \frac{1}{2\pi/m} \int_\alpha^{\alpha+\mu} (u_b - u_d) \mathrm{d}\omega t = \frac{m}{2\pi} \int_\alpha^{\alpha+\mu} L_B \frac{\mathrm{d}i_k}{\mathrm{d}t} \mathrm{d}\omega t$$

$$= \frac{m}{2\pi} \int_\alpha^{\alpha+\mu} L_B \omega \frac{\mathrm{d}i_k}{\mathrm{d}\omega t} \mathrm{d}\omega t = \frac{m}{2\pi} \int_0^{I_d} \omega L_B \mathrm{d}i_k = \frac{m}{2\pi} \omega L_B I_d = \frac{m X_B}{2\pi} I_d \tag{3-25}$$

式中,m 为一个周期内整流电路的换流次数,对于三相半波,$m = 3$;对于三相桥式,$m = 6$。$X_B = \omega L_B$ 为电感量为 L_B 的变压器每相折算到副边绕组的漏抗,它可以根据变压器的铭牌

数据求出。

2. 换流重叠角 μ 计算

换流重叠角 μ 可以通过对式(3-23)的数学运算求得。以 a、b 相自然换流点处为坐标原点,仍以一周期内有 m 次换流的普遍形式来表示,则相电压 u_a、u_b 为

$$u_a = \sqrt{2}U_2\cos\left(\omega t + \frac{\pi}{m}\right)$$

$$u_b = \sqrt{2}U_2\cos\left(\omega t - \frac{\pi}{m}\right)$$

由式(3-23)可得

$$\frac{\mathrm{d}i_\mathrm{k}}{\mathrm{d}t} = \frac{1}{2L_\mathrm{B}}(u_b - u_a) = \frac{1}{2L_\mathrm{B}}2\sqrt{2}U_2\sin\frac{\pi}{m}\sin\omega t$$

则

$$\mathrm{d}i_\mathrm{k} = \frac{1}{\omega L_\mathrm{B}}\sqrt{2}U_2\sin\frac{\pi}{m}\sin\omega t\,\mathrm{d}\omega t$$

在换流重叠期间进行积分,并进行化简,可得换流重叠角计算公式为

$$\cos\alpha - \cos(\alpha + \mu) = \frac{X_\mathrm{B}I_\mathrm{d}}{\sqrt{2}U_2\sin\dfrac{\pi}{m}} = \frac{2I_\mathrm{d}X_\mathrm{B}}{\sqrt{6}U_2} \tag{3-26}$$

变压器漏感的存在能够限制短路电流,限制晶闸管的电流上升率,可起到类似在整流电路交流侧进线端串接电抗器的作用,这是好的一方面。但是由于漏抗的存在,使换流期间产生两相重叠导通现象,造成两相相间短路,使电源电压波形出现缺口,造成电网波形畸变,影响整流电路本身及其他用电设备的正常运行。特别是跳变形式出现的电压波形畸变,引起整流电路晶闸管承受较大电压上升率 $\mathrm{d}u/\mathrm{d}t$,当正向的 $\mathrm{d}u/\mathrm{d}t$ 超过断态临界电压上升率时,引起晶闸管误导通。此外变压器的漏感还会使整流电路的功率因数变坏,电压脉动增加。这些都是必须加以注意的实际问题。

3. 实例

【例 3-1】 三相桥式全控整流电路对直流电动机负载供电的原理图,如图 3-23 所示。其中直流电机反电势 $E=200\mathrm{V}$,回路电阻 $R_\mathrm{d}=1\Omega$,平波电抗器的电感 L_d 数值很大,整流变压器副边漏抗 $L_\mathrm{B}=1\mathrm{mH}$,整流桥输入交流相电压 $U_2=220\mathrm{V}$,移相控制角 $\alpha=60°$,求整流桥输出直流电压 U_d、直流电流 I_d 和换流重叠角 μ。

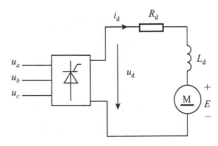

图 3-23 三相整流电路带直流电动机负载

【解】 未考虑换流重叠现象时,整流电路输出直流电压 U'_d 可计算如下:

$$U'_\mathrm{d} = 2.34U_2\cos\alpha = 2.34\times220\times\cos60° = 257.5(\mathrm{V})$$

考虑换流重叠现象后,直流电压 U_d 和直流电流 I_d 与 $\mu=0°$ 时的 U'_d、I'_d 的数值不同。可列出以下方程求解 U_d 和 I_d:

$$\begin{cases} U_d = U'_d - \Delta U_d \\ U_d - E = I_d R \end{cases}$$

式中

$$\Delta U_d = \frac{mX_B}{2\pi} I_d = \frac{6}{2\pi} \times 10^{-3} \times 314 \times I_d = 0.3 I_d$$

可求得

$$I_d = \frac{257.5 - 200}{1.3} = 44.23(A)$$

$$U_d = 200 + I_d R_d = 244.23 \text{ V}$$

换流重叠角 μ 可计算如下：

$$\cos\alpha - \cos(\alpha + \mu) = \frac{2I_d X_B}{\sqrt{6}U_2} = \frac{2 \times 44.23 \times 10^{-3} \times 314}{\sqrt{6} \times 220} = 0.0515$$

$$\cos(60° + \mu) = 0.5 - 0.0515 = 0.4485$$

$$\mu = 63.36° - 60° = 3.36°$$

由以上计算可得整流桥输出直流电压 $U_d = 244.23V$、直流电流 $I_d = 44.23A$ 和换流重叠角 $\mu = 3.36°$。

3.3 有源逆变电路

在生产实际中除了需要将交流电转变为大小可调的直流电供给负载外，常常还需要将直流电转换成交流电，这种对应于整流的逆过程称为逆变。变流器工作在逆变状态时，如交流侧接至交流电网上，直流电将被逆变成与电网同频的交流电并反馈回电网，称为有源逆变。

3.3.1 有源逆变的工作原理及实现的条件

1. 有源逆变的工作原理

图 3-24 为单相桥式全控电路分别工作在整流及逆变状态下的电能传递关系及波形图。分析中假设平波电抗器 L_d 的电感量足够大，使流过电机电枢绕组的直流电流连续、平直，同时忽略变压器的漏抗、晶闸管压降；电动机理想化为一电势源；L_d、R_d 代表电路的总电感及总电阻。

图 3-24(a)中设电机运行在电动机状态，反电势 E 上（＋）下（－）。此时晶闸管变流电路必须工作在整流状态，使输出直流平均电压 $U_d > 0$，亦上（＋）下（－），克服反电势 E 的作用，输出直流平均电流 I_d 供给电枢绕组。此时晶闸管控制角 $\alpha = 0 \sim \pi/2$，且调节 α 使 $U_d > E$。由于 $I_d = (U_d - E)/R_d$，一般 R_d 很小，为限制 I_d 不过大，必须控制 $U_d \approx E$。此时，电能由交流电网通过变流电路流向直流电动机侧。从波形图上看，整流状态下晶闸管大部分时间工作在交流电压 $u_2 > 0$ 的范围。当 $u_2 < 0$ 后，由于电抗器的自感电势作用，晶闸管仍是承受正向阳极电压而导通。

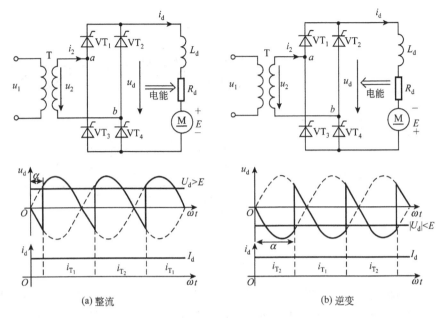

图 3-24 单相桥式全控电路

图 3-24(b)中设电机运行在发电制动状态,反电势 E 极性反向。由于晶闸管元件的单向导电性,决定了电路内电流流向不能倒转,若要改变电能的传递方向,只能改变电压的极性。在反电势极性变反的情况下,变流电路直流平均电压 U_d 的极性也必须反过来。即 U_d 应上(一)下(+),否则反电势 E 将与 U_d 顺串短路。为了使电流能从直流侧送至交流侧,必须 $E>U_d$,此时 $I_d=(E-U_d)/R_d$,为了防止过电流,同样要 $E \approx U_d$。这时,电能从直流电机侧通过变流电路流向交流电网,实现了直流电能转换成交流电能的逆变。

要使直流平均电压 U_d 的极性反向,可以调节控制角 α。在可控整流电路的分析中已证明,在电流连续的条件下,$U_d=U_{d0}\cos\alpha$(U_{d0} 为 $\alpha=0$ 时的 U_d 值)。只要保持电流连续,这个 α 角的余弦关系在全部整流和逆变范围内均适用。当 $\alpha=\pi/2 \sim \pi$,$U_d<0$,变流电路工作在逆变状态。

2. 逆变产生的条件

以下两个条件必须同时具备才能实现有源逆变:

1) 有一个能使电能倒流的直流电势,电势的极性和晶闸管元件的单向导电方向一致,电势的大小稍大于变流电路直流平均电压。

2) 变流电路直流侧应能产生负值的直流平均电压。

3.3.2 三相半波有源逆变电路

图 3-25(a)为共阴极接法的三相半波可控整流电路,供电给一台直流电动机。如若电机运行于发电状态,电机反电势 E 极性反向,呈上(一)下(+)。为了防止直流平均电压 U_d 与反极性的 E 顺串短路,必须使 U_d 亦反向,呈上(一)下(+)极性。此时必须将晶闸管的控制角移至 $\pi/2<\alpha<\pi$ 范围,图 3-25(b)所示为 $\alpha=150°$,我们以此讨论晶闸管 VT_1 的导通过程。

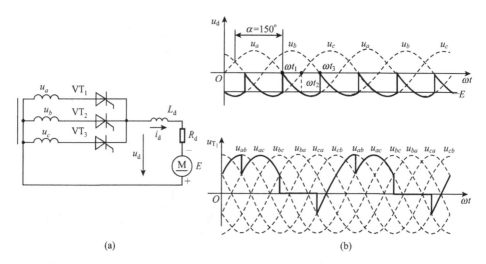

图 3-25　三相半波有源逆变电路

当 ωt_1 时刻触发 $\mathrm{VT_1}$ 时,虽 $u_a = 0$,但在反电势 E 的帮助下,$\mathrm{VT_1}$ 仍承受正向阳极电压而导通。以后即使 $u_a < 0$,也因反电势的作用继续导通。在 $|u_2| = |E|$ 的 ωt_2 时刻之前,直流电流 i_d 处于增长阶段,电抗器 L_d 两端自感电势 e_L 极性左(+)右(−),变流电路给电抗器储能。过 ωt_2 时刻之后,$|E| < |u_2|$,电流 i_d 呈减小趋势,自感电势改变极性,左(−)右(+)。此种极性的 e_L 施加在晶闸管上将使元件继续承受正向电压而导通。由于假设 L_d 电感量极大,足以维持 $\mathrm{VT_1}$ 导通至 $\mathrm{VT_2}$ 触发导通的 ωt_3 时刻为止。ωt_3 时刻 b 相电压 $u_b = 0$,但仍有 $u_b > u_a$,故能完成 $\mathrm{VT_1}$ 至 $\mathrm{VT_2}$ 的换流,输出直流电压 $u_d = u_b$。以后各晶闸管按此规律轮流触发、导通,循环重复。可以看出逆变电路的工作过程,特别是换流过程是与整流电路相同的。

逆变工作状态下直流电压 u_d 波形如图 3-25(b)所示。当 $\alpha = \pi/2 \sim \pi$ 范围内变化时,u_d 波形有正有负,但负面积总是大于正面积,使直流电压平均值 U_d 为负,其极性上(−)下(+),满足逆变工作要求。由于电机反电势 $|E| > |U_d|$,使直流电流 I_d 自 E 正端输出,至 U_d 负端流入,所以电能自直流侧倒送至交流侧,实现电能的回馈。逆变状态下晶闸管上承受的电压波形仍和三相半波可控整流电路中分析的相同,由三段组成,每段各占 1/3 周期。即一导通段,波形为管压降,近似为零;两阻断段,波形分别为该管所在相与相邻两相间的线电压。图 3-25(b)给出了 $\alpha = 150°$ 时晶闸管 $\mathrm{VT_1}$ 两端的电压 u_{T1} 的波形。

三相半波逆变电路是三相半波可控整流电路在控制角 $\pi/2 < \alpha < \pi$ 范围内的运行方式。如果在 $0 < \alpha < \pi$ 范围内均能保持电流连续,每个晶闸管导通角均为 $2\pi/3$,则直流平均电压 U_d 的计算方法与三相半波可控整流电路带大电感时的相同,即

$$U_d = \frac{1}{2\pi/3} \int_{\frac{\pi}{6}+\alpha}^{\frac{\pi}{6}+\alpha+\frac{2\pi}{3}} \sqrt{2} U_2 \sin\omega t \,\mathrm{d}\omega t = 1.17 U_2 \cos\alpha \tag{3-27}$$

为了计算方便,常希望逆变时控制角的大小限制在 $\pi/2$ 范围之内,为此可以采用 α 角的补角 $\beta = \pi - \alpha$ 来表示。β 角称为逆变角,规定以 $\alpha = \pi$ 处作为 $\beta = 0$ 的计算起点,向 ωt 减小方向(向左)计量,故有逆变超前角之称。相反,α 角是向 ωt 增大方向(向右)计量,故有整流滞后角之称。由于 $\beta = \pi - \alpha$,则整流工作时 $0 < \alpha < \pi/2$,即 $\pi/2 < \beta < \pi$;逆变工作时 $\pi/2 < \alpha < \pi$,

即 $0<\beta<\pi/2$。在实际运行中为防止逆变颠覆,必须做到 $\beta>0$。

3.3.3 三相桥式逆变电路

三相桥式逆变电路是三相桥式全控整流电路在 $\pi/2<\alpha<\pi$ 范围内(对应 $0<\beta<\pi/2$)作有源逆变的运行方式,因此三相桥式全控整流电路的分析方法在逆变电路分析中完全适用。图 3-26 为三相桥式逆变电路的接线图,为了进行逆变,直流电机应作发电机运行,反电势极性上(一)下(+),与晶闸管的单向导电方向一致。这样,要求直流平均电压 U_d 极性也应上(一)下(+),故晶闸管控制角 $\alpha\geq\pi/2$ 或 $\alpha\leq\pi/2$,以便

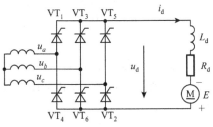

图 3-26 三相桥式逆变电路

获得反极性的 U_d。为了保证电流平直,应使平波电抗器 L_d 电感量足够大,以下分析就是在电流连续平直的假定下进行的。

1. 工作原理

三相桥式电路工作时,晶闸管必须成对导通,以便和负载连通构成回路。每个晶闸管导通 $2\pi/3$,每隔 $\pi/3$ 换流一次,元件按 $VT_1 \rightarrow VT_2 \rightarrow VT_3 \rightarrow VT_4 \rightarrow VT_5 \rightarrow VT_6$ 顺序依次导通。由于导通的一对晶闸管分属共阴极组和共阳极组,使得直流电压瞬时波形 u_d 为线电压波形中 $\pi/3$ 范围内的一段。这样,逆变波形也可直接从线电压波形上进行分析。图 3-27 为三相桥式逆变电路在不同逆变角 β 下的直流电压 u_d 波形,现选用 $\beta=\pi/3$ 的波形进行逆变过程分析。

三相有源逆变

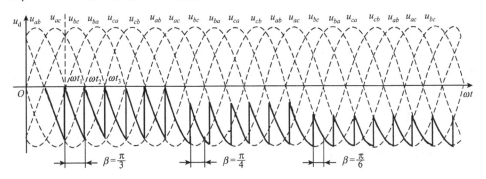

图 3-27 三相桥式逆变电路直流电压波形

设 ωt_1 时刻同时触发晶闸管对 VT_6、VT_1,尽管此时 $u_{ab}=0$ 以及随后 $u_{ab}<0$,但在反电势 E 的帮助下,VT_6、VT_1 还是承受正向阳极电压 $u_{ab}+E>0$ 而导通,使直流电压 $u_d=u_{ab}$。由于假设电感 L_d 足够大,电流连续,VT_6、VT_1 将在反电势 E 及 L_d 上自感电势 e_L 帮助下,一直导通到 VT_6 至 VT_2 的换流时刻 ωt_2 为止。在这段导通期间,直流电流 I_d 从电源 E 的正极流出,经 VT_6 流入交流电源 b 相,再由 a 相流出,经 VT_1 回到 E 的负极,故电能从直流电源经逆变后传送给交流电源。

到 ωt_2 时刻触发 VT_2,此时 $u_{ac}>u_{ab}$。尽管 $u_{ac}\leq0$,但在反电势 E 及电抗器的续流作用下,晶闸管对 VT_1、VT_2 仍承受正向阳极电压,使 VT_1 继续保持导通,VT_2 仍能被触发导通,同时关断 VT_6,因而直流电压 $u_d=u_{ac}$。同样,以后依次分别触发 VT_3、VT_4、VT_5、VT_6、

直流电压 u_d 将分别等于 u_{bc}、u_{ba}、u_{ca}、u_{cb} 四段线电压波形。这样,在一个完整周期内,直流电压波形将是由六段形状相同、每段宽 $\pi/3$ 的线电压波形所组成,使得直流电压具有六倍交流电源频率的脉动。

图 3-27 中还给出了 $\beta=\pi/4$、$\beta=\pi/6$ 时的直流电压 u_d 波形。随着 β 的减小,u_d 波形负值面积增大,平均电压绝对值 $|U_d|$ 增大,逆变运行中将能从直流侧反馈更多能量至交流电网。

在逆变状态下,晶闸管主要承受的是正向阻断电压。逆变状态下承受反向电压的时间长短对晶闸管关断后恢复正向阻断能力起着重要的作用。如果这段时间过短,晶闸管将在正向阻断能力未恢复的条件下重新承受正向阳极电压,此时即使无触发脉冲,管子也会误导通,造成逆变失败。随着逆变角 β 的减小,受反压时间越来越小;当 $\beta=0$ 时受反压时间为零,元件将无关断时间。可以看出,在逆变工作中必须限定最小逆变角 β_{min},以确保晶闸管有足够的关断时间。

2. 基本数量关系

(1) 直流平均电压 U_d

由于三相桥式逆变电路可看做由两组三相半波逆变电路串联而成,故直流平均电压应为三相半波时的两倍。假设电流连续,则有

$$U_d = -2.34U_2\cos\beta \tag{3-28}$$

(2) 直流电流

直流电流平均值为

$$I_d = \frac{U_d - E}{R_d} \tag{3-29}$$

式中,R_d 为包括变压器绕组等效电阻、电动机电枢电阻及直流侧回路电阻在内的总电阻。上面两式中电压、电势的参考方向均为整流时的参考方向,逆变状态时,U_d、E 应代以负值,以考虑极性的变化。

(3) 晶闸管电流

在电感性负载下,每个晶闸管导通 $2\pi/3$,同一接法下的三个元件共同负担直流平均电流,故每个元件的电流平均值为

$$I_{dT} = \frac{1}{3}I_d \tag{3-30}$$

晶闸管电流有效值为

$$I_T = \sqrt{\frac{1}{2\pi}\int_0^{\frac{2\pi}{3}} I_d^2 \, d\omega t} = \frac{1}{\sqrt{3}}I_d \tag{3-31}$$

(4) 变压器副边电流

三相桥式逆变电路中,变压器副边相电流为宽度 $2\pi/3$ 的正、负矩形波,平均值为零,无直流分量。有效值为

$$I_2 = \sqrt{2}I_T = \sqrt{\frac{2}{3}}I_d \tag{3-32}$$

三相桥式逆变电路变压器利用率高,无直流磁化问题,电压脉动小。所需电抗器电感量比三相半波时要小,故在大功率有源逆变装置中获得了广泛的应用。

3.3.4　逆变颠覆及其防止

晶闸管电路工作于整流状态时,如果脉冲丢失或快速熔断器烧断,晶闸管触发不导通以及交流电源本身原因造成缺相时,后果只是输出直流电压为缺相波形,平均电压减小,不会造成电路重大事故。但在逆变状态下发生以上情况时,事情要严重得多。逆变时的直流电势可能会通过逆变电路晶闸管形成短路,也可能使直流电势与逆变电路直流电压顺串短路。由于逆变电路中限流电阻很小,将会形成很大短路电流,使逆变电路不能正常工作,造成重大事故。这种情况称为逆变颠覆或逆变失败。逆变颠覆的原因归纳起来大致有:

1)触发电路工作不可靠,造成脉冲丢失或脉冲延时,使得该导通的晶闸管不能导通,该关断的晶闸管一直导通至 $U_d > 0$ 的正半周,致使交流电源与直流电势顺极性串联短路而造成逆变颠覆。

2)触发脉冲正常,晶闸管故障。如断态重复峰值电压裕量不够,正向阻断期误导通,造成输出直流电压 u_d 瞬时变正,也构成交流、直流侧顺极性串联短路,逆变颠覆。

3)交流电源发生故障,如缺相、电源突然消失,但反电势 E 仍存在,晶闸管仍可导通。由于此时没有平衡直流电势的交流电压,反电势将通过晶闸管被短路,也造成逆变颠覆。

4)当逆变角 β 较小时,由于换流重叠角的影响,造成晶闸管因承受反向电压时间不够而关不断,导致逆变颠覆。

逆变电路和可控整流电路一样,当考虑交流电源侧的电抗时,如变压器漏抗、线路杂散电抗等,晶闸管的换相不能瞬时完成,同样有一个换流重叠的过程,其机理和整流电路中换流重叠现象一样。唯一的差异是整流过程的换流重叠现象将使输出直流电压 u_d 波形减小一块面积,造成整流电压平均值 U_d 降低;而逆变过程的换流重叠现象将使直流电压 u_d 波形增加一块画有阴影面积的波形,如图 3-28 三相半波逆变电路波形所示,造成直流平均电压 U_d 略有提高。

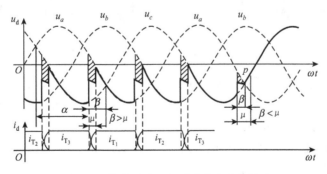

图 3-28　换流重叠现象对逆变电路的影响

存在换流重叠现象会对逆变运行带来不良后果,可以用共阴极接法三相半波整流电路中晶闸管 VT_3 至 VT_1 的换流来说明。当逆变角 β 大于换流重叠角 μ 时,经过 μ 角后可以发现仍 $u_a > u_c$,说明经过换流重叠期后 VT_1 仍承受正向阳极电压而导通,VT_3 将承受反向阳极电压而关断。如果逆变角 β 小于换流重叠角 μ,则当经过自然换流点 p 后将有 $u_a < u_c$。

然而换流尚未结束,结果 VT_3 将承受正向阳极电压而继续导通,VT_1 将承受反向阳极电压而重新关断,再次 $u_d = u_c$。随着 c 相电压越来越高并转为正值,u_d 将改变极性与反电势 E 构成顺串短路,造成逆变颠覆。因此,为了防止逆变颠覆,逆变角不能太小,必须限制在一个允许的最小角度 β_{min} 内。一般常取 $\beta_{min} = 30° \sim 35°$。逆变电路工作时必须保证 $\beta \geqslant \beta_{min}$。

3.4　电容滤波的不可控整流电路

在交-直-交变频器等电力电子电路中,大多采用不可控整流电路经电容滤波后提供直流电源给后级的逆变器,因此有必要对电容滤波的不可控整流电路进行研究。

3.4.1　带电容滤波的单相不可控整流电路

图 3-29 为带电容滤波的单相不可控整流电路,这种电路常使用在开关电源的整流环节中。

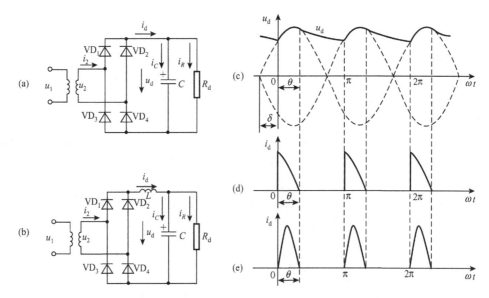

图 3-29　电容滤波的单相不可控整流电路

仅用电容滤波的单相不可控整流电路如图 3-29(a)所示。在分析时将时间坐标取在 u_2 正半周和 u_d 的交点处,见图 3-29(c)。当 $u_2 < u_d$ 时,二极管 VD_1、VD_2、VD_3、VD_4 均不导通,电容 C 放电,向负载 R_d 提供电流,u_d 下降。$\omega t = 0$ 后,$u_2 > u_d$,VD_1、VD_4 导通,交流电源向电容 C 充电,同时也向负载 R_d 供电。设 u_2 正半周过零点与 VD_1、VD_4 开始导通时刻相差的角度为 δ,则 VD_1、VD_4 导通后

$$u_2 = u_d = u_C = \sqrt{2}U_2\sin(\omega t + \delta) = u_{C0} + \frac{1}{C}\int_0^t i_C \mathrm{d}t \tag{3-33}$$

当 $\omega t = 0$ 时,$u_{20} = u_{C0} = u_{d0} = \sqrt{2}U_2\sin\delta$,电容电流为

$$i_C = C\frac{\mathrm{d}u_C}{\mathrm{d}t} = C\frac{\mathrm{d}u_2}{\mathrm{d}t} = \sqrt{2}U_2\omega C\cos(\omega t + \delta) \tag{3-34}$$

负载电流为

$$i_R = \frac{u_d}{R} = \frac{u_2}{R} = \frac{\sqrt{2}U_2}{R}\sin(\omega t + \delta) \tag{3-35}$$

整流桥输出电流

$$i_d = i_C + i_R = \sqrt{2}U_2\omega C\cos(\omega t + \delta) + \frac{\sqrt{2}U_2}{R}\sin(\omega t + \delta) \tag{3-36}$$

过 $\omega t = 0$ 后，u_2 继续增大，$i_C > 0$，向电容 C 充电，u_C 随 u_2 而上升，到达 u_2 峰值后，u_C 又随 u_2 下降，i_d 减小，直至 $\omega t = \theta$ 时，$i_d = 0$，VD_1、VD_4 关断，即 θ 为 VD_1、VD_4 的导通角。令 $i_d = 0$，可求得二极管导通角 θ 与初始相位角 δ 的关系为

$$\tan(\delta + \theta) = -\omega RC \tag{3-37}$$

由上式可知 $\theta + \delta$ 是位于第二象限的角，故

$$\theta = \pi - \delta - \arctan(\omega RC) \tag{3-38}$$

$\omega t > \theta$ 后，电容 C 向负载 R 供电，u_C 从 $t = \theta/\omega$ 的数值按指数规律下降

$$u_C = u_d = \sqrt{2}U_2\sin(\theta + \delta)e^{-\frac{t - \theta/\omega}{RC}} = \sqrt{2}U_2\sin(\theta + \delta)e^{-\frac{\omega t - \theta}{\omega RC}} \tag{3-39}$$

$\omega t = \pi$ 时，电容 C 放电结束，电压 u_C 的数值与 $\omega t = 0$ 时的电压数值相等，即

$$u_C = u_d = \sqrt{2}U_2\sin(\theta + \delta)e^{-\frac{\pi - \theta}{\omega RC}} = \sqrt{2}U_2\sin\delta \tag{3-40}$$

将式(3-38)和 $\sin(\delta + \theta) = \omega RC / \sqrt{1 + (\omega RC)^2}$ 的关系式代入上式，可得

$$\frac{\omega RC}{\sqrt{1 + (\omega RC)^2}}e^{-\frac{\arctan(\omega RC)}{\omega RC}}e^{-\frac{\delta}{\omega RC}} = \sin\delta \tag{3-41}$$

整流电路的输出直流电压可按下式计算：

$$U_d = \frac{1}{\pi}\int_0^\theta \sqrt{2}U_2\sin(\omega t + \delta)d\omega t + \frac{1}{\pi}\int_\theta^\pi \sqrt{2}U_2\sin(\theta + \delta)e^{-\frac{\omega t - \theta}{\omega RC}}d\omega t$$

$$= \frac{2\sqrt{2}U_2}{\pi}\sin\frac{\theta}{2}\left[\sin\left(\delta + \frac{\theta}{2}\right) + \omega RC\cos\left(\delta + \frac{\theta}{2}\right)\right] \tag{3-42}$$

在已知 ωRC 的条件下，可通过式(3-41)求起始导电角 δ，再由式(3-38)计算导通角 θ，最后可由式(3-42)求出整流电路输出直流电压平均值 U_d。表 3-1 给出了不同 ωRC 时，δ、θ、U_d/U_2 的函数关系。

表 3-1 起始导电角 δ、导通角 θ、U_d/U_2 与 ωRC 的函数关系

ωRC	0(C=0)	1	5	10	40	100	500	∞(空载)
$\delta/(°)$	0	14.5	40.3	51.7	69	75.3	83.7	90
$\theta/(°)$	180	120.5	61	44	22.5	14.3	5.4	0
U_d/U_2	0.9	0.96	1.18	1.27	1.36	1.39	1.4	1.414

由表 3-1 可见，在 $C = 0$，即无电容滤波时，$\delta = 0°$，$\theta = 180°$，$U_d/U_2 = 0.9$，输出电压 U_d 数值最小；当负载为空载，即 $R = \infty$ 时，$\delta = 90°$，$\theta = 0°$，$U_d/U_2 = 1.414$，输出电压 U_d 数值最大。在 ωRC 由零增加至无穷大时，起始导电角 δ 从 $0°$ 增至 $90°$；导通角 θ 由 $180°$ 减至 $0°$；整流桥

输出电压 U_d 由 $0.9U_2$ 增至 $1.414U_2$。

根据以上分析,滤波电容数值的大小可随负载的情况而调整,当负载电流增大(R 减小,ωRC 减小)时,输出电压 U_d 会下降。如选电容 C 的放电时间常数 $RC \geqslant (1.5 \sim 2)/f$,$f$ 为 u_2 的交变频率,从而有 $\omega RC \geqslant (1.5 \sim 2) \times 2\pi \approx 10$,此时 $U_d = 1.27U_2$,$\delta = 51.7°$,$\theta = 44°$。

实际应用时为了抑制电流冲击,常在直流侧串入小电感,成为 LC 滤波电路,如图 3-29(b) 所示。采用 LC 滤波不可控整流电路的输出电流波形如图 3-29(e) 所示,由图 3-29(e) 可见,电流 i_d 的变化趋缓,有效地抑制了电流冲击。

3.4.2　带电容滤波的三相桥式不可控整流电路

图 3-30 所示的是带电容滤波的三相桥式不可控整流电路及其电压、电流波形。当滤波电容 C 为零时,此电路与前面分析过的三相桥式全控整流电路 $\alpha = 0°$ 的情况一样,输出电压为线电压的包络线。在电路中接入滤波电容 C 后,当电源线电压 $u_{2L} > u_d$ 时,二极管导通,$i_d = i_C + i_R$,经过二极管的导通角 θ 后,$u_{2L} < u_d$,二极管截止,电容 C 开始对负载 R 放电,u_d 按指数规律下降。

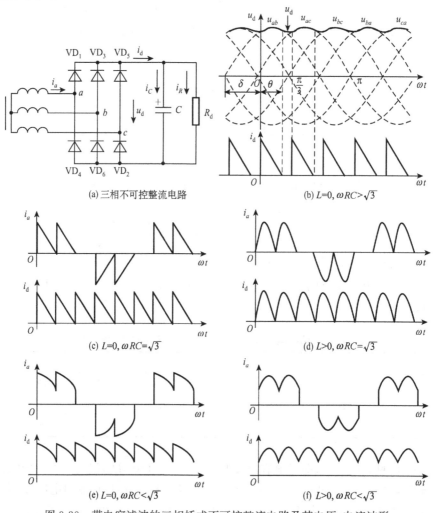

图 3-30　带电容滤波的三相桥式不可控整流电路及其电压、电流波形

在图 3-30(b)中取线电压 u_{ab} 最大，VD_6、VD_1 同时开始导通的时刻为 $\omega t=0$，这时 u_{ab} 的相位角为 δ，则线电压，$u_{ab}=\sqrt{6}U_2\sin(\omega t+\delta)$，$u_d=u_{ab}$。

当 $\omega t=\theta$ 时，$i_d=0$，VD_6、VD_1 截止，此时 $u_d(\theta)=u_{C0}=\sqrt{6}U_2\sin(\theta+\delta)$。然后电容 C 对负载 R 放电，u_C 从 u_{C0} 按指数规律下降，直到 $\omega t=60°$，此时线电压 u_{ac} 最大，u_{ac} 数值与 u_{C0} 相等，这时 VD_1、VD_2 开始导通，输出电压 $u_d=u_{ac}$；随着二极管按编号依次换流，输出电压分别为 u_{ab}、u_{ac}、u_{bc}、u_{ba}、u_{ca}、u_{cb}。图 3-30(b)所示的电流 i_d 是断续的，导通角 $\theta<60°$。如果 $i_d=0$ 时正好 $\theta=60°$，则 6 个二极管依次轮流导通，电流正好连续，此时输出电压为完整的线电压包络线。

经分析可知(可参阅其他参考书)，$\omega RC=\sqrt{3}$ 为电容滤波的三相桥式不可控整流电路的临界工作点，$\omega RC\leqslant\sqrt{3}$ 时，电流 i_d 连续，如图 3-30(c)、(e)所示；而当 $\omega RC>\sqrt{3}$ 时，电流 i_d 断续，如图 3-30(b)所示。图 3-30(d)、(f)分别给出了考虑电感时电容滤波三相桥式不可控整流电路在 $\omega RC=\sqrt{3}$ 和 $\omega RC<\sqrt{3}$ 时的电流 i_d 的波形。

该电路在空载时，输出电压 U_d 的数值为 $\sqrt{6}U_2$，随着负载增大，U_d 逐渐下降，当 $\omega RC\leqslant$ $\sqrt{3}$ 时，输出电压为完整的线电压包络线，U_d 的数值为 $0.955\sqrt{6}U_2$。

3.5 整流电路的谐波及功率因数

电力电子装置的使用会带来谐波和功率因数问题。谐波的产生会引起电网谐波污染和控制系统的误动作，对通信系统产生干扰，在电气传动系统中产生振动、噪声等不良后果。而功率因数的下降会使电网无功电流增加、产生电压波动等不利影响。因此有必要对谐波和功率因数问题进行分析，找出相应的改善方法。

3.5.1　谐波及功率因数概念

1. 谐波

在电力电子电路的分析中经常会遇到非正弦电压、电流波形，这主要是由非线性负载引起的。当正弦电压加到非线性负载上时，会产生非正弦电流，而非正弦电流又会在负载上产生压降，使电压波形也成为非正弦波。

非正弦的电压 $u(\omega t)$ 和非正弦的电流 $i(\omega t)$ 可分解成傅里叶级数如下：

$$u(\omega t)=a_{u0}+\sum_{n=1}^{\infty}\left[a_{un}\cos(n\omega t)+b_{un}\sin(n\omega t)\right] \tag{3-43}$$

$$i(\omega t)=a_{i0}+\sum_{n=1}^{\infty}\left[a_{in}\cos(n\omega t)+b_{in}\sin(n\omega t)\right] \tag{3-44}$$

式中

$$a_{u0}=\frac{1}{2\pi}\int_0^{2\pi}u(\omega t)\mathrm{d}\omega t\,;\qquad\qquad a_{i0}=\frac{1}{2\pi}\int_0^{2\pi}i(\omega t)\mathrm{d}\omega t$$

$$a_{un}=\frac{1}{\pi}\int_0^{2\pi}u(\omega t)\cos(n\omega t)\mathrm{d}\omega t\,;\qquad a_{in}=\frac{1}{\pi}\int_0^{2\pi}i(\omega t)\cos(n\omega t)\mathrm{d}\omega t$$

$$b_{un} = \frac{1}{\pi} \int_0^{2\pi} u(\omega t)\sin(n\omega t)\,\mathrm{d}\omega t; \qquad b_{in} = \frac{1}{\pi} \int_0^{2\pi} i(\omega t)\sin(n\omega t)\,\mathrm{d}\omega t$$

$$n = 1,2,3,\cdots$$

在上述电压、电流的傅里叶级数表达式中,频率与工频相同的分量称为基波,而频率为基波频率整数倍的分量称为谐波,谐波次数为谐波频率和基波频率的整数比(大于1)。

2. 功率因数

晶闸管变流装置的功率因数是指装置交流侧有功功率与视在功率之比。变流装置的功率因数与电压、电流间的滞后角、交流侧(包括变流元件侧、电网侧)的感抗和电流波形有关。

晶闸管变流电路由于实行触发时刻或相位的控制,造成电压、电流波形非正弦,因此电路的功率及功率因数的计算须按非正弦电路的方法进行。电压、电流的有效值应为各次谐波有效值的均方根值,即

$$U = \sqrt{U_{\mathrm{d}}^2 + \sum_{k=1}^n U_{\mathrm{d}k}^2} \tag{3-45}$$

$$I = \sqrt{I_{\mathrm{d}}^2 + \sum_{k=1}^n I_{\mathrm{d}k}^2} \tag{3-46}$$

上面两式中,U_{d}、I_{d} 为电压、电流的直流平均值,$U_{\mathrm{d}k}$、$I_{\mathrm{d}k}$ 为各次谐波电压、电流有效值。

电路的视在功率、有功功率和无功功率分别为

$$S = UI \tag{3-47}$$

$$P = U_{\mathrm{d}}I_{\mathrm{d}} + \sum_{k=1}^n U_{\mathrm{d}k}I_{\mathrm{d}k}\cos\varphi_k \tag{3-48}$$

$$Q = \sqrt{S^2 - P^2} \tag{3-49}$$

式中,φ_k 为 k 次谐波电压、电流间的相位差。

由于电网电压波形的畸变不大,在实际计算时,可将电压近似为正弦波,只考虑电流为非正弦波。设正弦波电压有效值为 U,非正弦波电流有效值为 I,基波电流有效值及与电压的相位差分别为 I_1 和 φ_1,这时有功功率和功率因数分别为

$$P = UI_1\cos\varphi_1 \tag{3-50}$$

$$\cos\varphi = \frac{P}{S} = \frac{UI_1\cos\varphi_1}{UI} = \frac{I_1}{I}\cos\varphi_1 \tag{3-51}$$

式中,I_1/I 为电流波形中含有高次谐波的程度,称电流畸变系数,与整流变压器、变流电路形式和负载性质有关。如果电流为正弦波,则电流畸变系数为 1;$\cos\varphi_1$ 为位移因数,是基波有功功率与基波视在功率之比。所以晶闸管变流装置的功率因数等于畸变系数与位移因数的乘积。

3.5.2 交流输入侧的谐波及功率因数

以单相桥式整流电路为例,设负载为大电感性负载,负载电流连续、平直,且不考虑换流重叠。交流侧(整流变压器副边)电压 u_1 为正弦波,电流 i_1 为 180°宽的正、负对称的矩形波,如图 3-5 所示。

将方波电流分解为傅里叶级数可得

$$i(\omega t) = \frac{4}{\pi} I_1 \left[\sin(\omega t) + \frac{1}{3}\sin(3\omega t) + \frac{1}{5}\sin(5\omega t) + \cdots \right]$$

$$= \frac{4}{\pi} I_1 \sum_{n=1,3,5,\cdots} \frac{1}{n}\sin(n\omega t) = \sum_{n=1,3,5,\cdots} \sqrt{2} I_{1n}\sin(n\omega t) \qquad (3\text{-}52)$$

式中,基波和各次谐波的有效值为

$$I_{1n} = \frac{2\sqrt{2} I_1}{n\pi}, \quad n = 1,3,5,\cdots \qquad (3\text{-}53)$$

可见基波分量的电流有效值为

$$I_{11} = \frac{2\sqrt{2}}{\pi} I_1 = 0.9 I_1 \qquad (3\text{-}54)$$

忽略换流重叠角后,电压、电流基波之间的位移因数 $\cos\varphi_1 = \cos\alpha$,所以单相桥式全控整流电路的功率因数应为

$$\cos\varphi = \frac{I_{11}}{I_1}\cos\varphi_1 = 0.9\cos\alpha \qquad (3\text{-}55)$$

从式(3-55)可以看出,变流装置在整流工作状态下,功率因数主要决定于控制角 α 的余弦。随着 α 的增大,功率因数下降。这是由于 α 越大,电压、电流波形间的相位差也越大,负载电流一定时,输入视在功率近似不变,输出有功功率则随整流电压的降低而减小。

按同样方法分析,可求得三相桥式可控整流电路的功率因数

$$\cos\varphi = 0.955\cos\alpha \qquad (3\text{-}56)$$

3.5.3 整流输出侧的谐波分析

整流电路输出的脉动直流电压都是周期性的非正弦函数,可以用傅里叶级数表示整流电路输出的脉动直流电压,可分为直流电压平均值 U_d 及各次谐波电压 u_n。以 m 脉波(图 3-31 中,$m=3$)整流电路为例,其输出直流电压波形如图 3-31 所示。

在一个周期内,输出电压有 m 个形状相同、相位相差 $2\pi/m$ 的电压脉波,在图示坐标下,输出电压 u_d 的傅里叶级数表达式为

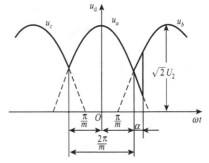

图 3-31 m 脉波相控整流电路
输出电压波形

$$u_d(t) = U_d + \sum_{n=1}^{\infty} a_n\cos(n\omega t) + b_n\sin(n\omega t) \qquad (3\text{-}57)$$

式中

$$U_d = \frac{m}{2\pi}\int_0^{2\pi/m} u_d(t)\,\mathrm{d}\omega t \qquad (3\text{-}58)$$

$$a_n = \frac{m}{\pi}\int_0^{2\pi/m} u_d(t)\cos n\omega t\,\mathrm{d}\omega t \qquad (3\text{-}59)$$

$$b_n = \frac{m}{\pi} \int_0^{2\pi/m} u_d(t) \sin n\omega t \, d\omega t \tag{3-60}$$

按图示坐标,u_a、u_b 的表达式分别为

$$u_a = \sqrt{2} U_S \cos \omega t \tag{3-61}$$

$$u_b = \sqrt{2} U_S \cos(\omega t - 2\pi/m) \tag{3-62}$$

上面两式中,三相半波电路时,$U_S = U_2$ 为相电压;三相桥式电路时,$U_S = U_{2L}$ 为线电压。当移相控制角为 α 时,U_d 可计算如下:

$$U_d = \frac{m}{2\pi} \int_0^{2\pi/m} u_d(t) \, d\omega t = \frac{m}{2\pi} \left[\int_0^{\pi/m+\alpha} u_a \, d\omega t + \int_{\pi/m+\alpha}^{2\pi/m} u_b \, d\omega t \right]$$

$$= \frac{\sqrt{2} U_S}{\pi} m \sin \frac{\pi}{m} \cos \alpha \tag{3-63}$$

式(3-63)即为 m 脉波整流电路输出直流平均电压的表达式,$m = 2, 3, 6$ 时分别对应单相桥式、三相半波、三相桥式整流电路的输出直流电压平均值,$\alpha = 0°$ 则为不可控整流电路。

将式(3-61)、式(3-62)代入式(3-59)、式(3-60),经化简后可得到

$$a_n = \frac{\sqrt{2} U_S}{\pi} m \sin \frac{\pi}{m} \cdot \cos \frac{n}{m} \pi \left[\frac{\cos(n+1)\alpha}{n+1} - \frac{\cos(n-1)\alpha}{n-1} \right] \tag{3-64}$$

$$b_n = \frac{\sqrt{2} U_S}{\pi} m \sin \frac{\pi}{m} \cdot \cos \frac{n}{m} \pi \left[\frac{\sin(n+1)\alpha}{n+1} - \frac{\sin(n-1)\alpha}{n-1} \right] \tag{3-65}$$

m 脉波整流电路输出电压中的谐波次数为 $n = Km$,$K = 1, 2, 3, \cdots$。当 $m = 6$,即三相桥式整流电路时,其输出电压中就含有 $6, 12, 18, \cdots$ 电压谐波。设 n 次谐波的电压幅值为

$$U_{nn} = \sqrt{a_n^2 + b_n^2} \tag{3-66}$$

U_{nn} 与交流电压最大值的比值为

$$\frac{U_{nn}}{\sqrt{2} U_S} = \frac{\sqrt{a_n^2 + b_n^2}}{\sqrt{2} U_S} \tag{3-67}$$

n 次谐波的相位角为

$$\tan \theta_n = \frac{b_n}{a_n} \tag{3-68}$$

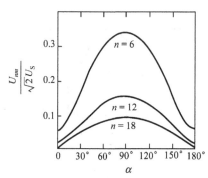

图 3-32　三相桥式整流电路输出
电压的谐波电压特性

图 3-32 给出了三相桥式整流电路输出电压的谐波电压特性,由图可见,当 $\alpha = 90°$ 时,谐波幅值最大。

负载上的电压有效值为

$$U = \sqrt{\frac{6}{2\pi} \int_{-\frac{\pi}{6}+\alpha}^{\frac{\pi}{3}+\alpha} \left[\sqrt{2} U_S \cos(\omega t) \right]^2 d\omega t} \tag{3-69}$$

谐波电压有效值,即纹波电压为

$$U_H = \sqrt{U^2 - U_d^2} \tag{3-70}$$

纹波系数为

$$\gamma_u = \frac{U_{\mathrm{H}}}{U_{\mathrm{d}}} = \frac{\sqrt{U^2 - U_{\mathrm{d}}^2}}{U_{\mathrm{d}}} \tag{3-71}$$

3.6　大功率整流电路

3.6.1　带平衡电抗器的双反星形电路

在电解、电镀等工业应用中,常常需要低电压(几伏至几十伏)、大电流(几千至几万安)的可调直流电源。如果采用通常的三相半波可控整流电路,则每相要很多晶闸管并联才能提供这么大的负载电流,带来元件的均流、保护等问题,还有变压器铁心直流磁化问题。如果采用三相桥式可控整流电路,虽可解决直流磁化问题,但整流元件数还要加倍,而电流在每条通路上均要经过两个整流元件,有两倍的管压降损耗,这对大电流装置是十分不利的。

要得到低压大电流的整流电路,可通过两组三相半波电路并联来解决。并联时只要注意使两组半波电路的变压器副边绕组极性相反,使各自产生的直流安匝相互抵消,就可解决变压器的直流磁化问题。由于两组变压器副边绕组均接成星形且极性相反,这种整流电路形式称为双反星形可控整流电路,如图 3-33 所示。

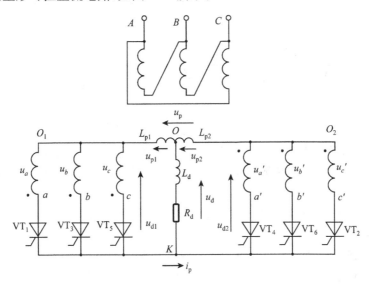

图 3-33　带平衡电抗器的双反星形可控整流电路

双反星形可控整流电路的整流变压器副边每相有两个匝数相同、绕在同一相铁心柱上的绕组,反极性地接至两组三相半波整流电路中,每组三相间则接成星形,两组星形的中点间接有一个电感量为 L_{p} 的平衡电抗器,这个电抗器是一个带有中心抽头的铁心线圈,抽头两侧的电感量相等,即 $L_{\mathrm{p1}} = L_{\mathrm{p2}}$。当抽头的任一边线圈中有交变电流流过时,$L_{\mathrm{p1}}$ 和 L_{p2} 均会感应出大小相等、极性一致的感应电势。

1. 平衡电抗器的作用

为了说明平衡电抗器的作用,先将图 3-33 中的 L_{p} 短接,并将控制角设为 $\alpha = 0°$,这样就成了普通的六相半波整流电路,变压器副边电压波形如图 3-34(a)所示,由于六个整流元件为共阴极接法,任何瞬间只有相电压瞬时值最大的一相元件导通。ωt_1 时刻,a 相电压 u_a 最大，VT_1 管导通，则 K 点电位为最高从而使其他五个元件承受反向电压而不能导通。变压器副边电压按 u_a、u'_c、u_b、u'_a、u_c、u'_b 顺序依次达最大，故晶闸管亦以 VT_1、VT_2、VT_3、VT_4、VT_5、VT_6 顺序各导通 60°，这样，在 $\alpha=0°$ 时，输出直流电压为六个正值相电压波头的包络线。这个波形与三相桥式整流电路 $\alpha=0°$ 时的整流电压相同，只是用相电压包络线替代了线电压包络线，故可推得直流平均电压应为 $U_{d0}=1.35U_2$。由于任何瞬间只能有一只晶闸管导通，所以每个元件及变压器副边每相绕组都要流过全部的负载电流，而导电角只有 60°，使每相电流峰值较高，这样的六相半波整流电路将要求大容量的整流元件和大截面的变压器绕组导线，变压器利用率也低，不适合大电流负载。

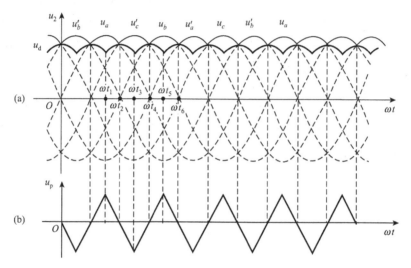

图 3-34　带平衡电抗器的双反星形可控整流电路波形（$\alpha=0°$）

接入平衡电抗器后晶闸管导通情况将发生变化，仍以 $\alpha=0°$ 来分析，在图 3-34(a) 的 $\omega t_1 \sim \omega t_2$ 期间内，u_a 最高，使晶闸管 VT_1 导通。VT_1 导通后，a 相电流 i_a 开始增长，增长的 i_a 将在平衡电抗器 L_{p1} 中感应出势 e_{p1}，其极性左（－）右（＋）。由于 L_{p2} 与 L_{p1} 匝数及绕向相同，紧密耦合，则在 L_{p2} 中同样将感应出左（－）右（＋）的电势 e_{p2}，且 $e_{p2}=e_{p1}$。设与电势 e_{p2}、e_{p1} 相平衡的电压分别为 u_{p1}、u_{p2}，则以 O 点为电位参考点，u_{p1} 削弱左侧 a、b、c 组晶闸管的阳极电压；u_{p2} 增强了右侧 a'、b'、c' 组晶闸管的阳极电压。在 $\omega t_1 \sim \omega t_2$ 期间，VT_1 管的阳极电压 u_a 被削弱，此时，u'_c 为次最高电压，在 u_{p2} 的作用下，只要 $u_p=u_{p1}+u_{p2}$ 的大小能使 $u'_c+u_p>u_a$，则晶闸管 VT_2 亦承受正向阳极电压而导通。因此有了平衡电抗器后，其上感应电势 u_p 补偿了 u_a、u'_c 间的电压差，使得 a、c' 相的晶闸管都能同时导通。VT_1、VT_2 同时导通时，左侧 a 点电位与右侧 c' 点电位相等，但此期间相电压仍保持着 $u_a>u'_c$ 的状态，故 VT_2 导通后 VT_1 不会关断。以后尽管变压器副边相电压发生变化，感应电压 u_p 也变化，但始终保持着 a、c' 两点的电位相等，从而维持了 VT_1、VT_2 同时导通。这就是平衡电抗器所起的促使两相能同时导通的平衡电压作用。

$\omega t_2 \sim \omega t_3$ 期间内，$u_a<u'_c$，a 相电流出现减小的趋势，使平衡电抗器 L_{p1} 上感应出的电势极性反向，即 O_1 点为（＋），O_2 点为（－），继续维持 VT_1、VT_2 同时导通。ωt_3 以后，由于 a、b、c 组的相电压 $u_b>u_a$，则 VT_1 换流至 VT_3，使得在 $\omega t_2 \sim \omega t_3$ 期间内晶闸管 VT_2、VT_3 同时导通。由于平衡电抗器的作用，VT_2 管将从 ωt_1 时刻一直维持导通至 ωt_5 时刻因导通 VT_4

而关断,共导通 120°。

从以上分析可以看出,由于接入了平衡电抗器,使在任何时刻两组三相半波电路各有一个元件同时导通,共同负担负载电流,使流过每一元件和变压器副边每相绕组的电流为负载电流的一半,同时每个元件的导电时间则由 60°增加至 120°。这样,在输出同样直流电流 I_d 的条件下,可使晶闸管额定电流及变压器副边电流减小,利用率提高。

带平衡电抗器的双反星形可控整流电路 $\alpha=0°$ 时的直流电压平均值及平衡电抗器上的压降 u_p 可以从图 3-33 推出。设左侧 a、b、c 组输出直流电压为 u_{d1},右侧 a'、b'、c' 组输出直流电压为 u_{d2},则从左侧看,双反星形整流电路 OK 之间的输出直流电压为 $u_d=u_{d1}-u_p/2$,从右侧看则有 $u_d=u_{d2}+u_p/2$,因此有

$$u_d = \frac{1}{2}(u_{d1} + u_{d2}) \tag{3-72}$$

可得出 $\alpha=0°$ 时的直流电压平均值计算式为

$$U_d = \frac{1}{2\pi}\int_0^{2\pi} u_d\omega t = \frac{1}{2\pi}\int_0^{2\pi} \frac{1}{2}(u_{d1} + u_{d2})\mathrm{d}\omega t$$

$$= \frac{1}{2}(U_{d1} + U_{d2}) = 1.17U_2 \tag{3-73}$$

由式(3-73)可见,带平衡电抗器双反星形整流电路的输出直流电压是两组三相半波输出电压 u_{d1} 和 u_{d2} 的平均值。平衡电抗器上的电压波形 $u_p= u_{d1} - u_{d2}$,为两组三相半波整流电路输出波形之差,如图 3-34(b)所示,其交变频率为电源频率的三倍。

由于两组三相半波整流电路并联运行时输出的直流电压瞬时值不相等,其差值 u_p 会在两组三相半波整流电路之间产生不经过负载的环流 i_p,将使其中一组三相半波电路的负载电流变化为 $I_d/2+i_p$,另一组三相半波电路的负载电流变化为 $I_d/2-i_p$。为使两组电流尽可能平均分配,应选用电感量足够的平衡电抗器 L_p 对环流加以限制。通常要求将环流值限制在额定负载电流的 2%范围以内。即使如此,双反星形整流电路也还有个工作在很小负载电流下外特性较差的缺点。

2. 双反星形带平衡电抗器可控整流电路

电感性负载 $\alpha=30°$,$\alpha= 60°$,$\alpha= 90°$时的直流电压 u_d 波形分别如图 3-35(a)、(b)、(c)所示。

为了推导直流平均电压 U_d 的计算公式,将图 3-35(a) 中的纵坐标右移 90°(坐标原点为 O'),这样 a 相和 b' 相电压可分别表示为

$$u_a = \sqrt{2}U_2\cos\omega t \tag{3-74}$$

$$u'_b = \sqrt{2}U_2\cos\left(\omega t + \frac{\pi}{3}\right) \tag{3-75}$$

从而可得直流平均电压 u_d 为

$$u_d = \frac{1}{2}(u_a + u'_b)$$

$$= \frac{1}{2}\left[\sqrt{2}U_2\cos\omega t + \sqrt{2}U_2\cos\left(\omega t + \frac{\pi}{3}\right)\right]$$

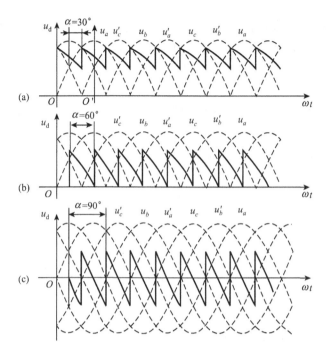

图 3-35　大电感性负载时的输出直流电压波形

$$= \frac{\sqrt{2}U_2}{2}\left[2\cos\left(\omega t + \frac{\pi}{6}\right)\cos\frac{\pi}{6}\right] = \frac{\sqrt{6}}{2}U_2\cos\left(\omega t + \frac{\pi}{6}\right) \tag{3-76}$$

这样就可以得到直流平均电压 U_d 计算公式

$$U_d = \frac{1}{\frac{\pi}{3}}\int_{-\frac{\pi}{3}+\alpha}^{\alpha}\frac{\sqrt{6}U_2}{2}\cos\left(\omega t + \frac{\pi}{6}\right)\mathrm{d}\omega t$$

$$= \frac{3\sqrt{6}}{2\pi}U_2\cos\alpha = 1.17U_2\cos\alpha \tag{3-77}$$

当负载是电阻性负载时,如 $\alpha < 60°$,则输出电压 u_d 的波形及平均值的计算均和电感性负载时相同;而当 $\alpha > 60°$ 时,u_d 波形出现断续,只剩下正半周的电压波形。

带平衡电抗器的双反星形整流电路具有以下特点:

1) 双反星形是两组三相半波电路的并联,直流电压波形与六相半波整流时的波形一样,所以直流电压的脉动情况比三相半波时小得多。

2) 与三相半波整流相比,由于任何时刻总同时有两组导通,变压器磁路平衡,不存在直流磁化问题。

3) 与六相半波整流相比,变压器副边绕组利用率提高一倍。在输出相同直流电流时,变压器容量比六相半波时要小。

4) 每一个整流元件负担负载电流的一半,导电时间比三相半波时增加一倍,所以提高了整流元件的利用率。

3.6.2 整流电路的多重化

当整流装置的功率增大,如达到数千千瓦时,它对电网的干扰就会很严重。为减轻整流装置产生的高次谐波对电网的干扰,可考虑增加整流输出电压脉波数的方法。输出电压波头数越多,电压谐波次数越高,谐波幅值越小。因此,大功率的整流装置常采用 12 脉波、18 脉波、24 脉波甚至更多脉波的多相整流电路。

图 3-36 所示的是由两组三相桥式整流电路并联而成的 12 相整流电路。电路中利用一个三相三绕组变压器,变压器原边绕组接成星形接法,副边绕组中的 a_1、b_1、c_1 接成星形接法,其每相匝数为 N_2;a_2、b_2、c_2 接成三角形接法,其每相匝数为 $\sqrt{3}N_2$。这样,变压器两个副边绕组的线电压数值相等。

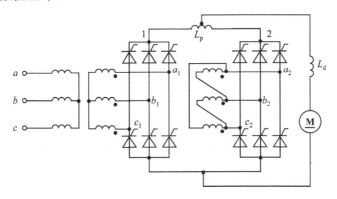

图 3-36 由两组三相桥式整流电路并联而成的 12 相整流电路

由于 1 组桥 a、b 端所接的是变压器副边绕组 a_1、b_1 相的线电压,而 2 组桥 a、b 端所接的是变压器副边绕组 a_2 相的相电压,因此 1、2 两组桥所接的是两个相位差为 30°、电压大小一样的三相电压。当 $\alpha=0°$ 时,1、2 组桥输出的为两个波形相同、相差 30° 的 6 脉波整流电压 u_{d1}、u_{d2},如图 3-37 所示。由图 3-37 可见,在区间 1,$u_{d1}>u_{d2}$;在区间 2,$u_{d2}>u_{d1}$。若无平衡电抗器 L_p 存在,则 1 组桥导通时,2 组桥的整流元件受反向电压截止;而 2 组桥导通时,1 组桥的整流元件受反向电压截止,即任何时刻只有一组桥在工作,并提供全部负载电流。在电路中加了平衡电抗器 L_p 后,在任何时刻 $u_p=u_{d1}-u_{d2}$ 在平衡电抗器两个绕组上各压降 $u_p/2$,从而使 u_{d1}、u_{d2} 平衡,两个三相整流桥同时导通,并共同承担负载电流。这样,每个整流元件及变压器副边绕组的导电时间增长了一倍,而每个整流桥的输出电流仅为 1/2 负载电流。

与带平衡电抗器的双反星形可控整流电路的分析方法相似,可得出 12 相整流电路的输出电压平均值与一组三相桥的整流电压平均值相等。这种将两组整流桥的输出电压经平衡电抗器并联输出的方式称为并联多重结构,它适合于大电流应用。也可将两组整流桥的输出电压串联起来向负载供电,这种方式称为串联多重结构,此电路适合于高电压应用。

本 章 小 结

本章主要介绍了整流电路、有源逆变电路及其相关知识。交流-直流(AC-DC)变换电路是电力电子电路中应用最为广泛的一种电路,也是电力电子电路的基础。

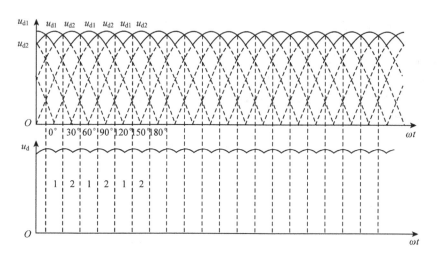

图 3-37　12 相整流电路的输出电压波形

在分析整流电路时可按以下方式进行分类。

（1）按相数分类

1）单相整流电路。可分为单相半波电路和单相桥式电路。单相整流电路比较简单、成本也低、控制方便，但输出电压波形较差，谐波分量较大，使用场合受到限制。

2）三相整流电路。三相整流电路也可分为三相半波（有共阴极、共阳极两种）和三相桥式电路。三相整流电路输出直流电压波形较好，脉动小，电路的功率因数也比较高。三相整流电路的应用较广，尤其是三相桥式整流电路在直流电机拖动系统中得到了广泛的应用。

3）多相整流电路。利用两组三相桥式整流电路并联可形成 12 相（12 脉波）整流电路，也可构成 18、24 脉波等多相整流电路。此类电路通常在大功率整流装置中得到应用。

（2）按负载性质分类

1）电阻性负载。负载为电阻时，输出电压波形与电流波形形状相同，移相控制角较大时，输出电流会出现断续。

2）电感性负载。负载为电感、电阻等，以电感为主。由于电感有维持电流导通的能力，当电感数值较大时，输出直流电流可连续且基本保持不变。

3）反电势负载。负载中有反电势存在。如蓄电池充电为反电势电阻性负载，直流电机拖动系统为反电势电感性负载。反电势负载的存在会使整流电路中晶闸管的导通角减小。

4）电容性负载。通常为不可控整流桥经电容滤波后提供直流电源，在变频器、不间断电源、开关电源等场合使用。

由于变压器副边漏抗的存在，整流电路的换流不是瞬间完成的，因此在计算、分析时要考虑换流压降、换流重叠角的影响。

有源逆变是整流电路在特定条件下的工作状态，其分析方法与整流状态时相同，在直流电机拖动系统中可通过有源逆变状态将直流电机的能量传送到电网。

带平衡电抗器双反星形整流电路适合大电流、低电压的负载。整流电路的多重化可分为并联多重结构和串联多重结构，该电路结构适合大功率负载。

思考题与习题

1. 可控整流纯电阻负载下,电阻上的平均电流与平均电压的乘积 $U_d I_d$ 是否等于负载功率? 为什么? 大电感 L_d 与电阻 R_d 串联时,负载电阻 R_d 上的 $U_d I_d$ 又是否等于负载功率? 为什么?

2. 某单相可控整流电路,给电阻性负载供电和给蓄电池充电时,流过负载电流的平均值相同,试问哪种情况下晶闸管发热厉害些?

3. 一种舞台调光线路如图 3-38 所示。RP 为可调电阻, S 为开关,u_2 为正弦交流电压。试问:

1) 调光原理如何? 根据 u_g、u_d 分析之;

2) RP、VD、S 的作用如何?

3) 晶闸管最小导通角 θ_{min} 多少?

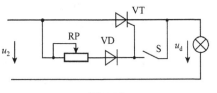

图 3-38

4. 某电阻负载要求 0～24V 直流电压,最大负载电流 $I_d = 30A$,采用单相半波可控整流电路。如交流采用 220V 直接供电与用变压器降至 60V 供电是否都满足要求? 试比较两种方案的晶闸管导通角、额定电压、额定电流、整流电路功率因数以及对电源要求的容量。

5. 某电阻性负载,$R_d = 50\Omega$,要求直流平均电压 U_d 在 0～600V 内连续可调,试计算采用单相半波与单相双半波两种电路供电时:

1) 晶闸管额定电压、电流;

2) 连接负载的导线截面积(设导线电流密度为 $J = 6A/mm^2$);

3) 负载电阻上消耗的最大功率。

6. 单相桥式可控整流电路,带电阻-大电感负载,$R_d = 4\Omega$,变压器副边电压有效值 $U_2 = 220V$。试计算当控制角 $\alpha = 60°$ 时,直流电压、电流平均值。如果负载两端并接一续流二极管,其直流电压、电流平均值又是多少? 并求此时流过晶闸管和续流二极管的电流平均值、有效值,画出两种情况下的输出电压、电流波形。

7. 单相桥式全控整流电路,$U_2 = 100V$,负载 $R_d = 4\Omega$,$L_d = \infty$,直流电势 $E = 50V$ 顺向依次串联(极性相加)。当 $\alpha = 30°$ 时求输出平均电压和电流,晶闸管电流平均值及有效值。设整流变压器原边电压 $u_1 = 220V$,求变压器原、副边绕组电流有效值。

8. 大电感性负载上,要求获得 15～60V 的可调直流电压,电压最高时的电流为 10A,准备采用带续流二极管的单相桥式全控整流电路,从 220V 电网上经变压器供电。根据控制上的考虑,决定最小控制角为 $\alpha_{min} = 25°$。计算此时晶闸管和续流二极管的电流有效值及变压器副边的电流、电压定额。

9. 一电阻负载,要求获得平均值为 30V 的直流电压、7A 的电流。如果用 100V 或 220V 的交流电源经半波可控整流供电,是否均能满足要求? 试比较用 100V 和用 220V 两种供电方案的晶闸管定额、导通角和电源侧的功率因数,并选用晶闸管。

10. 有一电磁滑差电机的励磁绕组(电感性负载),内阻为 45Ω,希望电压能在 0～90V 内可调。采用单相半波可控整流电路,由 220V 电网直接供电,试选择晶闸管及整流二极管的型号、规格。

11. 在三相半波可控整流电路中,如果触发脉冲出现在自然换流点之前,能否进行换流? 可能会出现什么情况?

12. 三相半波可控整流电路,如果 a 相的触发脉冲消失,试绘出电阻性负载和电感性负载下的直流电压 u_d 波形。

13. 三相桥式整流电路对直流电动机电枢绕组供电。当电源合闸后电动机仍然保持静止状态,此时 a 相晶闸管的触发脉冲距 a 相电压由负到正过零点至少多少度? 画出此时整流电压的波形。

14. 现有单相半波、单相桥式、三相半波三种电路,直流电流平均值 I_d 都是 40A,问串在晶闸管中的保护用熔断器电流是否一样大? 为什么?

15. 三相半波可控整流电路,大电感负载,$U_2 = 220V$,$R_d = 10\Omega$,求 $\alpha = 45°$ 时直流平均电压 U_d,晶闸管

电流平均值及有效值,并画出输出直流电压 u_d 及晶闸管电流 i_T 波形。

16. 上题如负载两端并接续流二极管,此时直流平均电压 U_d 及直流平均电流 I_d 为多少? 晶闸管及续流二极管的电流平均值及有效值各为多少? 画出输出直流电压 u_d,晶闸管及续流二极管电流波形。

17. 三相半波可控整流电路通过一大电感的平波电抗器给直流电动机供电,续流二极管并联在平波电抗器与电动机串联支路的两端。$U_2=220V,\alpha=60°$ 时电流连续且 $I_d=40A$。电枢回路总电阻 $R_\Sigma=0.2\Omega$,求此时电动机的反电势 E,并画出电压、电流波形。

18. 三相桥式全控整流电路,通过电抗器 L_d 向直流电动机供电。已知变压器副边电压 $U_2=100V$,变压器每相绕组漏感(折算到副边)$L_B=100\mu H$,直流电流平均值 $I_d=150A$,求漏抗引起的换流压降 U_d 及 $\alpha=0°$ 时的重叠角 μ。

19. 三相桥式全控整流电路对电阻-电感-反电势负载供电。$E=200V,R_d=1\Omega,L_d$ 数值很大,$U_2=220V,\alpha=30°$,当 1) $L_B=0$;2)$L_B=1mH$ 时,分别求 U_d、I_d 和换流重叠角 μ。

20. 三相半波可控整流电路带电阻性负载,a 相晶闸管 VT_1 触发脉冲丢失,试画出 $\alpha=15°$ 及 $\alpha=60°$ 时的直流电压 u_d 波形,并画出 $\alpha=60°$ 时 b 相 VT_2 管两端的电压 u_{T_2} 波形。

21. 三相桥式全控整流电路,$L_d=0.2H,R_d=4\Omega$,要求 $U_d=0\sim220V$ 可变。试求:

1) 变压器副边相电压有效值;

2) 计算晶闸管电压、电流,如电压、电流裕量取 2 倍,选择晶闸管型号;

3) 变压器副边电流有效值;

4) 计算变压器副边容量;

5) $\alpha=0°$ 时,电路功率因数;

6) 当触发脉冲距对应副边相电压波形原点何处时,U_d 等于零?

22. 图 3-24 所示单相桥式全控整流电路,若直流侧取去直流电动机,仅保留电阻 R_d、电感 L_d,当 $\alpha>\pi/2$ 时,晶闸管的导通角还能达 180°吗? 输出直流平均电压还能出现负值吗? 为什么?

23. 三相半波逆变电路,当 $\alpha>\pi/2$ 时,若 $E>U_d$ 情况如何? 若 $E<U_d$ 情况又如何?

24. 试从电压波形图上分析,无论何种逆变电路,当电抗器电感量不够大时,则在 $\alpha=\pi/2$ 时输出直流平均电压 $U_d>0$,将造成被拖动直流电动机爬行(极低速转动)。

25. 三相半波逆变电路,$\beta=30°$,画出当晶闸管 VT_2 触发脉冲丢失一次时输出电压 u_d 的波形。

26. 图 3-39 中的两个电路,一个工作在整流-电动机状态,另一个工作在逆变-发电机状态。试求:

1) 画出 U_d,E,i_d 的方向;

2) 说明 E 与 U_d 的大小关系;

3) 当 α 与 β 的最小值均为 30°,控制角 α 的移相范围。

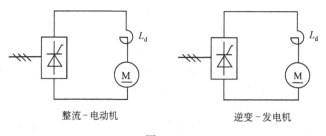

整流-电动机   逆变-发电机

图 3-39

27. 图 3-24(b)所示单相桥式逆变电路,若 $U_2=220V,E=100V,R_d=2\Omega$,当 $\beta=30°$ 时能否实现有源逆变? 为什么?

28. 三相半波逆变电路,$U_2=100V,E=30V,R_d=1\Omega,L_d$ 足够大,保证电流连续。试求 $\alpha=90°$ 时 I_d 的值,如若 $\beta=60°$ 时,I_d 的值为多少? 为什么?

29. 某三相半波晶闸管变流装置,变压器副边相电压有效值为 230V,电动机电枢电阻 $R_a=0.3\Omega$。电动机从 220V、20A 稳定电动状态下作发电机再生制动,要求制动初始电流为 40A,试求初始逆变角 β 为多少? (换流压降 ΔU_d 不计)

30. 单相桥式全控整流电路,如图 3-24 所示。$U_2=220V,E=120V,R_d=1\Omega$,当 $\beta=60°$时能否实现有源逆变? 如能实现有源逆变,求此时电动机的制动电流多大? 画出此时的电压、电流波形。

31. 三相半波变流电路,接反电势-电阻-电感负载。$U_2=100V,R_d=1\Omega,L_d$ 数值很大,换流电感 $L_B=1mH$。当 $E=150V,\beta=30°$时,求 U_d、I_d 及换流重叠角 μ,并画 u_d、i_T 的波形。

32. 试画出三相半波共阳极接法时,$\beta=60°$时的 u_d 与 c 相晶闸管 VT_3 上的电压 u_{T_3} 波形。

33. 三相桥式全控变流装置,反电势-电阻-电感负载,$U_2=220V,R_d=1\Omega,L_d$ 数值很大,换流电感 $L_B=1mH$。当 $E=400V,\beta=60°$时,求直流平均电压 U_d、电流 I_d 及换流重叠角 μ。

34. 比较带平衡电抗器的双反星形可控整流电路与三相桥式全控整流电路的主要异同点。

35. 多重化整流电路有什么作用?

第四章 直流-直流变换

将大小固定的直流电压变换成大小可调的直流电压的变换称为直流-直流(DC-DC)变换,或称直流斩波。

DC-DC 变换技术可以用来降压、升压和变阻,已被广泛应用于直流电动机调速、蓄电池充电、开关电源、新能源发电以及微电网技术等方面,特别是在电力牵引上,如地铁、城市轻轨、电气机车、无轨电车、电瓶车、电铲车等。这类电动车辆一般均采用恒定直流电源(如蓄电池、不控整流电源)供电,以往采用变阻器来实现电动车的起动、调速和制动,耗能多、效率低、有级调速、运行平稳性差等。采用 DC-DC 变换器后,可方便地实现了无级调速、平稳运行,更重要的是比变阻器方式节电 $20\%\sim30\%$,节能效果巨大。此外在 AC-DC 变换中,还可采用不控整流加直流斩波调压方式替代晶闸管相控整流,以提高变流装置的输入功率因数,减少网侧电流谐波和提高系统动态响应速度。在电力系统的分布式发电及微电网中,DC-DC 变换广泛用于有源电力滤波器、无功补偿器、并网逆变器、储能单元中需要直流变换的环节,应用广泛。

DC-DC 变换器可分为无变压器隔离的 DC-DC 变换器和有变压器隔离的 DC-DC 变换器。无变压器隔离的 DC-DC 变换器主要有以下几种形式:①Buck(降压型)变换器;②Boost(升压型)变换器;③Boost-Buck(升-降压型)变换器;④Cúk 变换器;⑤双向 DC-DC 变换器;⑥桥式可逆斩波器。此外,在许多 DC-DC 变换电路应用场合中,需在输入、输出间实现电隔离,此时应采用有变压器隔离的 DC-DC 变换器,其主要形式有:①正激式变换器;②反激式变换器;③桥式隔离变换电路。

无变压器隔离的 DC-DC 变换器中,Buck 和 Boost 为基本类型变换器,Boost-Buck 和 CúK 为组合变压器,而双向 DC-DC 变换器和桥式可逆斩波器则是 Buck、Boost 变换器的结合或拓展,具有能量可在电源与负载之间双向流动的能力。此外还有复合斩波和多相、多重斩波电路,它们更是基本 DC-DC 变换器的组合或多重化。限于本书的对象和篇幅,本章将主要讨论无变压器隔离的 Buck、Boost、桥式可逆变换器及双向 DC-DC 变换器,有变压器隔离的正激式变换器、反激式变换器及桥式隔离变换电路。

4.1 DC-DC 变换的基本控制方式

DC-DC 变换是采用一个或多个开关(功率开关器件)将一种直流电压变换为另一种直流电压。当输入直流电压大小恒定时,可通过控制开关的通断时间来改变输出直流电压的大小,这种开关型 DC-DC 变换器原理及工作波形如图 4-1 所示。如果开关 S 导通时间为 t_{on},关断时间为 t_{off},则在输入电压 E 恒定条件下,控制开关的通、断时间 t_{on}、t_{off} 的相对长短,便可控制平均电压 U_o 的大小实现无损耗直流调压。从工作波形来看,相当于是一个将恒定直流进行"斩切"输出的过程,故亦称直流斩波器。

直流斩波器有时间比控制和瞬时值控制两种基本控制方式。

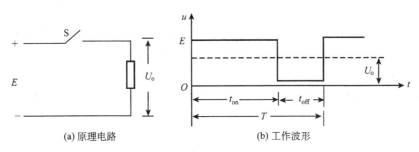

(a) 原理电路　　　　　　　　　　　　(b) 工作波形

图 4-1　DC-DC 变换器原理电路及工作波形

4.1.1　时间比控制

时间比控制是 DC-DC 变换中采用最多的控制方式,它是通过改变斩波器的导通时间 t_{on}、关断时间 t_{off} 来连续控制输出电压平均值的大小,即

$$U_o = \frac{1}{T}\int_0^T u \mathrm{d}t = \frac{t_{on}}{T}E = \alpha E \tag{4-1}$$

式中,$T = t_{on} + t_{off} = \dfrac{1}{f}$,为斩波周期;$f$ 为斩波频率;$\alpha = \dfrac{t_{on}}{T}$,为导通比。可以看出,改变导通比 α 即可改变输出电压平均值 U_o,而 α 的变化又是通过对 T、t_{on} 控制实现的。时间比控制有以下几种实现方式。

（1）脉宽控制

斩波频率固定（即 T 不变）,改变导通时间 t_{on} 实现 α 变化,控制输出电压平均值 U_o 大小,常称定频调宽,或脉宽调制（直流 PWM）。

实现脉宽控制的原理性电路及斩波器开关控制信号波形如图 4-2 所示。图4-2(a)为一个电压比较器,U_T 为频率固定的锯齿波或三角波电压,U_c 为直流电平控制信息,其大小代表期望的斩波器输出电压平均值 U_o。当 $U_c > U_T$,比较器输出 $U_{PWM}=$“1”（高）；当 $U_c < U_T$,$U_{PWM}=$“0”（低）,从而获得斩波器功率开关控制信号 U_{PWM}。改变 U_c 大小,改变斩波器开关导通时间,在 U_T 固定条件下,斩波器开关频率固定,实现了定频调宽。

由于斩波器开关频率固定,这种控制方式为消除开关频率谐波的滤波器设计提供了方便。

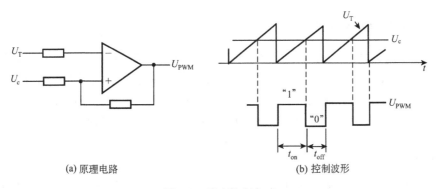

(a) 原理电路　　　　　　　　　　　　(b) 控制波形

图 4-2　脉宽控制方式

（2）频率控制

固定斩波器导通时间 t_{on}，改变斩波周期 T 来改变导通比 α 的控制方式。这种方式的实现电路比较简单，但由于斩波频率变化，消除开关谐波的滤波电路设计较难。

（3）混合控制

混合控制是一种既改变斩波频率（即周期 T），又改变导通时间 t_{on} 的控制方式。其优点是可较大幅度地改变输出电压平均值，但也由于斩波频率变化，致使滤波器设计困难。

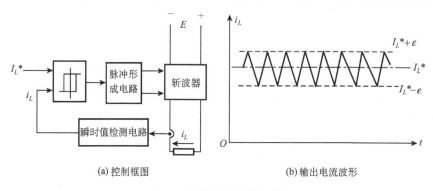

(a) 控制框图　　　　　　　　　　　　　(b) 输出电流波形

图 4-3　瞬时值控制原理图

4.1.2　瞬时值控制

在恒值（恒压或恒流）控制或波形控制中，常采用瞬时值控制的斩波方式。此时将期望值或波形作为参考值 U^*，规定一个控制误差 ε，当斩波器实际输出瞬时值达到指令值上限 $U^* + \varepsilon$ 时，关断斩波器；当斩波器实际输出瞬时值达到指令值下限 $U^* - \varepsilon$ 时，导通斩波器，从而获得围绕参考值 U^* 在误差带 2ε 范围内的斩波输出。图 4-3 为实现恒流瞬时值控制的原理性框图及斩波器输出波形。

采用瞬时值控制时斩波器功率器件的开关频率较高，非恒值波形控制中开关频率也不恒定，此时要注意功率器件的开关损耗、最大开关频率的限制等实际应用因素，确保斩波电路安全、可靠地工作。

4.2　基本 DC-DC 变换器

4.2.1　Buck（降压型）变换器

Buck 变换电路如图 4-4 所示，它是一种降压型 DC-DC 变换器，即其输出电压平均值 U_o 恒小于输入电压 E，主要应用于开关稳压电源、直流电机速度控制及需要直流降压变换等环节。为获得平直的输出直流电压，输出端采用了 L-C 形式的低通滤波电路。根据功率器件 V 的开关频率，L、C 的数值，电感电流 i_L 可能连续或断续，影响变换器的输出特性，需分别讨论。

1. 电流连续时

图 4-5 给出了电感电流连续且 $i_L(t) > 0$ 时的有关波形及 V 导通（t_{on}）、关断（t_{off}）两种工作模式下的等效电路。

在 t_{on} 时间内，V 导通，VD 反偏关断，其等效电路如图 4-5(a) 所示，此时电源 E 通过电

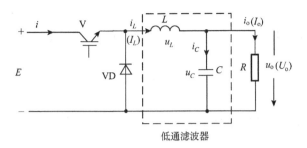

图 4-4 Buck 变换器

感 L 向负载供电。在电感电压 $u_L = E - U_o$(U_o 为输出电压 u_o 平均值)作用下,电感电流 i_L 线性增长,使电感储能。在 t_{off} 时间内,V 关断,电感储能通过续流二极管 VD 释放,i_L 线性减少,其等效电路如图 4-5(b)所示,此时 $u_L = -U_o$。稳定运行的波形重复,如图 4-5(c)所示。一个稳定运行周期中,电感电压的净变化量为零。根据这一点可找出任何开关变换器中的稳定条件——电感伏秒(磁链)平衡原理。因此,一周期内电感电压 u_L 积分为零,即

$$(E - U_o)T_{on} - U_o t_{off} = 0$$

由此求得 Buck 变换器的输入、输出电压关系为

$$\frac{U_o}{E} = \frac{t_{on}}{t_{on} + t_{off}} = \frac{t_{on}}{T} = \alpha \tag{4-2}$$

因 $\alpha \leqslant 1, U_o \leqslant E$,故为降压变换关系。

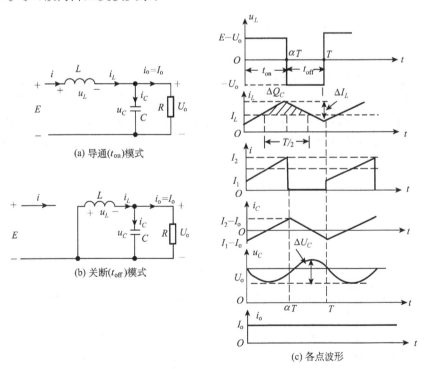

图 4-5 Buck 变换器工作模式及电流连续时各点波形

若忽略电路变换损耗,输入、输出功率相等,则有

$$EI = U_\circ I_\circ$$

式中，I 为输入电流 i 平均值；$I_\circ$ 为输出电流 $i_\circ$ 平均值。则可求得变换器的输入、输出电流关系为

$$\frac{I_\circ}{I} = \frac{E}{U_\circ} = \frac{1}{\alpha} \tag{4-3}$$

因此，电流连续时 Buck 变换器完全相当于一个"直流"变压器。

2. 电流断续时

电流连续与否的临界状态是 V 关断结束时（或导通开始时）电感电流 $i_L = 0$，如图 4-6 所示。根据导通（t_{on}）模式的电感电压方程，可计算出临界连续时电感电流平均值 I_{LB}，此时应注意到电感的伏秒（磁链）还可用电感与电流的乘积来表示。

$$I_{LB} = \frac{1}{2} i_{LP} = \frac{1}{2} \frac{(E - U_\circ)t_{on}}{L} = \frac{1}{2L}(E - U_\circ)\alpha T \tag{4-4}$$

因电流连续，有 $U_\circ = \alpha E$，则式(4-4)可进一步化为

$$I_{LB} = \frac{ET}{2L}\alpha(1 - \alpha) \tag{4-5}$$

当 E、T、L 不变时，这是一个关于导通比 α 的凸形函数，可以求出 $\alpha = 0.5$ 时具有电流极值

$$I_{LBmax} = \frac{ET}{8L} \tag{4-6}$$

这样，式(4-5)可改用电感电流极值表达为

$$I_{LB} = 4I_{LBmax}\alpha(1 - \alpha) \tag{4-7}$$

如果在电流临界连续状态下保持 E、T、L 及 α 不变，减少输出负载电流，此时电感电流平均值 I_L 将小于临界平均值 I_{LB}，Buck 变换器进入电流断续运行状态，波形如图 4-7 所示，其特征是续流二极管 VD 提早在 $\delta_1 T < t_{off}$ 时刻关断，使 $\delta_2 T$ 期间内电感电流断流（$i_L = 0$），此时负载电流将由滤波电容供给，电感电压 $u_L = 0$。这样，根据电感伏秒平衡原理，一个周期内电感电压积分为零的条件可表示为

$$(E - U_\circ)\alpha T + (-U_\circ)\delta_1 T = 0 \tag{4-8}$$

或

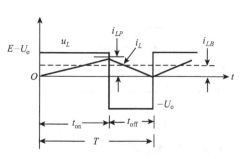

图 4-6　电流临界连续波形

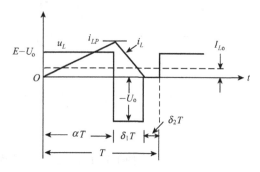

图 4-7　电流断续时波形

$$\frac{U_o}{E} = \frac{\alpha}{\alpha + \delta_1} \tag{4-9}$$

式中，$\alpha + \delta_1 < 1$。式(4-9)原则上就是电流断续时 Buck 变换器的输入-输出关系，但需要解决 δ_1 的明确表达。

在 VD 导通的 $\delta_1 T$ 期间，电感电流在 $-U_o$ 作用下线性衰减，则电流断续下的电感电流峰值 i_{LP} 可写为

$$i_{LP} = \frac{U_o}{L}\delta_1 T \tag{4-10}$$

因此电流断续时电感电流平均值 I_{Lo} 可表示为

$$I_{Lo} = i_{LP}\frac{\alpha + \delta_1}{2} = \frac{U_o T}{2L}(\alpha + \delta_1)\delta_1 = \frac{ET}{2L}\alpha\delta_1 = 4I_{LB\max}\alpha\delta_1 \tag{4-11}$$

故有

$$\delta_1 = \frac{I_{Lo}}{4I_{LB\max}\alpha} \tag{4-12}$$

这样，电流断续时 Buck 变换器的输入-输出关系为

$$\frac{U_o}{E} = \frac{\alpha^2}{\alpha^2 + \dfrac{1}{4}\dfrac{I_{Lo}}{I_{LB\max}}} \tag{4-13}$$

3. 滤波器设计

为了获得平直的直流输出电压 U_o，应设计好输出低通滤波器，这可通过对电流连续时输出电容电压 u_C 纹波的计算来估算 L、C 值。

电感伏秒
平衡原理和
电容安秒
平衡原理

按照电路拓扑，$i_L = i_o + i_C$。假定滤波后负载电流平直，$i_o = I_o$，则电感电流的脉动成分 Δi_L 全部流入电容，即 $\Delta I_C = \Delta I_L$。根据电容安秒平衡原理，稳定运行时流经电容的电流平均值应为零，因而半周期 $T/2$ 内电容电量的变化为 $\Delta Q_C = \frac{1}{2}\left(\frac{\Delta I_L}{2}\cdot\frac{T}{2}\right)$ [图 4-5(c)]，由此引起的电容电压纹波峰-峰值 ΔU_C 为

$$\Delta U_C = \frac{\Delta Q_C}{C} = \frac{1}{8C}\Delta I_L T \tag{4-14}$$

纹波电流 ΔI_L 可通过关断模式下差分形式电压方程求得，即

$$L\frac{\Delta I_L}{t_{\text{off}}} = L\frac{\Delta I_L}{(1-\alpha)T} = U_o$$

$$\Delta I_L = \frac{U_o}{L}(1-\alpha)T \tag{4-15}$$

将式(4-15)代入式(4-14)，得

$$\Delta U_C = \frac{1}{8C}\cdot\frac{U_o}{L}(1-\alpha)T^2$$

或

$$\frac{\Delta U_C}{U_o} = \frac{1}{8LC}(1-\alpha)T^2 \tag{4-16}$$

这样,按照期望的纹波比例$\dfrac{\Delta U_C}{U_o}$、斩波周期T及导通比α,可大体确定出所需的L、C值。

【例 4-1】 有一理想 Buck 变换电路,斩波频率 20kHz,滤波元件参数为$L=2\text{mH}$,$C=220\mu\text{F}$。若电源电压$E=12\text{V}$,希望输出电压$U_o=5\text{V}$,输出平均电流$I_o=200\text{mA}$,试计算:

1)电感上电流纹波ΔI_L;

2)输出电压纹波比值$\dfrac{\Delta U_C}{U_o}$。

【解】 1)斩波周期

$$T=\frac{1}{f}=\frac{1}{20\times10^3}=5\times10^{-5}(\text{s})$$

导通比

$$\alpha=\frac{U_o}{E}=\frac{5}{12}=0.417$$

$$\Delta I_L=\frac{U_o}{L}(1-\alpha)T=\frac{5}{2\times10^{-3}}\times(1-0.417)\times5\times10^{-5}=0.0729(\text{A})$$

2) $\dfrac{\Delta U_C}{U_o}=\dfrac{1}{8LC}(1-\alpha)T^2$

$$=\frac{1}{8\times(2\times10^{-3})\times(220\times10^{-6})}\times(1-0.417)\times(5\times10^{-5})^2$$

$$\approx4\times10^{-4}=0.04\%$$

4.2.2　Boost(升压型)变换器

Boost 变换电路如图 4-8 所示,它是一种升压型 DC-DC 变换器,其输出电压平均值U_o要大于输入电压E,主要用于开关稳压电源、直流电机能量回馈制动中。同样根据功率开关器件 V 的开关频率、储能电感L、滤波电容C的数值,电感电流i_L或负载电流i_o可能连续或断续,此时变换器的特性不同,需分开讨论。

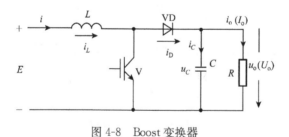

图 4-8　Boost 变换器

1. 电流连续时

图 4-9 给出了电感电流连续且$i_L(t)>0$时,有关波形及 V 导通(t_{on})、关断(t_{off})两种工作模式下的等效电路。

在t_{on}时间内,V 导通,其等效电路如图 4-9(a)所示,此时二极管 VD 反偏关断,使输入与输出隔离,电源E通过导通的 V 给电感供电,在电感电压$u_L=E$作用下,电感电流i_L线性增长,电感储能。在t_{off}时间内,V 关断,在电感上的自感电势及电源电压共同作用下,VD

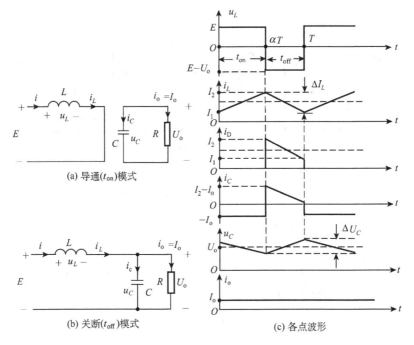

图 4-9 Boost 变换器工作模式及电流连续时各点波形

导通,将电源能量及电感储能共同供给负载,其等效电路如图 4-9(b)所示,此时电感电压 $u_L = E - U_o$。

稳定运行时波形重复,如图 4-9(c)所示。电感电压 u_L 一周期内积分平均为

$$Et_{on} + (E - U_o)t_{off} = 0$$

由此求得 Boost 变换器的输入、输出电压关系为

$$\frac{U_o}{E} = \frac{t_{on} + t_{off}}{t_{off}} = \frac{T}{T - t_{on}} = \frac{1}{1 - \alpha} \qquad (4\text{-}17)$$

因为 $\alpha \leqslant 1, U_o \geqslant E$,故为升压变换关系。

若忽略电路变换损耗,输入、输出功率相等

$$EI = U_o I_o$$

式中,I 为输入电流 i 平均值;I_o 为输出电流 i_o 平均值。则可求得变换器的输入、输出电流关系为

$$\frac{I_o}{I} = \frac{E}{U_o} = 1 - \alpha \qquad (4\text{-}18)$$

因此,电流连续时 Boost 变换器相当于一个升压的"直流"变压器。

2. 电流断续时

随着负载的减小,电感电流 i_L 将减小。当 V 关断结束时(或导通开始时)$i_L = 0$,则进入电流连续与否的临界状态,其电感电压 u_L、电感电流 i_L 波形如图 4-10(a)所示。同样根据导通(t_{on})模式的电压方程式,考虑到电感磁链采用电压和电流表示时的关系,可以计算出临界连续时电感电流平均值

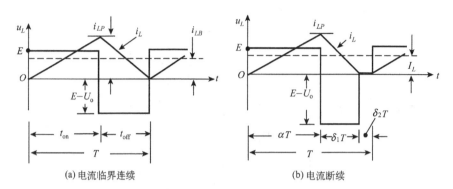

图 4-10　电流临界连续及断续时波形

$$I_{LB} = \frac{1}{2}i_{LP} = \frac{1}{2}\frac{Et_{on}}{L} = \frac{1}{2L}\big[(1-\alpha)U_o\big]\alpha T = \frac{U_o T}{2L}\alpha(1-\alpha) \tag{4-19}$$

Boost 变换器中输入 $i = i_L$，再考虑表示电流连续时输入、输出电流关系的式(4-18)，则可求得临界连续时输出电流平均值 I_{oB} 为

$$I_{oB} = (1-\alpha)I_{LB} = \frac{U_o T}{2L}\alpha(1-\alpha)^2 \tag{4-20}$$

Boost 变换器应用中一般多保持 E 恒定而改变导通比 α 来调节输出电压 U_o，此时 I_{LB}、I_{oB} 为导通比 α 的凸形函数，可求得其极值所在处。

当 $\alpha = 0.5$ 时，I_{LB} 有最大值

$$I_{LB\max} = \frac{U_o T}{8L} \tag{4-21}$$

当 $\alpha = 1/3$ 时，I_{oB} 有最大值

$$I_{oB\max} = \frac{2}{27}\cdot\frac{U_o T}{L} \tag{4-22}$$

这样，I_{LB}、I_{oB} 改用其最大值表示时，分别有

$$I_{LB} = 4\alpha(1-\alpha)I_{LB\max} \tag{4-23}$$

$$I_{oB} = \frac{27}{4}\alpha(1-\alpha)^2 I_{oB\max} \tag{4-24}$$

如果保持输入电压 E、导通比 α 不变而减少负载电流，使 $I_L < I_{LB}$ 或 $I_o < I_{oB}$，则 Boost 变换器进入电流断续运行状态，其波形如图 4-10(b)所示。此时电感电流 i_L 不能维持到 V 关断时间 t_{off} 结束，将在 $\delta_1 T < t_{off}$ 某时刻下降为零，出现一段断流($i_L = 0$)的时间 $\delta_2 T$。

根据一个周期内电感电压积分为零的事实，可以求得电流断续时 Boost 变换器的输入、输出的关系。

$$E\alpha T + (E-U_o)\delta_1 T = 0$$

$$\frac{U_o}{E} = \frac{\alpha + \delta_1}{\delta_1} \tag{4-25}$$

$$\frac{I_o}{I_L} = \frac{\delta_1}{\alpha + \delta_1} \tag{4-26}$$

如果进一步考虑输入电流 i 与电感电流 i_L 平均值相等

$$I = I_L = \frac{ET}{2L}\alpha(\alpha + \delta_1)$$

则式(4-26)可改写为

$$I_o = \frac{\delta_1}{\alpha + \delta_1}I_L = \frac{ET}{2L}\alpha\delta_1 \tag{4-27}$$

3. 电感 L、电容 C 估算

通过对电流连续时电感电流 i_L 的纹波 Δi_L 及电容电压 u_C 的纹波 ΔU_C 估算,可以大致确定 Boost 变换器中 L、C 的值。

根据图 4-9(c)中 i_L 波形, $Et_{on} = \Delta I_L L = -(E - U_o)t_{off}$, 则有

$$T = t_{on} + t_{off} = \frac{\Delta I_L L U_o}{E(U_o - E)}$$

$$\Delta I_L = \frac{E(U_o - E)}{fLU_o} = -\frac{\alpha E}{fL} \tag{4-28}$$

式中, $f = \frac{1}{T}$, $\alpha = \frac{U_o - E}{U_o}$。

根据图 4-9(a)的导通模式, t_{on} 期间负载电流由电容电流提供,若忽略负载电流纹波,则有 $i_C = I_o$, 此时电容上的电量变化反映电容电压的峰-峰值脉动纹波

$$\Delta U_C = \frac{1}{C}\int_0^{t_{on}} i_C dt = \frac{I_o t_{on}}{C} \tag{4-29}$$

因 $t_{on} = \alpha T = \frac{U_o - E}{U_o f}$, 所以

$$\Delta U_C = \frac{I_o(U_o - E)}{fCU_o} = \frac{I_o\alpha}{fC} \tag{4-30}$$

【例 4-2】　有一理想 Boost 变换器,输出端电容很大,开关频率设为 50kHz,输入电压在 12~36V 较宽范围内变化。要求通过调整导通比使输出电压等于 48V,最大输出功率为 120W。为满足稳定性要求,变换器工作在电流断续状态,试求可能使用的最大电感。

【解】　按图 4-8, $U_o = 48V$, $T = \frac{1}{f} = 20\mu s$, $I_o = \frac{P_o}{U_o} = \frac{120}{48} = 2.5(A)$。当 $E = 12~36V$ 变化时,算得导通比 α 在 0.25~0.75 之间变化,且当 $\alpha = 0.75$ 时,临界连续时输出电流平均值最小,为 $I_{oB} = I_o = 2.5A$。根据式(4-20),可求得

$$L_{max} = \frac{U_o T}{2I_{oB}}\alpha(1 - \alpha)^2 = \frac{48 \times 20 \times 10^{-6}}{2 \times 2.5} \times 0.75 \times (1 - 0.75)^2 = 9(\mu H)$$

此为保证 Boost 变换器在 $E = 12V$, $P_o = 120W$, $\alpha = 0.75$ 时电流连续的临界条件。为确保工作在电流断续状态,应 $L < 9\mu H$。

4.2.3　Boost-Buck(升降压型)变换器

Boost-Buck 变换电路如图 4-11 所示,其特点是:①输出电压 U_o 可以小于(降压),也可以大于(升压)输入电压 E;②输出电压与输入电压反极性。

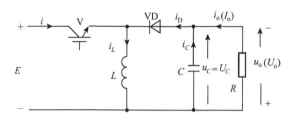

图 4-11　Boost-Buck 变换器

1. 输入、输出关系

图 4-12 给出了电感电流连续且 $i_L(t)>0$ 时变换器的有关波形及 V 导通(t_{on})、关断(t_{off})两种工作模式下的等效电路。

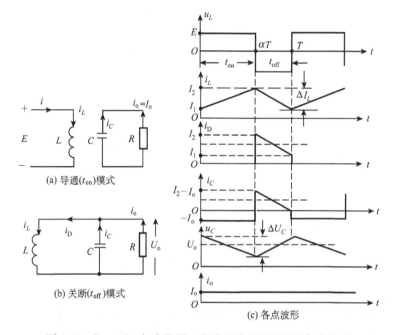

图 4-12　Boost-Buck 变换器工作模式及电流连续时各点波形

在 t_{on} 期间，V 导通，VD 反偏关断，输入、输出被隔离，其等效电路如图 4-12(a)所示。在电源电压 E 作用下，电感电流 i_L 线性增长，电感储能。在 t_{off} 期间，V 关断，电感储能以自感电势形式释放，导通续流二极管 VD，形成如图 4-12(b)的电路拓扑。电感电流 i_L 通过负载 R、电容 C 流动且线性衰减，负载电压平均值 U_o 与输入电压 E 极性相反。

稳定运行时波形重复，如图 4-12(c)所示。考虑到导通(t_{on})期间电感电压 $u_L=E$，关断(t_{off})期间电感电压 $u_L=-U_o$，一周期内电感电压 u_L 积分平均值为零的事实，即

$$Et_{on}-U_ot_{off}=0$$

由此求得 Boost-Buck 变换器的输入、输出电压关系为

$$\frac{U_o}{E}=\frac{t_{on}}{t_{off}}=\frac{\alpha}{1-\alpha} \tag{4-31}$$

式(4-31)说明，当导通比 $\alpha\leqslant0.5$ 时，$U_o<E$，降压；当 $\alpha>0.5$ 时，$U_o>E$，升压，且输出电

压与输入电压反极性。

同样在忽略变换损耗条件下,根据输入、输出功率相等关系,可导出变换器的输入、输出电流平均值间关系为

$$\frac{I_o}{I} = \frac{1-\alpha}{\alpha} \tag{4-32}$$

2. 电压 L、电容 C 估算

通过对电感电流纹波 ΔI_L 及电容电压纹波 ΔU_C 的计算,可以大致确定 Boost-Buck 变换器中 L、C 之值。

在导通(t_{on})模式下,电流线性增长,电压方程可离散为 $E = L\dfrac{\Delta I_L}{t_{on}}$,因而

$$t_{on} = \frac{L\Delta I_L}{E} \tag{4-33}$$

在关断(t_{off})模式下,电流线性衰减,电压方程离散化为 $U_o = -L\dfrac{\Delta I_L}{t_{off}}$,因而

$$t_{off} = -\frac{L\Delta I_L}{U_o} \tag{4-34}$$

根据

$$T = t_{on} + t_{off} = \frac{L\Delta I_L}{E} - \frac{L\Delta I_L}{U_o} = \frac{L\Delta I_L(U_o - E)}{EU_o}$$

可得

$$\Delta I_L = \frac{EU_o T}{L(U_o - E)} = \frac{\alpha E}{fL} \tag{4-35}$$

式中,$f = 1/T$。

忽略负载电流脉动,$i_o = I_o$,则导通(t_{on})期间电容上电量的变化反映了电容电压的峰-峰值脉动量 ΔU_C,即

$$\Delta U_C = \frac{1}{C}\int_0^{t_{on}} i_C \mathrm{d}t = \frac{1}{C}\int_0^{t_{on}} I_o \mathrm{d}t = \frac{I_o t_{on}}{C} \tag{4-36}$$

由式(4-33)可求得 $t_{on} = \alpha T = \dfrac{U_o}{U_o - E}\dfrac{1}{f}$,代入式(4-36)则有

$$\Delta U_C = \frac{I_o U_o}{(U_o - E)fC} = \frac{\alpha I_o}{fC} \tag{4-37}$$

4.2.4　Cúk 变换器

Cúk 变换器也是一种升降压变换器,电路结构如图 4-13 所示。其输出电压可以比输入电压低、也可以比输入电压高,而且输出与输入电压具有反极性关系。

1. 输入、输出关系

Cúk 变换器输入、输出关系是通过分别对电感 L_1、L_2 在导通(t_{on})与关断(t_{off})模式切换中,电流纹波及电容 C_1 电压平均值 U_{C_1} 的分析导出。

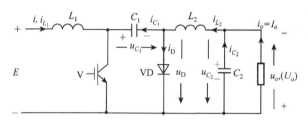

图 4-13　Cúk 变换器

（1）L_1 中电流变化

t_{on} 期间，V 导通，受电容电压 u_{C_1} 作用 VD 反偏关断，变换器等效电路如图 4-14(a) 所示。在电源电压 E 作用下，电感电流 i_{L_1} 线性增长，如图 4-14(c) 所示。此时输入回路电压方程离散形式为

$$E = L_1 \frac{I_{L_{12}} - I_{L_{11}}}{t_{on}} = L_1 \frac{\Delta I_1}{t_{on}} \tag{4-38}$$

故有

$$t_{on} = \frac{L_1 \Delta I_1}{E} \tag{4-39}$$

而 t_{off} 期间，V 关断、VD 导通，变换器等效电路如图 4-14(b) 所示。电源通过 VD 对电容 C_1 充电，电感电流 i_{L_1} 线性下降。设 U_{C_1} 为电容电压平均值，则输入回路电压方程离散形式为

$$E - U_{C_1} = L_1 \frac{I_{L_{11}} - I_{L_{12}}}{t_{off}} = -L_1 \frac{\Delta I_1}{t_{off}} \tag{4-40}$$

故有

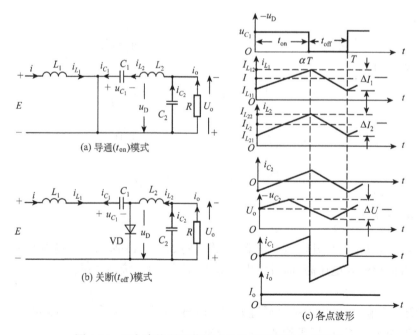

图 4-14　Cúk 变换器工作模式及电流连续时各点波形

$$t_{off} = -L_1 \frac{\Delta I_1}{E - U_{C_1}} \tag{4-41}$$

从式(4-39)、式(4-41)可得

$$\Delta I_1 = \frac{E t_{on}}{L_1} = -\frac{(E - U_{C_1}) t_{off}}{L_1} \tag{4-42}$$

设开关周期为 T，导通比为 α，则有 $t_{on} = \alpha T$，$t_{off} = (1-\alpha)T$。代入式(4-42)解得

$$U_{C_1} = \frac{E}{1-\alpha} \tag{4-43}$$

(2) L_2 中电流变化

t_{on} 期间变换器按导通(t_{on})模式工作，在 $U_{C_1} - U_o$ 作用下，电感中电流 i_{L_2} 线性增长

$$U_{C_1} - U_o = L_2 \frac{I_{L_{22}} - I_{L_{21}}}{t_{on}} = L_2 \frac{\Delta I_2}{t_{on}} \tag{4-44}$$

故有

$$t_{on} = \frac{L_2 \Delta I_2}{U_{C_1} - U_o} \tag{4-45}$$

式中，U_o 为输出电压 u_o 的平均值。

t_{off} 期间，变换器按关断(t_{off})模式工作。VD 导通，L_2 承受反向输出电压，电感电流 i_{L_2} 线性衰减

$$-U_o = L_2 \frac{\Delta I_2}{t_{off}} \tag{4-46}$$

故有

$$t_{off} = -L_2 \frac{\Delta I_2}{U_o} \tag{4-47}$$

同样将 $t_{on} = \alpha T$，$t_{off} = (1-\alpha)T$ 代入式(4-45)、式(4-47)，并考虑到 t_{on}、t_{off} 期间电感电流 i_{L_2} 的变化量 ΔI_2 大小相等这一事实，可求得

$$U_{C_1} = \frac{U_o}{\alpha} \tag{4-48}$$

式(4-48)与式(4-43)分别从电容 C_1 两侧电感 L_1、L_2 电流变化的角度描述同一个电容电压平均值 U_{C_1}，故有

$$\frac{U_o}{E} = \frac{\alpha}{1-\alpha} \tag{4-49}$$

这就是 Cúk 变换器的输入、输出电压关系，与 Boost-Buck 变换器相同，也是当导通比 $\alpha \leqslant 0.5$，$U_o < E$，降压；当 $\alpha > 0.5$，$U_o > E$，升压，且输出电压与输入电压反极性。

按同样处理原则可求得变换器的输入、输出电流平均值间关系

$$\frac{I_o}{I} = \frac{1-\alpha}{\alpha} \tag{4-50}$$

2. 电感、电容估算

Cúk 变换器共有 L_1、L_2、C_1、C_2 四个参数需要设计，它们可从允许的电感电流纹波和电

容电压纹波来估算。

（1）L_1、L_2 估算

根据式（4-39）、式（4-41），有

$$T = \frac{L_1 \Delta I_1}{E} + \frac{L_1 \Delta I_1}{E - U_{C_1}} = \frac{L_1 \Delta I_1 (2E - U_{C_1})}{E(E - U_{C_1})}$$

得

$$\Delta I_1 = \frac{E(E - U_{C_1})}{fL_1 (2E - U_{C_1})} = \frac{\alpha E}{fL_1} \tag{4-51}$$

根据式（4-45）、式（4-47），有

$$T = \frac{L_2 \Delta I_2}{U_{C_1} - U_o} - \frac{L_2 \Delta I_2}{U_o} = \frac{L_2 \Delta I_2 (2U_o - U_{C_1})}{U_o (U_{C_1} - U_o)}$$

得

$$\Delta I_2 = -\frac{(1-\alpha)U_o}{fL_2} = \frac{\alpha E}{fL_2} \tag{4-52}$$

（2）C_1、C_2 估算

在关断（t_{off}）模式下，电容 C_1 充电电流 $i_{C_1} = i_{L_1}$ 在 $I_{L_{12}} \sim I_{L_{11}}$ 间变化，其平均值为 I［图 4-14(b)、(c)］，则电容电压 u_{C_1} 的脉动为

$$\Delta U_{C_1} = \frac{1}{C_1} \int_0^{t_{\text{off}}} I \mathrm{d}t = \frac{I}{C_1} t_{\text{off}} = \frac{I}{C_1}(1-\alpha)T = \frac{I}{C_1 f}(1-\alpha) \tag{4-53}$$

与此同时，若设负载电流平直，$i_o = I_o$，这意味电感 L_2 中的脉动电流 Δi_{L_2} 全部被电容 C_2 吸收，即 $\Delta i_{C_2} = \Delta i_{L_2}$。这样 $T/2$ 周期内通过 C_2 电流的平均值为 $I_{C_2} = \Delta I_2 / 4$，则电容电压 u_{C_2} 的脉动为

$$\Delta U_{C_2} = \frac{1}{C_2} \int_0^{\frac{T}{2}} I_{C_2} \mathrm{d}t = \frac{1}{C_2} \int_0^{\frac{T}{2}} \frac{\Delta I_2}{4} \mathrm{d}t = \frac{\Delta I_2 T}{8C_2}$$

根据式（4-52）得

$$\Delta U_{C_2} = \frac{\alpha E}{8C_2 L_2 f^2} \tag{4-54}$$

Cúk 变换器与 Boost-Buck 变换器的变换功能相同，但也有差异：

（1）Cúk 变换器输入电源电流和输出负载电流均连续，脉动小，有利于滤波。

（2）Cúk 变换器借助电容传输能量，Boost-Buck 变换器借助电感传输能量，故 Cúk 变换器的电容 C_1 中脉动电流大，要求电容量大。

（3）Cúk 变换器 V 导通时电流要流过电感 L_1 和 L_2，故功率开关的峰值电流大。

4.3　变压器隔离型 DC-DC 变换器

在 DC-DC 变换中常需在直流输入与直流输出间实现隔离，此时可采用带变压器隔离的 DC-DC 变换器。采用变压器后，可以通过改变变压器的升压或降压变换比值，使施加在变换器功率开关管和二极管上的电压或电流应力最小化，提高工作效率和降低损耗；还可以通

过增加变压器副边绕组和电路数目获得多组的隔离直流电源输出。

图 4-15 为电路分析用多绕组变压器的等效电路模型，可等效成一个匝比为 $n_1 : n_2 : n_3 : \cdots$ 的理想变压器和一个虚线所示的励磁电感 L_m 的组合。在实际 DC-DC 变换用变压器中，工作频率高，励磁电感 L_m 数值很大，使得励磁电流 i_m 比原边输入电流 i_1 小很多，因此有 $i_1' \approx i_1$，鉴此可等效成一个理想变压器。

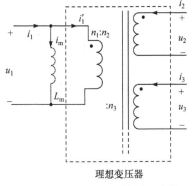

设绕组之间完全耦合并忽略损耗，可得

$$\left.\begin{array}{c} \dfrac{u_1}{n_1} = \dfrac{u_2}{n_2} = \dfrac{u_3}{n_3} = \cdots \\[2mm] 0 = n_1 i_1' + n_2 i_2 + n_3 i_3 \end{array}\right\} \quad (4\text{-}55)$$

图 4-15 多绕组变压器等效电路模型

在理想变压器中，原边电压 u_1 施加在励磁电感 L_m 上，故有

$$u_1(t) = L_m \frac{\mathrm{d}i_m(t)}{\mathrm{d}t} \quad (4\text{-}56)$$

积分得

$$i_m(t) = \frac{1}{L_m} \int_0^t u_1(\tau)\mathrm{d}\tau + i_m(0) \quad (4\text{-}57)$$

依据电感伏秒平衡原理，变换器工作在稳态下，加在励磁电感上的电压平均值（直流分量）应为零，即

$$0 = \frac{1}{T} \int_0^T u_1(t)\mathrm{d}t \quad (4\text{-}58)$$

实际隔离变压器中包含有漏感，且大多情况下实际漏感非理想，会产生开关损耗，增加开关器件上的电压峰值，需在设计、使用中予以注意。

目前存在有多种变压器隔离 DC-DC 变换器形式，其中全桥、半桥、正激、推挽变换器是 Buck 变换器的隔离方案，反激变换器是 Buck-Boost 变换器的隔离方案。本节将重点讨论全桥、正激、推挽、反激变换器。

4.3.1 隔离型全桥 Buck 变换器

采用变压器隔离的全桥 DC-DC 变换器如图 4-16 所示，可将带中心抽头的副绕组看作两个分立绕组，因此该变压器可视为变比为 $1 : n : n$ 的三绕组变压器。值得注意的是，功率开关 V_1、V_2，V_3、V_4 不能同时导通，否则会造成直流电源 E 短路，为此应在同桥臂两开关之间设置死区来防范。而二极管 $VD_1 \sim VD_4$ 可保证 $V_1 \sim V_4$ 的峰值电压被限定在直流电源电压 E 的范围之内，并在轻载时为变压器提供励磁电流通路。

典型输入、输出波形可按几个工作区间来分析，如图 4-17 所示。

1) $0 \leqslant t < \alpha T$ 区间。V_1、V_4 导通，变压器原边电压为 $u_1 = E$。在此电压作用下，励磁电流 i_m 以斜率 E/L_m 上升。每个分立的副绕组电压均为 nE，在图 4-16 所示原、副绕组极性下，二极管 VD_5 正偏、VD_6 反偏，副边电压 $u_2 = nE$，滤波电感电流 i_L 流经 VD_5 输出。

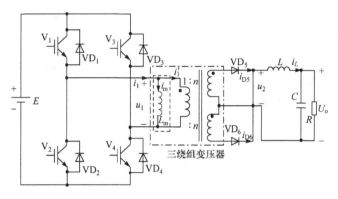

图 4-16　隔离型全桥 Buck 变换器

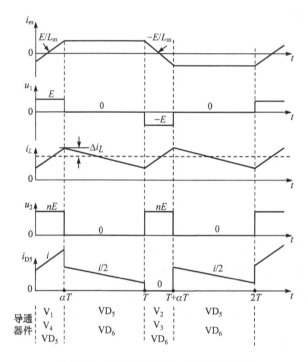

图 4-17　隔离型全桥 Buck 变换器波形

2) $\alpha T \leqslant t < T$ 区间。若 $V_1 \sim V_4$ 截止，或者 V_1、V_3 导通（或 V_2、V_4 导通），均有 $u_1 = 0$。此时 VD_5、VD_6 正偏导通，在忽略励磁电流的理想情况下，这两管的电流近似相等，均为 $i_L/2$。

3) $T \leqslant t < (T + \alpha T)$ 区间。V_2、V_3、VD_6 导通，变压器原边电压 $u_1 = -E$，致使励磁电流 i_m 以斜率 $-E/L_m$ 下降。副边电压 $u_2 = nE$，滤波电感电流 i_L 流经 VD_6 输出。

4) $(T + \alpha T) \leqslant t < 2T$ 区间。VD_5、VD_6 将再次导通，工作与输出情况与 $\alpha T \leqslant t < T$ 区间相似。

根据图 4-17 波形，滤波电感上电压纹波频率为 $f = 1/T$，变换器输出电压频率为 $f_0 = 1/(2T)$。

将伏秒平衡原理应用在滤波电感 L 上，稳态条件下电感上的电压平均值应为零，因而变换器输出直流电压 U_0 应等于 u_2 的直流分量。考察图 4-17 的变换器波形,可以求得 u_2 的直流平均值为

$$U_0 = n\alpha E \tag{4-59}$$

可见隔离全桥 DC-DC 变换器的输出电压可以通过占空比 α 和隔离变压器匝比 n 来控制。在匝比 n 固定的条件下,$U_0 = \alpha E$,因为 $0 < \alpha \leqslant 1$,故隔离全桥 DC-DC 变换器主要按 Buck 变换器方式工作;当需大范围调节输出电压时,特别是需提升电压时,则可通过改变变压器匝比的辅助方式来实现。

4.3.2 正激变换器

1. 单管正激变换器

这是一种基于 Buck 变换的隔离型变换器,图 4-18 所示为采用匝比为 $n_1 : n_2 : n_3$ 的三绕组隔离变压器的单管正激变换器,图中虚线框内 L_m 代表变压器的励磁电感,流过励磁电流 i_m。这种变换器的输出电流脉动成分小,适合于大电流输出,但最大占空比有限制,若 $n_1 = n_2$,则 $0 \leqslant \alpha_{max} < 0.5$。

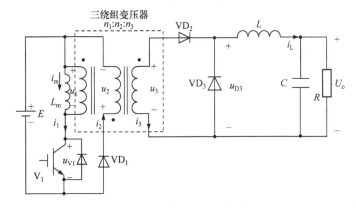

图 4-18 单管正激变换器

该变换器的励磁电流 i_m 必须工作在断续模式,输出电感电流 i_L 则可工作在连续或断续模式,图 4-19 为 i_L 连续时单管正激变换器的工作波形。依据 i_m 电流波形特征,可以分为三个区间来分析。

1) 区间 1($0 \leqslant t < \alpha T$)。V_1 导通,VD_2 正偏导通,VD_1、VD_3 反偏截止,电路拓扑如图 4-20(a)所示。此时直流电压 E 施加在变压器原边绕组上,励磁电流 i_m 以斜率 E/L_m 上升,VD_3 两端电压为 $u_{D3} = (n_3/n_1)E$,如图 4-19 所示。

V_1 关断后的 $\alpha T \leqslant t \leqslant T$ 区间内,可依据 VD_1 的通、断划分出区间 2、区间 3。

2) 区间 2[$\alpha T \leqslant t < (\alpha + \alpha_2)T$]。$V_1$ 截止,VD_1、VD_3 正偏导通,VD_2 反偏截止,电路拓扑如图 4-20(b)所示。由于 V_1 截止,依据图 4-15 的多绕组变压器等效电路模型,此时可以看作有 $n_1 i_m$ 安匝的励磁电流由原边绕组 n_1 极性点流出;再根据式(4-55),更有相等的总安匝从其他绕组极性点处流入。由于 VD_2 的极性阻止电流从绕组 3 极性点处流入,使电流 $i_m(n_1/n_2)$ 必然从绕组 2 的极性点处流入,致使 VD_1 正偏、VD_2 反偏。这样,电压 E 施加在绕组 2 上,折算到绕组 1 则等效于 $-E(n_1/n_2)$ 施加在励磁电感 L_m 上,使励磁电流以斜率 $-En_1/(n_2 L_m)$ 下降。由于 VD_2 反偏,电感电流 i_L 必然流过 VD_3。到 $(\alpha + \alpha_2)T$ 时刻,励磁

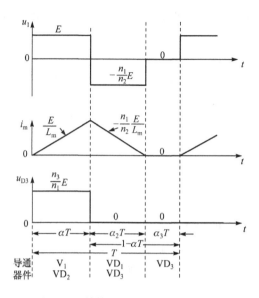

图 4-19 单管正激变换器的工作波形

电流 i_m 降至零，VD_1 反偏截止，开始进入区间 3。

3）区间 3 $[(\alpha+\alpha_2)T \leqslant t < T]$。此时 V_1 截止，VD_1、VD_2 反偏，励磁电流 $i_m = 0$，电路拓扑如图 4-20(c)所示。将电感伏秒平衡原理应用于励磁电感 L_m，稳态时 u_1 的平均值应为零，即

$$\alpha E + \alpha_2(-En_1/n_2) + 0 = 0 \tag{4-60}$$

解得

$$\alpha_2 = (n_2/n_1)\,\alpha \tag{4-61}$$

由于占空比需大于零，有

$$\alpha_3 = 1 - \alpha - \alpha_2 = 1 - (1 + n_2/n_1)\alpha \geqslant 0 \tag{4-62}$$

解得

$$\alpha \leqslant 1/(1 + n_2/n_1) \tag{4-63}$$

说明最大占空比有限制，当 $n_1 = n_2$ 时应有 $\alpha \leqslant 1/2$。如果超过此限制，则在开关周期结束前变压器励磁电流不能回复到零，磁通的积累会导致变压器铁心饱和，失去应有的能量传输能力。

将伏秒平衡原理应用在输出电感 L 上，可以求得单管正激变换器输出电压 U_o 的表达。稳态时 L 上电压的直流分量应为零，因此 U_o 应等于 VD_3 上电压 u_{D3} 的直流平均值。根据图 4-19 的工作波形，有

$$U_o = (n_3/n_1)\alpha E \tag{4-64}$$

这是电感电流连续导通模式下的结论，限定条件是 $\alpha \leqslant 1/(1 + n_2/n_1)$。可以看出，通过减小匝比 n_2/n_1 可以增大占空比，使励磁电流 i_m 在区间 2 $[\alpha T \leqslant t < (\alpha+\alpha_2)T]$ 内更快下降，变压器铁心能更快实现复位，但会增大功率开关管 V_1 的电压应力，其最大值为

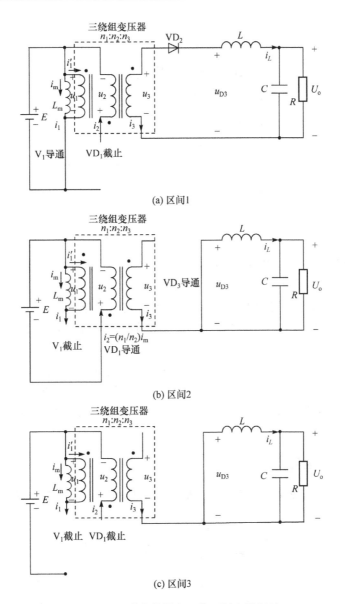

图 4-20 正激变换器各工作区间电路拓扑

$$U_{V1max}=E/(1+n_1/n_2) \tag{4-65}$$

若 $n_1=n_2$，则有 $U_{V1max}=2E$。工程实际中由于变压器存在漏感会引起振荡，V_1 最大电压将会更高些。所以为增加最大占空比而降低匝比 n_2/n_1 时，还需同时提高功率开关器件的电压耐量。

2. 双管正激变换器

图 4-21 所示为双管正激变换器，功率开关管 V_1、V_2 由同一基极驱动信号控制。与单管正激变换器相同，区间 1 中两管均导通，区间 2、3 中两管均截止。而变压器副边电路的器件则是区间 1 中 VD_3 导通，区间 2、3 中 VD_4 导通。

在区间 2 中，虽 V_1、V_2 截止，但 VD_1、VD_2 正偏导通，变压器原边绕组上电压极性与区

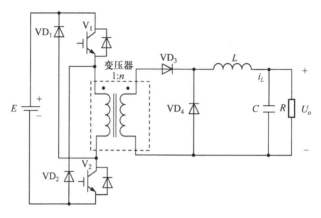

图 4-21　双管正激变换器

间 1 时相反,使励磁电流 i_m 以斜率 $-E/L_m$ 下降。当降至 $i_m=0$ 时,VD_1、VD_2 反偏截止,并在其余时间一直保持 $i_m=0$。

若 $n_1=n_2$,则与单管正激变换器相似,其占空比也限定为 $\alpha \leqslant 0.5$,即实现 Buck 型变换。但由于 VD_1、VD_2 的钳位,功率开关管 V_1、V_2 的峰值电压均能被限定为 E,这是双管正激变换器的优点。

无论是单管还是双管,正激变换器均无须采用绕组中心抽头的变压器,其原、副边绕组利用率要比全桥、推挽变换器高。例如,区间 1 中所有绕组都在向负载传输功率,区间 2、区间 3 中则不存在任何电流及功率的交换,所以正激变换器中变压器的铁心和绕组均能被有效利用。

4.3.3　推挽隔离变换器

推挽隔离变换器电路拓扑如图 4-22 所示,变换器电路工作波形如图 4-23 所示。

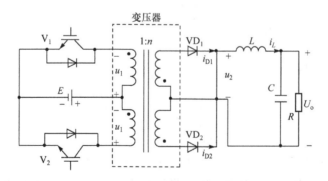

图 4-22　　推挽隔离变换器电路拓扑

隔离变压器原边绕组具有中心抽头,副边电路与全桥变换器相同。第一个工作周期内功率开关 V_1 导通 αT 时间,第二个工作周期内 V_2 亦导通 αT 时间,使得变压器原边绕组能保持伏秒平衡。由于每个给定时间只有一个功率开关与直流电源 E 串联,使变换器具有工作在 $0 \leqslant \alpha \approx 1$ 的可能,从而允许通过减小匝比 n 来减小功率开关器件的电流。

推挽隔离变换器的输出电压为

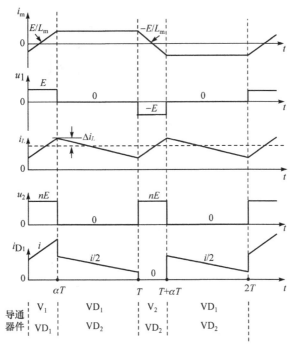

图 4-23   推挽隔离变换器电路工作波形

$$U_o = n\alpha E \tag{4-66}$$

值得注意的是推挽隔离变换器有时会有变压器铁心饱和问题。由于不能保证 V_1、V_2 管压降和导通时间精确相等,很小的不平衡会引起变压器原边电压直流分量不为零,使每两个开关周期内励磁电流有净增长,最后会导致变压器铁心饱和。

变压器铁心材料和副边绕组利用率与全桥变换器相似,磁通和励磁电流可以均为正或均为负,这样铁心材料的整个 B-H 回线范围都能被利用。但由于变压器原、副边绕组均有中心抽头,其利用率并不理想。

4.3.4   反激变换器

反激变换器是一种带变压器隔离、基于 Buck-Boost 变换的 DC-DC 变换器,其电路拓扑如图 4-24(a)所示。图中 L_m 代表隔离变压器的励磁电感,有着和 Buck-Boost 变换电路中电感 L 相同的作用。即功率开关 V 导通时,将直流电源 E 中的能量储存于 L_m 中;当二极 VD 导通时,则将 L_m 中的储能转移至负载。图 4-24(b)、(c)则给出了不同工作区间的简化电路。

1)区间 1($0 \leqslant t < \alpha T$)。V 导通,变换器电路简化成图 4-24(b)形式,此时变压器副边绕组极性决定二极管 VD 反偏截止,形成副边开路状态,则从原边看入变压器相当于一带铁心的电感线圈,故电感电压 u_1、电容电流 i_C、直流电源电流 i_1 为

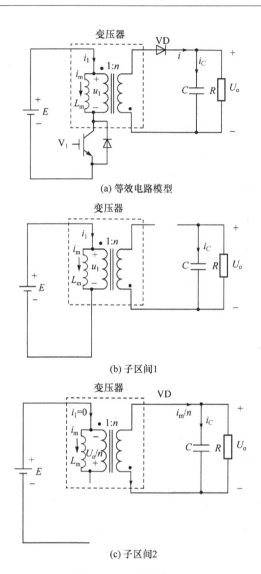

(a) 等效电路模型

(b) 子区间1

(c) 子区间2

图 4-24　反激变换器

$$
\left.\begin{array}{l}
u_1 = E \\
i_C = -u_o/R \\
i_1 = i_m
\end{array}\right\} \tag{4-67}
$$

若变换器工作在连续导通模式,电感电流及电容电压纹波皆小,则励磁电流 i_m、输出电容电压 u_o 皆可近似为其直流平均值 I 及 U_o,则有

$$
\left.\begin{array}{l}
u_1 = E \\
i_C = -U_o/R \\
i_1 = I
\end{array}\right\} \tag{4-68}
$$

2) 区间 2($\alpha T \leqslant t < T$)。V 截止,VD 导通,变换器电路结构简化如图 4-24(c)。原边励磁电感电压 u_1、电容电流 i_C、直流电源电流 i_1 有

$$\left.\begin{array}{l} u_1 = -u_o/n \\ i_C = i_m/n - u_o/R \\ i_1 = 0 \end{array}\right\} \tag{4-69}$$

若忽略电压、电流中的纹波，近似有

$$\left.\begin{array}{l} u_1 = -U_o/n \\ i_C = I/n - U_o/R \\ i_1 = 0 \end{array}\right\} \tag{4-70}$$

由此可导出连续导通模式的 u_1、i_C、i_1 的波形图 4-25。

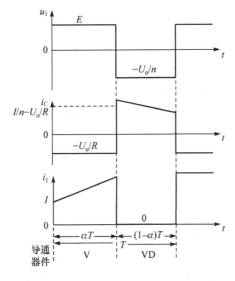

图 4-25　连续导通模式时反激变换器波形

对励磁电感 L_m 应用伏秒平衡原理，有

$$\alpha E + (1-\alpha)(-U_o/n) = 0 \tag{4-71}$$

解得

$$U_o/E = n\alpha/(1-\alpha) \tag{4-72}$$

说明反激变换器输出、输入电压变换关系与 Buck-Boost 变换器相似，但还包含有变压器匝比 n 这一因素的影响。

根据电容安秒平衡原理，即稳态下一个开关周期内电容电流的安秒积分应当为零，或电容电流的平均（直流）值必须为零。将这一原理应用于输出电容 C 时，有

$$\alpha(-U_o/R) + (1-\alpha)(I/n - U_o/R) = 0 \tag{4-73}$$

解得

$$I = nU_o/[(1-\alpha)R] \tag{4-74}$$

此即励磁电流 i_m 的直流分量。电源电流 i_1 的直流分量则为

$$I_1 = \alpha I + (1-\alpha) \cdot 0 = \alpha I \tag{4-75}$$

反激变换器的优点是可以使用最少量的元件获得多路的输出,但功率开关上电压应力大,开关管的峰值电压等于直流输入电压 E 加上通过变压器从负载反射过来的电压 E/n,有时还要叠加上变压器漏感引起的振荡电压。此外,由于反激变换器励磁电流为单极性,变压器铁心材料的 B-H 回线只有一半能被利用。当反激变换器设计在连续导通模式下工作时,所需励磁电感 L_m 值要大,造成变压器体积大;若按断续导通模式工作虽变压器体积可以缩小,但断续导通工作模式会导致功率器件和滤波电容峰值电流增大,这些都是应用反激变换器时需要注意的地方。

4.4　晶闸管斩波器

在大功率的 DC-DC 变换器中,往往使用晶闸管作为功率开关元件的直流斩波器(电路)。用于斩波器的晶闸管有半控的普通晶闸管和全控的门极可关断晶闸管(GTO),它们电压、电流容量相近,但用于直流变换的普通晶闸管有关断(换流)问题。除有换流电路导致斩波器结构复杂外,其斩波频率也较低,为 $100\sim200\mathrm{Hz}$。GTO 无关断问题,斩波器主电路简单,但触发电路设计较复杂,斩波频率可达 $1\mathrm{kHz}$。本节主要讨论由普通快速晶闸管和 GTO 元件构成的斩波电路,包括降压斩波、升压斩波及斩波变阻技术。

4.4.1　降压斩波

降压斩波及升压斩波方式多用于城市电车、地铁、电瓶车等直流电动机驱动系统,用作速度调节。图 4-26 为定频调宽的脉宽调制(PWM)晶闸管斩波器主电路结构,其中 VT_1 为主晶闸管,起功率开关作用;VT_2 为辅助晶闸管,与无源元件 C、L_1、L_2、VD_1、VD_2 一起组成 VT_1 的关断电路,从而控制输出电压的脉宽。VD_F 为负载感性电流的续流二极管。

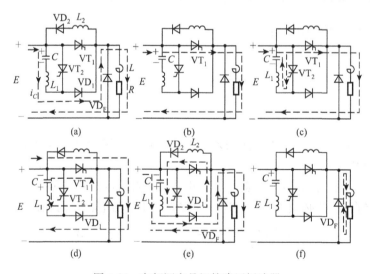

图 4-26　定频调宽晶闸管降压斩波器

斩波器的工作过程可用图 4-26 配合图4-27 来说明。

1）接通直流电源。由于 VT_1、VT_2 均未触发，电源 E 通过 L_1、VD_1 及负载 L、R 对 C 充电至 E，极性上（＋）下（－），如图 4-26(a)所示。

2）在图 4-27 中 t_1 时刻触发导通 VT_1，电源电压 E 通过 VT_1 施加至负载，如图 4-26(b)所示。由于 VD_1 承受反压而截止，C 上电压不能通过 VT_1、L_1 释放。

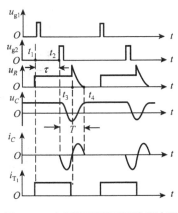

3）在图 4-27 的 t_2 时刻触发导通 VT_2，电容 C 通过 VT_2 和 L_1 形成谐振回路，C 放电并反向充电，电容电压 u_C 由 ＋E 变化至 －E。充、放电路径如图 4-26(c)所示，充、放电电流波形如图 4-27 中 $t_2\sim t_3$ 段。此时仍通过 VT_1 将电源 E 加在负载上。

图 4-27 定频调宽降压斩波器波形

4）当电容电压 u_C 反向充至 －E 时，电容电流 i_C 为零，即 VT_2 中电流在 t_3 时刻过零，VT_2 关断。C 上电压通过 VD_1 反向加至 VT_1，使流经 VT_1 的电流很快衰减至零而关断，如图 4-26(d)所示。此时电容电压 u_C 对 VT_2 也构成反压，可保证 VT_2 可靠关断。

5）VT_1 关断后 VD_2 导通，电容 C 经 L_1、L_2、VD_1、VD_2 回路继续谐振，如图 4-26(e)所示。电容电压 u_C 从 －E 变化至 E，当 $u_C=E$ 时又有 $i_C=0$，如图 4-27 中 t_4 时刻所示，此时直流电源停止向负载供电。在电容、电感谐振时，电源通过 L_1、VD_1 及负载对电容充电，充电电流在负载上形成尖峰电压，如图 4-27 中 $t_3\sim t_4$ 段所示。

6）电源停止输出后，负载电流通过续流二极管 VD_F 续流，如图 4-26(f)所示。第二周期到来时再次触发导通 VT_1 重复上述过程。

从以上分析可知，输出电压波形的宽度为 $t_p=t_3-t_1$，即 VT_1、VT_2 触发脉冲时间间隔 τ 再加上谐振回路固有振荡周期 T 的一半。改变辅助晶闸管 VT_2 的触发导通时刻改变了 τ 的大小，也就改变了输出电压的脉宽。

4.4.2 升压斩波

图 4-28 为一种采用 GTO 作为功率开关元件的升压型斩波器，负载为直流电动机。它利用电感储能释放时产生高压来升高输出电压，其中图 4-28(a)为斩波电路结构，图 4-28(b)为 VT 导通（t_{on}）模式下的等效电路，图 4-28(c)为 VT 关断（t_{off}）模式下的等效电路。

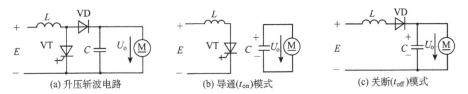

图 4-28 GTO 升压斩波器及工作模式电路拓扑

当 VT 导通时，电源电压 E 施加在电感 L 上，电流 i_L 线性增长，电感储能。同时电容 C 向负载供电，促使电容电压 u_C 下降，而隔离二极管 VD 受电容反压而关断。

当 VT 关断时，L 维持原有电流方向，其自感电势改变极性，与电源电压 E 叠加共同向负载供电，并给电容 C 充电，u_C 增长。此过程中会将 VT 导通期间储存在电感中的全部储能释放至负载中消耗和电容中储存,电感电流 i_L 衰减。

图 4-29 分别给出电感电流 i_L 连续及断续时电路各处电压、电流的波形。

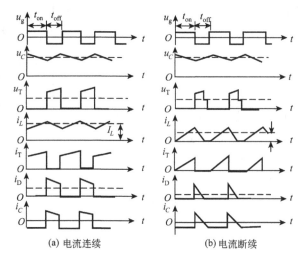

(a) 电流连续　　　　　　　(b) 电流断续

图 4-29　GTO 升压斩波器各处电压、电流波形

在电感电流 i_L 连续的条件下,若不计电流纹波,$i_L = I_L$,则 VT 导通期间由电源输入至电感 L 中的储能为

$$W_{in} = EI_L t_{on} \tag{4-76}$$

VT 关断期间电感向负载释放的能量为

$$W_{out} = (U_o - E)I_L t_{off} \tag{4-77}$$

忽略变换损耗,$W_{in} = W_{out}$,可得

$$U_o = \frac{t_{on} + t_{off}}{t_{off}}E = \frac{T}{t_{off}}E = \frac{E}{1-\alpha} \tag{4-78}$$

由于 $T > t_{off}$,可知 $U_o > E$,即可输出比电源电压更高的电压,故称升压斩波器。在负载为直流电动机时,则可实现能量回馈的制动运行。

4.4.3　斩波变阻

利用斩波器与固定电阻并联,改变斩波电路的通导比,可以实现电阻值的等效变化。图 4-30 为三相绕线式异步电动机转子串电阻斩波变阻调速的应用。转子绕组三相电压经不可控整流变换成直流,使所需外接电阻减少至单个 R_{ex},再在 R_{ex} 上并接降压型斩波器,以调节转子回路电阻大小。

当斩波器关断时,转子回路所接电阻为 $R_d + R_{ex}$,持续时间 t_{off};当斩波器开通时,转子回路所接电阻为 R_d,持续时间为 t_{on}。这样,一个开关周期 $T = t_{on} + t_{off}$ 内转子回路等效电阻 R^* 为

$$R^* = \frac{(R_d + R_{ex})t_{off} + R_d t_{on}}{T} = \frac{R_d(t_{off} + t_{on}) + R_{ex}(T - t_{on})}{T}$$
$$= R_d + (1-\alpha)R_{ex} \tag{4-79}$$

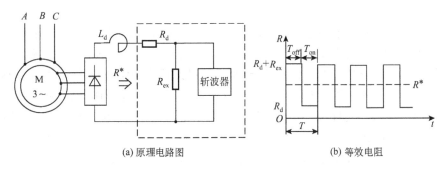

(a) 原理电路图　　　　　　　　　　　　　(b) 等效电阻

图 4-30　绕线式异步电机转子串电阻斩波变阻调速

由此可见,改变斩波器的导通比 $\alpha=\dfrac{t_{on}}{T}$ 就可连续改变等效电阻 R^* 的大小,从而实现电机的无级调速。

4.5　双向 DC-DC 变换器

当采用 DC-DC 变换器供电驱动直流电动机作调速运行时,既要能使电机运行在电动状态,使能量从电源传向负载(电动机);又要能使电机工作在制动状态,使能量从负载(电动机)回馈给电源,双向 DC-DC 变换器可在电源电压为单一极性条件下,实现能量在电源与负载(电动机)间的双向流动,这在需要作再生(发电)制动运行的电动汽车等车辆电传动及可逆直流调速传动中得到了应用,其典型电路如图 4-31(a)所示。

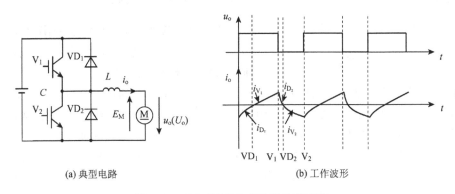

(a) 典型电路　　　　　　　　　　　　　(b) 工作波形

图 4-31　双向 DC-DC 变换器及其波形

该电路中,V_1、VD_2 构成 Buck 变换电路,由电源向电机降压供电,电机作电动机运行,实现调压调速,工作于机械特性的第 I 象限;V_2 和 VD_1 构成 Boost 变换电路,将制动时电机的动能转换成电能反馈到电源,电机作再生(发电)制动运行,工作于机械特性的第 II 象限。

该电路共有 3 种工作方式:当电路只作降压(Buck 电路)运行时,V_2 与 VD_1 总处于关断状态;当电路只作升压(Boost 电路)运行时,V_1 与 VD_2 总处于关断状态;第 3 种工作方式是一个周期内,电路交替地作升压斩波和降压斩波。在这种工作方式下,当降压斩波电路或升压斩波电路的电流断续而为零时,可实现两种电路在电流过零时刻的切换,使电机电枢电流反向,确保电枢回路总有电流流过而不断流。例如,当降压 Buck 电路的 V_1 关断后,电感 L 的储能通过 VD_2 继续向电机电枢绕组供电,但由于储能少,经过短时间后电枢电流下降为零,VD_2 关断,为 V_2 导通提供条件。V_2 导通后,在电枢反电势 E_M 作用下流过反向电流 i_o,电感重新储能,为升压创造条件。V_2 导通时间到关断后,由电感储能产生的自感电势与电机反电势共同作用使 VD_1 导通,形成 Boost 电路和反向电流,向电源反馈能量。当反向电流衰减为零后,VD_1 关断,为 V_1 再次导通提供条件,又有正向电流 i_o 流过,如此循环,两种 DC-DC 变换电路交替工作,如图 4-31(b)所示。

这样,能量可在电源与负载间双向流动,且一个周期内电枢电流可沿正、反两个方向流通,确保电流不间断,有效提高了电流、电机电磁转矩的响应速度。

4.6 桥式可逆斩波器

桥式可逆斩波器主电路结构如图 4-32 所示。它由四个全控型器件(如 GTR)V_1、V_2、V_3、V_4 和四个快速型续流二极管 VD_1、VD_2、VD_3、VD_4 构成,形同字母 H。H 桥的一对角线接恒定直流电源 E,另一对角线接负载,图示为直流电动机。根据各功率开关元件的导通规律不同,H 桥可逆斩波器可分为单极性脉宽调制(斩波)和双极性脉宽调制(斩波)两种控制方式。

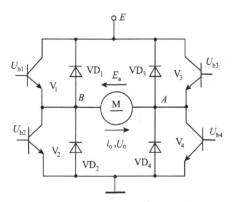

图 4-32 桥式可逆斩波器

4.6.1 单极性脉宽调制

单极性脉宽调制时,斩波器输出电压 U_o 的极性是通过一个控制电压 U_c 来改变的。若 $U_c > 0$,则 V_1、V_2 交替互补地导通,V_4 一直导通,V_3 一直关断,各功率开关器件基极驱动信号如图 4-33 所示。这时斩波器输出电压 U_o 总是 B 端为 $(+)$、A 端为 $(-)$,呈现出一种单一方向的极性。若控制电压 $U_c < 0$,则晶体管基极驱动电压 U_{b1} 与 U_{b3} 对换,U_{b2} 与 U_{b4} 对换,变成 V_3、V_4 交替导通,V_2 一直导通而 V_1 一直关断,H 桥输出电压 U_o 随之改变极性,变成 A 端为 $(+)$、B 端为 $(-)$ 的另一种单一方向的极性。H 桥中各元件导通规律及电流路径可根据电源电压 E 与电机反电势 E_a 的大小关系、功率开关元件驱动信号及电流续流情况来分析。以 $U_c > 0$ 为例。

(1) $E > E_a$ 时

1) $0 \leqslant t < t_1$ 期间,驱动信号 $U_{b1} > 0$,$U_{b2} < 0$,$U_{b3} < 0$,$U_{b4} > 0$,如图 4-33 所示,则 V_1、V_4 导通,V_2、V_3 关断,电机电流 i_o 将经 V_1、V_4 从 B 流向 A,与电机反电势 E_a 方向相反,电机处于电动运行状态。

2) $t_1 \leqslant t < T$ 期间,$U_{b1} < 0$,$U_{b2} > 0$,V_1 关断,切断供电电源,依靠电机电枢电感的储能电流将经 V_4、VD_2 续流,电流方向不变,电机仍处于电动状态,但电流很快衰减。

3) 若在 $t_1 < t < T$ 期间某一时刻 t_2 电机电流衰减为零,那么 $t_2 < t < T$ 期间在电机反电势 E_a 作用下 V_2 导通,电机电流反向,经 V_2 和 VD_4 从 A 端流至 B 端,电机进入能耗制动状态。

（2）$E_a > E$ 时

$0 \leqslant t < t_1$ 期间在 $E_a - E$ 作用下，电机电流经 VD_1、VD_4 流向电源 E，电机作再生制动。$t_1 \leqslant t < T$ 期间，V_2 导通，电流流经 V_2 和 VD_4，电机作能耗制动。

单极性脉宽调制中，控制电压 $U_C > 0$ 时只输出正的脉冲电压；$U_C < 0$ 时只输出负的脉冲电压。输出、输入电压的绝对值仍遵守降压变换器关系，即

$$\left| \frac{U_o}{E} \right| = \alpha \qquad (4\text{-}80)$$

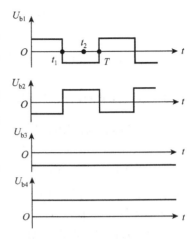

图 4-33　单极性调制时驱动信号

4.6.2　双极性脉宽调制

双极性脉宽调制时，H 桥的四个晶体管分为两组：一组为 V_1 和 V_4，另一组为 V_2 和 V_3。控制规律是同组两管同时通、断，两组的通、断交替互补，其晶体管驱动信号、输出电压、电流波形如图 4-34 所示。

设 $E > E_a$，双极性调制工作过程大体可分为四个阶段：

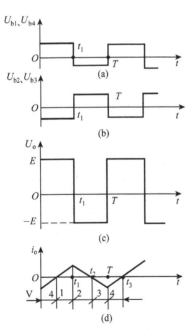

图 4-34　双极性调制时驱动信号
和电压、电流波形

1）$0 \leqslant t < t_1$ 期间，U_{b1}、$U_{b4} > 0$，U_{b2}、$U_{b3} < 0$，晶体管 V_1、V_4 导通，V_2、V_3 关断。此时电机两端作用有电源电压 E，极性为 $B(+)$、$A(-)$。在 $(E - E_a)$ 电压差作用下，有电机电流 i_o 经 V_1、V_4 从 B 流向 A，电机工作在电动状态。

2）$t_1 \leqslant t < T$ 期间，U_{b1}、$U_{b4} < 0$，U_{b2}、$U_{b3} > 0$，V_1、V_4 关断。此时在电机电枢自感电势作用下，原电流 i_o 将通过 VD_2、VD_3 续流，方向不变，电机仍处于电动状态。但由于 V_2、V_3 导通，电机端电压改变极性，$A(+)$、$B(-)$，使电机电流快速衰减。如果电机的负载电流较大，斩波频率比较高，电机将始终工作在电动状态。若电机电流不够大，i_o 将在 $t_2(t_1 < t_2 < T)$ 时刻断流，进入另一反接制动状态。

3）$t_2 \leqslant t < T$ 期间，i_o 衰减至零。由于驱动信号 U_{b2}、$U_{b3} > 0$ 仍存在，晶体管 V_2 和 V_3 在电源电压 E 和电机反电势 E_a 共同作用下导通，i_o 将改变流向从 A 端流向 B 端，电机进入反接制动状态，直至下个斩波周期开始阶段。

4）$T \leqslant t < T + t_1$ 期间，U_{b1}、$U_{b4} > 0$，U_{b2}、$U_{b3} < 0$。V_2、V_3 关断，反向的电机电流经 VD_1、VD_4 续流，电机进入再生制动状态，直到 $t = t_3$，反向电流衰减过零，V_1 和 V_4 重新开始导通，又开始一个新的工作周期。

可以看出双极性调制方式中，无论电机工作在何种状态，$0 \leqslant t < t_1$ 期间 H 桥输出电压 U_o 总等于 $+E$；而在 $t_1 \leqslant t < T$ 期间，U_o 总等于 $-E$。所以输出电压平均值应为

$$U_o = \frac{t_1}{T}E - \frac{T-t_1}{T}E = \left(2\frac{t_1}{T} - 1\right)E = (2\alpha - 1)E \tag{4-81}$$

式中,导通比 $\alpha = \frac{t_1}{T}$。可以看出,当 $\alpha = 0$ 时,$U_o = -E$;当 $\alpha = 0.5$ 时,$U_o = 0$;当 $\alpha = 1$ 时,$U_o = E$。

4.6.3　单极性调制与双极性调制方式的比较

1) 双极性调制控制简单,只要改变 t_1 位置就能将输出电压从 $+E$ 变到 $-E$;而在单极性调制方式中需要改变晶体管触发信号的安排。

2) 当 H 桥输出电压很小时,双极性调制时每个晶体管驱动信号脉宽都比较宽,能保证晶体管可靠地触发导通;单极性调制时则要求晶体管驱动信号脉宽十分狭窄,但过窄脉冲不能保证晶体管可靠地导通。

3) 双极性调制时四个晶体管均处于开关状态,开关损耗大;而单极性调制时只有两个晶体管工作,开关损耗小。

4.7　多相多重斩波电路

多相多重斩波电路是在直流电源与负载间接入多个结构相同的基本 DC-DC 变换电路后,形成直流斩波变换器多重化拓扑结构的结果。一个控制周期中直流电源侧的电流脉波数称为斩波电路的相数,负载电流脉波数则称为斩波电路的重数,图 4-35 所示为 3 相 3 重降压斩波(Buck)电路及其波形。

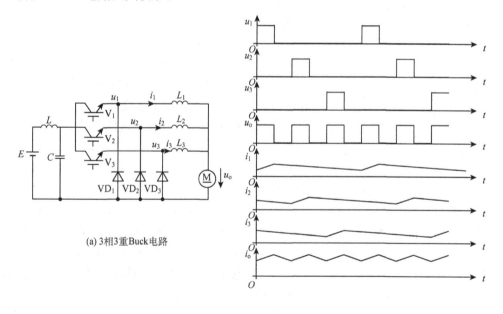

(a) 3相3重Buck电路

(b) 3相3重Buck电路的波形

图 4-35　3 相 3 重降压斩波电路及其波形

3 相 3 重降压斩波电路由 3 个 Buck 变换器单元并联而成,输出总电流为 3 个 Buck 单元电路输出电流之和,其平均值为各单元电流平均值的 3 倍,电流脉动频率也为单元电流脉动频率的 3 倍,但 3 个单元电流脉动幅值互相抵消,可使总的输出电流脉动值大为减小。这样,多相多重斩波电路输出总电流的最大脉动率(脉动幅值与平均值之比)与相数平方成反比,且脉动频率提高,因此当控制输出电流最大脉动率一定时,多重多相斩波电路所需平波电抗器电感量要比单个单元斩波电路大为减小。

多相多重斩波电路是一种具有冗余功能的电路,各斩波单元互为备用。一旦某单元电路发生故障,其余各单元仍可继续工作,提高了系统总体运行的可靠性。

本 章 小 结

直流-直流(DC-DC)变换是一种可以进行直流电压升、降和实现电阻大小变化的变换技术,广泛用于直流电机调速、开关电源、分布式发电和储能等技术领域,是目前通信、计算机电源和新能源利用中的技术核心之一。

本章主要介绍了四种基本变换电路、四种变压器隔离型变换器和一种双向及一种桥式可逆斩波电路,其中最为基本的是 Buck(降压型)和 Boost(升压型)变换电路。对于这两种电路的深入掌握是本章学习的关键和核心,也是学习其他 DC-DC 变换电路的基础。学习的重点应放在对这两种电路工作原理的深刻理解上,掌握电流连续与断续两不同工作状态下的输入、输出关系,主要滤波元件的计算,并能将这些概念应用到 Boost-Buck 和 Cúk 组合变换电路及四种变压器隔离型变换器的学习中。变压器隔离型变换器分析中,要注意如何防范变压器铁心磁饱和的问题;双向 DC-DC 型变换器及桥式可逆斩波电路在直流伺服与驱动中有广泛的应用,它的基本工作原理也被移植到多相大功率的交流可逆电力传动中,故也是一种应用价值广泛的基本变换电路。

思考题与习题

1. 一个理想的 Buck 变换电路,欲通过导通比 α 控制保持输出电压 $u_o = U_o = 5V$ 恒定,并希望输出功率 $P_o \geqslant 5W$,斩波频率 50kHz,试计算电源电压 E 从 10V 到 40V 范围内,为保持变换器工作在电流连续导通模式下所需的最小电感 L。

2. 一个理想的 Buck 变换电路,滤波元件参数为 $L = 1mH$,$C = 470\mu F$。希望 $U_o = 5V$,斩波频率为 20kHz。若 $E = 12.6V$,输出电流平均值 $I_o = 200mA$,试计算:

1) 输出电压纹波 ΔU_C(峰-峰值);

2) 电感上纹波电流 ΔI_L。

3. 一个理想的 Boost 变换电路,滤波电容 $C = 470\mu F$。希望输出电压 $U_o = 24V$,输出功率 $P_o \geqslant 5W$,试计算电源电压 E 从 8V 到 16V 范围内,使变流器工作在连续导通模式下所需最小电感 L_{min}。

4. 一个理想的 Boost 变换电路,滤波元件为 $L = 150\mu H$,$C = 470\mu F$;已知 $E = 12V$,$U_o = 24V$,$I_o = 0.5A$,斩波频率为 20kHz,试计算 ΔU_o(峰-峰值)。

5. 一个理想的 Boost-Buck 变换电路,若 $C = 470\mu F$,斩波频率为 20kHz;若 E 从 8V 变化至 40V,希望保持 $U_o = 15V$,$P_o \geqslant 2W$,试计算使变换器工作在连续导通模式下所需最小 L_{min}。

6. 简述 Boost-Buck 变换电路与 Cúk 变换电路的异同点。

7. 直流-直流(DC-DC)变换有哪几种控制方式? 它们又如何具体实现的?

8. 如图 4-36 所示,设电感 L 中电流为 i_L。当功率开关器件 V 导通瞬间,流过 V 中的电流是否就是 i_L? 为什么?

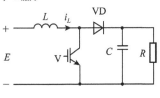

图 4-36

9. 为什么直流变换器的输入、输出电压相差很大时，常用正激和反激变换电路，不用 Buck 和 Boost 变换电路？

10. 在图 4-24(a)所示的反激变换器中，$E=150\text{V}$，变压器励磁电感 $L_m=1\text{mH}$，原边绕组匝数为 60 匝，负载电阻 $R=25\Omega$。功率开关管工作时 $t_{on}=t_{off}$，并使 t_{on} 期间储存的能量在 t_{off} 期间正好放光。欲使输出电压 $U_o=50\text{V}$，试计算工作频率 f 及变压器副边绕组匝数（忽略电路各类损耗）。

11. 当桥式可逆斩波电路作单极性脉宽调制控制时，若电动机工作在电动状态，晶体管的总损耗主要由哪几只晶体管中何种损耗（指截止损耗、导通损耗、开关损耗）所组成？

12. 画出桥式可逆斩波电路双极性工作过程各阶段电流路径，标出输出电压 U_o、电机电流 I、反电势 E_a、自感电势 $E_L=L\dfrac{\text{d}i_o}{\text{d}t}$（如有）的方向。

第五章 直流-交流变换

将直流电变换成交流电,即 DC-AC 变换称为逆变,是将交流电变换成直流电(AC-DC 变换)的逆过程。根据逆变后交流电能的使用方式,逆变又分为两类:将直流电逆变成电网频率的恒频交流电并输送给电网、再通过电网供给用电负载的变换称有源逆变,可控整流器在满足逆变条件下即可运行在有源逆变状态,这已在第三章中讨论过;将直流电逆变成频率可变的交流电并直接供给用电负载,称为无源逆变。

可以看出,只有无源逆变能实现变频,但无源逆变不等于变频的全部。变频是指将一种频率的交流电变换成另一种频率的交流电的过程,也有两种变换形式,即将一种频率的交流经整流变换成直流,再经无源逆变变换成可变频率交流的交-直-交变换,以及将一种频率的交流直接变换成另一种可变频率交流的交-交变换。可见逆变与变频在概念上既有联系,又有区别。本章讨论的 DC-AC 变换就是无源逆变,即交-直-交变频的后半部分,交-交直接变频(AC-AC 变换)将在第六章中讨论。

DC-AC 变换应用非常广泛,各类直流电源(如蓄电池、电瓶、太阳能光伏电池等)需向交流负载供电时就需先进行逆变;交流电机用的变频器、不间断电源、有源滤波器、感应加热装置等其核心变换就是逆变;现代风电技术中产生的直流能量也需采用逆变技术变换成交流电能予以利用,所以 DC-AC 逆变技术是电力电子中最为重要的变换技术。

在 DC-AC 变换中有两个问题值得特别关注。一个是换流问题,另一个是输出电能质量的控制问题。换流指变流电路工作中电流从一条支路向另一支路的转移,伴随的是器件的导通与关断。对于全控型器件而言可以采用触发信号来控制器件的通断,但半控器件(晶闸管)就有关断问题,特别是工作在电压极性不变的直流电源条件下的逆变电路,换流方式的讨论更具意义。DC-AC 变换输出的是交流电能,要求其波形正弦、输出谐波含量少,为此可从逆变电路拓扑结构上改造,如采用多重化、多电平化变换电路;也可从控制方法上解决,如采用正弦脉宽调制(SPWM)技术。因此本章首先介绍逆变电路晶闸管的换流问题,并按换流方式讲述负载谐振式逆变器、强迫换流式逆变器。对于采用全控型器件的逆变电路则重点介绍脉宽调制控制,包括正弦脉宽调制、电流滞环控制脉宽调制和电压空间矢量控制脉宽调制。最后对逆变的多重化和多电平化,以及改善逆变器输出特性的技术措施和采用 PWM 技术实现整流的技术进行讨论。

5.1 逆变电路概述

5.1.1 晶闸管逆变电路的换流问题

DC-AC 变换原理可用图 5-1 所示单相逆变电路来说明,其中晶闸管元件 VT_1、VT_4、VT_2、VT_3 成对导通。当 VT_1、VT_4 导通时,直流电源 E 通过 VT_1、VT_4 向负载送出电流,形成输出电压 u_o 左(+)、右(−),如图 5-1(a)所示。当 VT_2、VT_3 导通时,设法将 VT_1、

VT₄ 关断,实现负载电流从 VT₁、VT₄ 向 VT₂、VT₃ 的转移,即换流。换流完成后,由 VT₂、VT₃ 向负载输出电流,形成左(－)、右(＋)的输出电压 u_o,如图 5-1(b)所示。这两对晶闸管轮流切换导通,则负载上便可得到交流电压 u_o,波形如图 5-1(c)所示。控制两对晶闸管的切换导通频率就可调节输出交流频率,改变直流电压 E 的大小就可调节输出电压幅值。输出电流的波形、相位则取决于交流负载的性质。

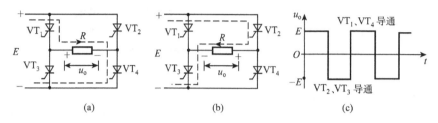

图 5-1　DC-AC 变换原理

要使逆变电路稳定工作,必须解决导通晶闸管的关断问题,即换流问题。晶闸管为半控器件,在承受正向电压条件下只要门极施加正向触发脉冲即可导通;但导通后门极失去控制作用,只有使阳极电流衰减至维持电流以下才能关断。为此,关断导通晶闸管有两种方法:一是在晶闸管阳极电路中串高值电阻,使该管阳极电流降至维持电流以下而关断,但此方法技术上无法实现,不实用;二是使晶闸管承受阳极反压并维持一定时间 t_o,且 t_o 应大于晶闸管的关断时间 t_q。在 DC-AC 变换中逆变器晶闸管工作在恒定不变的阳极电压下,要使晶闸管关断必须要解决反向阳极电压施加的技术问题,即换流方式。

常用的晶闸管换流方式有以下三种。

(1)电网换流

该方法利用电网交流电压自动过零变负的特点,使晶闸管承受反向阳极电压而关断。其方法简单,无须附加换流电路,称为自然换流,常用于可控整流、有源逆变电路,交流调压和相控交-交变频电路,但不适用于没有电压极性变化的 DC-AC 逆变电路。

(2)负载谐振式换流

此方法利用负载回路中电感、电容形成的振荡特性,使电流自动过零。只要负载电流超前于电压的时间大于晶闸管的关断时间,即能保证该导通晶闸管可靠关断,触发导通另一晶闸管,完成电流转移。

与电网换流相同,主电路无须附加换流电路,只要求负载电流呈容性,也属自然换流。负载谐振式换流电路分并联谐振和串联谐振两大类,具体换流过程将在负载谐振式逆变器中介绍。此外晶闸管逆变器供电同步电机(无换向器电机),当电机过激励时,电机电流呈容性,即可采用负载自然换流。由于参与谐振的负载电路电容、电感都要流过负载电流,所需容量大,不经济,故只适合于负载及频率变化不大的逆变器,如冶炼用的中频电源。

(3)强迫换流

电网换流和负载谐振式换流不能使变流器在任意时刻进行换流,具有很大局限性。此时可在电路中附加换流环节,并使流环节中的储能元件(如电容)在换流前先储存一定电能,在需要换流的时刻通过释能产生一个短暂脉冲电流,使导通晶闸管中电流下降至零,并以此施加一个持续时间 t_o 大于晶闸管关断时间 t_q 的反向阳极电压,确保晶闸管可靠关断。这种利用电容储能实现晶闸管强迫关断的换流方式称(电容)强迫换流。

强迫换流实现上又可分为直接耦合式强迫换流和电感耦合式强迫换流。直接耦合式强迫换流是由换流电容直接提供极性正确的反向电压使晶闸管关断,可用图 5-2 电路来说明换流过程。

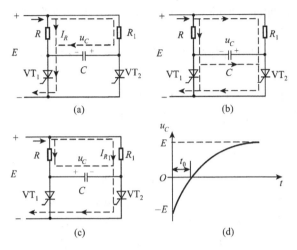

图 5-2 直接耦合式强迫换流过程

当主晶闸管 VT_1 触发导通后,电容 C 被充至 $u_C=E$,极性左(一)、右(+),如图 5-2(a)所示。换流时,触发导通辅助晶闸管 VT_2,此时 VT_1、VT_2 都导通,两管进行换流,如图 5-2(b)所示。在 VT_1-C-VT_2 回路中,由于 VT_2 导通使电容电压 u_C 反极性地直接加在 VT_1 上,使其承受反向阳极电压而关断。VT_1 关断后,电源通过负载电阻 R 和导通的 VT_2 对电容反向充电,如图 5-2(c)所示。电容上电压 u_C 由 $-E$ 上升过零直至 E,如图 5-2(b)所示,其中 $u_C=-E$ 至 $u_C=0$ 的时间 t_0 即为 VT_1 承受反压时间。如重新触发导通 VT_1,则电容电压 u_C 反极性地施加在 VT_2 上使之关断,再次进入 VT_1 稳定导通的下一个周期。

电感耦合式强迫换流原理性示意图如图 5-3 所示,图 5-3(a)、(b)中换流电容上电压 u_C 极性不同,导致产生两种不同的换流过程。图 5-3(a)中 u_C 正极性正好施加在欲关断的晶闸管 VT 阴极上,当接通开关 S(通常是一辅助晶闸管)后,LC 振荡电流将反向流过 VT,促使其电流减小,在 LC 振荡的第一个半周期内就可使 VT 中阳极电流减小至零而关断,残余电流经 VD 继续流动,导通的 VD 管压降构成了对 VT 的反向阳极电压。

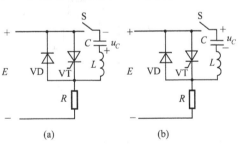

图 5-3 电感耦合式强迫换流原理

电压。图 5-3(b)中 u_C 负极性施加在 VT 的阴极,当接通开关 S 后,LC 振荡电流先正向流经 VT 使其电流加大,但经半个振荡周期后,振荡电流反向流过 VT,使 VT 中合成正向电流衰减至零而关断,残余电流经 VD 继续流动,VD 上管压降构成对 VT 的反向阳极电压,确保其可靠关断。

5.1.2 逆变电路的类型

逆变器的交流负载中包含电感、电容等无源元件,它们与外电路间必然有能量的交换,这是构成无功的成因。由于逆变器的直流输入与交流输出间有无功功率的流动,所以必须在直流输入端设置储能元件来缓冲无功的需求。在交-直-交变频电路中,直流环节的储能元件往往被当作滤波元件来看待,但它更有向交流负载提供无功功率的重要作用。

根据直流输入储能元件类型的不同,逆变电路可分为两种类型。

1. 电压源型逆变器

电压源型逆变器是采用电容作储能元件,图 5-4 为单相桥式电压源型逆变器原理图。电压源型逆变器有如下特点:

1) 直流输入侧并联大电容 C 用作无功功率缓冲环节(滤波环节),构成逆变器低阻抗的电源内阻特性(电压源特性),即输出电压确定,其波形接近矩形,电流波形与负载有关,接近正弦。

2) 由于直流侧电压极性不允许改变,功率从交流向直流回馈时无功功率只能通过改变电流方向来传送,为此应在这种功率开关元件旁反并联续流二极管,为感性负载电流提供反馈能量至直流的无功通路。图 5-5 绘出一个周期内负载电压 u、负载电流 i 的理想波形,按 u、i 极性分区内导通的元件及功率的流向($P>0$,功率从直流流向交流;$P<0$,功率从交流流向直流),可用以说明 VD 对无功传递的重要作用。三相电压源型逆变器将在 5.4 节"三相电压源型逆变电路"中讨论。

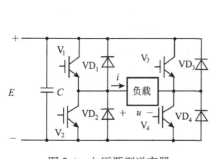

图 5-4　电压源型逆变器

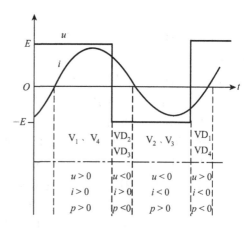

图 5-5　无功二极管的作用

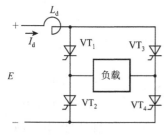

图 5-6　电流源型逆变器

2. 电流源型逆变器

电流源型逆变器采用电感作储能元件,图 5-6 所示为单相桥式电流源型逆变器原理图,但图中未绘出晶闸管换流电路。电流源型逆变器有如下特点:

1) 直流回路串以大电感 L_d 作无功元件(滤波元件)储存无功功率,也就构成了逆变器高阻抗的电源内阻特性(电流源特性),即输出电流确定,波形接近矩形;电压波形与负载有关,在正弦波基础上叠加换流电压尖峰。

2) 由于直流环节电流 I_d 不能反向,只有改变逆变器两端直流电压极性来改变能量流动方向、反馈无功功率,无须设置无功二极管作为反馈通道。这个过程可用图 5-7 所示三相电流源型交-直-交变频调速系统运行状态的变化来说明。

当电机运行在电动状态时,需要能量从交流电网送至电动机,从逆变器(桥Ⅱ)的角度看,即要求功率从直流侧送至交流侧,此时应控制桥Ⅰ工作在整流状态、桥Ⅱ工作在逆变状态。在图示设定的 I_d 电流方向下,两桥直流电压均上(+)、下(−),确保了功率 $P>0$ 的流向,如图 5-7(a)所示。

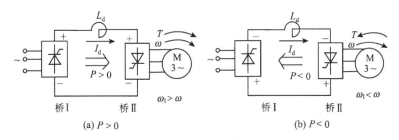

(a) $P>0$ (b) $P<0$

图 5-7　电流源型逆变器功率流向控制

当电机运行在再生回馈制动时,电机运行在发电状态,须使能量从电机反馈至电网。从原逆变器(桥Ⅱ)角度看,要求功率从其交流侧反馈至直流侧,此时应控制桥Ⅱ工作在整流状态、桥Ⅰ工作在逆变状态下,两桥直流电压极性改变为上(−)、下(+),在设定的 I_d 电流方向下,确保了功率 $P<0$ 的流向,如图 5-7(b)所示。由此可见,电流源型逆变器只要改变两桥移相触发角的范围,通过直流电压极性的改变即可实现功率的双向流动。

三相电流源型逆变器将在 5.3 节"强迫换流式逆变电路"中讨论。

3. 两类逆变器的比较

1) 电压源型逆变器采用大电容作储能(滤波)元件,逆变器呈现低内阻特性,直流电压大小和极性不能改变,能将负载电压箝在电源电压水平上,浪涌过电压低,适合于稳频稳压电源、不可逆电力拖动系统、多台电机协同调速和快速性要求不高的应用场合。

电流源型逆变器电流方向不变,可通过逆变器和整流器的工作状态变化,获得能量流向改变,实现电力拖动系统的电动、制动运行,故可应用于频繁加、减速,正、反转的单机可逆拖动系统。

2) 电流源型逆变器因采用大电感储能(滤波),主电路抗电流冲击能力强,能有效抑制电流突变、延缓故障电流上升速率,过电流保护容易。电压源型逆变器输出电压稳定,一旦出现短路电流则上升极快,难以获得保护处理所需时间,过电流保护困难。

3) 采用晶闸管元件的电流源型逆变器依靠电容与负载电感间的谐振来实现换流,负载构成换流回路的一部分,故不接入负载系统不能运行。

4) 电压源型逆变器必须设置反馈(无功)二极管来给负载提供感性无功电流通路,主电路结构较电流源型逆变器复杂。电流源型逆变器无功率由滤波电感储存,无须二极管续流,主电路结构简单。

5.2　负载谐振式逆变电路

负载谐振式逆变电路根据换流电容与负载电感的连接方式可分为并联和串联两种。换流电容与负载电感并联、利用电容与电感的并联谐振特性实现自然换流的逆变电路称为并联谐振逆变器。同理,换流电容与负载电感串联、利用电容与负载电感的串联谐振特性实现自然换流的逆变电路称为串联谐振逆变器。它们是构成中频感应加热电源的主要电路形式。本节仅以并联谐振式负载换流逆变器为代表进行介绍。

并联谐振式逆变器原理电路如图 5-8 所示,直流电源 E 可由整流电源获得。由于负载在并联谐振时表现出阻抗最大,必须采用电流源向逆变电路供电,故逆变器直流环节采用大电感 L_d 滤波,所以并联谐振逆变电路属电流源型,流过晶闸管的电流近似为矩形,负载电流为交变矩形波。

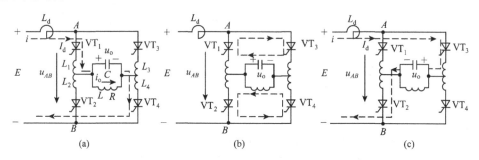

图 5-8　并联谐振式逆变器工作过程

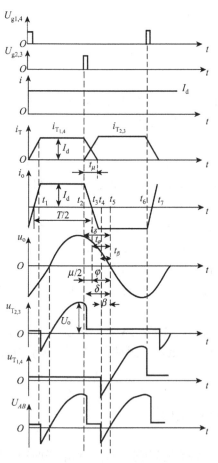

图 5-9　并联谐振式逆变器波形

逆变器由四个桥臂构成,每个桥臂均由一只晶闸管和一限流电抗器串联而成。由于工作频率为 $1\sim2.5\text{kHz}$ 的中频,采用快速晶闸管。限流电抗器 $L_1\sim L_4$ 自感值相等,互感为零,用于晶闸管导通时对流经的电流作 $\text{d}i/\text{d}t$ 限制。滤波电感 L_d 不仅使直流电流平直,而且还可限制中频电流进入直流电源,起交-直流隔离作用。

由于晶闸管交替触发的频率与负载回路谐振频率接近,负载电路工作在谐振状态,这样可以得到较高的功率因数和效率。又由于谐振电路对所施加的矩形波电压基波分量呈现高阻抗,而对高次谐波分量电压可近似看作短路,故负载两端电压 u_o 接近正弦波。负载电流 i_o 在滤波电感 L_d 作用下近似为交变矩形波。换流电容 C 提供了负载所需无功功率,并使 i_o 超前 u_o 一定相位,从而可利用 i_o 过零来关断已导通的晶闸管,实现负载谐振换流。并联谐振式逆变器工作过程可分成导通与换流两种阶段。

1. VT_1、VT_4 导通阶段

晶闸管 VT_1、VT_4 同时触发、导通,电流路线如图 5-8(a)所示。负载电流近似为恒流。电容 C 上建立起极性为左(+)、右(-)的电压,负载 L 上电压 u_o 为正弦波,相应各处波形如图 5-9 中的 $t_1\sim t_2$

时间段所示。

2. 换流阶段

电流路径如图 5-8(b)所示。t_2 时刻触发导通 VT_2、VT_3，此时负载两端振荡电压 u_o 极性左（＋）、右（－）。由于电容两端电压不能突变，u_o 经 VT_2、VT_3 分别反向施加在原先导通的 VT_1、VT_4 上，迫使其电流 i_{T_1}、i_{T_4} 迅速减小至零，而 VT_2、VT_3 中电流 i_{T_2}、i_{T_3} 从零迅速增长至 I_d。这段时间里，四个晶闸管重叠导通，称为换流时间 t_μ，折算成角度则为换流重叠角 $\mu = \omega t_\mu$，ω 为电路工作角频率。由于桥臂电感 $L_1 \sim L_4$ 较小，与负载电流交变周期 T 相比，$t_\mu \ll T$。虽在换流期间四个晶闸管同时导通，但由于有大电感 L_d 的限流作用，短时内电源不会短路。要使导通晶闸管关断，在其电流下降至零以后还必须承受一段 t_β 时间的反压，以恢复其正向阻断能力，且要求 t_β 大于晶闸管关断时间 t_q，即

$$t_\beta = K_\beta \cdot t_q \tag{5-1}$$

式中，$K_\beta > 1$。如不能满足式(5-1)，则当 u_o 极性改变时 VT_1、VT_4 尚未恢复正向阻断能力，就会在 u_o 正向电压作用下重新导通，形成四管稳定导通的短路状态，即造成逆变失败。

为了保证电路可靠换流，VT_2、VT_3 应在距 u_o 过零之前的 t_δ 时间触发，故 $t_\delta = t_\mu + t_\beta$ 称触发引前时间。而从电容电压与电流相位来看，相当于负载电流 i_o 的基波分量超前负载电压 u_o 一个 $t_\varphi = \dfrac{t_\mu}{2} + t_\beta$ 时间，相应电角度为

$$\varphi = \omega\left(\frac{t_\mu}{2} + t_\beta\right) \tag{5-2}$$

3. VT_2、VT_3 导通阶段

换流阶段结束后，VT_1、VT_4 关断，进入 VT_2、VT_3 稳定导通阶段，电流路径如图 5-8(c)所示。负载电流方向已改变，电容电压极性为左（－）、右（＋）。如在图 5-9 的 t_6 时刻再次触发导通 VT_1、VT_4，又将重复换流过程，从而获得一交变电源。

根据图 5-8，可以导出并联谐振式逆变器可靠换流的条件。并联谐振回路的复阻抗可写为

$$Z = \frac{(R + j\omega L)\left(-j\dfrac{1}{\omega C}\right)}{R + j\omega L - j\dfrac{1}{\omega C}} = \frac{\dfrac{L}{C}\left(1 + \dfrac{R}{j\omega L}\right)}{R + j\left(\omega L - \dfrac{1}{\omega C}\right)} \tag{5-3}$$

一般 R 很小，谐振点处 $R \ll \omega L$，故有

$$Z \approx \frac{L}{C} \cdot \frac{1}{R + j\left(\omega L - \dfrac{1}{\omega L}\right)} = \frac{L}{C} \cdot \frac{R - j\left(\omega L - \dfrac{1}{\omega C}\right)}{R^2 + \left(\omega L - \dfrac{1}{\omega C}\right)^2} \tag{5-4}$$

要使负载呈现容性，必须 $\omega L > 1/(\omega C)$，即 $\omega > 1/\sqrt{LC} = \omega_0$，故逆变器可靠换流的必要条件是逆变器工作频率 ω 高于负载谐振频率 ω_0。而逆变器可靠换流的充分条件则是

$$t_\varphi = \frac{\varphi}{\omega} = \frac{1}{\omega}\left|\frac{\dfrac{1}{\omega C} - \omega L}{R}\right| > t_q \tag{5-5}$$

并联谐振式逆变器输入电流 I_d、输出电流 i_o，以及输入电压 E、输出电压 u_o 间的关系可通过如下推导求得。

忽略换流过程，将 i_o 看成矩形波，其傅里叶级数展开为

$$i_o = \frac{4}{\pi} I_d \sum_{k=1}^{\infty} \left(\frac{1}{k} \sin k\omega t \right), \qquad k = 1, 3, 5, \cdots \tag{5-6}$$

其基波电流有效值为

$$I_{o1} = \frac{4}{\sqrt{2}\pi} I_d = 0.9 I_d \tag{5-7}$$

忽略平波电抗器 I_d 的压降，图 5-8 中 AB 两点间电压 u_{AB} 平均值应等于直流电源电压 E。取图 5-9 中 u_{AB} 波形的一个重复半周期作积分平均，可得

$$E = \frac{1}{\pi} \int_{-\beta}^{\pi-\delta} u_{AB} \, d\omega t = \frac{1}{\pi} \int_{-\beta}^{\pi-(\mu+\beta)} \sqrt{2} U_o \sin\omega t \, d\omega t$$

$$= \frac{\sqrt{2} U_o}{\pi} \left[\cos(\mu+\beta) + \cos\beta \right]$$

$$= \frac{2\sqrt{2} U_o}{\pi} \cos\left(\beta + \frac{\mu}{2}\right) \cdot \cos\frac{\mu}{2}$$

考虑到换流重叠角 μ 小，$\cos(\mu/2) \approx 1$；再考虑到式(5-2)，即

$$\varphi = \omega(t_\mu/2 + t_\beta) = \mu/2 + \beta$$

可得

$$E = \frac{2\sqrt{2}}{\pi} U_o \cos\varphi \tag{5-8}$$

或

$$U_o = \frac{\pi E}{2\sqrt{2} \cos\varphi} = 1.11 \frac{E}{\cos\varphi} \tag{5-9}$$

【例 5-1】 有一台功率 $P = 100\text{kW}$，工作频率 $f = 1000\text{Hz}$ 中频电源。输入直流电压 $E = 500\text{V}$，电流 $I_d = 250\text{A}$；逆变输出功率因数 $\cos\varphi = 0.8$，逆变效率 $\eta = 0.98$，负载功率因数 $\cos\varphi_L = 0.1$；采用 $di/dt = 20\text{A}/\mu\text{s}$ 的普通晶闸管元件构成并联谐振式逆变器，试选择晶闸管定额，限流电抗器电感值，换流电容容量。

【解】 1）晶闸管额定电压。

负载电压

$$U_o = \frac{\pi E}{2\sqrt{2} \cos\varphi} = \frac{\pi \times 500}{2\sqrt{2} \times 0.8} = 700(\text{V})$$

设晶闸管最大正向及反向电压均等于负载电压峰值，并取 1.5 倍电压裕量，则晶闸管额定电压为

$$U_R = 1.5 \times \sqrt{2} U_o = 1.5 \times \sqrt{2} \times 700 = 1484.7 \approx 1500(\text{V})$$

2）晶闸管额定电流。

负载电流有效值

$$I_o = \frac{P}{U_o \eta \cos\varphi} = \frac{100 \times 10^3}{700 \times 0.98 \times 0.8} = 180(\text{A})$$

晶闸管通态平均电流

$$I_{T(AV)} = \frac{f_m I_o}{1.57 K_b} = \frac{1.6 \times 180}{1.57 \times 2} = 90(A)$$

式中，$f_m = 1.6$，为 $1000\,Hz$ 时晶闸管损耗系数；$K_b = 2$，为单相桥式逆变器并联导通元件数。

若取 2 倍电流裕量，则应选 $I_{T(AV)}$ 为 200A 的器件。

3）限流电抗器电感 L。根据换流阶段的计算，可以导出换流重叠角 μ 的表达式

$$\mu = \arccos\left(\cos\beta - \frac{2\omega L I_d}{\sqrt{2}U_o}\right) - \beta$$

式中，$\beta = \omega t_\beta$ 为反压角。

由于换流重叠角可按 di/dt 来计算

$$\mu = \frac{2\pi f I_d}{di/dt} = \frac{2\pi \times 10^3 \times 250}{20/10^{-6}} = \frac{\pi}{40}$$

反压角

$$\beta = \varphi - \mu/2 = \arccos 0.8 - \pi/80 = \pi/5 - \pi/80$$

从而

$$L = \frac{\sqrt{2}U_o}{2\omega I_d}\left[\cos\beta - \cos(\mu + \beta)\right]$$

$$= \frac{\sqrt{2} \times 700}{2 \times 2\pi \times 1000 \times 250}\left[\cos\left(\frac{\pi}{5} - \frac{\pi}{80}\right) - \cos\left(\frac{\pi}{5} + \frac{\pi}{80}\right)\right] \times 10^6 = 16.3(\mu H)$$

4）换流电容 C 应能补偿负载所需感性无功外，还要能使负载电流 I_o 超前负载电压 U_o，以实现可靠换流。

补偿负载的无功功率为

$$Q_1 = \frac{P}{\cos\varphi_L}\sin\varphi_L$$

满足换流所需无功功率为

$$Q_2 = \frac{P}{\cos\varphi}\sin\varphi$$

则电容器应提供的全部无功功率为

$$Q = Q_1 + Q_2 = P(\tan\varphi_L + \tan\varphi) = 100 \times (10 + 0.726) = 1073(kvar)$$

若选 750V、90kvar、1000Hz、容量为 $25\mu F$ 的电容器，则每个电容器实际无功容量为

$$Q_C = U_o^2 \omega C = 700^2 \times 2\pi \times 10^3 \times 25 \times 10^{-6} = 77(kvar)$$

因此，共需 $1073/77 \approx 14$ 个电容器并联。

5.3 强迫换流式逆变电路

工业生产中异步电动机是应用最为广泛的动力设备，常采用变频器供电作调速运行，此时需由逆变器提供励磁用感性无功电流，致使由晶闸管元件构成的逆变器不能采用负载换流方式，只能采用电容储能方式的强迫换流，给其他感性负载供电的逆变器也如此。

采用强迫换流的晶闸管型逆变电路根据直流滤波环节储能元件的不同分为电压源型和

电流源型。由于晶闸管电压源型逆变器输出电压为方波,除基波外富含低次谐波,输出特性差,已被采用全控型器件的脉宽调制型逆变器所替代,但仍是多重化逆变器中的基本单元电路。电流源型逆变器发展较晚,由于具有一系列优点,目前在交流电机调速,尤其在单机可逆调速系统中应用很多,其中以串联二极管式电流源型逆变器的应用最为广泛。

5.3.1 串联二极管式电流源型逆变器结构

串联二极管式电流源型逆变器主电路如图 5-10 所示。图中 $VT_1 \sim VT_6$ 为晶闸管,$C_1 \sim C_6$ 为换流电容,$VD_1 \sim VD_6$ 为隔离二极管,用于使换流回路与负载隔离,防止电容上的充电电压经负载释放而影响晶闸管换流。由于隔离二极管与晶闸管串联,故称串联二极管式换流电路。逆变器直流侧经大电感 L_d 滤波,使输入直流平直,构成了电流源内阻特性。

逆变器晶闸管为 120°导通型,即:①每管导通 1/3 周期;②除换流期间有三相通电外,其余时间均只有分属不同相的桥臂上、下二晶闸管导通,负载两相轮流通电,形成三相负载电流确定的状态,其上、下桥臂元件导通顺序如图 5-11 所示,即晶闸管导通顺序为 $VT_1 \rightarrow VT_2 \rightarrow VT_3 \rightarrow VT_4 \rightarrow VT_5 \rightarrow VT_6 \rightarrow VT_1 \rightarrow \cdots$ 各管触发脉冲相隔 60°,每管导通 120°;③元件换流在上或下桥臂元件组内进行,即在 VT_1、VT_3、VT_5 及 VT_2、VT_4、VT_6 间进行。

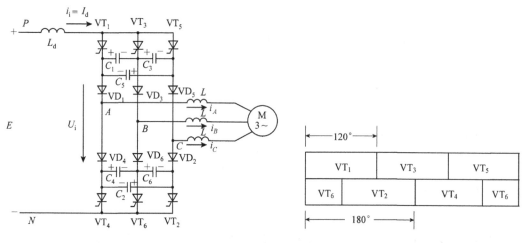

图 5-10 串联二极管式电流源型逆变器

图 5-11 120°导通型三相逆变器各管换流顺序

5.3.2 工作过程(换流机理)

串联二极管式电流源型逆变器换流电路由换流电容、隔离二极管和负载阻抗组成。由于负载为换流电路的一部分,故其换流过程要比电压源型逆变器复杂。假定原先逆变器中的 VT_5、VT_6 导通,构成负载电机的 C、B 相通电;现要换流至 VT_6、VT_1 导通,即负载的 A、B 相通电,中间发生的 VT_5 至 VT_1 的换流过程可通过图 5-12 来说明。

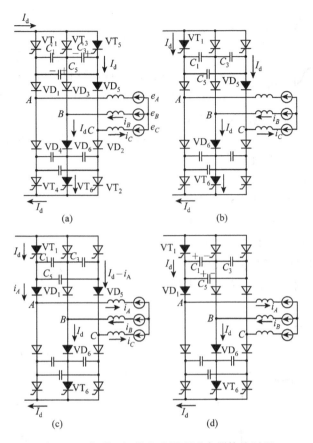

图 5-12　串联二极管电流源型逆变器换流过程

1. 换流前运行阶段

设 VT_5、VT_6 导通,负载电流 I_d 由直流电源(＋)极出发,经 VT_5、VD_5,通过电机 C 相绕组和 B 相绕组,经由 VD_6、VT_6 流返回电源(－)极,其路径如图 5-12(a)所示,图中涂黑器件表示导通器件。与此同时,电容 C_5 充有极性左(－)、右(＋)的一定电压为关断 VT_5 作了准备。

2. 晶闸管换流与恒流充、放电阶段

触发导通 VT_1 后,使电容 C_5 上的电压反向施加在 VT_5 两端,实现电容强迫换流,VT_5 立即关断。此时负载电流 I_d 将经 VT_1,电容 C_1、C_3 串联再和 C_5 并联构成的等效电容(其值为 $3C/2$,C 为每个电容的电容量),二极管 VD_5 继续流通,如图 5-12(b)所示。在等效电容 $3C/2$ 放电至零之前,VT_5 一直承受反压,以保证其可靠关断。由于电流源逆变器中负载电流 I_d 一般恒定不变,则 I_d 对由 C_1 和 C_3 串联、再与 C_5 并联而成的等效电容进行恒流充电,使 C_1、C_3 和 C_5 上的电压极性变反。当电容 C_5 上的电压 u_{C_5} 等于电机 A、C 相绕组上电压 u_{AC} 时,二极管 VD_1 开始导通,进入 VD_5 和 VD_1 的换流阶段。

3. 二极管换流阶段

VD_1、VD_5 同时导通时,由 C_1、C_3 和 C_5 构成的等效电容 $3C/2$ 与电机 A、C 两相绕组漏电感 $2L$ 构成串联谐振,其固有频率为 $\omega_0 = 1/\sqrt{3LC}$。谐振过程使 A 相电流由零上升至 I_d,

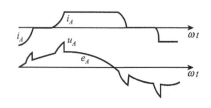

图 5-13　负载电机相电流、相电压波形

C 相电流从 I_d 下降至零,实现了二极管间的负载谐振换流。二极管换流的电流路径如图 5-12(c)所示。此阶段由于 A、C 两相绕组中电流迅速发生变化,将在漏感上引起相当大的自感电势 Ldi/dt,叠加在正弦的反电势上,使相电压波形出现高达 1.5 倍额定电压的尖峰,如图 5-13 所示。同样在电机线电压上也会出现不希望的尖峰,这对电机运行和隔离二极管电压耐量都是不利的,故电流型逆变器供电电机常希望绕组漏抗尽可能小。

4. 换流后运行阶段

当 A 相电流 $i_A = I_d$,C 相电流 $i_C = 0$ 时,二极管换流结束,进入 VT_1、VD_1 与 VT_6、VD_6 及电机 A、B 相的稳定导通新阶段。此时 VD_5 承受反压而截止,电容 C_1 上电压充成左(+)、右(一),为下次 VT_1 的强迫关断作准备。

电流源型逆变器理想输出波形如图 5-14 所示。当负载 Y 连接时,每相电流波形如图 5-14(a)所示,当负载△连接时,每相负载中电流波形如图 5-14(b)所示。

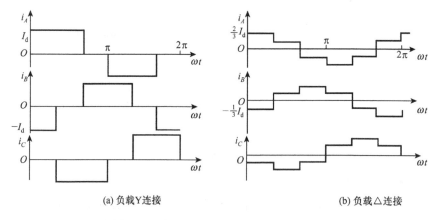

(a) 负载Y连接　　　　　　　　　　　(b) 负载△连接

图 5-14　电流源型逆变器输出相电流波形

三相桥式电流源型逆变器还可以用于过激同步电动机的调速驱动,利用滞后于电流相位的电机反电势可以实现自然换流,因为同步电机是逆变器的负载,因此这种换流方式也属于负载换流,其分析参见 8.2 节"晶闸管无换向器电机"。

5.4　三相电压源型逆变电路

采用三个如图 5-4 所示的单相电压源型逆变器可组合成如图 5-15 所示的三相桥式电压源型逆变电路,其中电源电压 E 被两串联直流电容分压而引出一虚拟中点 O',用于电路波形分析。

电压源型逆变器开关元件采用 180°导通型,即:①每管导通半周期;②换流在同相上、下桥臂元件间进行,要求其触发信号互补,如图 5-16 所示;③任何时刻均有三管导通(一相上桥臂元件和两相下桥臂元件,或两相上桥臂元件和一相下桥臂元件),形成三相负载电压确定的状态。

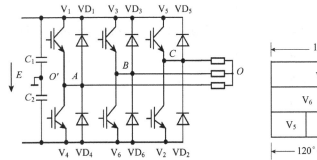

图 5-15　三相桥式电压源型逆变器

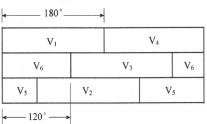

图 5-16　180°导通型三相逆变器各管换流顺序

三相电压源型逆变器输出电压、电流波形如图 5-17 所示，可以看出：

1) 负载各相对电源中点 O' 电压 $u_{AO'}$、$u_{BO'}$、$u_{CO'}$ 为 180°方波，幅值为 $E/2$，互差 120°，如图 5-17(a)、(b)、(c)所示，这是 180°导通型开关过程的结果。

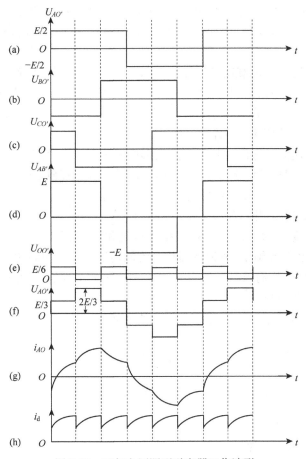

图 5-17　三相电压源型逆变器工作波形

2) 负载线电压波形可求得为

$$\left.\begin{aligned} u_{AB} &= u_{AO'} - u_{BO'} \\ u_{BC} &= u_{BO'} - u_{CO'} \\ u_{CA} &= u_{CO'} - u_{AO'} \end{aligned}\right\} \tag{5-10}$$

图 5-17(d)为 A、B 相线电压 u_{AB} 波形,是(a)、(b)波形之差。

3) 负载相电压波形可通过负载中点 O 与直流电源虚拟中点 O' 间电压 $u_{OO'}$ 来表达,即

$$
\left.
\begin{aligned}
u_{AO} &= u_{AO'} - u_{OO'} \\
u_{BO} &= u_{BO'} - u_{OO'} \\
u_{CO} &= u_{CO'} - u_{OO'}
\end{aligned}
\right\}
\tag{5-11}
$$

上式相加可解出

$$
u_{OO'} = \frac{1}{3}(u_{AO'} + u_{BO'} + u_{CO'}) - \frac{1}{3}(u_{AO} + u_{BO} + u_{CO})
\tag{5-12}
$$

考虑三相负载对称,有 $u_{AO} + u_{BO} + u_{CO} = 0$,则有

$$
u_{OO'} = \frac{1}{3}(u_{AO'} + u_{BO'} + u_{CO'})
\tag{5-13}
$$

$u_{OO'}$ 波形如图 5-17(e)所示,是一个 3 倍输出频率、幅值为 $E/6$ 的交变方波。利用式(5-13)、式(5-11)可求得三相负载相电压波形,图 5-17(f)为 A 相 u_{AO} 波形。可以看出,这是一个典型的六阶梯波,幅值为 $2E/3$。B、C 相波形 u_{BO}、u_{CO} 和 u_{AO} 相同,仅相应依次互差 120°。

4) 负载相电流波形与负载阻抗角 φ 有关,图 5-17(g)为阻感性负载 $\varphi < \pi/3$ 时的 A 相电流 i_{AO}。波形分析中必须注意同相上、下桥臂元件的换流过程:V_1 从通态转入断态时,由于感性负载电流不能突变,在自感电势作用下 VD_4 导通续流,直至电流为零,为 V_4 导通创造条件,实现 V_1 至 V_4 的换流;同样,V_4 从通态转入断态时也必须经过 VD_1 的续流过程,才能完成 V_4 至 V_1 的换流。这样,图 5-17(g)波形中 i_A 的上升段为上桥臂元件组 V_1、VD_1 的导通区间,其中 $i_A < 0$ 时 VD_1 导通;$i_A > 0$ 时 V_1 导通;i_A 的下降段为下桥臂元件组 V_4、VD_4 的导通区间,其中 $i_A > 0$ 时 VD_4 导通,$i_A < 0$ 时 V_4 导通。

i_B、i_C 波形与 i_A 波形相同,相位上依次相差 120°。

5) 直流母线电流 i_d 为上或下桥臂三相电流之和,如图 5-17(h)所示,每隔 60° 脉动一次。由于直流电源电压 E 恒定,故逆变器从交流侧传送至直流侧的功率存在脉动。

由于三相电压型逆变输出电压为方波(六阶梯波),包含丰富的低次谐波,会对负载造成负面效应,应进行定量分析。

(1) 输出线电压瞬时值 u_{AB} 的傅里叶级数展开为

$$
\begin{aligned}
u_{AB} &= \frac{2\sqrt{3}E}{\pi}\left(\sin\omega t - \frac{1}{5}\sin 5\omega t - \frac{1}{7}\sin 7\omega t + \frac{1}{11}\sin 11\omega t + \frac{1}{13}\sin 13\omega t + \cdots\right) \\
&= \frac{2\sqrt{3}E}{\pi}\left[\sin\omega t + \sum_n \frac{1}{n}(-1)^k \sin n\omega t\right]
\end{aligned}
\tag{5-14}
$$

式中,$n = 6k \pm 1$,k 为自然数。

输出线电压有效值 u_{AB} 为

$$
u_{AB} = \sqrt{\frac{1}{2\pi}\int_0^{2\pi}(u_{AB})^2 \, \mathrm{d}(\omega t)} = 0.816E
\tag{5-15}
$$

基波幅值 u_{AB1m} 和基波有效值 u_{AB1} 分别为

$$
u_{AB1m} = \frac{2\sqrt{3}E}{\pi} = 1.1E
\tag{5-16}
$$

$$u_{AB1} = \frac{U_{ABlm}}{\sqrt{2}} = \frac{\sqrt{6}}{\pi} = 0.78E \qquad (5\text{-}17)$$

（2）输出相电压瞬时值的傅里叶级数展开为

$$u_{AO} = \frac{2E}{\pi}\left(\sin\omega t + \frac{1}{5}\sin 5\omega t + \frac{1}{7}\sin 7\omega t + \frac{1}{11}\sin 11\omega t + \frac{1}{13}\sin 13\omega t + \cdots \right)$$

$$= \frac{2E}{\pi}\left(\sin\omega t + \sum_{n} \frac{1}{n}\sin n\omega t \right) \qquad (5\text{-}18)$$

式中，$n = 6k \pm 1$，k 为自然数。

输出相电压有效值 u_{AO} 为

$$u_{AO} = \sqrt{\frac{1}{2\pi}\int_{0}^{2\pi}(u_{AO})^2 \, \mathrm{d}(\omega t)} = 0.471E \qquad (5\text{-}19)$$

基波幅值 u_{AOlm} 和基波有效值 u_{AO1} 分别为

$$u_{AOlm} = \frac{2E}{\pi} = 0.637E \qquad (5\text{-}20)$$

$$u_{AO1} = \frac{U_{AOlm}}{\sqrt{2}} = 0.45E \qquad (5\text{-}21)$$

电压源型逆变器功率开关器件采用 180°导通型，同相上、下桥臂元件互补通断，这在无开关过程的理想器件条件下成立。但任何实际器件均有开通与关断的过程，可能会出现一管导通而另一管尚未关断的局面，造成开关器件的永久性损伤。为此，可采取"先断后通"的触发原则，即先给应关断的器件以关断信号，待其关断后留一定时间裕量再给应导通的器件以导通信号，在关断与导通信号间设置一短暂的均不工作的"死区时间"。死区时间长短视器件的开关速度而定，器件开关速度越高，死区时间越短。死区时间设置虽可避免桥臂的直通，但会使实际输出电压波形偏离理想的优化波形，带来附加的谐波增加和电压损失，在某种情况下需要予以校正。这种设置死区的办法对上、下桥臂通、断互补工作的其他变流电路也适用。

5.5　逆变电路的多重化及多电平化

大功率逆变电路中，电流源型逆变器常采用半控晶闸管器件作功率开关，存在较长时间换流过程，限制了开关频率，使输出电流为方波；高压、大功率电压源型逆变器也多采用门极可关断晶闸管作功率元件，虽有自关断能力但器件开关频率仍低，输出电压也多为方波。还有很多采用全控型器件的电压源型逆变器，为减小开关损耗也采用低频工作方式，输出方波电压。方波电压、电流含有丰富的低次谐波，严重影响输出特性。如用于交流电机供电，会使电机附加损耗增加，效率降低，运行功率因数恶化，产生谐波转矩，引起噪声与振动等。因此有必要对逆变器输出波形进行改善，使之尽可能接近正弦形，以减小谐波含量。对此有两种处理方法：对于大容量逆变器，由于电压、电流定额限制只能使用晶闸管（包括门极可关断晶闸管）作开关元件时，多采用多重化、多电平化技术，这是本节讨论内容；对于中、小容量逆变器，可以使用高频全控型器件，多采用脉冲宽度调制（PWM）技术，这将是 5.6 节重点讨论的内容。

5.5.1 多重化技术

多重化就是将几个逆变器的输出矩形波在相位上错开一定角度进行叠加,使之获得尽可能接近正弦波的多阶梯波形。从电路输出合成形式看,多重化逆变电路有串联多重和并联多重两种形式。串联多重是将几个逆变器的输出串联起来,多用于电压源型逆变电路;并联多重是将几个逆变器的输出并联起来,多用于电流源型逆变电路。

1. 串联多重化

图 5-18 给出了一个二重化的三相电压源型逆变器主电路。两个三相桥式逆变电路共用同一直流电源 E,输出电压通过变压器 T_1、T_2 串联合成。

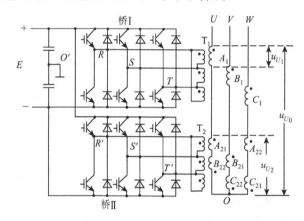

图 5-18　三相电压源型二重逆变电路

两个三相逆变电路均为 180°导通型,其三相对电源中点 O' 输出电压 $u_{RO'}$、$u_{SO'}$、$u_{TO'}$ 及线电压 $u_{RS'}$ 波形如图 5-19 所示。工作时,桥 II 输出电压相位比桥 I 滞后 30°。桥 I 输出变压器 T_1 为△/Y 连接,设其变比为 1,则原、副边线电压之比为 $1:\sqrt{3}$。桥 II 输出变压器 T_2 为△/Z(曲折星形)连接,要求其副边电压相对于原边电压超前 30°,以抵消桥 II 输出比桥 I 滞后的 30°,使二重化中通过变压器副边相串联的二桥输出电压基波同相位,如图 5-18、图 5-20 中 u_{U_1}、u_{U_2}。为使 u_{U_1}、u_{U_2} 基波幅值相等,在 T_1、T_2 原边匝数相等条件下,副边匝比应为 $1:\sqrt{3}$。

图 5-20 中 U_{A_1}、$U_{A_{21}}$、$U_{B_{22}}$ 分别为变压器副边绕组 A_1、A_{21}、B_{22} 上的基波电压向量,图 5-21 给出了变压器副边绕组电压及合成输出电压 u_{U_0} 波形。可以看出,二重化后的三相逆变电路输出电压 u_{U_0} 比单个三相逆变电路输出电压 u_{U_1} 或 u_{U_2} 台阶更多、更接近正弦。分析表明,u_{U_0} 中已不包含 5、7 次低次谐波。分析同时表明,该三相电压源型二重化逆变器直流侧每周期脉动 12 次,已是一个 12 脉波的逆变电路。一般来说,如使 m 个三相桥式逆变电路依次错开 $\pi/(3m)$ 相位,并采用输出变压器作 m 重化串联且抵消上述相位差,就可以构成脉波数为 $6m$ 的逆变电路。

2. 并联多重化

一种三相电流源型逆变器三重化的方案如图 5-22 所示。逆变器 I、II、III 之间互差 20° 电角度,通过三台分别为反 Z/△、Y/△、正 Z/△ 连接的变压器耦合并联输出。

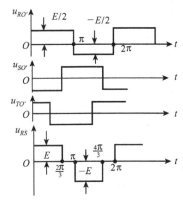

图 5-19　三相逆变电路输出电压波形

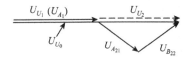

图 5-20　变压器 T_1、T_2 二次侧基波
电压相量图

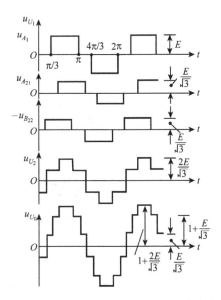

图 5-21　三相电压源型二重逆变电路波形

对于图 5-23(a)所示的 Y/△连接变压器,若原、副绕组匝比为 $W_1/W_2 = 1/\sqrt{3}$,其输出电流

$$i_{r_{12}} = i_b' - i_a' = \frac{W_1}{W_2}(i_{R_{12}} - i_{R_{32}}) = \frac{1}{\sqrt{3}}(i_{R_{12}} - i_{R_{32}}) \tag{5-22}$$

波形如图 5-23(b)所示。

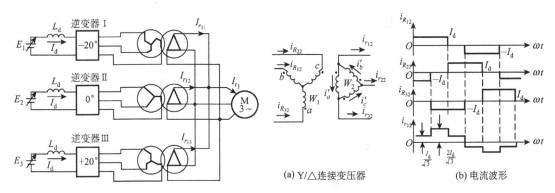

图 5-22　三相电流源型三重化逆变电路

图 5-23　Y/△连接变压器及电流波形

对于图 5-24(a)所示反 Z/△连接变压器,其安匝关系为

$$\left. \begin{aligned} W_5 i_a' &= W_3 i_{R_{11}} - W_4 i_{R_{21}} \\ W_5 i_b' &= W_3 i_{R_{21}} - W_4 i_{R_{31}} \\ W_5 i_c' &= W_3 i_{R_{31}} - W_4 i_{R_{11}} \end{aligned} \right\} \tag{5-23}$$

从而求得

$$i_{r_{11}} = i'_a - i'_c = \frac{W_3}{W_5}(i_{R_{11}} - i_{R_{31}}) - \frac{W_4}{W_5}(i_{R_{21}} - i_{R_{11}}) \tag{5-24}$$

若 $W_3/W_4 = 47/226$，$W_4/W_5 = 51/226$，反 Z/△连接组各处电流波形如图 5-24(b)所示。

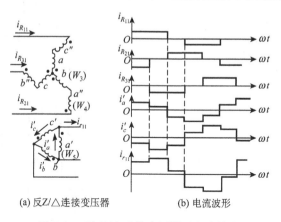

(a) 反 Z/△连接变压器　　　　　(b) 电流波形

图 5-24　反 Z/△连接变压器及电流波形

同理，可画出正 Z/△连接组的波形。将三套逆变器电流按图 5-22 连接关系叠加，可得图 5-25 所示的三重化电流源型逆变器输出一相总电流 i_{r_1} 波形，它已消除 13 次以下的电流谐波。

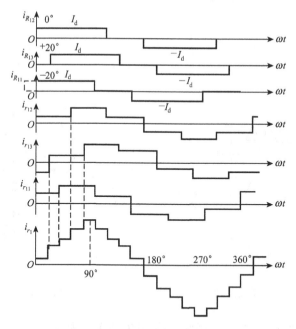

图 5-25　三重化电流源逆变器的电流波形

从以上电压源型逆变器的串联多重化和电流源型逆变器的并联多重化可以看出，采用多重化技术后，负载上得到了尽可能接近正弦的多台阶阶梯波，且多重化连接数越多，波形改善效果越好。但是由于主回路换流的相互影响、控制电路及输出变压器连接的复杂程度等原因，实用上多采用三重化。

5.5.2 多电平化

在图 5-15 三相电压源型逆变电路及其输出电压波形图 5-17(a)中可以看到,对于其中某相,如 A 相来说,当上桥臂元件导通时 $u_{AO'} = E/2$;当下桥臂元件导通时 $u_{AO'} = -E/2$;逆变器输出相电压只有 $E/2$ 和 $-E/2$ 两种电平,其他两相也一样。这种逆变电路称为二电平电路。为改善输出特性,可以采用两个逆变器作二重化处理。实际上要获得同样的输出效果,还可以通过对单一逆变电路改造,使之输出更多电平来实现,这就是多电平化。所以多电平化的思想就是由几个电平台阶合成阶梯波以逼近正弦波输出的处理方式,由此构成的多电平逆变器不仅能降低所用功率开关器件的电压定额,而且大大改善了输出特性,减少了输出电压中的谐波含量,也无须像多重化中要使用多台特殊连接的输出变压器,故在高电压、大容量的 DC-AC 变换中得到了越来越广泛的应用,如中、高压交流电机驱动,大功率交流调速装置,电力机车牵引,特别在减少电网谐波和补偿电网无功方面有着非常良好的应用前景,如高压直流输电(HVDC),柔性交流输电(FACTS),静态无功补偿(STACOM),电力有源滤波器(APF)及大型风电机组的交流励磁装置或与电网的接口变流电路。

多电平逆变电路主要有三种拓扑类型:中点箝位式,飞跨电容式,级联式。它们都是以串联的"功率开关对"(全控型器件加反并联二极管)组成的普通半桥为基本结构,再与二极管、电容、独立电源等组合而成。以三电平逆变器为例,其一相桥臂主电路结构如图 5-26 所示。

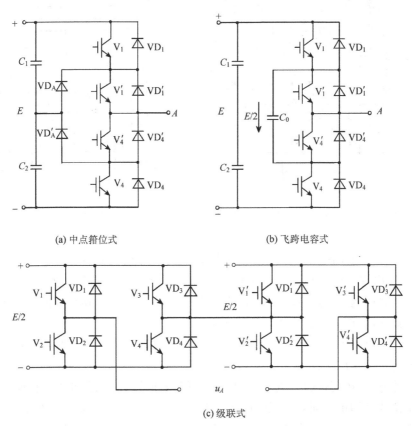

(a) 中点箝位式   (b) 飞跨电容式

(c) 级联式

图 5-26 三电平逆变器一相桥臂主电路结构

1. 中点箝位式

中点箝位式是于 20 世纪 80 年代初最早出现的三电平逆变器,其一相桥臂主电路如图 5-26(a)所示,三相主电路结构如图 5-27 所示。图中,功率开关器件(GTO)$VT_1 \sim VT_6$ 为主控元件,反并联有无功二极管 $VD_1 \sim VD_6$;$VT_1' \sim VT_6'$ 为辅控元件,亦反并联有无功二极管 $VD_1' \sim VD_6'$,它们与箝位二极管 VD_A、VD_A'、VD_B、VD_B' 及 VD_C、VD_C' 一起将各相输出端 A、B、C 电位箝至直流电源中点电位 O'。为了达到这个目的,以 A 相桥臂为例,主控元件 VT_1、VT_4 的触发信号 u_{g1}、u_{g4} 辅控元件 VT_1'、VT_4' 的触发信号 $u_{g'1}$、$u_{g'4}$ 的时序应作图 5-28 的安排:u_{g1} 与 $u_{g'4}$、u_{g4} 与 $u_{g'1}$ 信号互补,而 u_{g1} 与 u_{g4} 信号互差 180°。这样,当 VT_1、VT_1'(或 VD_1、VD_1')导通,VT_4、VT_4' 关断时,A 点和 O' 点间电位差为 $E/2$,输出 $u_{AO'} = E/2$;当 VT_4、VT_4'(或 VD_4、VD_4')导通,VT_1、VT_1' 关断时,A 点和 O' 点间电位差为 $-E/2$,输出 $u_{AO'} = -E/2$;VT_1 和 VT_4 关断、VT_1' 和 VT_4' 导通时,A 点被辅助开关元件导通箝至直流电源中点电位 O' 上,输出 $u_{AO'} = 0$。

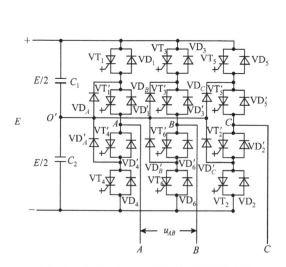

图 5-27　中点箝位式三电平电压源型逆变器

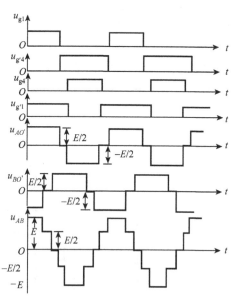

图 5-28　中点箝位式三电平三相逆变器波形

B 相、C 相桥臂输出电压 $u_{BO'}$、$u_{CO'}$ 按三相对称原则依次滞后 $2\pi/3$。这样,线电压 $u_{AB} = u_{AO'} - u_{BO'}$ 就输出有 $\pm E$、$\pm E/2$、0 五种电平状态,其阶梯形状更接近正弦波,输出电压谐波将大大优于通常的两电平逆变器。对比图 5-21 可以看出,三电平逆变器的输出电压波形与二重化逆变器相同,但省去了连接复杂的输出变压器。

三电平逆变电路中每个功率开关器件所承受的电压仅为直流电源电压的一半,故特别适合高压大容量的应用场合。

用类似的方法,还可构成五电平、七电平等更多电平的电路,统称多电平逆变电路。

中点箝位式结构扩展到 $n>3$ 的电平时,需要采用 $(n-1)$ 个直流分压电容相串联,每个桥臂需要 $2(n-1)$ 个功率开关对串联,$(n-1)(n-2)$ 个箝位二极管,且每 $(n-1)$ 个二极管串联后分别跨接在正、负半臂对应开关器件之间进行箝位。

2. 飞跨电容式

飞跨电容式三电平逆变器的一相桥臂主电路如图5-26(b)所示,它采用电容代替两箝位二极管构成分压,使线电压形成±E、±E/2、0五种电平状态。飞跨电容式 n 电平逆变器每相桥臂需 2(n−1) 个功率开关对串联,(n−1) 个直流分压电容,(n−1)(n−2)/2 个箝位电容。

3. 级联式

级联式三电平逆变器的一相桥臂主电路如图5-26(c)所示,它采用两个单元电路级联形式,每个单元电路由一独立电源和4个功率开关对构成。而 n 电平级联式逆变器每相桥臂也是采用两个单元电路级联而成,每个单元电路则需(n−1)/2 个独立电源和 2(n−1) 个功率开关对。

逆变器多电平化的突出优点是:

1) 每个功率器件仅承受整个直流电源电压的 1/(n−1)(n 为电平数),因而可用耐压相对较低的器件实现高压、大功率输出,无须功态均压处理。

2) 由于每相输出有 n 个电平,减小了电压波形的畸变,改善了输出电压品质。

3) 可用较低开关频率器件获得等效高开关频率的输出电压谐波性能,且开关损耗小、运行效率高。

4) 由于电平数的增加,在相同直流电源电压条件下减少了电平变化的 du/dt,改善了逆变器的电磁兼容性能。

当然,这些优势的取得是以增加硬件成本为代价的。

5.6　脉宽调制型逆变电路

在工业应用中许多负载对逆变器的输出特性有严格要求,除频率可变、电压大小可调外,还要求输出电压谐波含量尽可能小。对于采用无自关断能力晶闸管元件的方波输出逆变器,多采用多重化、多电平化措施使输出波形实现多台阶化来接近正弦。这种措施电路结构较复杂,代价较高,效果却不尽人意。改善逆变器输出特性的另一种办法是使用全控型器件作高频通、断的开关控制,将台阶电压输出变为等幅不等宽的脉冲电压输出,并通过脉冲宽度的调制控制使输出电压消除低次谐波,只剩幅值很小、易于抑制的高次谐波,从而极大地改善了逆变器的输出特性。这种逆变电路就是脉宽调制(pulse width modulation, PWM)型逆变电路,它是目前直流-交流(DC-AC)变换中最重要的变换技术,是本章的重点内容。本节将从脉宽调制型逆变电路的基本原理出发,重点讲述 PWM 的各种调制方法,即正弦脉宽控制、电流滞环控制、电压空间矢量控制,并简要介绍逆变电路消除输出谐波、提高直流电压利用率等相关技术。

5.6.1　基本原理

按照输出交流电压半周期内的脉冲数,PWM 可分为单脉冲调制和多脉冲调制;按照输出电压脉冲宽度变化规律,PWM 可分为等脉宽调制和正弦脉宽调制(SPWM);按照输出半周期内脉冲电压极性单一还是变化,PWM 可分为单极性调制和双极性调制;在输出电压频率变化中,按照输出电压半周期内的脉冲数固定还是变化,PWM 又可分同步调制、异步调制和分段同步调制等。对于这些有关调制技术的基本原理和概念,准备通过单相脉宽调制

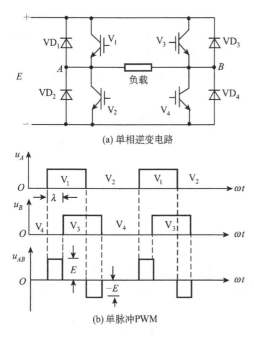

(a) 单相逆变电路

(b) 单脉冲PWM

图 5-29　单相逆变电路及单脉冲调制

电路来说明。

1. 单脉冲与多脉冲调制

图 5-29(a)为一单相桥式逆变电路。功率开关器件 V_1、V_2 之间及 V_3、V_4 之间作互补通、断,则负载两端 A、B 点对电源 E 负端的电压波形 u_A、u_B 均为 180°的方波。若 V_1、V_2 通断切换时间与 V_3、V_4 通断切换时间错开 λ 角,则负载上的输出电压 u_{AB} 得到调制,输出脉宽为 λ 的单脉冲方波电压,如图 5-29(b)所示。λ 调节范围为 0°~180°,从而使交流输出电压 u_{AB} 的大小可从零调至最大值,这就是电压的单脉冲脉宽调制控制。

如果对逆变电路各功率开关元件通断做适当控制,使半周期内的脉冲数增加,就可实现多脉冲调制。图 5-30(a)为多脉冲调制电路原理图,图 5-30(b)为输出的多脉冲 PWM 波形。图中,u_T 为三角波的载波信号电压,u_R 为输出脉宽控制用的调制信号,u_D 为调制后输出 PWM 信号。当 $u_R > u_T$,比较器输出 u_D 为高电平;当 $u_R < u_T$,比较器输出 u_D 为低电平。由于 u_R 为直流电压,输出 u_D 为等脉宽 PWM;改变三角波载波频率,就可改变半周期内脉冲数。

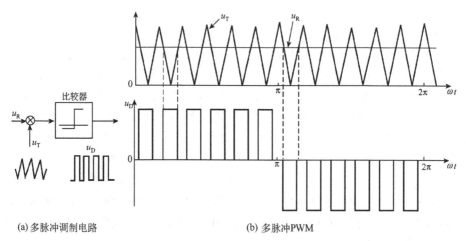

(a) 多脉冲调制电路　　　　　　　　　　(b) 多脉冲PWM

图 5-30　多脉冲调制电路及 PWM 波形

2. 正弦脉宽调制

等脉宽调制产生的电压波形中谐波含量仍然很高,为使输出电压波形中基波含量增大,应选用正弦波作为调制信号 u_R。这是因为等腰三角形的载波 u_T 上、下宽度线性变化,任何一条光滑曲线与三角波相交时,都会得到一组脉冲宽度正比于该曲线函数值的矩形脉冲。所以用正弦波与三角波相交,就可获得一组宽度按正弦规律变化的脉冲波形,如图 5-31 所示。而且在三角载波 u_T 不变条件下,改变正弦调制波 u_R 的周期就可以改变输出脉冲宽度变化的周期;改变正弦调制波 u_R 的幅值,就可改变输出脉冲的宽度,进而改变 u_D 中基波 u_{D1} 的大小。因此在直流电源电压 E 大小不变的条件下,通过对调制波频率、幅值的控制,就可使逆变器同时完成变频和变压的双重功能,这就是正弦脉宽调制(sine pulse width modulation,SPWM)。

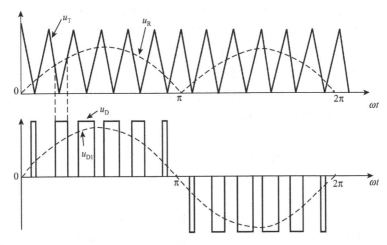

图 5-31 正弦脉宽调制(单极性)

3. 单极性与双极性调制

从图 5-31 中可以看出,半周期内调制波与载波均只有单一的极性:$u_T>0,u_R>0$。输出 SPWM 波也只有单一的极性:正半周内,$u_D>0$;负半周内,$u_D<0$;u_D 极性的变化是通过倒相电路按半周期切换所得。这种半周期内输出电压具有单一极性 SPWM 波形的调制方式称单极性调制。

逆变电路采用单极性调制时,在输出的半周期内每桥臂只有上或下一个开关元件作通断控制,另一个开关元件关断。如任何时候每桥臂的上、下元件之间均作互补的通、断,则可实现双极性调制,其原理如图 5-32 所示。双极性调制时,任何半周期内调制波 u_R、载波 u_T

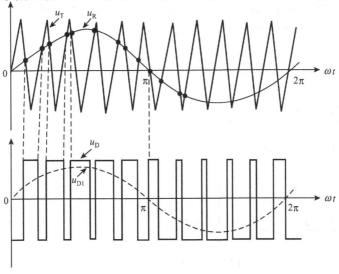

图 5-32 双极性 SPWM

及输出 SPWM 波 u_D 均有正、负极性的电压交替出现,有效地提高了直流电压的利用率。

4. 同步调制与异步调制

SPWM 逆变器输出电压的频率可以通过改变正弦调制波 u_R 的频率来调节,此时对三角形载波 u_T 的频率有两种处理方式:一是载波频率随调制波频率成比例变化,在任何输出频率下保持每半周期内的输出脉冲数不变,称为同步调制;另一种是在任何时候均保持载波频率不变,此时半周期内的输出脉冲在不同输出频率下均不同,称为异步调制。

同步调制时输出 SPWM 波形稳定,正、负半周完全对称,只含奇次谐波。但由于每半周的输出脉冲数在任何时刻均不变,致使低频时输出电压谐波含量比高频时大得多,低频输出特性不好。异步调制时可通过控制载波频率使低频时输出脉冲增加,以改善输出特性,但由于半周期内输出脉冲数及相位随输出频率变化,正、负半周的输出波形都不能完全对称,会出现偶次谐波,也会影响输出特性。

考虑到低频时异步调制有利、高频时同步调制较好,所以实用中采取分段同步调制的折中方案,如图 5-33 所示。即将整个输出频率范围 $0 \sim f_N$ 分为几个频率段,除在低频段采用异步调制外,其他各段均设置一适当载波比 $N = f_T / f_R$,即载波频率 f_T 与调制波频率 f_R 之比,实施同步调制。这样在某一确定频率段内,随着输出频率增大载波频率增加,但始终保持确定的半周期输出脉冲数目不变。随着运行频率 f_R 的提高,减小载波比 N,以保持功率器件的开关频率在一个合理的范围。当输出频率达到额定值 f_N 后,用脉宽调制方式改变方波输出,以充分利用直流电源电压 E。

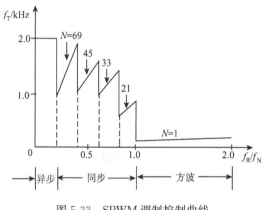

图 5-33 SPWM 调制控制曲线

【例 5-2】 设有一 SPWM 逆变器,功率开关元件为 GTR。为确保 GTR 安全工作,限定最高开关频率不超过 2kHz;为确保 SPWM 谐波特性,最低开关频率约为 1kHz,试画出额定运行频率 $f_N = 50$Hz 内,载波比 $N = f_T / f_R = 36, 72, 144$ 分段同步调制时的 f_T-f_R 的关系曲线。

【解】 本题的 f_T-f_R 关系曲线如图 5-34 所示。

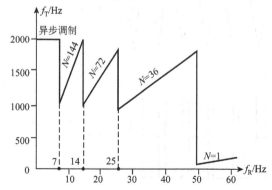

f_R/Hz	N	f_T/Hz
$0 \sim 7$	异步调制	2000
$7 \sim 14$	144	$1008 \sim 2016$
$14 \sim 25$	72	$1008 \sim 1800$
$25 \sim 50$	36	$900 \sim 1800$
$50 \sim 60$	1	$50 \sim 60$

图 5-34 例题的 f_T-f_R 曲线

5.6.2　正弦脉宽调制方法

SPWM 是以获得正弦电压输出为目标的一种脉宽调制方式。本小节将以应用最普遍的三相电压源型逆变电路来讨论 SPWM 具体实现方法,主要是采样法(自然采样法、规则采样法)和指定谐波消去法。

1. 采样法

图 5-35 为三相电压源型 PWM 逆变器主电路结构,$V_1 \sim V_6$ 为高频全控型器件,$VD_1 \sim VD_6$ 为与之反并联的快速恢复二极管,为负载感性无功电流提供通路。两个直流滤波电容 C 串联接地,为输出 $\pm E/2$ 电平提供可能,且中点 O' 可以认为与三相 Y 接负载中点 O 等电位。逆变器输出 A、B、C 三相 PWM 电压波形取决于开关器件 $V_1 \sim V_6$ 上的驱动信号波形,即 PWM 的调制方式。

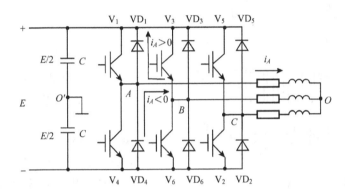

图 5-35　三相电压源型 PWM 逆变器主电路结构

(1) 自然采样法

假设逆变电路采用双极性 SPWM 控制,三相共用一个三角载波 u_T,三相正弦调制信号 u_{RA}、u_{RB}、u_{RC} 互差 120°,可用 A 相来说明功率开关器件的控制规律,如图 5-35 所示。当 $u_{RA} \geqslant u_T$ 时,在两电压的交点处,给 A 相上桥臂元件 V_1 导通信号、下桥臂元件 V_4 关断信号,则 A 相与电源中点 O' 间的电压 $u_{AO'} = E/2$。当 $u_{RA} < u_T$ 时,在两电压的交点处给 V_4 导通信号、V_1 关断信号,则 $u_{AO'} = -E/2$。实际上当给 V_1(或 V_4)导通信号时,可能是 V_1(或 V_4)导通,也可能是 VD_1(或 VD_4)续流导通,要由感性负载中的电流方向来决定。这种由正弦调制波与三角载波相交、交点决定开关器件导通时刻而形成 SPWM 波形的方法称为自然采样法。

B、C 相的 SPWM 波调制方法与 A 相相同,形成了图 5-36 所示的相、线电压波形。可以看出 $u_{AO'}$、$u_{BO'}$、$u_{CO'}$ 的 SPWM 波只有 $\pm E/2$ 两种电平。线电压波形可由有关相电压波形相减得到

$$\left.\begin{array}{l} u_{AB} = u_{AO'} - u_{BO'} \\ u_{BC} = u_{BO'} - u_{CO'} \\ u_{CA} = u_{CO'} - u_{AO'} \end{array}\right\} \tag{5-25}$$

可以看出线电压 SPWM 波具有 $\pm E$ 及零三种电平,这是两电平逆变器典型输出波形。

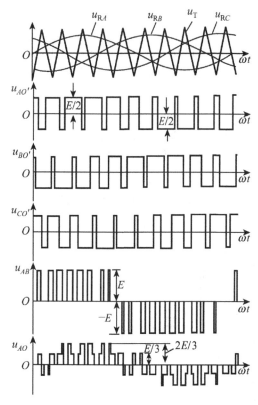

图 5-36 三相 SPWM 波形

若设负载中心 O 与电源中心 O' 之间电压差为 $u_{OO'}$,则三相负载相电压为

$$\left.\begin{array}{l} u_{AO} = u_{AO'} - u_{OO'} \\ u_{BO} = u_{BO'} - u_{OO'} \\ u_{CO} = u_{CO'} - u_{OO'} \end{array}\right\} \quad (5\text{-}26)$$

式(5-26)相加可求得

$$u_{OO'} = \frac{1}{3}(u_{AO'} + u_{BO'} + u_{CO'})$$
$$- \frac{1}{3}(u_{AO} + u_{BO} + u_{CO}) \quad (5\text{-}27)$$

对于三相对称负载有 $u_{AO} + u_{BO} + u_{CO} = 0$,从而有

$$u_{OO'} = \frac{1}{3}(u_{AO'} + u_{BO'} + u_{CO'}) \quad (5\text{-}28)$$

由式(5-28)求得 $u_{OO'}$ 波形后,就可按式(5-26)求得负载相电压波形,如图 5-35 中 u_{AO} 所示。

(2) 规则采样法

自然采样法采用正弦调制波与三角载波相交、交点决定逆变电路功率开关器件导通时刻的波形生成方式。但如要求得到准确的交点时刻,必须求解描述调制波与载波相交的超越方程,计算过程十分复杂,因此不适用于数字控制而较适合模拟控制。在微机数字控制中,常采用经过采样处理的正弦调制波(实际是正弦波的等效阶梯波)与三角载波相交的等效方式。由于等效阶梯波可在一个采样周期内维持恒值,从而解决了交点的数学计算问题,故能适应微机的软件计算。

根据采样点的选取不同,分为对称规则采样法和不对称规则采样法两种具体算法。

1) 对称规则采样法。此法只在三角载波的顶点或底点处对正弦调制波实行采样,以形成等效阶梯波。该阶梯波再与三角载波相交确定出脉冲宽度,如图 5-37 所示(图中为顶点采样方式)。由于脉宽在一个采样周期 T_S(亦即载波周期 T_T)内位置对称,故称对称规则采样。

由图 5-37 可见

$$\left.\begin{array}{l} t_F = \frac{1}{4}T_S - a \\ t_O = \frac{1}{4}T_S + a \end{array}\right\} \quad (5\text{-}29)$$

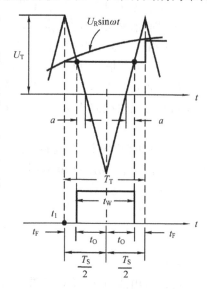

图 5-37 对称规则采样法图解

根据三角形相似关系可解出 a,则有

$$t_F = \frac{1}{4} T_S (1 - M\sin\omega t_1) \left.\begin{array}{c}\\\\\end{array}\right\}$$
$$t_O = \frac{1}{4} T_S (1 + M\sin\omega t_1)$$

$$(5\text{-}30)$$

式中

$$M = \frac{U_R}{U_T} \tag{5-31}$$

为调制度,即正弦调制波幅值与三角载波幅值之比;

$$t_1 = kT_S, \quad k = 0,1,2,\cdots,N-1 \tag{5-32}$$

为采样时刻,而 $N = f_T/f_R = T_R/T_T$ 为载波比。这样,脉冲宽度可算得为

$$t_W = \frac{1}{2} T_S (1 + M\sin\omega t_1) \tag{5-33}$$

可见在规则采样情况下,只要已知采样点 t_1 就能确定该采样周期内的脉宽 t_W 及时间间隔 t_F。

2) 不对称规则采样法。如果既在三角载波的顶点处,又在底点处对正弦调制波进行采样,这样形成的等效阶梯调制波与三角载波相交确定出的脉宽,在一个载波周期 T_T 内的位置是不对称的,故称为不对称规则采样,如图 5-38 所示。这里,采样周期 T_S 是载波周期 T_T 的一半,即 $T_S = \frac{1}{2} T_T$。

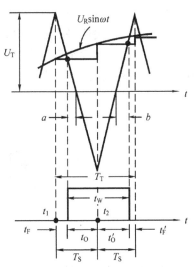

图 5-38　不对称规则采样法图解

在三角波顶点处采样时(采样时刻为 t_1),有

$$t_F = \frac{T_S}{2} - a \left.\begin{array}{c}\\\\\end{array}\right\}$$
$$t_O = \frac{T_S}{2} + a$$

$$(5\text{-}34)$$

在三角波底点处采样时(采样时刻为 t_2),有

$$t'_F = \frac{T_S}{2} - b \left.\begin{array}{c}\\\\\end{array}\right\}$$
$$t'_O = \frac{T_S}{2} + b$$

$$(5\text{-}35)$$

利用三角形相似关系,解出式中 a、b,从而可得

$$t_F = \frac{T_S}{2} (1 - M\sin\omega t_1) \left.\begin{array}{c}\\\\\\\\\\\\\\\end{array}\right\}$$
$$t_O = \frac{T_S}{2} (1 + M\sin\omega t_1)$$
$$t'_F = \frac{T_S}{2} (1 - M\sin\omega t_2)$$
$$t'_O = \frac{T_S}{2} (1 + M\sin\omega t_2)$$

$$(5\text{-}36)$$

式中

$$t_1 = \frac{T_s}{2}k, \qquad k = 0,2,4,6,\cdots,顶点采样$$

$$t_2 = \frac{T_s}{2}k, \qquad k = 1,3,5,7,\cdots,底点采样$$

$$\hspace{10cm}(5\text{-}37)$$

则脉宽为

$$t_W = t_O + t'_O = \frac{T_s}{2}\Big[1 + \frac{M}{2}(\sin\omega t_1 + \sin\omega t_2)\Big] \qquad (5\text{-}38)$$

不对称规则采样形成的阶梯波比对称规则采样形成的阶梯波更接近正弦波,脉宽调制结果更接近自然采样法,逆变器输出电压基波含量也更大。当载波比 N 为 3 及 3 的倍数时,输出电压不存在偶次谐波,其他高次谐波含量也小,故软件数字方式生成 SPWM 波时多采用不对称规则采样法。

三相逆变器要求输出电压对称,因而要用三个相位互差 1/3 周期的正弦调制波与同一三角载波相交来形成三相 SPWM 波,这就要求载波比 N 须为 3 的整数倍才可使三相采样点具有简单关系。有关三相逆变器不对称规则采样算法可参考相关资料。

2. 指定谐波消去法

指定谐波消去法是将逆变电路与负载作为一个整体进行分析,从消去对系统有害的某些指定次数谐波出发来确定 SPWM 波形的开关时刻,使逆变器输出电压接近正弦。这对采用低开关频率器件的逆变器更具意义。

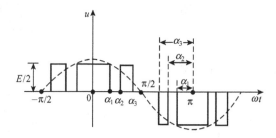

图 5-39   可以消除 5、7 次谐波的三脉冲 SPWM

图 5-39 为 1/4 周期内仅有三个开关角 α_1、α_2、α_3 的三脉冲、单极性 SPWM 波形,要求调制时控制输出电压基波幅值为 U_{1m},消除其中危害最大的 5、7 次谐波(由于负载 Y 连接、无中线、无 3 及其倍数次谐波)。为了确定开关时刻,将时间坐标原点取在波形的 1/4 周期处,则该 SPWM 波形的傅里叶级数展开为

$$u(\omega t) = \sum_{k=1}^{\infty} U_{km}\cos k\omega_1 t \qquad (5\text{-}39)$$

式中,第 k 次谐波电压幅值 U_{km} 可展开成

$$U_{km} = \frac{2}{\pi}\int_0^{\pi} u(\omega t)\cos(k\omega_1 t)\,\mathrm{d}\omega_1 t = \frac{E}{\pi}\Big[\int_0^{\alpha_1}\cos(k\omega_1 t)\,\mathrm{d}\omega_1 t$$

$$+ \int_{\alpha_2}^{\alpha_3}\cos(k\omega_1 t)\,\mathrm{d}\omega_1 t - \int_{\pi-\alpha_3}^{\pi-\alpha_2}\cos(k\omega_1 t)\,\mathrm{d}\omega_1 t - \int_{\pi-\alpha_1}^{\pi}\cos(k\omega_1 t)\,\mathrm{d}\omega_1 t\Big]$$

$$= \frac{2E}{k\pi}\left[\sin(k\alpha_1) - \sin(k\alpha_2) + \sin(k\alpha_3)\right] \tag{5-40}$$

由于脉冲具有轴对称性,无偶次谐波,k 为奇数。将式(5-40)代入式(5-39),得

$$u(\omega t) = \frac{2E}{\pi}\sum_{k=1}^{\infty}\frac{1}{k}\left[\sin(k\alpha_1) - \sin(k\alpha_2) + \sin(k\alpha_3)\right]\cos(k\omega_1 t)$$

$$= \frac{2E}{\pi}(\sin\alpha_1 - \sin\alpha_2 + \sin\alpha_3)\cos\omega_1 t + \frac{2E}{5\pi}(\sin5\alpha_1 - \sin5\alpha_2 + \sin5\alpha_3)\cos5\omega_1 t$$

$$+ \frac{2E}{7\pi}(\sin7\alpha_1 - \sin7\alpha_2 + \sin7\alpha_3)\cos7\omega_1 t + \cdots \tag{5-41}$$

根据要求,应有

$$\left.\begin{array}{l} U_{1m} = \dfrac{2E}{\pi}(\sin\alpha_1 - \sin\alpha_2 + \sin\alpha_3) \\[2mm] U_{5m} = \dfrac{2E}{5\pi}(\sin5\alpha_1 - \sin5\alpha_2 + \sin5\alpha_3) = 0 \\[2mm] U_{7m} = \dfrac{2E}{7\pi}(\sin7\alpha_1 - \sin7\alpha_2 + \sin7\alpha_3) = 0 \end{array}\right\} \tag{5-42}$$

求解以上谐波幅值方程,即可求得为消除 5、7 次谐波所必须满足的开关角 α_1、α_2 及 α_3。这样,就可以用较少的开关次数获得期望的 SPWM 输出电压。当然,如若希望消除更多的谐波含量,则需用更多谐波幅值方程求解更多的开关时刻。

5.6.3　电流滞环控制 PWM

电流滞环控制 PWM 是将负载三相电流与三相正弦参考电流相比较,如果实际负载电流大于给定参考电流,通过控制逆变器功率开关元件关断使之减小;如果实际电流小于参考电流,控制功率开关器件导通使之增大。通过对电流的这种闭环控制,强制负载电流的频率、幅值、相位按给定值变化,提高电压源型 PWM 逆变器对电流的响应速度。

图 5-40 给出了电流控制 PWM 逆变器的一相输出电流、电压波形。图中 i_s^* 为给定正弦电流参考信号,i_s 为逆变器实际输出电流,ΔI_s 为设定的电流允许偏差。

当 $i_s - i_s^* > \Delta I_s$ 时,控制逆变器该相下桥臂开关元件导通,使 i_s 衰减;当 $i_s - i_s^* < \Delta I_s$ 时,控制逆变器该相上桥臂开关元件导通,使 i_s 增大。以此种方式迫使该相负载电流 i_s 跟随指令电流变化,并将跟随误差限定在允许的 $+\Delta I_s$ 范围内。这样逆变器输出电流呈锯齿波,其包络线按指令规律变化;输出电压为双极性 PWM 波形。逆变器功率开关元件工作在高频开关状态,允许偏差 ΔI_s 越小,电流跟踪精度越高,但功率器件的开关频率也越高,必须注意所用器件的最高开关频率限制。

电流滞环控制 PWM 逆变器控制原理如图 5-41 所示。由于实际电流波形围绕给定正弦波作锯齿变化,与负载无关,故常称电流源型 PWM 逆变器,也有称电流跟踪控制 PWM 逆变器。由于电流被严格限制在参考正弦波周围的允许误差范围之内,故对防止过电流十分有利。

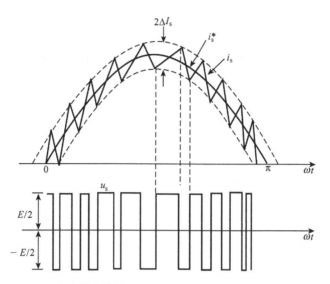

图 5-40 电流滞环控制 PWM 输出一相电流 i_s 及电压 u_s 波形

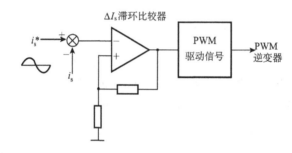

图 5-41 电流滞环控制 PWM 逆变器控制原理图

5.6.4 电压空间矢量控制

正弦脉宽调制（SPWM）是从电源角度出发，着眼于如何生成一个变频变压的正弦电压源；电流滞环控制 PWM 则着眼于如何在负载中生成一个变频变幅值的正弦电流源。电压空间矢量控制（SVPWM）源于交流电机的变频调速驱动，着眼于如何控制三相逆变器的功率开关动作来改变施加在电机上的端电压，使电机内部形成尽可能圆形的磁场（磁链轨迹）。这样，以电机磁场圆化为目标，逆变器开关不断适时切换就形成了这种新型 PWM 调制规律。由于磁链的轨迹靠综合的三相电压（电压空间矢量）来控制，所以这种 PWM 形成方式称为电压空间矢量控制（space vecter PWM, SVPWM）。以后的发展使得这种 PWM 控制脱离了交流电机磁链轨迹控制的原意，形成了电力电子技术中一类 PWM 控制方式。尽管如此，本小节仍从磁链跟踪的观点来认识 SVPWM 的原理。

1. 三相平衡正弦电压供电下的基准磁链圆

设交流电机定子三相绕组对称，绕组轴线 A、B、C 空间分布如图 5-42 所示，其上施加有三相平衡正弦电压

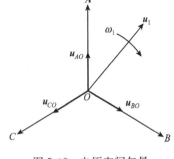

$$U_{AO} = \sqrt{2}U_\phi \cos\omega_1 t$$

$$U_{BO} = \sqrt{2}U_\phi \cos(\omega_1 t - 120°) \qquad (5\text{-}43)$$

$$U_{CO} = \sqrt{2}U_\phi \cos(\omega_1 t + 120°)$$

图 5-42　电压空间矢量

式中，U_ϕ 为相电压有效值；ω_1 为电源角频率。为定义电压空间矢量，可先定义出单相电压矢量 $\boldsymbol{u}_{AO}$、$\boldsymbol{u}_{BO}$、$\boldsymbol{u}_{CO}$，方向沿各相绕组轴线。三个单相电压矢量相加可形成一个综合电压空间矢量 $\boldsymbol{u}_1$

$$\boldsymbol{u}_1 = \boldsymbol{u}_{AO} + \boldsymbol{u}_{BO} + \boldsymbol{u}_{CO} \qquad (5\text{-}44)$$

这是一个旋转的空间矢量，幅值恒定为 $U_m = (3/2)\sqrt{2}U_\phi$，以角频率 ω_1 恒速旋转，转向遵循电压相序。

同样，还可以定义出电机内的其他合成空间矢量，如定子电流空间矢量 $\boldsymbol{i}_1$，定子磁链空间矢量 $\boldsymbol{\Psi}_1$。这样，原由三相变量（标量）描述的定子电压方程

$$u_{AO} = R_1 i_{AO} + \mathrm{d}\boldsymbol{\Psi}_{AO}/\mathrm{d}t$$

$$u_{BO} = R_1 i_{BO} + \mathrm{d}\boldsymbol{\Psi}_{BO}/\mathrm{d}t \qquad (5\text{-}45)$$

$$u_{CO} = R_1 i_{CO} + \mathrm{d}\boldsymbol{\Psi}_{CO}/\mathrm{d}t$$

就可简洁地用空间矢量方程表示为

$$\boldsymbol{u}_1 = R_1 \boldsymbol{i}_1 + \mathrm{d}\boldsymbol{\Psi}_1/\mathrm{d}t \qquad (5\text{-}46)$$

忽略较小的定子电阻压降，则有

$$\boldsymbol{u}_1 \approx \mathrm{d}\boldsymbol{\Psi}_1/\mathrm{d}t$$

$$\boldsymbol{\Psi}_1 \approx \int \boldsymbol{u}_1 \mathrm{d}t + \boldsymbol{\Psi}_1(0) \qquad (5\text{-}47)$$

式中，$\boldsymbol{\Psi}_1(0)$ 为积分初值。

由平衡的三相正弦电压供电产生的定子磁链空间矢量幅值恒定、以电源角频率 ω_1 在空间恒速旋转，其矢量顶点运动轨迹为一个正圆，这就是磁链追踪控制中用作基准的磁链圆。从圆心指向圆周的定子磁链空间矢量 $\boldsymbol{\Psi}_1$ 可表示成如下形式：

$$\boldsymbol{\Psi}_1 = \boldsymbol{\Psi}_m \mathrm{e}^{\mathrm{j}\omega_1 t} \qquad (5\text{-}48)$$

式中，$\boldsymbol{\Psi}_m$ 为 $\boldsymbol{\Psi}_1$ 的幅值。

2. 电压源型逆变器供电下的磁链轨迹

电压源型逆变器功率开关一般采用 180°导通型。对于一个三相桥式逆变器，任何时刻都会有不同桥臂的三个元件同时导通，向电机绕组提供一组三相电压，也就构成一个确定的电压空间矢量 $\boldsymbol{u}_1$。我们可以按 A、B、C 相序排列使用一组"1"、"0"的逻辑量来标识不同的合成电压空间矢量。规定上桥臂元件导通时逻辑量取"1"，下桥臂元件导通时逻辑量取"0"。这样按照图 5-35 所示开关元件的编号，逆变器共有八种开关状态组合，形成相应的八种电压空间矢量 $\boldsymbol{u}_1(A, B, C)$，如图5-43(a)、(b)所示。

$$V_6、V_1、V_2 \text{ 通,形成 } \boldsymbol{u}_1(100)$$
$$V_1、V_2、V_3 \text{ 通,形成 } \boldsymbol{u}_1(110)$$
$$V_2、V_3、V_4 \text{ 通,形成 } \boldsymbol{u}_1(010)$$
$$V_3、V_4、V_5 \text{ 通,形成 } \boldsymbol{u}_1(011)$$ 有效矢量
$$V_4、V_5、V_6 \text{ 通,形成 } \boldsymbol{u}_1(001)$$
$$V_5、V_6、V_1 \text{ 通,形成 } \boldsymbol{u}_1(101)$$

$$V_1、V_3、V_5 \text{ 通,形成 } \boldsymbol{u}_1(111)$$ 零矢量
$$V_2、V_4、V_6 \text{ 通,形成 } \boldsymbol{u}_1(000)$$

其中,六种有效矢量幅值相等,仅相位不同,能产生磁链增矢量使磁链变化;两种零矢量幅值为零,是电机三相绕组同时接至同一极性直流母线的结果,不能产生磁链增矢量来改变原有磁链矢量。

由于六阶梯波逆变器工作时开关元件每隔 1/6 周期换流一次,一个输出周期内逆变器六个有效开关模式各出现一次,持续 1/6 周期时间,这样原始的六阶梯波逆变器就只能形成六种有效电压空间矢量,其幅值相等、互差 $\pi/3$ 电角度,如图 5-43(b)所示。由于零矢量幅值为零,可认为它们位于原点。

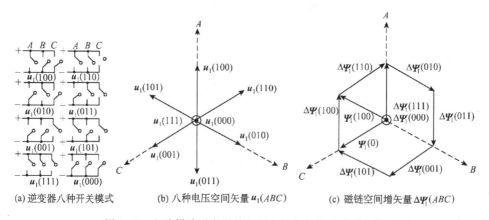

(a) 逆变器八种开关模式　　(b) 八种电压空间矢量 $\boldsymbol{u}_1(ABC)$　　(c) 磁链空间增矢量 $\Delta\boldsymbol{\Psi}_1(ABC)$

图 5-43　六阶梯波逆变器的电压空间矢量及磁链增矢量

设逆变器工作周期从 $V_1、V_6、V_2$ 导通模式开始,持续 $\Delta T = \pi/(3\omega_1)$ 时间。根据磁链是电压积分的概念,电压空间矢量 $\boldsymbol{u}_1(100)$ 将建立磁链增矢量 $\Delta\boldsymbol{\Psi}_1(100) = \boldsymbol{u}_1(100)\cdot\Delta T$。又根据式(5-47),与导通前存在的初始磁链矢量(积分初值)$\boldsymbol{\Psi}_1(0)$ 相加,可得新的磁链矢量 $\boldsymbol{\Psi}_1(100) = \boldsymbol{\Psi}_1(100) + \Delta\boldsymbol{\Psi}_1(0)$,如图 5-43(c)所示。进入下一个 $V_1、V_2、V_3$ 导通模式时,在 $\boldsymbol{u}_1(110)$ 作用 ΔT 时间后建立起新的磁链增矢量 $\Delta\boldsymbol{\Psi}_1(110) = \boldsymbol{u}_1(110)\cdot\Delta T$,从而使磁链矢量再度变化,获得新的磁链矢量 $\boldsymbol{\Psi}_1(110) = \boldsymbol{\Psi}_1(100) + \Delta\boldsymbol{\Psi}_1(110)$,以此类推。从图 5-43(b)、(c)可以看出,磁链增矢量与电压空间矢量具有相同的相位。同时还可以看出,磁链空间矢量 $\boldsymbol{\Psi}_1(ABC)$ 矢端运动轨迹就是磁链增矢量 $\Delta\boldsymbol{\Psi}_1(ABC)$,也就是电压空间矢量 $\boldsymbol{u}_1(ABC)$ 运动所构成的六边形,说明六阶梯波逆变器供电方式下电机中形成的是步进磁场而非圆形旋转磁场,包含有很多诸如 5、7 等次的低次谐波,将导致电机运行性能恶化。

造成磁链轨迹非圆原因是因为逆变器采取一个输出周期只开关六次的工作模式、每种

模式又持续 1/6 周期。如要获得一个近似圆形的旋转磁场,必须使用更多的开关模式,形成更多的电压及磁链空间矢量,为此必须对逆变器工作方式进行改造。虽然逆变器只有八种开关模式,只能形成八种磁链空间矢量,但可以采取细分矢量作用时间和组合新矢量的方法,形成尽可能逼近圆形的多边形磁链轨迹。这样,在一个输出周期内逆变器的开关次数显然要超过六次,有的开关模式将多次重复;逆变器输出电压不再是六阶梯而是等幅、不等宽的脉冲系列,这就形成了磁链追踪控制或电压空间矢量控制(SVPWM)。

3. 磁链追踪控制时的磁链轨迹

在使用八种电压空间矢量形成尽可能圆形磁链轨迹的控制过程中,常采用三段逼近式磁链跟踪控制算法并辅之以零矢量分割技术。图 5-44 为理想磁链圆上两相近时刻的磁链矢量关系。设 t_k 时刻磁链空间矢量为 $\boldsymbol{\Psi}_{1k} = \boldsymbol{\Psi}_m e^{j\theta_k}$,$t_k+1$ 时刻磁链空间矢量为 $\boldsymbol{\Psi}_{1(k+1)} = \boldsymbol{\Psi}_m e^{j\theta_{k+1}}$,它应看作是在 $\boldsymbol{\Psi}_{1k}$ 基础上叠加由相关电压空间矢量在 $\Delta\theta_k = \theta_{k+1} - \theta_k$ 时间内所形成的磁链增矢量 $\Delta\boldsymbol{\Psi}_{1k}$ 的结果,即

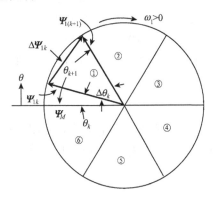

图 5-44　理想磁链圆区间划分及相邻磁链矢量关系

$$\boldsymbol{\Psi}_{1(k+1)} = \boldsymbol{\Psi}_m e^{j\theta_k} + \boldsymbol{\Psi}_m e^{j\Delta\theta_k} = \boldsymbol{\Psi}_{1k} + \Delta\boldsymbol{\Psi}_{1k} \tag{5-49}$$

式中,$\Delta\boldsymbol{\Psi}_{1k} = \boldsymbol{\Psi}_m e^{j\Delta\theta_k}$,$\Delta\theta_k = \omega_1 \Delta t_k$。

由于磁链追踪控制时采取等区间划分方式,任意时刻的时间间隔均相等,故有

$$\left.\begin{array}{l} \Delta t_k = 1/(N f_1) \\ \Delta\theta_k = \omega_1 \Delta t_k = 2\pi/N \end{array}\right\} \tag{5-50}$$

式中,f_1 为 SVPWM 的输出频率;N 为磁链圆的等分数。

由于三相电压源型逆变器输出电压及其相应磁链只有六种有效空间矢量,采用单一电压矢量形成所需磁链增矢量 $\Delta\boldsymbol{\Psi}_{1k}$ 时会使实际磁链轨迹偏离理想磁链圆。为了获得尽可能接近圆形的磁链轨迹,可以采取两种处理措施:一是增大磁链分区数 N,二是用多种实际磁链矢量合成所需 $\Delta\boldsymbol{\Psi}_{1k}$,如采用三段逼近式磁链跟踪算法。

(1) 三段逼近式磁链跟踪算法

三段逼近式磁链跟踪算法是用两种实际磁链矢量分三段来合成磁链增矢量 $\Delta\boldsymbol{\Psi}_{1k}$,用以改善实际磁链轨迹接近圆形的程度。

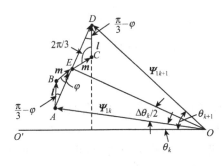

图 5-45　三段逼近式磁链跟踪算法

以 $N=6$ 为例,理想磁链圆被划分为六个 60°电角度区间,每区间内的磁链增矢量 $\Delta\boldsymbol{\Psi}_{1k}$ 应选用与其夹角最小的两种实际磁链增矢量来合成,并根据 $\boldsymbol{u}_1 \Delta t_k = \Delta\boldsymbol{\Psi}_{1k}$ 关系来确定每个电压空间矢量的作用时间。以图 5-45 所示的 $0\sim\pi/3$ 区间①为例,当磁链轨迹按顺时针方向正向旋转时,应选用电压空间矢量 $\boldsymbol{u}_1$(100)[称 $\boldsymbol{l}$ 矢量,作用时间为 T_l,构成磁链增矢量 $\Delta\boldsymbol{\Psi}_{1k}$(100) $= \boldsymbol{u}_1$(100)T_l] 和 $\boldsymbol{u}_1$(110)[称 $\boldsymbol{m}$ 矢量,作用时间为 T_m,构成磁链增矢量 $\Delta\boldsymbol{\Psi}_1$(110) $=$

$u_1(110)T_m$]来合成 $\Delta\Psi_{1k}$。三段式逼近法使用了两个 l 矢量及两个 m 矢量,故有

$$|\Delta\Psi_{1k}| = 2\sqrt{\frac{2}{3}}ET_l + 2\sqrt{\frac{2}{3}}ET_m \tag{5-51}$$

式中,E 为逆变器输入直流电压大小;$\sqrt{\dfrac{2}{3}}$ 为坐标折算引入的系数。

l、m 矢量在 $\Delta\theta_k = \omega_1 \cdot \Delta t_k$ 区间内的作用总时间 $2(T_l + T_m)$ 不一定等于 Δt_k,此时要用零矢量作用时间来调节,以使合成 $\Delta\Psi_{1k}$ 作用产生的磁链轨迹角速度正好等于 $\omega_1 = 2\pi f_1$,即使生成的 SVPWM 基波频率正好为所要求的输出频率 f_1。如果 l、m 矢量之间各集中加入一个零矢量(幅值 $U_0 = 0$,作用时间为 T_0),则磁链增矢量幅值的完整表达应为

$$|\Delta\Psi_{1k}| = 2\sqrt{\frac{2}{3}}ET_l + 2\sqrt{\frac{2}{3}}ET_m + 2U_0T_0 \tag{5-52}$$

为了实现三段逼近式磁链跟踪控制,必须计算出区间内 l、m 及零矢量作用的时间 T_l、T_m 及 T_0。根据图 5-45 中的三角形关系,按正弦定理可得

$$\frac{\overline{CD}}{\sin\varphi} = \frac{\overline{EC}}{\sin(\pi/3 - \varphi)} = \frac{\overline{ED}}{\sin(2\pi/3)} \tag{5-53}$$

式中

$$\varphi = \frac{\pi}{3} - (\theta_k + \Delta\theta_k/2) \tag{5-54}$$

由于 $\overline{CD} = \sqrt{\dfrac{2}{3}}ET_l$,$\overline{EC} = \sqrt{\dfrac{2}{3}}ET_m$,$\overline{ED} = \Psi_m\sin(\Delta\theta_k/2) \approx \Psi_m\omega_1\Delta t_k/2$,可以解出

$$\left.\begin{array}{l} T_l = \dfrac{\Psi_m\omega_1\Delta t_k}{\sqrt{2}E}\sin\varphi \\[3mm] T_m = \dfrac{\Psi_m\omega_1\Delta t_k}{\sqrt{2}E}\sin\left(\dfrac{\pi}{3} - \varphi\right) \\[3mm] T_0 = \dfrac{1}{2}(\Delta t_k - 2T_l - 2T_m) \end{array}\right\} \tag{5-55}$$

式中,Ψ_m 为磁链矢量 Ψ_1 的幅值,即磁链圆的半径。

以上讨论的是 $0\sim\pi/3$ 的第一个 $60°$ 区间内三段式磁链跟踪控制过程。可以把理想磁链圆分成六个 $60°$ 区间,每个区间中选用其平均进行方向与该区间弦线方向最接近的两磁链增矢量为其 l、m 矢量,从区间①到区间⑥依次完成其三段式磁链增矢量逼近过程,使逆变器输出 SVPWM 电压波形构成一个完整的输出周期,这就磁链轨迹正转($\omega_1 > 0$)的情况,如图 5-46 所示。如果从区间⑥至区间①依次实现三段式磁链逼近过程,则构成反转($\omega_1 < 0$)的磁链轨迹。

(2)增大磁链分区数 N

为使逆变器输出有限的六种有效电压空间矢量形成的磁链轨迹最大限度地逼近基准磁链圆,还可以增大分区数 N 来解决。为使产生的 SVPWM 波形三相对称、半波对称,要求 N 为 6 的倍数。图 5-47 给出了 $N = 12$,采用三段式逼近算法的磁链轨迹图,相应各区间 l、m 电压空间矢量如表 5-1 所示。可以看出,由于 N 增大,磁链空间矢量每次移动 $30°$,磁链

矢端的轨迹比六边形时更接近圆形,逆变器输出电压波形得到进一步优化。当然,这仅是一种主、辅矢量选择方式,还有其他的选择方案可供选用。

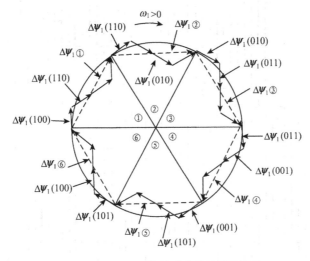

图 5-46　$N=6$,三段逼近式磁链跟踪轨迹

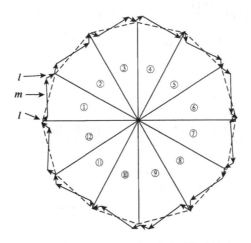

图 5-47　$N=12$,三段逼近式磁链跟踪轨迹

表 5-1　$N=12$,相应图 5-47 的各区间主、辅空间矢量

区间	①	②	③	④	⑤	⑥	⑦	⑧	⑨	⑩	⑪	⑫
m 矢量	$u_1(100)$	$u_1(110)$	$u_1(110)$	$u_1(010)$	$u_1(010)$	$u_1(011)$	$u_1(011)$	$u_1(001)$	$u_1(001)$	$u_1(101)$	$u_1(101)$	$u_1(100)$
l 矢量	$u_1(110)$	$u_1(100)$	$u_1(010)$	$u_1(110)$	$u_1(011)$	$u_1(010)$	$u_1(001)$	$u_1(011)$	$u_1(101)$	$u_1(001)$	$u_1(100)$	$u_1(101)$

4. SVPWM 输出电压波形

根据图 5-47、表 5-1,可以绘出无零电压空间矢量作用下、$N=12$ 时,采用三段逼近磁链跟踪算法下,SVPWM 的输出相、线电压波形,如图 5-48 所示。绘制的依据是各区间磁链增矢量 $\Delta\boldsymbol{\varPsi}_1(ABC)=\boldsymbol{u}_1(ABC)\Delta T$,由于每个区间内的 $\Delta\boldsymbol{\varPsi}_1$ 均由 4 段 m、l 矢量合成,设每段作用时间相等,则 $\Delta T=\dfrac{2\pi}{N\omega_1}\Big/4$;而各段电压矢量作用下的相、线电压值则决定于此时的三

相电路连接拓扑方式,如表 5-2 所示。

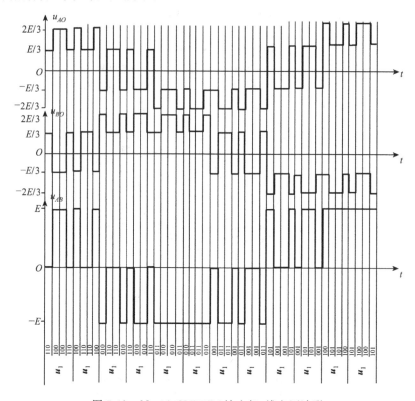

图 5-48　$N=12$,SVPWM 输出相、线电压波形

表 5-2　不同电压空间矢量对应相、线电压关系

u_1(ABC)		u_1(100)	u_1(110)	u_1(010)	u_1(011)	u_1(001)	u_1(101)
电路拓扑							
相	u_{AO}	2E/3	E/3	$-E/3$	$-2E/3$	$-E/3$	E/3
电	u_{BO}	$-E/3$	E/3	2E/3	E/3	$-E/3$	$-2E/3$
压	u_{CO}	$-E/3$	$-2E/3$	$-E/3$	E/3	2E/3	E/3
线	u_{AB}	E	0	$-E$	$-E$	0	E
电	u_{BC}	0	E	E	0	$-E$	$-E$
压	u_{CA}	$-E$	$-E$	0	E	E	0

5.6.5　PWM 逆变电路输出特性

采用脉宽调制技术实现直流-交流(DC-AC)变换的目的是为了改善逆变电路的输出特性,使输出交流电压、电流中基波含量大,谐波含量少,并尽可能提高直流电压利用率,现以双极性 SPWM 为例对此进行分析。

1. SPWM 逆变器输出谐波分析

若以载波周期为基础,利用贝塞尔函数,可以导出 SPWM 波形的傅里叶级数表达,绘出直观的频谱图形来揭示其输出谐波成分。

定义调制波 u_R 幅值与载波 u_T 幅值之比为调制度 M（图 5-32），为保证获得稳定调制，要求 $0 \leqslant M < 1$。图 5-49、图 5-50 分别给出不同调制度下单相及三相桥式逆变电路输出电压频谱图。

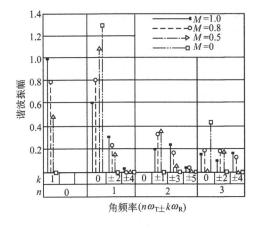

图 5-49　单相桥式逆变器输出 SPWM 频谱　　　　　图 5-50　三相桥式逆变器输出 SPWM 频谱

单相桥式电路双极性调制下，SPWM 波包含的谐波角频率为

$$n\omega_T \pm k\omega_R \tag{5-56}$$

式中，当 $n=1,3,5,\cdots$ 时，$k=0,2,4,\cdots$；当 $n=2,4,6,\cdots$ 时，$k=1,3,5,\cdots$；ω_T 为载波角频率；ω_R 为调制波角频率。

从图 5-49 可以看出，单相 SPWM 波中不含低次谐波，只有角频率 ω_T、$2\omega_T$、$3\omega_T$ 等及其附近渐次衰减的边带谐波，其中以 ω_T 的谐波幅值最大、影响最严重。

在公用载波的三相桥式逆变电路输出线电压中，所含谐波频率为

$$n\omega_T + k\omega_R \tag{5-57}$$

式中，当 $n=1,3,5,\cdots$ 时，$k=3(2m-1)\pm 1, m=1,2,\cdots$；当 $n=2,4,6,\cdots$ 时

$$k = \begin{cases} 6m+1, & m=0,1,\cdots \\ 6m-1, & m=1,2,\cdots \end{cases}$$

从图 5-50 可以看出，与单相情况不同的是载波频率 ω_T 整数倍的谐波消失，幅值最高谐波为 $\omega_T \pm 2\omega_R$ 和 $2\omega_T + \omega_R$，这是理想条件下 SPWM 逆变器的输出频谱。实际电路由于采样时刻的误差，为防止同相上、下桥臂元件直通设置的死区影响等，谐波成分还要复杂些，甚至还会有少量低次谐波。

为了消除输出电压中的谐波，可以设置滤波器。由于 SPWM 中的主要谐波为 ω_T、$2\omega_T$ 及其附近边带谐波，而一般情况 $\omega_T \gg \omega_R$，因此谐波频率比基波频率高许多，容易滤除。滤波器可按载波角频率 ω_T 设计成高通滤波器，$2\omega_T$、$3\omega_T$ 等及其附近谐波也均被滤除。

为了消除谐波，PWM 逆变电路也可以采用多重化、多电平化以及载波移相等技术。此时不再以消除低次谐波为目的，而是提高等效的开关（载波）频率，减小开关损耗，减少与载波有关的谐波含量。

2. 直流电压利用率的提高

直流电压利用率指逆变器输出交流电压基波最大幅值 U_{1m} 和直流电压 E 之比,提高直流电压利用率可以提高逆变器的输出能力。

对于三相 SPWM 逆变电路而言,当调制度 $M=1$ 时,输出相电压基波幅值为 $E/2$,输出线电压基波幅值为 $\sqrt{3}(E/2)$,即直流电压利用率仅为 0.866。如果考虑到实际功率器件开通与关断都需时间,因而有最小脉宽的限制,实际调制度 $M<1$。因此采用正弦调制波与三角载波相比较生成 SPWM 波时,往往直流电压利用率比 0.866 还要小。

实际上 SPWM 调制时并没有要求调制度 $M \leqslant 1$。由于增大 M 可使 SPWM 电压"缺口"减小,基波幅值增大,相应提高了逆变器直流母线电压利用率,因此也采用 $M>1$ 的过调制方式,如图 5-51(a)所示。

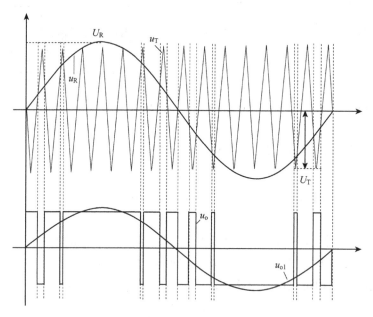

(a) 过调制SPWM

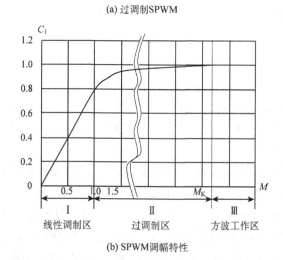

(b) SPWM调幅特性

图 5-51　SPWM 过调制机理及调幅特性

在载波比 N 有限条件下,当正弦调制波幅值 U_R 增加到一定程度后,在其瞬时值小于三角载波幅值 U_T 的时间段内,其斜率绝对值将大于载波斜率,这样除过零点外两者不再有其他交点,使得调制后生成波形为方波,可将此时的调制度定义为 M_K。显然,M_K 与载波比 N 有关,N 越大,M_K 也越大。因此,提高调制度 M 并不能无限制提高直流电压利用率,而是以输出方波为上限。

这样,在 $M \leqslant 1$ 的线性调制区,直流电压利用率 $C_1 = \dfrac{ME}{\dfrac{4}{\pi}E} = \dfrac{\pi}{4}M$ 与调制度 M 正比;在

$1 < M \leqslant M_K$ 的过调制区,C_1 与 M 呈单调非线性关系;当 $M > M_K$ 后逆变器保持方波输出,$C_1 = 1$,直流电压得到充分利用,其关系如图 5-51(b)所示。

应该指出,过调制可以提高直流电压利用率,但也会导致输出电压中出现大量与方波输出时类似的 3、5、7 等低次谐波,因此过调制在强调直流电压利用率而对谐波要求不高的 VVVF(变压变频)交流传动中有所应用,但在对谐波要求严格的 CVCF(恒压恒频)电源上应用很少。

为充分利用直流母线电压、提高直流电压利用率,技术上可以采用梯形波作调制波,如图 5-52 所示。在这种控制下,当梯形波幅值与三角波幅值相等时,其所含基波分量幅值已超过了三角波峰值,相当于 $M > 1$ 的过调制状态,故有效地提高了直流电压利用率。然而梯形调制波会引入低次谐波,如 5、7 次等。

为了既有效提高调制度、又限制低次谐波,可采用在正弦波上反相位地注入三次谐波的马鞍形调制波,如图 5-53 所示。虽每相 PWM 波中含有三次谐波成分,但三相三次谐波同相位,合成线电压时相互抵消,确保线电压的正弦性。而鞍形调制波中基波正峰值 u_{R1} 处与三次谐波 u_{R3} 负峰值处对齐、相互抵消,在鞍形调制波 $u_R = u_{R1} + u_{R3}$ 幅值不超过三角载波幅值条件

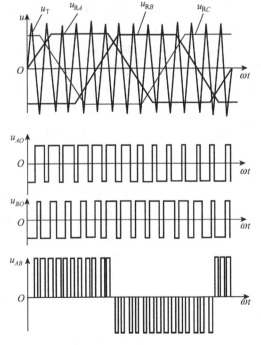

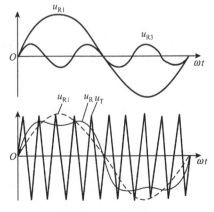

图 5-52 梯形波调制的输出 PWM 电压　　图 5-53 三次谐波注入的鞍形调制波

下,逆变器输出 PWM 波包含了更大幅值的基波成分。这种方法可在无过调制的情况下将输出电压基波幅值增加到正弦波线性调制时的 1.15 倍,达到了提高直流电压利用率的目的。

3. 开关死区对 PWM 变频器输出的影响

电压源型逆变器中,功率器件常为 180°导通型,同相桥臂上、下元件驱动信号互补。而实际功率器件存在有开通与关断过程,开关过程中易发生同相桥臂上、下元件短时的直通短路,造成逆变器故障。为保证逆变器的工作安全,必须在上、下桥臂元件驱动信号之间设置一段死区时间 t_d,使上、下桥臂元件均关断。一般选定 $t_d=(2\sim5)\mu s$(IGBT)或 $t_d=(10\sim20)\mu s$(GTR)。死区时间的存在使逆变器输出电压实际波形偏离了按 PWM 调制设定的理想波形,产生电压谐波,造成输出电压损失,恶化负载的系统性能。对此,可以通过图 5-54 的三相电压源型 SPWM 逆变器 A 相桥臂元件 V_1、V_4 开关过程为例来分析死区对输出电压波形的影响。

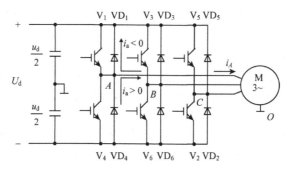

图 5-54　三相电压源型 SPWM 逆变器

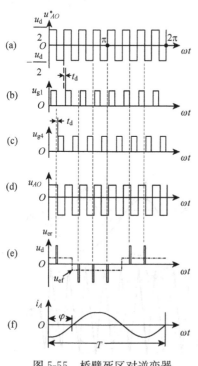

图 5-55　桥臂死区对逆变器
输出电压波形影响

无开关死区的理想 A 相电压波形 u_{AO}^* 如图 5-55(a)所示;设置死区时间 t_d 的 V_1、V_4 驱动信号 u_{g1}、u_{g4} 及实际输出 A 相电压波形 u_{AO} 分别如图 5-55(b)、(c)、(d)所示。由于死区时间 V_1、V_4 均阻断,负载(异步电机)感性电流 i_A(滞后于 A 相电压基波功率因数角 φ)将根据 i_A 的流向而通过 VD_1 或 VD_4 续流。当 $i_A>0$ 时,V_1 关断后 VD_4 续流,负载电机 A 点电位被箝位于 $-U_d/2$;当 $i_A<0$ 时,VD_1 续流,A 点电位被箝位于 $+U_d/2$。这样,当 $i_A>0$ 时实际 u_{AO} 的负脉冲增宽、正脉冲变窄;当 $i_A<0$ 时 u_{AO} 变化反之。A 相电压的实际输出 u_{AO} 与理想输出 u_{AO}^* 之差为一系列脉冲电压 u_{er},如图 5-55(e)所示,一周期 T 内的平均值可等效为矩形波的平均偏差电压

$$U_{ef}=\frac{t_d U_d N}{T} \tag{5-58}$$

式中,$N=f_T/f_R$,为载波比。偏差电压 U_{ef} 的基波幅值为

$$U_{ef1}=\frac{2\sqrt{2}}{\pi}\cdot\frac{t_d U_d N}{T} \tag{5-59}$$

这样,死区对变频器输出的影响规律如下:

1) 计及死区效应的实际输出电压基波幅值比不计死区效应的理想情况减小。

2) 随着变频器输出频率的降低,死区影响增大,故低频、低速运行时,死区效应会越严重。

3) 理想输出 SPWM 波形中只存在与载波比有关的高次谐波,不存在低次谐波。但计及死区效应后,变频器输出波形发生畸变,存在非 3 的倍数低次谐波,引起电机电磁转矩脉动,甚至发生机组振荡。

电压型
DC-AC
变换器
死区补偿

死区的影响在各种调制类型 PWM 变频器中均存在,应采取相应死区补偿措施来消除。有关死区补偿技术可参考有关资料。

5.7　PWM 整流电路

目前在交流-直流(AC-DC)变换中多采用晶闸管可控整流或二极管不控整流两种电路。可控整流由于移相触发,致使整流电路输入电流滞后于电压一个触发延迟角 α,从而基波位移因数降低;同时输入电流波形畸变,低次谐波含量大,致使畸变因数恶化变小,故输入功率因数很低。采用二极管不控整流电路虽使位移因数可接近于 1,但由于多采用大电容滤波,只有输入交流电压瞬时值高于电容电压的狭窄范围内才有电流流过,输入电流波形畸变严重,终因畸变因数恶化而使输入功率因数低。此外二极管不控整流电路还有功率不可双向流动的缺陷。随着 SPWM 调制技术的发展,不仅成功地用于逆变电路,而且还可用于整流电路,形成 PWM 整流的控制方式。此时通过对整流电路的 PWM 控制,可使输入电流正弦且和输入电压同相位,获得非常接近于 1 的输入功率因数,故亦称单位功率因数变流器。

5.7.1　PWM 整流电路工作原理

1. 单相 PWM 整流电路

单相桥式 PWM 整流电路如图 5-56 所示。按照自然采样法对功率开关器件 $V_1 \sim V_4$ 进行 SPWM 控制,就可在全桥的交流输入端 AB 间产生出 SPWM 波电压 u_{AB}。u_{AB} 中含有和正弦调制波同频、幅值成比例的基波,以及载波频率的高次谐波,但不含低次谐波。由于交流侧输入电感 L_s 的作用,高次谐波造成的电流脉动被滤除,控制正弦调制波频率使之与电源同频,则输入电流 i_s 也可为与电源同频的正弦波。

单相桥式 PWM 整流电路按升压斩波(Boost 电路)原理工作。当交流电源电压 $u_s > 0$

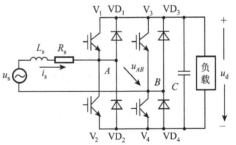

图 5-56　单相 PWM 整流电路

时,由 V_2、VD_4、VD_1、L_s 和 V_3、VD_1、VD_4、L_s 分别组成两个升压斩波电路。以 V_2、VD_4、VD_1、L_s 构成的电路为例,当 V_2 导通时,u_s 通过 V_2、VD_4 向 L_s 储能;当 V_2 关断时,L_s 中的储能通过 VD_1、VD_4 向直流侧电容 C 充电,致使直流电压 U_d 高于 u_s 的峰值。当 $u_s < 0$ 时,则由 V_1、VD_3、VD_2、L_s 和 V_4、VD_2、VD_3、L_s 分别组成两个升压斩波电路,工作原理与 $u_s > 0$ 时类似。由于电压型 PWM 整流电路是升压型整流电路,其输出直流电压应从交流电压峰

值向上调节,而向下调节会恶化输入特性,甚至不能工作。

输出电流 i_s 相对电源电压 u_s 的相位是通过对整流电路交流输入电压 u_{AB} 的控制来实现调节的。图 5-57 给出交流输入回路基波等效电路及各种运行状态下的相量图。图中 $\dot{U}_s$、$\dot{U}_R$ 和 $\dot{I}_s$ 分别为交流电压 u_s、电感 L_s 上电压 u_L、电阻 R_s 上电压 U_R 及输入 i_s 的基波相量,$\dot{U}_{AB}$ 为 u_{AB} 的相量。

图 5-57(b)为 PWM 整流状态,此时控制 $\dot{U}_{AB}$ 滞后 $\dot{U}_s$ 的一个 δ 角,以确保 $\dot{I}_s$ 与 $\dot{U}_s$ 同相位,功率因数为 1,能量从交流侧送至直流侧。

图 5-57(c)为 PWM 逆变状态,此时控制 $\dot{U}_{AB}$ 超前 $\dot{U}_s$ 的一个 δ 角,以确保 $\dot{I}_s$ 与 $\dot{U}_s$ 正好反相位,功率因数也为 1,但能量从直流侧返回至交流侧。从图 5-57(b)、(c)可以看出,PWM 整流电路只要控制 $\dot{U}_{AB}$ 的相位,就可方便地实现能量的双向流动,这对需要有再生制动功能、欲实现四象限运行的交流调速系统是一种必需的交流电路方案。

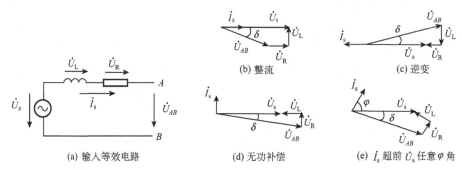

(b) 整流　　　　　　　　(c) 逆变

(a) 输入等效电路　　　(d) 无功补偿　　　(e) i_s 超前 $\dot{U}_s$ 任意 φ 角

图 5-57　PWM 整流电路输入等效电路及运行状态相量图

图 5-57(d)为无功补偿状态,此时控制 $\dot{U}_{AB}$ 滞后 $\dot{U}_s$ 一个 δ 角,以确保 $\dot{I}_s$ 超前 $\dot{U}_s$ 90°,整流电路向交流电源送出无功功率。这种运行状态的电路被称为无功功率发生器 SVG(static var generator),用于电力系统无功补偿。

图 5-57(e)表示了通过控制 $\dot{U}_{AB}$ 的相位和幅值,可实现 $\dot{I}_s$ 与 $\dot{U}_s$ 间的任意相位 φ 关系。

2. 三相 PWM 整流电路

三相桥式 PWM 整流电路结构如图 5-58 所示,其工作原理同单相电路,仅是从单相扩展到三相。只要对电路进行三相 SPWM 控制,就可在整流电路交流输入端 A、B、C 得到三相 SPWM 输出电压。对各相电压按图 5-57(b)相量图控制,就可获得接近单位功率因数的三相正弦电流输入。电路也可工作在逆变状态或图 5-57(d)、(e)的运行状态。

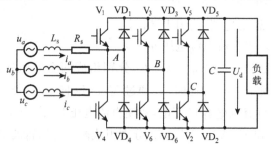

图 5-58　三相桥式 PWM 整流电路

5.7.2　PWM 整流电路的控制

为使 PWM 整流电路获得输入电流正弦且和输入电压同相位的控制效果,根据有无电流反馈可将控制方式分为两种:间接电流控制和直接电流控制。间接电流控制没有引入电流反馈,其动态特性差,较少应用;直接电流反馈则通过运算求出交流输入电流参考值,再采用交流电流反馈来直接控制输入电流,使其跟踪参考值,获得期望的输入特性。

图 5-59 给出了一种最常用的电流滞环比较直接电流控制系统结构框图。这是一个双闭环控制系统,外环为直流电压控制环,内环为交流电流控制环。直流电压给定 u_d^* 和实际直流电压 u_d 相比较,差值信号送 PI 调节器作比例-积分运算,以确保 u_d 实现动态调节快、静态无差,其输出作为直流电流参考值 i_d^*。i_d^* 分别乘以与三相电源电压 u_a、u_b、u_c 同相位的正弦信号 $\sin(\omega_1 t + 2k\pi/3)$($k = 0, 1, 2$)后,得到三相交流的正弦参考值 i_a^*、i_b^*、i_c^*,它们分别和各自的电源电压同相位,而幅值则和反映负载电流大小的直流电流参考值 i_d^* 成正比,这正是整流器作单位功率因数运行时所需的交流电流参考值。i_a^*、i_b^*、i_c^* 和反馈的实际三相输入电流 i_a、i_b、i_c 相比较后,通过对各相功率开关的滞环控制,使实际交流输入电流跟踪参考值,实现输入电流的直接反馈控制。

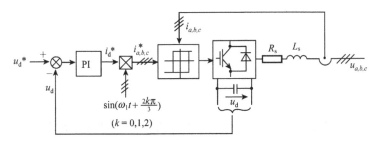

图 5-59　直接电流控制系统结构框图

这种采用滞环电流比较的直接电流控制系统结构简单,电流响应快,控制运算与电路参数无关,鲁棒性好,因而应用较多。

本 章 小 结

在本书介绍的 AC-DC、DC-DC、DC-AC、AC-AC 四大变换电路中,以 AC-DC(整流)变换和 DC-AC(逆变)变换最为基本,因此本章是全书的核心内容之一。

逆变是一种将直流变换成可变频率交流的技术,广泛用于交流电机变频调速传动、风力发电技术中的交流励磁电源及与大电网的直-交电能变换、有源电力滤波器、不间断电源、感应加热装置、电力系统中的静止无功发生器等,其技术内容涵盖采用晶闸管的方波(六阶梯波)逆变电路和高频全控型器件的脉宽调制(PWM)逆变电路,其中 PWM 技术更是电力电子技术中发展最快、最具潜力的技术方向,更需重视。

本章逆变电路的内容是以器件换流和逆变器输出特性改善为线索展开讨论的。虽然采用晶闸管元件的四种变换电路中都有换流问题,但工作在电压极性不变直流电源条件下的逆变电路的换流表现更集中、更具有代表性。因此本章首先讨论了三种常用换流方式:电网换流、负载谐振换流、电容强迫换流,并以此分类讨论了并联负载谐振式逆变器、强迫换流串联二极管式电流源型逆变器及三相电压源型逆变器。学习中必须注意这三种逆变器晶闸管成功换流的条件。

为了改善逆变器的输出特性，可以采取从逆变主电路拓扑结构上改造和触发控制方式上改变的两类方式来实现。对于采用晶闸管元件的方波（六阶梯波）逆变器，本章深入讨论了逆变器多重化和逆变电路多电平化技术，以适应大功率 DC-AC 变换应用的需要。对于采用全控型器件的逆变电路，则集中讨论了 PWM 调制技术。

脉宽调制逆变器是本章的重点内容，是一项非常重要的通断控制技术，实际上已在各类变换电路中广泛采用，如 DC-DC 变换中的直流斩波采用的就是直流 PWM 技术；用于 AC-DC 变换中就构成了 PWM 整流电路。因此 PWM 是电力电子技术中意义重大、影响深远的重要变换技术，应是学习的重点。

本章主要讨论了三种 PWM 技术：正弦脉宽调制（SPWM）、电流跟踪控制 PWM 及电压空间矢量控制（SVPWM），要注意萌发这三种 PWM 变换方法的初衷（目的）和具体的实现技术，以及对改善输出特性所做的技术处理。

此外，虽然本章没有以逆变器直流电源内阻特性为线索来讨论逆变电路，但深刻认识和理解电压源与电流源型逆变电路的概念和特性，对正确理解和分析各类电力电子电路帮助很大。

思考题与习题

1. 阐述和区分：

1）有源逆变和无源逆变；

2）逆变与变频；

3）交-直-交变频和交-交变频。

2. 晶闸管无源逆变器有几种换流方式？负载谐振换流式逆变器和强迫换流式逆变器中的电容器 C 的作用有何异同？

3. 从晶闸管关断角说明图 5-60 中哪种电路能正常工作？

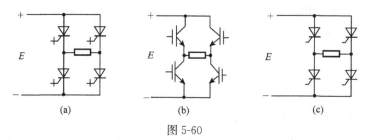

(a)　　　　　(b)　　　　　(c)

图 5-60

4. 图 5-61 中两种电路能否正常工作？为什么？

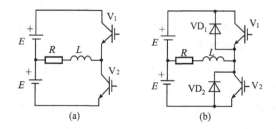

(a)　　　　　(b)

图 5-61

5. 电压源型逆变器和电流源型逆变器如何区分？它们各有什么特点？

6. 在电压源型逆变器中与功率开关反并联的二极管的作用是什么？如果逆变电路中没有反并联二极管会出现什么现象？

7. 一台并联谐振式逆变器，$E=450V$，$I_d=300A$，$P=100kW$，$f=1000Hz$ 用于感应加热，负载功率因数为 0.2(滞后)。设晶闸管换流时 $di/dt=15A/\mu s$，晶闸管关断时间 $t_q=20\mu s$，不考虑损耗，试求：

1) 与负载并联的换流电容的容量；

2) 负载基波电压有效值。

8. 并联谐振式逆变电路利用负载电压换相，为保证换相成功应满足什么条件？

9. 逆变电路多重化、多电平化的目的是什么？实现方法上各有何特点或差异？

10. PWM 调制有哪些方法？它们各自的出发点是什么？

11. 直流 PWM 与交流 PWM 有何异同？

12. 什么是单极性、双极性 PWM？什么是同步调制、异步调制、分段(混合)同步调制？各有什么优、缺点？

13. 电压空间矢量控制(SVPWM)如何实现其脉宽调制？如何改善其输出特性(减少谐波、增大基波)？

14. 规则采样法的本质是什么？为何不规则采样比规则采样输出电压谐波更少？

15. 180°导通型逆变电路为何要设置桥臂死区？桥臂死区对逆变器输出有何影响？

16. 什么是 PWM 整流电路？它和相控整流电路的工作原理和性能有何不同？

第六章　交流-交流变换

交流-交流(AC-AC)变换是一种可以改变电压大小、频率、相数的交流-交流电力变换技术。只改变电压大小或仅对电路实现通断控制而不改变频率的电路,称为交流调压电路和交流调功电路或交流无触点开关。从一种频率交流变换成另一种频率交流的电路则称为交-交变频器,它有别于交-直-交二次变换的间接变频,是一种直接变频电路。为了解决相控式晶闸管型交-交变频器输入、输出波形差,谐波严重的弊病,在基于双向自关断功率开关的基础上目前正在研究一种矩阵式变换器,它是一种具有优良输入、输出特性的特殊形式交-交变频器。本章将分节介绍交流调压(交流调功或交流无触点开关)、交-交变频及矩阵式变换器的相关内容。

6.1　交流调压电路

交流调压电路采用两个单向晶闸管反并联[图 6-1(a)]或双向晶闸管[图 6-1(b)],实现对交流电正、负半周的对称控制,达到方便地调节输出交流电压大小的目的,或实现交流电路的通、断控制。因此交流调压电路可用于异步电动机的调压调速、恒流软起动,交流负载的功率调节、灯光调节,供电系统无功调节;用作交流无触点开关、固态继电器等,应用领域十分广泛。

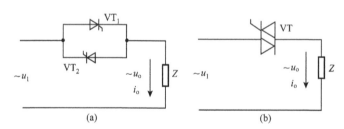

图 6-1　交流调压电路

交流调压电路一般有三种控制方式,其原理如图 6-2 所示。

（1）通断控制

通断控制是在交流电压过零时刻导通或关断晶闸管,使负载电路与交流电源接通几个周波,然后再断开几个周波,通过改变导通周波数与关断周波数的比值,实现调节交流电压大小的目的。

通断控制时输出电压波形基本为正弦波形、无低次谐波,但由于输出电压时有时无,电压调节不连续,会分解出分数次谐波。如用于异步电机调压调速,会因电机经常处于重合闸过程而出现大电流冲击,因此很少采用。一般用于电炉调温等交流功率调节的场合。

（2）相位控制

与可控整流的移相触发控制相似,在交流的正半周时触发导通正向晶闸管、负半周期时

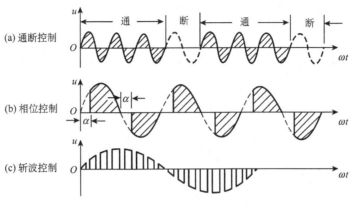

图 6-2　交流调压电路控制方式

触发导通反向晶闸管,且保持两晶闸管的移相角相同,以保证向负载输出正、负半周期对称的交流电压波形。

相位控制方法简单,能连续调节输出电压大小。但输出电压波形非正弦,含有丰富的低次谐波,在异步电机调压调速应用中会引起附加谐波损耗,产生脉动转矩等。

（3）斩波控制

斩波控制利用脉宽调制技术将交流电压波形分割成脉冲列,改变脉冲的占空比即可调节输出电压大小。

斩波控制输出电压大小可连续调节,谐波含量小,基本上克服了相位及通断控制的缺点。由于实现斩波控制的调压电路半周期内需要实现较高频率的通、断,不能采用晶闸管,须采用高频全控型器件,如 GTR、GTO、MOSFET、IGBT 等。

实际应用中,采取相位控制的晶闸管型交流调压电路应用最广,本章将分别讨论单相及三相交流调压电路。

6.1.1　单相交流调压电路

单相交流调压电路原理图如图 6-1 所示,其工作情况与负载性质密切相关。　　　　单相交流调压

1. 电阻性负载

纯电阻负载时交流调压电路输出电压 u_o、输出电流 i_o 波形如图 6-3 所示。电路工作过程是:在电源电压 u_1 正半周、移相控制角 α 时刻,触发导通晶闸管 VT_1,使正半周的交流电压施加到负载电阻上,电流、电压波形相同。当电压过零时,VT_1 因电流为零而关断。在控制角为 $\pi+\alpha$ 时触发导通 VT_2,u_1 负半周交流电压施加在负载上,当电压再次过零时,VT_2 因电流为零而关断,完成一个周波的对称输出。

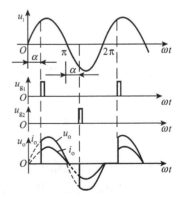

图 6-3　单相交流调压
电阻负载时波形

当 $\alpha=0$ 时,输出电压 $u_o=u_1$ 最大;当 $\alpha=\pi$ 时,$u_o=0$。改变控制角 α 大小可获得大小可调的交流电压输出,其波形为"缺块"正弦波。正因为电压波形有缺损,才改变了输

出电压有效值,达到了调压的目的,但也因波形非正弦带来了谐波问题。

交流输出电压 u_o 有效值 U 与控制角 α 的关系为

$$U = \sqrt{\frac{1}{\pi}\int_\alpha^\pi (\sqrt{2}U_1\sin\omega t)^2 \mathrm{d}\omega t} = U_1\sqrt{\frac{1}{2\pi}\sin2\alpha + \frac{\pi-\alpha}{\pi}} \tag{6-1}$$

式中,U_1 为输入交流电压 u_1 的有效值。

负载电流 i_o 有效值为 $I=U/R$,则交流调压电路输入功率因数为

$$\cos\varphi = \frac{P}{S} = \frac{UI}{U_1 I} = \frac{U}{U_1} = \sqrt{\frac{1}{2\pi}\sin2\alpha + \frac{\pi-\alpha}{\pi}} \tag{6-2}$$

对图 6-3 所示电阻负载下输出电压 u_o 进行谐波分析。由于正、负半波对称,频谱中将不含直流及偶次谐波,其傅里叶级数表示为

$$u_o(\omega t) = \sum_{n=1,3,5,\cdots}^\infty (a_n\cos n\omega t + b_n\sin n\omega t) \tag{6-3}$$

式中

$$a_1 = \frac{\sqrt{2}U_1}{2\pi}(\cos2\alpha - 1)$$

$$b_1 = \frac{\sqrt{2}U_1}{2\pi}\left[\sin2\alpha - 2(\pi-\alpha)\right]$$

$$a_n = \frac{\sqrt{2}U_1}{\pi}\left\{\frac{1}{n+1}\left[\cos(n+1)\alpha - 1\right] - \frac{1}{n-1}\left[\cos(n-1)\alpha - 1\right]\right\}, \quad n=3,5,7,\cdots$$

$$b_n = \frac{\sqrt{2}U_1}{\pi}\left[\frac{1}{n+1}\sin(n+1)\alpha - \frac{1}{n-1}\sin(n-1)\alpha\right], \quad n=3,5,7,\cdots$$

基波和各次谐波电压有效值为

$$U_{on} = \frac{1}{\sqrt{2}}\sqrt{a_n^2 + b_n^2}, \quad n=1,3,5,\cdots \tag{6-4}$$

根据式(6-4),可以绘出基波和各次谐波电压有效值随控制角 α 的变化曲线,如图 6-4 所示,其中电压基值取为 U_1。可以看出,随 α 增大,波形畸变严重,谐波含量增大。由于带电阻负载,电流、电压同相位,图 6-4 关系也适合于电流谐波分析。

综上所述,单相交流调压电路带电阻性负载时,控制角 α 移相范围为 $0\sim\pi$,晶闸管导通角 $\theta = \pi-\alpha$,输出电压有效值调节范围为 $0\sim U_1$,可以采用单窄脉冲实现有效控制。

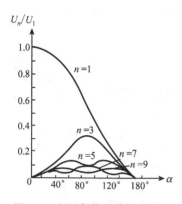

图 6-4 电阻负载下单相交流调压输出电压谐波比例

2. 电感-电阻性负载

单相交流调压电路带电感-电阻性负载及各处波形如图 6-5 所示。

由于电感的储能作用,负载电流 i_o 会在电源电压 u_1 过零后再延迟一段时间后才能降为零,延迟的时间与负载的功率因数角 $\varphi = \arctan(\omega L/R)$ 有关。晶闸管的关断是在电流过零时刻,因此,晶闸管的导通时间 θ 不仅与触发控制角 α 有关,还与负载的功率因数角 φ 有关,必须根据 α 与 φ 的关系分别讨论。

为分析方便,将 VT$_1$ 导通时刻取作为时间坐标 ωt $=0$ 的原点,这样电源电压可以表达为

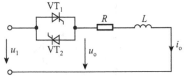

$$u_1 = \sqrt{2}U_1\sin(\omega t + \alpha) \qquad (6\text{-}5)$$

在 VT$_1$ 导通的 θ 角范围内,可写出电路方程

$$L\frac{\mathrm{d}i_o}{\mathrm{d}t} + Ri_o = \sqrt{2}U_1\sin(\omega t + \alpha) \qquad (6\text{-}6)$$

(a) 单相交流调压电路

在初始条件 $\omega t=0$, $i_o(0)=0$ 下,方程解为

$$i_o(t) = i_{o1}(t) + i_{o2}(t)$$

$$= \frac{\sqrt{2}U_1}{\sqrt{R^2+(\omega L)^2}}\sin(\omega t + \alpha - \varphi)$$

$$- \frac{\sqrt{2}U_1}{\sqrt{R^2+(\omega L)^2}}\mathrm{e}^{-t/\tau}\sin(\alpha-\varphi) \qquad (6\text{-}7)$$

式中,i_{o1} 为负载电流的稳定分量,它滞后于电压一个功率因数角 φ;i_{o2} 为以时间常数 $\tau=L/R$ 衰减的自由分量,其初始值与 α、φ 有关;i_o、i_{o1}、i_{o2} 波形如图 6-5(b) 所示。

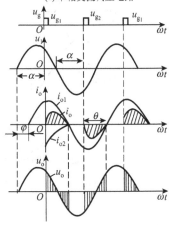

(b) 电压、电流波形

图 6-5 电感-电阻负载时,单相交流调压电路及电压、电流波形

由于 $\omega t=\theta$ 时,$i_o(\theta)=0$,代入这个边界条件可得

$$\sin(\theta+\alpha-\varphi) = (\mathrm{e}^{\frac{-\theta}{\tan\varphi}})\sin(\alpha-\varphi) \qquad (6\text{-}8)$$

这是一个关于 θ 的超越方程,表达了导通角 $\theta=f(\alpha,\varphi)$ 的关系。由于 $\theta=\pi$ 时意味负载电流 i_o 连续,$\theta<\pi$ 时意味 i_o 断续,因此也表达了电流连续与否的运行状态。根据 α、φ 大小关系,θ 角或电路运行状态将有所不同。

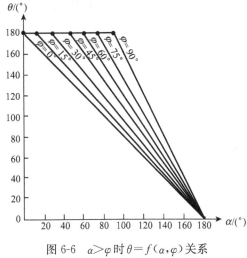

图 6-6 $\alpha>\varphi$ 时 $\theta=f(\alpha,\varphi)$ 关系

1) 当 $\varphi<\alpha<\pi$ 时,利用 φ 作参变量,可得不同负载特性下 $\theta=f(\alpha,\varphi)$ 曲线族,如图 6-6 所示。对于任一阻抗角 φ 的负载,当 $\alpha=\pi$ 时 $\theta=0$,$u_o=0$;当 α 从 π 至 φ 逐步减小时(不包括 $\alpha=\varphi$ 这个点),θ 逐步从零增大到接近 π,负载上电压有效值 U_o 也从零增大到接近 U_1,负载电流 i_o 断续,输出电压 u_o 为缺块正弦波,电路有调压功能,如图 6-7(a) 所示。

2) 当 $\alpha=\varphi$ 时,i_o 电流中只有稳态分量 i_{o1},电流正弦、连续,$\theta=\pi$。电路一工作便进入稳态,$u_o=u_1$,输出电压波形正弦,调压电路不起调压作用,处于"失控"状态。此时 $\theta=f(\alpha,\varphi)$ 关系如图 6-6 中 $\theta=180°$ 中的孤立点所

示,波形如图 6-7(b) 所示。

3) 当 $0<\alpha<\varphi$ 且采用窄脉冲触发时,由式(6-8)可解出 $\theta>\pi$,即每个晶闸管导通时间将超过半周期。由于反并联的两晶闸管触发脉冲 u_{g1}、u_{g2} 相位严格互差 180°,故在 u_{g2} 到来时 VT$_1$ 仍在导通,其管压降构成对 VT$_2$ 的反向阳极电压,VT$_2$ 不能导通。而当 VT$_1$ 关断后虽

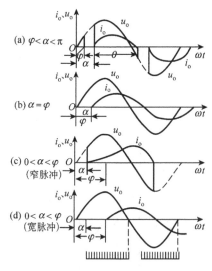

图 6-7 不同 α、φ 时 u_o、i_o 波形

使 VT$_2$ 的反偏电压消失，但 u_g2 的窄脉冲也已消失，VT$_2$ 仍不能导通，造成各个周期内只有同一个晶闸管 VT$_1$ 导通的"单管整流"状态，输出电流为单向脉冲波，含有很大的直流分量，如图 6-7(c)所示。这会对电机、电源变压器之类小电阻、大电感性质负载带来严重危害，此时应考虑改用宽脉冲触发方式。

4）当 $0<\alpha<\varphi$ 且采用宽脉冲触发时，特别是采用后沿固定、前沿可调、最大脉冲宽度可达 180° 的脉冲列触发时，可以保证反并联的两晶闸管均可靠导通，电流波形连续，如图 6-7(d)所示。与 $\alpha=\varphi$ 时不同的是无论触发角 α 多大，晶闸管均在 $\omega t=\varphi$ 处导通。由于电流连续 $u_\text{o}=u_1$，无电压调节功能，也处于"失控"状态。

综上所述，交流调压器带电感-电阻负载时，为使电路工作正常，需保证：

1）$\varphi\leqslant\alpha\leqslant\pi$。

2）采用宽度大于 60° 的宽脉冲或后沿固定、前沿可调、最大宽度可达 180° 的脉冲列触发。

【例 6-1】 一个交流单相晶闸管调压电路，用以控制送至电阻 $R=0.23\Omega$、电抗 $\omega L=0.23\Omega$ 的阻-感负载上的功率。设电源电压有效值 $U_1=230\text{V}$，晶闸管电流有效值标幺值 $\bar{I}_\text{T}$ 和移相触发角 α、负载功率因数角 φ_L 之间关系如图 6-8 所示。试求：1）移相控制范围；2）负载电流最大有效值；3）最大功率和功率因数；4）当 $\alpha=\dfrac{\pi}{2}$ 时，晶闸管的电流有效值、导通角 θ 及电源侧功率因数 $\cos\varphi$。

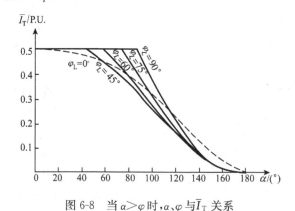

图 6-8 当 $\alpha>\varphi$ 时，α、φ 与 $\bar{I}_\text{T}$ 关系

【解】 1）移相控制范围。

当输出电压为零时

$$\theta=0°,\quad \alpha=\alpha_\text{max}=\pi$$

当输出最大电压时

$$\theta = 180°, \quad \alpha = \alpha_{\max} = \varphi_L = \arctan\left(\frac{\omega L}{R}\right) = \arctan\left(\frac{0.23}{0.23}\right) = \frac{\pi}{4}$$

故 $\frac{\pi}{4} \leqslant \alpha \leqslant \pi$。

2）负载电流最大有效值 $I_{o\max}$。

当 $\alpha = \varphi_L$ 时，电流连续，为正弦波，则

$$I_{o\max} = \frac{U_1}{\sqrt{R^2 + (\omega L)^2}} = \frac{230}{\sqrt{(0.23)^2 + (0.23)^2}} = 707(A)$$

3）最大功率和功率因数如下：

$$P_{o\max} = I_{o\max}^2 \cdot R = (707)^2 \times 0.23 = 115 \times 10^3 (W)$$

$$(\cos\varphi)_{\max} = \frac{P_{o\max}}{U_1 I_{o\max}} = \frac{115 \times 10^3}{230 \times 707} = 0.707$$

4）当 $\alpha = \frac{\pi}{2}$，$\varphi_L = \frac{\pi}{4}$ 时，查图 6-8 得晶闸管电流有效值标幺值 $\bar{I}_T = 0.31$。

晶闸管电流基值取为

$$I_{Tb} = \frac{\sqrt{2} U_1}{\sqrt{R^2 + (\omega L)^2}} = \frac{\sqrt{2} \times 230}{\sqrt{(0.23)^2 + (0.23)^2}} = 1000(A)$$

故晶闸管电流有效值为

$$I_T = \bar{I}_T \cdot I_{Tb} = 0.31 \times 1000 = 310(A)$$

当 $\alpha = \frac{\pi}{2}$，$\varphi_L = \frac{\pi}{4}$ 时，查图 6-6 得 $\theta = 125°$。

输出电流有效值为

$$I_o = \sqrt{2} I_T = \sqrt{2} \times 310 = 438.4(A)$$

电源输入有功功率为

$$P_1 = R I_o^2 = 0.23 \times (438.4)^2 = 44.21 \times 10^3 (W)$$

电源侧功率因数为

$$\cos\varphi = \frac{有功功率}{视在功率} = \frac{44.21 \times 10^3}{230 \times 438.4} = 0.438$$

6.1.2　三相交流调压电路

工业中交流电源多为三相系统，交流电机也多为三相电机，应采用三相交流调压器实现调压。三相交流调压电路与三相负载之间有多种连接方式，其中以三相 Y 连接调压方式最为普遍。

1. Y 型三相交流调压电路

图 6-9 为 Y 型三相交流调压电路，这是一种最典型、最常用的三相交流调压电路，它的正常工作须满足：

1）三相中至少有两相导通才能构成通路，且其中一相为正向晶闸管导通，另一相为反向晶闸管导通。

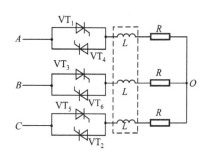

图 6-9　Y 接三相交流调压电路

2）为保证任何情况下的两个晶闸管同时导通，应采用宽度大于 $60°$ 的宽脉冲（列）或双窄脉冲来触发。

3）从 VT_1 至 VT_6 相邻触发脉冲相位应互差 $60°$。

为简单起见，仅分析该三相调压电路接电阻性负载（负载功率因数角 $\varphi=0$）时，不同触发控制角 α 下负载上的相电压、电流波形，如图 6-10 所示。

1）$\alpha=0°$ 时的波形如图 6-10(a) 所示。当 $\alpha=0°$ 时触发导通 VT_1，以后每隔 $60°$ 依次触发导通 VT_2、VT_3、VT_4、VT_5、VT_6。在 $\omega t=0°\sim60°$ 区间内，u_A、u_C 为正，u_B 为负，VT_5、VT_6、VT_1 同时导通；在 $\omega t=60°\sim120°$ 区间内，VT_6、VT_1、VT_2 同时导通……由于任何时刻均有三只晶闸管同时导通，且晶闸管全开放，负载上获得全电压。各相电压、电流波形正弦、三相平衡。

2）$\alpha=30°$ 时波形如图 6-10(b) 所示。此时情况复杂，需划分子区间来分析。

① $\omega t=0°\sim30°$：$\omega t=0$ 时，u_A 变正，VT_4 关断，但 u_{g1} 未到位，VT_1 无法导通，A 相负载电压 $u_{R_A}=0$。

② $\omega t=30°\sim60°$：$\omega t=30°$ 时，触发导通 VT_1；B 相 VT_6、C 相 VT_5 均仍承受正向阳极电压保持导通。由于 VT_5、VT_6、VT_1 同时导通，三相均有电流，此子区间内 A 相负载电压 $u_{R_A}=u_A$（电源 A 相电压）。

③ $\omega t=60°\sim90°$：$\omega t=60°$ 时，u_C 过零，VT_5 关断；VT_2 无触发脉冲不导通，三相中仅 VT_6、VT_1 导通。此时线电压 u_{AB} 施加在 R_A、R_B 上，故此子区间内 A 相负载电压 $u_{R_A}=\dfrac{u_{AB}}{2}$。

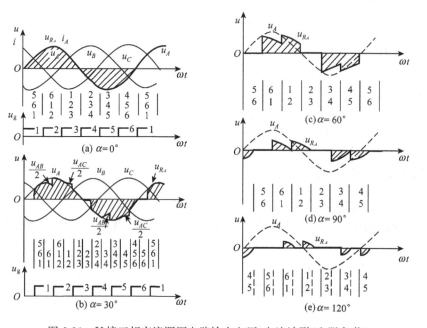

图 6-10　Y 接三相交流调压电路输出电压、电流波形（电阻负载）

④ $\omega t = 90° \sim 120°$：$\omega t = 90°$ 时，VT_2 触发导通，此时 VT_6、VT_1、VT_2 同时导通，此子区间内 A 相负载电压 $u_{RA} = u_A$。

⑤ $\omega t = 120° \sim 150°$：$\omega t = 120°$ 时，u_B 过零，VT_6 关断；仅 VT_1、VT_2 导通，此子区间内 A 相电压 $u_{R_A} = u_{AC}/2$。

⑥ $\omega t = 150° \sim 180°$：$\omega t = 150°$ 时，VT_3 触发导通，此时 VT_1、VT_2、VT_3 同时导通，此子区间内 A 相电压 $u_{R_A} = u_A$。

负半周可按相同方式分子区间做出分析，从而可得如图 6-10(b) 中阴影区所示一个周波的 A 相负载电压 u_{R_A} 波形。A 相电流波形与电压波形成比例。

3）用同样分析法可得 $\alpha = 60°$、$90°$、$120°$ 时 A 相电压波形，如图 6-10(c)、(d)、(e) 所示。$\alpha > 150°$ 时，因 $u_{AB} < 0$，虽 VT_6、VT_1 有触发脉冲但仍无法导通，交流调压器不工作，故控制角移相范围为 $0° \sim 150°$。

当三相调压电路接电感负载时，波形分析很复杂。由于输出电压与电流间存在相位差，电压过零瞬间电流不为零，晶闸管仍导通，其导通角 θ 不仅与控制角 α 有关，还和负载功率因数角 φ 有关。如果负载是异步电动机，其功率因数角还随电机运行工况而变化。三相交流调压电路广泛应用于三相异步电动机软起动器中。

软起动器

2. 其他形式三相交流调压电路

表 6-1 以列表形式集中地描述了几种典型三相交流调压电路的形式及特征。

表 6-1　几种典型的三相交流调压器比较

名称	线路图	输出电压波形（电阻负载）	特点
三相 Y_0 型		$\alpha = 0°$　$\alpha = 30°$　$\alpha = 60°$ 相电压 $\alpha = 90°$　$\alpha = 120°$　$\alpha = 180°$	实际上为三个单相调压器的组合。只需有一个晶闸管导通，负载上就有电流通过，线电流波形正负对称，零线上有三次谐波通过，在 $\alpha = 90°$ 时谐波电流最大，会在三柱式变压器中引起发热和噪声，对线路和电网均带来不利影响，因而工业上应用较少。要求触发移相范围为 $180°$，可用单窄脉冲触发（电阻负载）。晶闸管承受峰值电压为 $\sqrt{\dfrac{2}{3}}U_1$（U_1 为线电压有效值）
三相 Y 型		$\alpha = 0°$　$\alpha = 30°$　$\alpha = 60°$ 相电压 $\alpha = 90°$　$\alpha = 120°$　$\alpha = 150°$	负载形式可任意选用（Y 或 △ 接法）。输出谐波分量低，没有三次谐波电流，对邻近通信电路干扰小，因而应用较广。因没有零线，必须保证两个晶闸管同时导通，负载中才有电流通过，因而必须是双脉冲或宽脉冲（>$60°$）触发。要求移相范围为 $150°$。晶闸管承受峰值电压为 $\sqrt{2}U_1$。适用于输出接变压器初级、变压器次级为低电压大电流的负载

名称	线路图	输出电压波形（电阻负载）	特点
三相负载△型	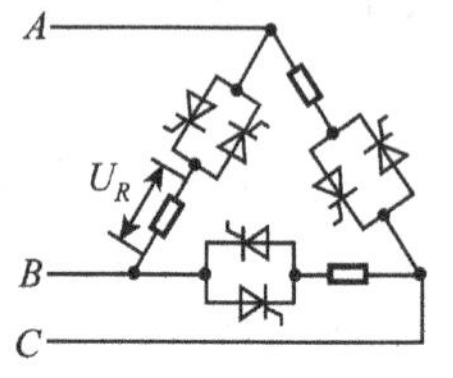	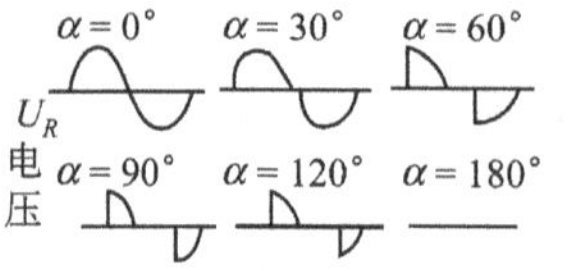	实际上也是三个单相调压器组合而成。每相电流波形与单相交流调压器相同，其线电流三次谐波分量为零。触发移相范围为180°。晶闸管承受峰值电压为$\sqrt{2}U_1$。负载必须为三个可拆开的单相负载，故应用较少
三相晶闸管△型	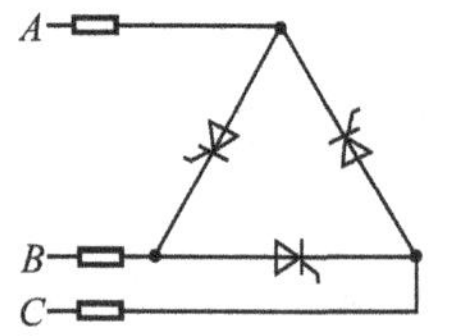	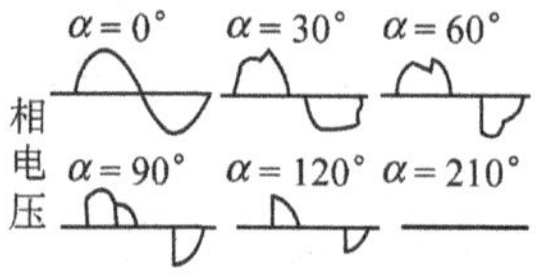	由三个晶闸管组成，线路简单，节约晶闸管元件。三相负载必须为可拆开的单个负载组成，晶闸管放在负载后面，可减小电网浪涌电压的冲击。电流波形存在正负半周不对称的情况，谐波分量大，对通信干扰大，增加了对滤波的要求。晶闸管承受峰值电压为$\sqrt{2}U_1$
三相半控Y型	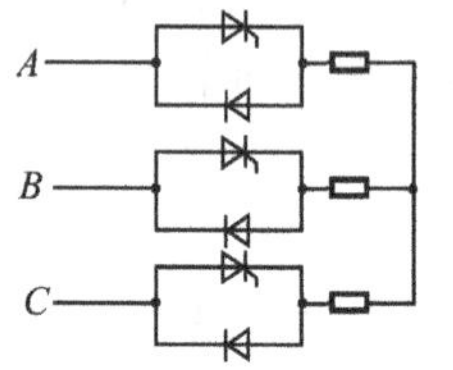	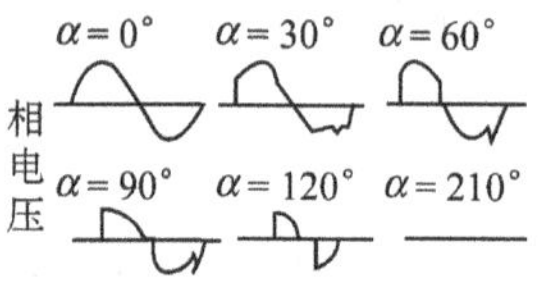	只用三个晶闸管和三个二极管组成，简化控制，降低成本。每相中电压和电流正负半波不对称。电路谐波分量大，除有奇次谐波外，还有偶次谐波，使电动机输出转矩减小，对通信等干扰大。移相范围为210°；晶闸管承受峰值电压为$\sqrt{2}U_1$。适用于调压范围不大，小容量场合

6.1.3 其他交流电力控制电路

当交流调压电路采用通断控制时，还可实现交流调功和交流无触点开关的功能。

1. 交流调功电路

采用交流调压电路，在交流电压过零时刻将负载与电源接通几个周波再断开几个周波，实现交流电压的整周波通断控制。通过改变接通周波数与断开周波数的比例，实现负载平均功率的调节，称为交流调功电路，其控制思想如图 6-2(a)所示。

由于晶闸管导通都在电源电压过零时刻，这样负载电压、电流均为完整正弦波，不会对电网产生高、低次谐波的污染。但是可以以导通与关断总时间为周期分解出分数次谐波来，因而从严格意义上讲还是有一定的干扰，图 6-11 为图 6-2(a)通、断周波数下（通三个周波、断一个周波）电阻性负载电流频谱，图中 I_k 为 k 次谐波有效值，I_{om} 为导通时负载电流幅值。可以看出，电流中不含整数倍电源频率的谐波，但含有非整数倍频率谐波，且在电源频率附近非整数倍频率谐波含量较大。

如前所述，这种调功电路主要用于电炉的温度控制。

2. 交流无触点开关

如果将反并联的两只单向晶闸管或单只双向晶闸管串入交流电路，代替机械开关起接通和关断电路的作用，就构成了交流无触点开关。这种电力电子开关无触点，无开关过程的电弧，响应快，其工作频率比机械开关高，有很多优点。但由于导通时有管压降，关断时有阳极漏电流，因而还不是一种理想的开关，但已显示出其广阔的应用前景。

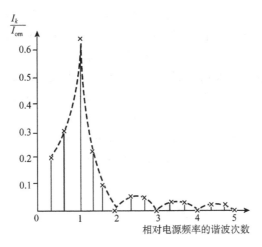

图 6-11　图 6-2(a)开通、关断方式下电阻负载电流频谱

交流无触点开关主电路与交流调压电路相同,但其开通与关断是随机的,可以分为任意接通模式和过零接通模式。前者可在任何时刻使晶闸管触发导通,后者只能在交流电源电压过零时才能触发晶闸管,因而有一定的开通时延,如 50Hz 交流电网中,最大开通时延约 10ms。关断时,由于晶闸管的掣住特性,不能在触发脉冲封锁时立即关断;感性负载又要等到电流过零时才能关断,均有一定的关断时延。

图 6-12(a)是一种简单交流无触点开关。当控制开关 S 闭合时,电源 u_1 正、负半周分别通过二极管 VD_1、VD_2 和 S 接通晶闸管 VT_1、VT_2 的门极,使相应晶闸管交替导通。如果 S 断开,晶闸管因门极开路而不能导通,相当于交流电路关断。

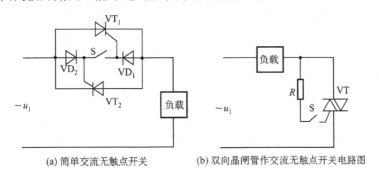

(a) 简单交流无触点开关　　　(b) 双向晶闸管作交流无触点开关电路图

图 6-12　晶闸管交流电力开关

采用双向晶闸管做交流无触点开关电路如图 6-12(b)所示。在控制开关 S 闭合时,在电源 u_1 正半周,双向晶闸管 VT 以 I^+ 方式触发导通,电源负半周时以 III^- 方式触发导通,负载上因此获得交流电压。如果 S 断开,VT 因门极开路而不能导通,负载上电压为零,相当于交流开关断开。

6.2　交-交变频电路

交-交变频电路是一种可直接将某固定频率交流变换成可调频率交流的频率变换电路,

无需中间直流环节。与交-直-交间接变频相比,提高了系统变换效率。又由于整个变频电路直接与电网相连,各晶闸管元件上承受的是交流电压,故可采用电网电压自然换流,无需强迫换流装置,简化了变频器主电路结构,提高了换流能力。

交-交变频电路广泛用于大功率低转速的交流电动机调速传动,交流励磁变速恒频发电机的励磁电源等。实际使用的交-交变频器多为三相输入-三相输出电路,但其基础是三相输入-单相输出电路,因此本节首先介绍单相输出电路的工作原理、触发控制、四象限运行性能及输入、输出特性等;然后介绍三相输出电路结构、输入、输出特性及其改善措施;最后对一种新型的绿色变频电路——矩阵式交-交变换器做出介绍,使读者了解交-交变频技术的最新发展动向。

6.2.1　三相输入-单相输出交-交变频电路

1. 基本工作原理

三相输入-单相输出交-交变频器原理如图 6-13 所示,它是由两组反并联的三相晶闸管可控整流桥和单相负载组成。其中图 6-13(a)接了足够大的输入滤波电感,输入电流近似矩形波,称电流型电路;图 6-13(b)则为电压型电路,其输出电压可为矩形波、亦可通过控制成为正弦波;图 6-13(c)为图 6-13(b)电路输出的矩形波电压,用以说明交-交变频电路的工作原理。当正组变流器工作在整流状态时,反组封锁,以实现无环控制,负载 Z 上电压 u_o 为上(+)、下(−);反之当反组变流器处于整流状态而正组封锁时,负载电压 u_o 为上(−)、下(+),负载电压交变。若以一定频率控制正、反两组变流器交替工作(切换),则向负载输出交流电压的频率 f_o 就等于两组变流器的切换频率,而输出电压 u_o 大小则取决于晶闸管的触发角 α。

交-交变频电路根据输出电压波形不同可分为方波型和正弦波型。方波型控制简单,正、反两桥工作时维持晶闸管触发角 α 恒定不变,但其输出波形不好,低次谐波大,用于电动机调速传动时会增大电机损耗,降低运行效率,特别增大转矩脉动,很少采用。因此以下仅讨论正弦型交-交变频电路。

2. 工作状态

三相-单相正弦型交-交变频电路如图 6-14 所示,它由两个三相桥式可控整流电路构成。如果输出电压的半周期内使导通组变流器晶闸管的触发角发生变化,如从 $\alpha=90°$ 逐渐减小到 $\alpha=0°$,然后再逐渐增大到 $\alpha=90°$,则相应变流器输出电压的平均值就可以按正弦规律从零变到最大,再减小至零,形成平均意义上的正弦波电压波形输出,如图 6-15 所示。可以看出,输出电压的瞬时值波形不是平滑的正弦波,而是由片段电源电压波形拼接而成。在一个输出周期中所包含的电源电压片段数越多,波形就越接近正弦,通常要用六脉波的三相桥式电路或十二脉波变流电路来构成交-交变频器。

在无环流工作方式时,变频电路正、反两组变流器轮流向负载供电。为了分析两组变流压、电流中的高次谐波,因此可将图 6-14 电路等效成图 6-16(a)所示的理想形式,其中交流器的工作状态,忽略输出电源表示变流器输出的基波正弦电压,二极管体现电流的单向流动特性,负载 Z 为感性,负载阻抗(功率因数)角为 φ。

图 6-16(b)给出了一个周期内负载电压 u_o、负载电流 i_o 波形,正、反两组变流器的电压 u_P、u_N 和电流 i_P、i_N 以及正、反两组变流器的工作状态。如图所示,在负载电流的正半周 t_1 ∼

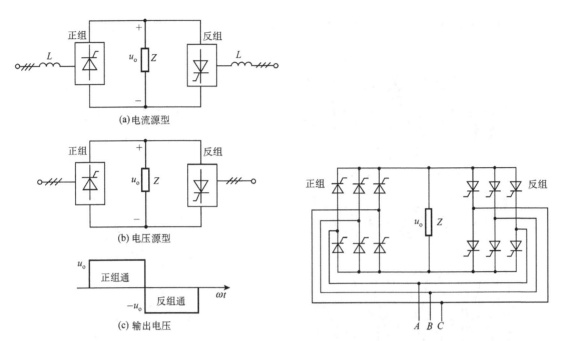

图 6-13 三相输入-单相输出交-交变频器原理图 图 6-14 三相-单相交-交变频电路

t_3 区间,正组变流器导通,反组变流器被封锁。在 $t_1 \sim t_2$ 区间,正组变流器导通后输出电压、电流均为正,故正组变流器向外输出功率,工作于整流状态;在 $t_2 \sim t_3$ 区间,负载电流方向不变,仍是正组变流器导通,输出电压却反了向,因此负载向正组变流器反馈功率,正组变流器工作于逆变状态。在 $t_3 \sim t_4$ 区间,负载电流反向,反组变流器导通、正组变流器被封锁,负载电压、电流均为负,故反组变流器处于整流状态。在 $t_4 \sim t_5$ 区间,电流方向不变,仍为反组导通,但输出电压反向,反组变流器工作于逆变状态。

从以上分析可知,交-交变频电路中,正、反组变流器的导通由电流方向来决定,与电压极性无关;每组变流器的工作状态(整流或逆变)则是由输出电压与电流是否同极性来决定。

3. 输出电压波形

正弦型交-交变频电路实际输出电压波形如图 6-15 所示,图 6-15(a)~(d)分别表示了正、反组变流器不同的工作状态。

图 6-15(a)表示正组变流器工作,A 点处其晶闸管触发角 $\alpha_P = 0$,平均电压 U_d 最大。随着 α_P 的增大,U_d 值减小,当 $\alpha_P = \dfrac{\pi}{2}$ 时,$U_d = 0$。半周内平均输出电压如图中虚线所示,为一正弦波。由于整流电压波形上部包围的面积比下部面积大,总的功率为正,从电源供向负载,此时正组变流器工作在整流状态。

图 6-15(b)仍为正组变流器工作,但触发角 α_P 在 $\dfrac{\pi}{2} \sim \pi \sim \dfrac{\pi}{2}$ 变化,变流器输出平均电压为负值。由于整流电压波形下部包围的面积比上部大,总的功率为负,从负载流流向电源,此时正组变流器工作在逆变状态。

图 6-15(c)、(d)为反组变流器工作。当其触发角 $\alpha_N < \dfrac{\pi}{2}$ 时,反组变流器处于整流状态,总

的功率由电源输向负载;当 $\alpha_N > \dfrac{\pi}{2}$ 时,反组变流器处于逆变状态,负载将向电源反馈功率。

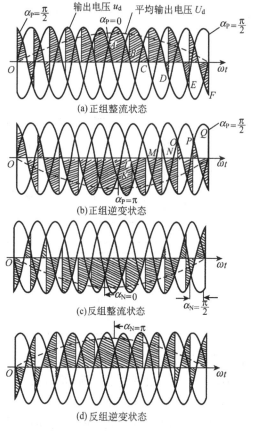

图 6-15　正弦型交-交变频器输出电压波形

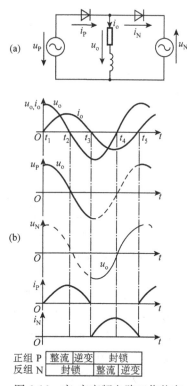

图 6-16　交-交变频电路工作状态

如果改变 α_P、α_N 的变化范围(调制深度),使它们在 $0 \sim \dfrac{\pi}{2}$ 范围内调节,输出平均电压正弦波幅值也会改变,从而达到调压目的。

由此得出结论:正弦波交-交变频电路是由两组反并联的可控整流器组成,运行中正、反两组变流器的 α 角要不断加以调制,使输出电压平均值为正弦波;同时,正、反两组变流器也需按规定频率不停地进行切换,以输出可变频率交流。

4. 余弦交点控制法

要实现交-交变频电路输出电压波形正弦化,必须不断改变晶闸管的触发角 α,其方法很多,但应用最为广泛的是余弦交点控制法。该方法的基本思想是使构成交-交变频器的各可控整流器输出电压尽可能接近理想正弦波形,使实际输出电压波形与理想正弦波之间的偏差最小。

图 6-17 为余弦交点控制法波形原理图。交-交变频电路中任一相负载在任一时刻都要经过一个正组和一个反组的整流器接至三相电源,根据导通晶闸管的不同,加在负载上的瞬时电压可能是 u_{ab}、u_{ac}、u_{bc}、u_{ba}、u_{ca}、u_{cb} 六种线电压,它们在相位上互差 $60°$。如分别用 $u_1 \sim u_6$ 来表示,则有

$$u_1 = \sqrt{2}U\sin\omega t$$

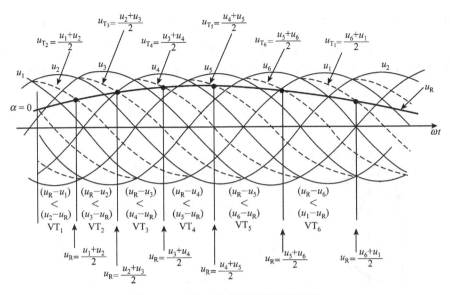

图 6-17　余弦交点控制法波形原理图

$$u_2 = \sqrt{2}U\sin\left(\omega t - \frac{\pi}{3}\right)$$

$$u_3 = \sqrt{2}U\sin\left(\omega t - 2\,\frac{\pi}{3}\right)$$

$$u_4 = \sqrt{2}U\sin(\omega t - \pi)$$

$$u_5 = \sqrt{2}U\sin\left(\omega t - 4\,\frac{\pi}{3}\right)$$

$$u_6 = \sqrt{2}U\sin\left(\omega t - 5\,\frac{\pi}{3}\right)$$

设 $u_R = \sqrt{2}U_1\sin\omega_1 t$ 为期望输出的理想正弦电压波形。为使实际输出正弦电压波形的偏差尽可能小,应随时将第一个晶闸管导通时的电压偏差 $u_R - u_1$ 与让下一个管子导通时的偏差 $u_2 - u_R$ 相比较,如$(u_R - u_1) < (u_2 - u_R)$,则第一个管子继续导通;如$(u_R - u_1) > (u_2 - u_R)$,则应及时切换至下一个管子使其导通。因此 u_1 换相至 u_2 的条件为

$$u_R - u_1 = u_2 - u_R$$

即

$$u_R = \frac{u_1 + u_2}{2} \tag{6-9}$$

同理由 u_i 换相至 u_{i+1} 的条件应为

$$u_R = \frac{u_i + u_{i+1}}{2} \tag{6-10}$$

当 u_i 和 u_{i+1} 都为正弦波时,$u_R = \dfrac{u_i + u_{i+1}}{2}$ 也应为正弦波,如图 6-17 各虚线所示。这些正弦波的峰值正好处于 u_{i+1} 波上相当于触发角 $\alpha = 0°$ 的位置上,故此波即为 u_{i+1} 波触发角 α

的余弦函数,常称为 u_{i+1} 的同步波。由于换相点应满足 $u_R = u_T = \dfrac{u_i + u_{i+1}}{2}$ 的条件,故应在 u_R 和 u_T 的交点上发出触发脉冲,导通相应晶闸管元件,从而使交-交变频电路输出接近于正弦波的瞬时电压波形,如图 6-18 中 u_o 粗实线波形所示,相应阻-感性负载下的输出电流波形 i_o 则相当接近正弦波。图 6-18 中的①区间为反组逆变状态;②、⑤区间为切换死区;③区间为正组整流状态;④区间为正组逆变状态;⑥区间为反组整流状态。

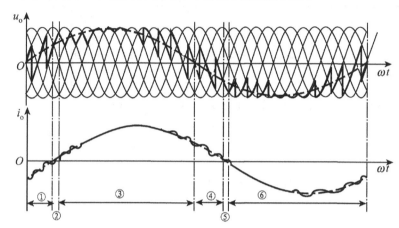

图 6-18　正弦型交-交变频电路输出电压 u_o、电流 i_o 波形

5. 输入、输出特性

(1) 输出频率上限

交-交变频电路输出电压是由多段电源电压片段"拼凑"而成。一个输出周期内拼接的电源电压段数越多,输出电压波形越接近正弦。当输出频率增高时,输出电压一周内所包含的电源电压段数减少,波形将严重偏离正弦,致使输出电力谐波增加,因而限制了最高输出频率。由于每段电源电压的平均持续时间取决于变流电路的脉波数,增加构成交-交变频电路的两组变流器脉波数可改善输出波形,提高输出频率上限。常用的 6 脉波三相桥式变频电路的上限频率不能高于电网频率的 $\dfrac{1}{3} \sim \dfrac{1}{2}$,约 20 Hz,否则输出电压波形畸变严重,过多低次谐波恶化输出特性而无法应用。

(2) 输入功率因数

由于交-交变频电路采用移相触发控制,晶闸管换流时需要从电网吸收感性无功,致使不论负载功率因数超前还是滞后,输入功率因数总是滞后。

在正弦波交-交变频电路余弦交点法移相触发控制中,期望输出的理想正弦电压为 $u_R = \sqrt{2} U_1 \sin\omega_1 t$,每次触发时该触发角 α_i 下输出电压为 $u_i = U_{do} \cos\alpha_i$,$U_{do}$ 为 $\alpha_i = 0$ 时整流电压。当 $u_i = u_R$ 时可以确定

$$\cos\alpha_i = \frac{\sqrt{2} U_1}{U_{do}} \sin\omega_1 t = \gamma \sin\omega_1 t \tag{6-11}$$

式中,$\gamma = \dfrac{\sqrt{2} U_1}{U_{do}}$ 为输出电压比,它是一个影响输入功率因数的重要因数。

图 6-19 给出不同 γ 下,交-交变频电路输出电压在 $\omega_1 t = 0 \sim 2\pi$ 的一个周期内移相触发

角 α 的变化规律,它反映了输入功率因数的变化。γ 越小,输出电压越低,半周期内 α 的平均值越接近 90°,功率因数就越低。

图 6-20 则给出输入位移因数与负载功率因数间的关系,输入位移因数即为输入的基波功率因数。可以看出,即使负载功率因数为 1 且满电压输出($\gamma=1$),输入位移因数也低于1。随着负载功率因数的降低和输出电压比 γ 的减小,输入位移因数将会更低。

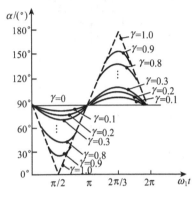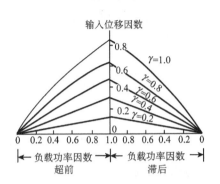

图 6-19　不同 γ 下 α 与 $\omega_1 t$ 的关系　　　图 6-20　输入、输出功率因数间关系

（3）输出电压谐波

交-交变频电路输出电压谐波成分非常复杂,和输入频率 f_i、输出频率 f_o、电路脉波数均有关。采用三相桥式变流器的单相交-交变频电路输出电压中主要谐波频率为 $6f_i \pm f_o$,$6f_i \pm 3f_o$,$6f_i \pm 5f_o$,$\cdots$;$12f_i \pm f_o$,$12f_i \pm 3f_o$,$12f_i \pm 5f_o$,$\cdots$,包含 3 次谐波,但它们构成三相输出时会被抵消。若采用无环流控制时,由于确保正、反两桥安全切换所需死区的影响,还将出现 $5f_o$、$7f_o$ 等次谐波。

（4）输入电流谐波

由于交-交变频电路输入电流波形及幅值均按正弦规律被调制,和可控整流电路相比,其输入电流频谱要复杂得多。采用三相桥式变流器的单相交-交变频电路的输入电流频率为

$$f_{in} = |(6k \pm 1)f_i \pm 2lf_o| \tag{6-12}$$

和

$$f_{in} = f_i + 2kf_o \tag{6-13}$$

式中,$k=1,2,3,\cdots$;$l=1,2,\cdots$。

6.2.2　三相输入-三相输出交-交变频电路

三相输出交-交变频电路由三个输出电压相位互差 120° 的单相输出交-交变频电路按照一定方式连接而成,主要用于低速、大功率交流电机变频调速传动,有时还被应用于特大功率的交流励磁电源。

1. 三相输出连接方式

三相输出交-交变频电路有两种主要接线方式,如图 6-21(a)、(b)所示。

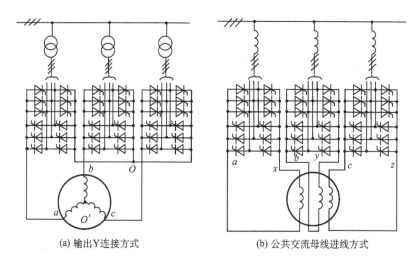

| (a) 输出Y连接方式 | (b) 公共交流母线进线方式 |

图 6-21　三相输出交-交变频电路连接方式

（1）输出 Y 连接方式

三组单相输出交-交变频电路 Y 连接,中点为 O;三相交流电动机绕组亦为 Y 连接,中点为 O'。由于三组输出连接在一起,电源进线必须采用变压器隔离。这种接法可用于较大容量交流调速系统。

（2）公共交流母线进线方式

它是由三组彼此独立、输出电压互差 $120°$ 的单相输出交-交变频电路构成,其电源进线经交流进线电抗器接至公用电源。因电源进线端公用,三组单相输出必须隔离。这种接法主要用于中等容量交流调速系统。

2. 输入、输出特性

三相输出交-交变频电路的输出频率上限和输出电压谐波成分与单相输出交-交变频电路相同。

三相输出交-交变频电路总的输入电流由三个单相输出交-交变频电路同一相输入电流合成得到,此时有的谐波会因相位关系相互削弱或抵消,因此谐波种类将有所减少,总谐波幅值也有所下降。其谐波频率为

$$f_{in} = \left| (6k \pm 1)f_i \pm 6lf_o \right|$$ (6-14)

和

$$f_{in} = f_i + 6kf_o$$ (6-15)

式中,$k = 1,2,3,\cdots$;$l = 1,2,\cdots$。

当正、反组变换器采用三相桥式电路时,输出电流谐波频率为 $f_i \pm 6f_o$、$5f_i$,$5f_i \pm 6f_o$,$7f_i$,$7f_i \pm 6f_o$,$11f_i$,$11f_i \pm 6f_o$,$13f_i$,$13f_i \pm 6f_o$,$f_i \pm 12f_o$ 等。其中以 $5f_i$ 次谐波幅值最大。

三相输出交-交变频电路输入功率因数由以下定义计算:

$$PF = \frac{P}{S} = \frac{P_a + P_b + P_c}{S}$$ (6-16)

即三相电路总有功功率可为每相电路有功功率之和,但视在功率不能简单相加,应由总输入

电流、输入电压有效值之积来算。由于三相电路输入电流谐波有所减小,三相总视在功率比三个单相视在功率之和小,故三相输出交-交变频电路总输入功率因数比单相输出交-交变频电路有所改善。

3. 改善输入功率因数和提高输出电压的措施

要改善三相输出交-交变频电路的输入功率因数和提高输出电压,其基本思想是在各相电压中叠加零序分量成分(如直流、三次谐波等),由于它们不会出现在线电压中,因此也不会加到 Y 连接负载之上。具体措施有直流、交流偏置方法。

(1) 直流偏置法

当交-交变频电路驱动交流电机作变频调速运行时,根据电机运行理论,低频低速时必须相应降低机端电压,此时变频电路输出电压幅值很低,各组变流器触发角 α 都在 90°附近,输入功率因数很低。此时如给各相输出电压上叠加相同大小的直流,可使 α 角减小,提高输入功率因数,但输出负载线电压并不改变。这种方法称直流偏置法,常用于给长期低速运行的交流电动机供电。

(2) 交流偏置法

如给各相输出电压上叠加 3 次为主的谐波,使输出电压波形呈梯形波,如图 6-22 所示。但线电压中三次谐波等互相抵消,负载上电压仍为正弦。这种控制方式下变流器工作在高电压输出的梯形波平顶区,α 角小,输入功率因数可提高 15%左右。

与此同时,正弦波输出控制时最大输出相电压幅值只能为 $\alpha=0°$ 时的 U_{do},而梯形波输出中的基波幅值可比 U_{do} 高 15%,故采用梯形波输出控制方式可使交-交变频器输出电压提高 15%。

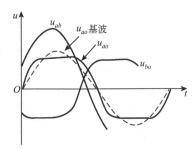

图 6-22　交流偏置法控制下,理想输出电压波形

由于梯形波输出控制相当于在相电压中加入三次等交流谐波,故称交流偏置法。

第 5 章中介绍了交-直-交变频电路,本章介绍了交-交变频电路,两者的比较参见表 6-2。

表 6-2　交-交变频电路与交-直-交变频电路比较

比较内容	交-交型	交-直-交型
换能方式	一次换能,效率高	两次换能,效率较低
换流方式	电网电压自然换流	强迫或负载换流,或自关断器件
使用器件数量	多,利用率低	较少,利用率高
调频范围	$\left(\dfrac{1}{3}\sim\dfrac{1}{2}\right)$ 电网频率	无限制
输入功率因数	较低	一般相控调压时,低频低压时低;不控整流时(PWM 逆变)较高
适用场合	低速、大功率交流电机拖动系统	各种交流电机拖动系统,稳压和不停电电源

6.3　矩阵式变换电路

为解决传统晶闸管型相控方式的交-交变频电路输入、输出特性差,谐波成分大的缺陷,近年来出现了一种新型的矩阵式交-交变频电路。这也是交-交直接变频方式,电路元件需采用双向全控型器件,即正、反两个方向均可控制开通与关断的功率开关,控制方式为脉宽调制。图 6-23(a)为三相输入-三相输出变换电路,由于 9 个双向开关作 3×3 矩阵布置,故得其名。在目前没有商品化双向开关的条件下,可采用两只单向开关器件进行组合,图 6-23(b)为采用 IGBT 及快速恢复二极管的一种组合方式。

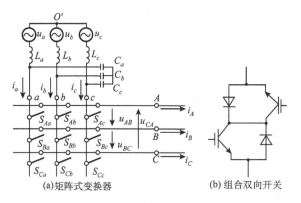

(a)矩阵式变换器　　　　　　(b)组合双向开关

图 6-23　矩阵式变换器及组合双向开关

矩阵式变换电路的优点是输出电压正弦,输出频率不受输入频率限制;输入电流正弦、可与输入电压同相位,即输入功率因数为 1,也可控制成所需功率因数,能量可双向流动,适合于交流电机的四象限运行驱动,直接实现变频,无需中间直流环节及其滤波元件,变换效率高。因此这是一种电气性能十分优良、极具应用前景的频率变换电路,对它的研究、学习具有深远的学术意义和潜在的应用价值。

6.3.1　矩阵式变换电路的等效交-直-交结构

图 6-23(a)所示矩阵式变换电路的运行控制机理,可以用图 6-24 所示的等效(虚拟)交-直-交结构来分析,采用这种等效结构可以充分利用成熟的交-直-交变换中的 PWM 控制技术,实现对矩阵式变换电路的有效控制。

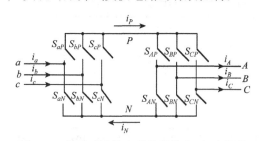

图 6-24　矩阵式变换电路的等效交-直-交结构

为描述各开关的通、断状态,首先定义开关函数 S_{jk}:开关导通时,$S_{jk}=1$;开关断开时,$S_{jk}=0$。

对于图 6-24 的等效交-直-交结构,$j\in\{a,b,c,A,B,C\}$,$k\in\{P,N\}$。按照输入电压不能被短路、输出感性负载电路不能突然开路的原则,虚拟整流器同一直流母线 P 或 N 上的开关,必须有一个、也只能有一个处于导通状态,即

$$S_{ak}+S_{bk}+S_{ck}=1,\quad k\in\{P,N\} \tag{6-17}$$

对于图 6-23(a)的矩阵式变换电路,$j\in\{A,B,C\}$,$k\in\{a,b,c\}$。按照输入电压不能被短路、输出电路不能突然开路原则,每一输出相只能连至且必须连至一个输入相,开关函数须满足

$$S_{ja} + S_{jb} + S_{jc} = 1, \quad j \in \{A, B, C\} \tag{6-18}$$

等效交-直-交变换中,交-直整流器部分变换关系有直流母线 P、N 电压方程

$$U_P = \begin{bmatrix} S_{aP} & S_{bP} & S_{cP} \end{bmatrix} \begin{bmatrix} U_a \\ U_b \\ U_c \end{bmatrix} \tag{6-19}$$

$$U_N = \begin{bmatrix} S_{aN} & S_{bN} & S_{cN} \end{bmatrix} \begin{bmatrix} U_a \\ U_b \\ U_c \end{bmatrix} \tag{6-20}$$

和输入电流方程

$$\begin{bmatrix} i_a \\ i_b \\ i_c \end{bmatrix} = \begin{bmatrix} S_{aP} \\ S_{bP} \\ S_{cP} \end{bmatrix} i_P - \begin{bmatrix} S_{aN} \\ S_{bN} \\ S_{cN} \end{bmatrix} i_N \tag{6-21}$$

等效交-直-交变换的直-交逆变器部分变换关系有输出电压方程

$$\begin{bmatrix} U_A \\ U_B \\ U_C \end{bmatrix} = \begin{bmatrix} S_{AP} \\ S_{BP} \\ S_{CP} \end{bmatrix} U_P + \begin{bmatrix} S_{AN} \\ S_{BN} \\ S_{CN} \end{bmatrix} U_N \tag{6-22}$$

和直流母线电流方程

$$i_P = \begin{bmatrix} S_{AP} & S_{BP} & S_{CP} \end{bmatrix} \begin{bmatrix} i_A \\ i_B \\ i_C \end{bmatrix} \tag{6-23}$$

$$i_N = -\begin{bmatrix} S_{AN} & S_{BN} & S_{CN} \end{bmatrix} \begin{bmatrix} i_A \\ i_B \\ i_C \end{bmatrix} \tag{6-24}$$

将式(6-19)和式(6-20)代入式(6-22),并根据线、相电压关系

$$U_{AB} = U_A - U_B, \quad U_{BC} = U_B - U_C, \quad U_{CA} = U_C - U_A$$

可得输出线电压表达式

$$\begin{bmatrix} U_{AB} \\ U_{BC} \\ U_{CA} \end{bmatrix} = \begin{bmatrix} [S_{aP}S_{AP} + S_{aN}S_{AN} - (S_{aP}S_{BP} + S_{aN}S_{BN})] \\ [S_{aP}S_{BP} + S_{aN}S_{BN} - (S_{aP}S_{CP} + S_{aN}S_{CN})] \\ [S_{aP}S_{CP} + S_{aN}S_{CN} - (S_{aP}S_{AP} + S_{aN}S_{AN})] \end{bmatrix}$$

$$\begin{bmatrix} [S_{bP}S_{AP} + S_{bN}S_{AN} - (S_{bP}S_{BP} + S_{bN}S_{BN})][S_{cP}S_{AP} + S_{cN}S_{AN} - (S_{cP}S_{BP} + S_{cN}S_{BN})] \\ [S_{bP}S_{BP} + S_{bN}S_{BN} - (S_{bP}S_{CP} + S_{bN}S_{CN})][S_{cP}S_{BP} + S_{cN}S_{BN} - (S_{cP}S_{CP} + S_{cN}S_{CN})] \\ [S_{bP}S_{CP} + S_{bN}S_{CN} - (S_{bP}S_{AP} + S_{bN}S_{AN})][S_{cP}S_{CP} + S_{cN}S_{CN} - (S_{cP}S_{AP} + S_{cN}S_{AN})] \end{bmatrix} \cdot \begin{bmatrix} U_a \\ U_b \\ U_c \end{bmatrix} \tag{6-25}$$

将式(6-23)和式(6-24)代入式(6-21),可得输入电流表达式

$$\begin{bmatrix} i_a \\ i_b \\ i_c \end{bmatrix} = \begin{bmatrix} S_{aP}S_{AP} + S_{aN}S_{AN} & S_{aP}S_{BP} + S_{aN}S_{BN} & S_{aP}S_{CP} + S_{aN}S_{CN} \\ S_{bP}S_{AP} + S_{bN}S_{AN} & S_{bP}S_{BP} + S_{bN}S_{BN} & S_{bP}S_{CP} + S_{bN}S_{CN} \\ S_{cP}S_{AP} + S_{cN}S_{AN} & S_{cP}S_{BP} + S_{cN}S_{BN} & S_{cP}S_{CP} + S_{cN}S_{CN} \end{bmatrix} \begin{bmatrix} i_A \\ i_B \\ i_C \end{bmatrix} \tag{6-26}$$

实际矩阵式变换电路实现的是交-交直接变换关系,即

$$\begin{bmatrix} U_{AB} \\ U_{BC} \\ U_{CA} \end{bmatrix} = \begin{bmatrix} S_{Aa}-S_{Ba} & S_{Ab}-S_{Bb} & S_{Ac}-S_{Bc} \\ S_{Ba}-S_{Ca} & S_{Bb}-S_{Cb} & S_{Bc}-S_{Cc} \\ S_{Ca}-S_{Aa} & S_{Cb}-S_{Ab} & S_{Cc}-S_{Ac} \end{bmatrix} \begin{bmatrix} U_a \\ U_b \\ U_c \end{bmatrix} \tag{6-27}$$

和

$$\begin{bmatrix} i_a \\ i_b \\ i_c \end{bmatrix} = \begin{bmatrix} S_{Aa} & S_{Ba} & S_{Ca} \\ S_{Ab} & S_{Bb} & S_{Cb} \\ S_{Ac} & S_{Bc} & S_{Cc} \end{bmatrix} \begin{bmatrix} i_A \\ i_B \\ i_C \end{bmatrix} \tag{6-28}$$

通过式(6-27)与式(6-25)对比,以及式(6-28)与式(6-26)对比,可以导出实际矩阵式变换电路与等效交-直-交变换结构开关函数之间的对应关系

$$S_{jk} = S_{jP}S_{kP} + S_{jN}S_{kN} \tag{6-29}$$

式中,$j\in\{A,B,C\}$,$k\in\{a,b,c\}$。

限定条件为

$$1 \leqslant S_{Gm} + S_{Jn} + S_{Kl} \tag{6-30}$$

式中,$G,J,K\in\{A,B,C\}$;$m,n,l\in\{a,b,c\}$,且$G\neq J\neq K$,$m\neq n\neq l$。

按照等效交-直-交结构的间接变换原则,这个限定条件意味着矩阵变换电路的三根输出线只能连接到一根或两根输入线上,不能分别连接到三根不同的输入线上。

6.3.2　矩阵式变换电路的等效交-直-交空间矢量调制

由于矩阵式变换电路可以等效成虚拟交-直-交变换电路,因此可以采用成熟且性能优越的空间矢量调制(space vector modulation,SVM)来实现其控制。

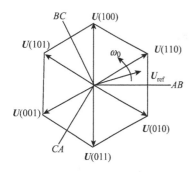

图 6-25　电压空间矢量和输出
线电压参考矢量

针对虚拟逆变器部分的控制,为了获得频率可调的三相输出线电压,应定义一个输出线电压参考矢量 $U_{ref}=\sqrt{3}U_{om}e^{j(\omega_0 t-\varphi_0)}$,如图 6-25 所示。这是一个以 ω_0 角速度围绕矢量中心连续旋转的空间矢量,可以采用六种有效电压空间矢量按三段逼近法来合成,从而获得所需输出频率 $f_0=\dfrac{\omega_0}{2\pi}$ 的三相正弦输出线电压。同理针对虚拟整流器部分,也可采用复空间表达方式定义输入相电流空间矢量,实现输入电流空间矢量调制。

经过对等效交-直-交变换的逆变部分采用输出线电压空间矢量调制、对整流部分采用输入相电流空间矢量调制后,根据开关函数的对应关系,可以综合出矩阵式变换电路交-交直接变换控制所需双空间矢量 PWM 调制方式。这种相互嵌套的双空间矢量 PWM 调制方式既可保证输出线电压的良好正弦性,又能保证输入相电流的良好正弦性,实现了矩阵式交-交变换的最终目标。读者希望对此有更为详细的了解,可参见其他文献。

6.3.3 矩阵式变换电路输入、输出波形

图 6-26 给出了矩阵式变换电路作为变频电源驱动异步电动机负载时的输入相电压、相电流及输出线电压、线电流波形。可以看出,输入相电压、相电流正弦且基本同相位,输出线电压呈正弦脉宽调制、线电流波形正弦,输入电流和输出电压中基波占绝对主要地位,具有优良的输入、输出特性。

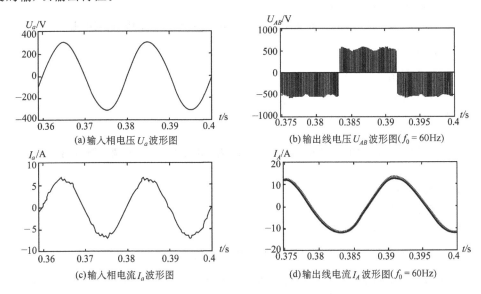

(a)输入相电压 U_a 波形图   (b)输出线电压 U_{AB} 波形图($f_0 = 60\text{Hz}$)

(c)输入相电流 I_a 波形图   (d)输出线电流 I_A 波形图($f_0 = 60\text{Hz}$)

图 6-26 矩阵式变换电路输入、输出电压、电流波形

矩阵式交-交变换电路的主要问题是电压传输比低,最大输出线电压理论上只能达到输入线电压最大值的 0.866。如何在保证良好输入、输出特性的前提下提高电压传输比一直是矩阵式变换电路研究中的一个重要理论与实践问题。

本 章 小 结

本章介绍的是有关 AC-AC 变换的电路,包括不改变输出频率、只改变输出电压大小的交流调压电路和实现交流电路通、断控制的交流调功、无触点开关,以及实现频率直接变换的交-交变频电路及其改进电路——矩阵式变换器。

本章学习中要重点掌握的内容是:

1)采用移相控制交流调压、交-交变频与采用通断控制的交流调功、无触点开关在晶闸管触发控制上的差异。

2)单相、三相交流调压电路的构成和基本工作原理。

3)感性负载时交流调压电路对触发脉冲的要求。

4)交流调功与交流无触点开关的基本工作原理。

5)交-交变频电路的结构、工作原理和输入、输出特性,以及改善输出特性的措施。

6)矩阵式变换器的基本概念和所达到的优良输入、输出特性。

此外还要注意到第五章的交-直-交间接变频和本章的交-交直接变频构成了一套完整的电力电子静止变频技术,要掌握两者的不同特性。

思考题与习题

1. 交流调压电路接入变压器类负载时,对触发脉冲有何要求? 正、负半周波形不对称时会导致什么后果?

2. 交流调压电路和交流调功电路有什么区别? 各适合于何种负载? 为什么?

3. 有一调光台灯由单相交流调压电路供电,灯泡为电阻性负载,在 $\alpha=0°$ 时输出功率达最大值。试求 80%、50% 最大功率时的移相触发角 α。

4. 两单向晶闸管反并联构成的单相交流调压电路,输入电压 $U_1=220\text{V}$,负载电阻 $R=5\Omega$,当移相触发角 $\alpha=\dfrac{2\pi}{3}$ 时;求:

1) 输出电压有效值;

2) 输出平均功率;

3) 晶闸管电流平均值和有效值;

4) 输入功率因数。

5. 两单向晶闸管反并联构成的单相交流调压电路,输入电压 $U_1=220\text{V}$,阻-感性负载,$R=0.5\Omega$,$L=2\text{mH}$。试求:

1) 移相触发角 α 的范围;

2) 负载电流最大值;

3) 最大输出功率及此时电源侧功率因数;

4) 当 $\alpha=\dfrac{\pi}{2}$,晶闸管电流有效值、晶闸管导通角及电源侧功率因数。

6. 有一对称三相双向晶闸管交流调压电路,负载 Y 接,线电压 $U_{11}=380\text{V}$,负载 $R=1\Omega$、$\omega L=1.73\Omega$。计算晶闸管电流最大有效值和 α 角控制范围(提示:$\alpha=\varphi$ 时电流最大)。

7. 交-交变频电路最高输出频率与输入频率之间有何约束关系? 限制输出频率提高的因素是什么?

8. 说明采用余弦交点法控制交-交变频器作正弦电压输出的机理。

9. 在三相输出交-交变频电路中,采用梯形波输出控制的优越性是什么? 为什么?

10. 试述矩阵式变频电路的基本原理,输入、输出端双向开关控制的原则和该电路显著特点。

第七章 谐振软开关技术

随着电力电子器件的高频化,电力电子装置的小型化和高功率密度化成为可能。然而如果不改变开关方式,单纯地提高开关频率会使器件开关损耗增大、效率下降、发热严重、电磁干扰增强、出现电磁兼容性问题。20 世纪 80 年代迅速发展起来的谐振软开关技术改变了器件的开关方式,使开关损耗在原理上可下降为零、开关频率提高可不受限制,是降低器件开关损耗和提高开关频率的有效办法。

本章首先从 PWM 电路开关过程中的损耗分析开始,建立谐振软开关的概念;再从软开关技术发展的历程来区别不同的软开关电路,最后选择零电压开关准谐振电路、零电流开关准谐振电路、零电压开关 PWM 电路、零电压转换 PWM 电路和谐振直流环电路进行运行原理的仔细分析,以求建立功率器件新型开关方式的概念。

7.1 谐振软开关的基本概念

7.1.1 开关过程器件损耗及硬、软开关方式

无论是 DC-DC 变换或是 DC-AC 变换,以及 PWM 整流,电路多按脉宽调制(PWM)方式工作,器件处于重复不断的开通、关断过程。由于器件上的电压 u_T、电流 i_T 会在开关过程中同时存在,因而会出现开关功率损耗。以图 7-1(a)Buck 变换电路为例,设开关器件 V 为理想器件,关断时无漏电流,导通时无管压降,因此稳定导通或关断时应无损耗。

图 7-1(b)为开关过程中 V 上的电压、电流及损耗 p 的波形,设负载电流 $i_o = I_o$ 恒定。

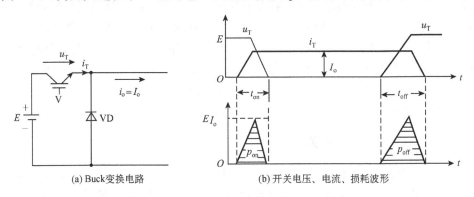

(a) Buck变换电路   (b) 开关电压、电流、损耗波形

图 7-1 Buck 变换电路开关过程波形

当 V 关断时,负载电流 I_o 改由续流二极管 VD 提供。若再次触发导通 V,电流从 VD 向 V 转移(换流),故 t_{on} 期间 i_T 上升但 $u_T = E$,直至 $i_T = I_o$,u_T 才下降为零,这样就产生了导通损耗 p_{on}。当停止导通 V 时,u_T 从零开始上升,在 t_{off} 期间维持 $i_T = I_o$,直至 $u_T = E$,i_T 才开始减小为零,这样就产生了关断损耗 p_{off}。

若设器件开关过程中电压 u_T、电流 i_T 线性变化,则有

$$\left.\begin{array}{l} p_{\text{on}} = \dfrac{1}{2} f_{\text{T}} E I_{\text{o}} t_{\text{on}} \\[2ex] p_{\text{off}} = \dfrac{1}{2} f_{\text{T}} E I_{\text{o}} t_{\text{off}} \end{array}\right\} \tag{7-1}$$

式中，f_{T} 为开关频率。这个开关过程伴随着电压、电流剧烈变化，会产生很大的开关损耗。例如，若

$$I_{\text{o}} = 50\text{A}, \quad E = 400\text{V}, \quad t_{\text{on}} = t_{\text{off}} = 0.5\mu\text{s}, \quad f_{\text{T}} = 20\text{kHz}$$

则开关过程的瞬时功率可达 20kW，平均损耗为 100W，十分可观。这种开关方式称为硬开关。

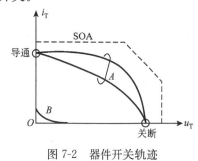

图 7-2　器件开关轨迹

器件的开关过程可用开关轨迹来描述，如图 7-2 所示，SOA 为器件的安全工作区，A 为硬开关方式的开关轨迹。由于 PWM 变换器开关过程中器件上作用的电压、电流均为方波，开关状态转换条件恶劣，开关轨迹接近 SOA 边沿，开关损耗和开关应力均很大。此时虽可在开关器件上增设吸收电路以改变开关轨迹及相应开关条件，但仅仅是使部分开关损耗从器件上转移至吸收电路中，并没有减少电路工作中的损耗总量。

为了大幅度地降低开关损耗、改善开关条件，可以采用谐振软开关方式，其基本思想是创造条件使器件在零电压或零电流下实现通、断状态转换，从而使开关损耗减少至最小，为器件提供最好的开关条件，如图 7-2 中曲线 B 所示。具体措施是在开关电路中增设小值电感、电容等储能元件，在开关过程前、后人为地引入谐振，确保在电压电流谐振过零时刻实现开通和关断。

为建立软、硬开关的概念，图 7-3 给出了一种零电压开关准谐振电路及其理想化开关的过程波形，图 7-4 则为对应的硬开关电路及其相应波形。两电路拓扑结构相比，软开关电路中增加了小值谐振电感 L_{r} 和谐振电容 C_{r}，开关 S' 处还增设了反并联二极管 VD_{S}。

软开关电路中主开关 S' 关断后，L_{r} 与 C_{r} 发生谐振，电容上电压 $u_{C_{\text{r}}}$、电感中电流 $i_{L_{\text{r}}}$ 呈现为正弦半波，特别是开关 S' 上电压 $u_{C_{\text{r}}}$ 在导通前（断态时）已降为零，从而为实现零电压开通准备了条件。与图 7-4 的硬开关过程相比，谐振电路的引入减缓了开关过程中的电压、电流变化梯度，从而降低了开关损耗、开关应力和开关噪声。

7.1.2　零电压开关与零电流开关

器件导通前两端电压就已为零的开通方式为零电压开通；器件关断前流过的电流就已为零的关断方式为零电流关断，这都是靠在电路开关过程前后引入谐振来实现的。一般无须具体区分开通或关断过程，仅称零电压开关和零电流开关。

有两种利用零电压、零电流条件实现器件减耗开关过程需要注意：一是利用与器件并联的电容使关断后器件电压上升延缓以降低关断损耗，二是利用与器件串联的电感使导通后器件电流增长延缓以降低开通损耗。这两种方法都不是通过谐振，而是简单地利用并联电容实现零电压关断和利用串联电感实现零电流开通，通常会造成电路总损耗增加、关断过电压变大等负面影响，并不合算。

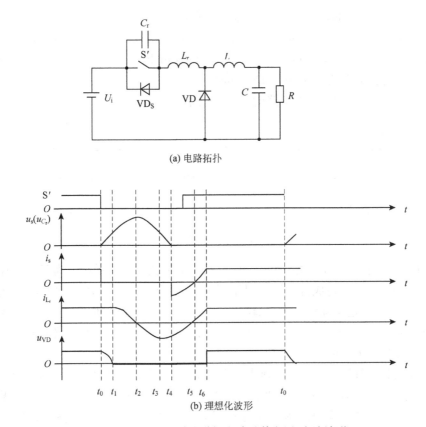

(a) 电路拓扑

(b) 理想化波形

图 7-3 零电压开关准谐振电路及其电压、电流波形

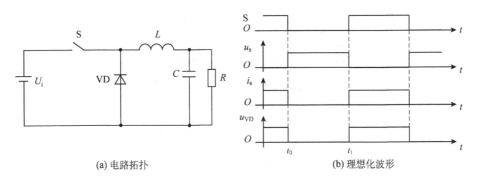

(a) 电路拓扑   (b) 理想化波形

图 7-4 相应硬开关电路及其电压、电流波形

7.1.3 谐振软开关电路类型

根据电路中的主要开关元件是采取零电压开通还是零电流关断,首先可将软开关电路划分为零电压电路和零电流电路两大类;其次按谐振机理可将软开关电路分成准谐振电路、零开关 PWM 电路和零转换 PWM 电路。

1. 准谐振电路

准谐振电路中电压或电流波形为正弦半波,故称准谐振,这是最早出现的软开关电路。它又可分为

1) 零电压开关准谐振电路(zero-voltage-switching quasi-resonant converter，ZVSQRC)；

2) 零电流开关准谐振电路(zero-current-switching quasi-resonant converter，ZCSQRC)；

3) 零电压开关多谐振电路(zero-voltage-switching multi-resonant converter，ZVSMRC)；

4) 谐波直流环节电路(resonant DC link)。

图 7-5 给出了前三种准谐振电路的基本开关单元电路拓扑。

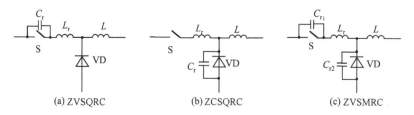

图 7-5　准谐振电路的三种基本开关单元

由于在开关过程引入了谐振，使准谐振电路开关损耗和开关噪声大为降低，但谐振过程会使谐振电压峰值增大，造成开关器件耐压要求提高；谐振电流有效值增大，导致电路导通损耗增加。谐振周期还会随输入电压、输出负载变化，电路不能采取定频调宽的 PWM 控制而只得采用调频控制，变化的频率会造成电路设计困难。这是准谐振电路的缺陷。

2. 零开关 PWM 电路

这类电路引入辅助开关 S_1 来控制谐振开始时刻，使谐振仅发生在主开关 S 的开关状态改变前后。这样开关器件上的电压和电流基本上是方波，仅上升、下降沿变缓，也无过冲，故器件承受电压低，电路可采用定频调宽的 PWM 控制方式。图 7-6 为两种基本开关单元电路：零电压开关 PWM 电路(zero-voltage-switching PWM converter，ZVSPWM)和零电流开关 PWM(zero-current-switching PWM converter，ZCSPWM)。

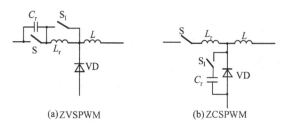

图 7-6　零开关 PWM 电路基本开关单元

3. 零转换 PWM 电路

这类电路也是采用辅助开关 S_1 来控制谐振开始时刻，但谐振电路与主开关元件 S 并联，使得电路的输入电压和输出负载电流对谐振过程影响很小，因此电路在很宽的输入电压范围和大幅变化的负载下都能实现软开关工作。电路工作效率因无功功率的减小而进一步提高。图 7-7 为两种基本开关单元电路：零电压转换 PWM 电路(zero-voltage-transition PWM converter，ZVTPWM)和零电流转换 PWM 电路(zero-current-transition converter，ZCTPWM)。

下面分别详细分析零电压和零电流开关准谐振电路，谐振直流环节电路，零电压开关PWM 电路和零电压转换 PWM 电路。

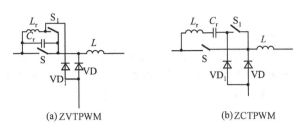

图 7-7　零转换 PWM 电路基本开关单元

7.2　典型谐振开关电路

7.2.1　零电压开关准谐振电路

降压型零电压开关准谐振电路(ZVSQRC)结构如图 7-8(a)所示,L_r、C_r 为谐振电感、电容,它们可以由变压器漏感和开关元件结电容来承担。二极管 VD_r 与功率开关元件 V 反并联。在高频谐振周期的短时间内,可以认为输出电流 $i_o = I_o$ 恒定,可用电流源来表示。ZVSQRC 一个工作周期可分四个阶段,如图 7-8(b)、(c)所示。

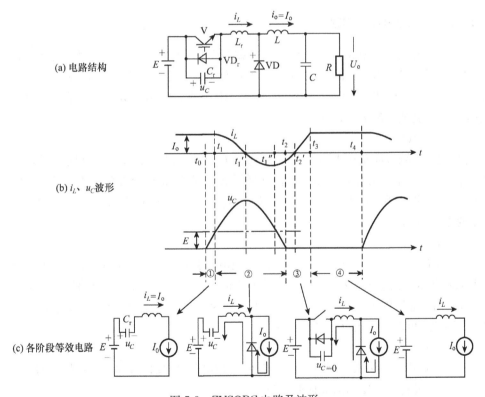

图 7-8　ZVSQRC 电路及波形

（1）阶段①（$t_0 \sim t_1$）

t_0 前 V 导通,与其并联的 C_r 上电压 $u_C = 0$。t_0 时 V 在零电压条件下关断,电路以 $i_L = I_o$ 恒流对 C_r 充电,u_C 由零上升。t_1 时刻,$u_C = E$。

（2）阶段②（$t_1 \sim t_2$）

$t > t_1$ 后，C_r 充电至 $u_C > E$，二极管 VD 承受正向阳极电压 $u_C - E > 0$ 而导通，使 C_r、L_r 构成串联关系而谐振。$t_1 \sim t_1'$ 期间，L_r 中磁场能量转换成 C_r 中电场能量，i_L 减小、u_C 上升。t_1' 时刻 i_L 过零而 u_C 上升至其峰值。$t_1' \sim t_1''$ 期间，C_r 中电场能量转换成 L_r 中磁场能量，u_C 下降，i_L 经 VD 反向。t_1'' 时刻，$u_C = E$，$i_L = -I_o$。t_2 时刻 $u_C = 0$，VD_r 导通，使 u_C 箝位于零而不能反向。

（3）阶段③（$t_2 \sim t_3$）

t_2 时刻 VD_r 导通，其导通压降使 V 承受反偏电压而暂不导通，但创造了导通的零电压条件。此时应给 V 施加驱动信号，在 i_L 电流回振过零的 t_2' 时刻 VD_r 关断，V 就在零电压、零电流条件下导通，i_L 电流线性增长，t_3 时刻 $i_L = I_o$。

（4）阶段④（$t_3 \sim t_4$）

$i_L = I_o$ 后，负载电流全部由 V 提供，VD 关断，C_r 两端电压 $u_C = 0$，再次为 V 关断准备了零电压条件。t_4 时刻关断 V，进入下一个重复周期。

四个阶段中，阶段④的时间可通过 V 的触发信号进行控制，故准谐振电路采用调频控制。从图 7-8（b）u_C 电压波形可以看出，谐振电压峰值高于电源电压 E 的 2 倍以上，使功率开关器件必须要有很高的耐压值，这是 ZVSQRC 的缺点。

7.2.2　零电流开关准谐振电路

零电流开关准谐振电路（ZCSQRC）结构如图 7-9（a）所示，L_r、C_r 为谐振电感、电容，当 LC 谐振产生的电流流经功率开关器件 V 时，可使其在零电流时刻通、断。ZCSQRC 一个工作周期可分为四个阶段，如图 7-9（b）、（c）所示。由于滤波电感 L 足够大，开关周期足够短，分析时可认为负载电流 $i_o = I_o$ 恒定。

（1）阶段①（$t_0 \sim t_1$）

设 t_0 时 V 导通，而负载电流 $i_o = I_o$ 由电感 L 储能经续流二极管 VD 提供，与之并联的谐振电容 C_r 两端电压被箝位于 $u_C = 0$。这样导致电源电压 E 全部施加在谐振电感 L_r 上，其上电流 i_L 线性上升，t_1 时刻上升至 $i_L = I_o$，使得负载电流 i_0 转而由 V 来承担，VD 断流关断，C_r 两端电压 u_C 不再被箝位为零。

（2）阶段②（$t_1 \sim t_2$）

$t > t_1$ 后 $i_L > I_o$，差值 $i_L - I_o$ 流入 C_r 使之充电，实现 L_r 中磁场能量向 C_r 中电场能量转换过程，u_C 电压振荡上升。t_1' 时刻 i_L 上升至峰值，$u_C = E$；t_1'' 时刻 i_L 从峰值下降至 I_o，$u_C = 2E$。t_2 时刻流经 V 的电流 i_L 下降为零。由于 V 为单向开关，i_L 不能过零反振为负，此时满足零电流条件，可取消 V 触发信号，关断 V。

（3）阶段③（$t_2 \sim t_3$）

$t > t_2$ 后 V 作零电流关断，谐振电容 C_r 由负载电流 I_o 反向充电，u_C 线性下降。t_3 时刻 $u_C = 0$，续流二极管 VD 反偏消失而开始导通。

（4）阶段④（$t_3 \sim t_4$）

$t > t_3$ 后，负载电流 $i_o = I_o$ 由 VD 提供，直至 t_4 时刻，一个工作周期结束。若重新导通 V，则开始下一个新的工作周期。

同样，控制阶段④的时间长短，可以调整输出电压，实现调频控制。谐振电感 L_r、电容

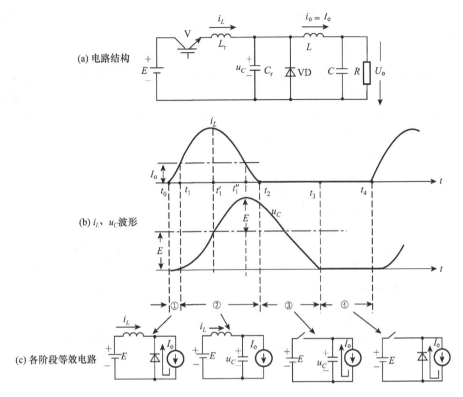

(a) 电路结构

(b) i_L、u_C 波形

(c) 各阶段等效电路

图 7-9 ZCSQRC 电路及波形

C_r 决定了固有谐振频率 $f_0 = \dfrac{1}{2\pi\sqrt{L_r C_r}}$，一般可达 MHz 级。

ZCSQRC 电路在零电流下开关，理论上减小了开关损耗，但 V 导通时其上电压为电源电压 E，故仍有开关损耗，只是减小，但为提高开关频率创造了条件，此外还注意到 V 上电流 i_L 的峰值显著大于负载电流 I_0，意味开关上通态损耗也显著大于常规开关变换器。

7.2.3 谐振直流环

在各种 AC-DC-AC 变换电路（如交-直-交变频器）中都存在中间直流环节，DC-AC 逆变电路中的功率器件都将在恒定直流电压下以硬开关方式工作，如图 7-10(a) 所示，导致器件开关损耗大、开关频率不高，相应输出特性受到限制。

如果在直流环节中引入谐振机制，使直流母线电压高频振荡，出现电压过零时刻，如图 7-10(b) 所示，就为逆变电路功率器件提供了实现软开关的条件，这就是谐振直流环节电路的基本思想。

图 7-11 为用于电压型逆变器的谐振直流环电路原理图及其分析用的等效电路。原理

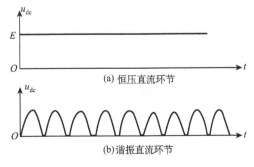

(a) 恒压直流环节

(b) 谐振直流环节

图 7-10 恒压及谐振直流环节母线电压

电路中，L_r、C_r 为谐振电感、电容；谐振开关元件 V 用以保证逆变器中所有开关工作在零电压开通方式。实际电路中 V 的开关动作可用逆变器中各桥臂开关元件的开通与关断来代替，无需专门开关。

由于谐振周期相对逆变器开关周期短得多，故在谐振过程分析中可以认为逆变器的开关状态不变。此外电压源逆变器负载多为感应电机，感性的电机电流变化缓慢，分析中可认为负载电流恒定为 I_o，故可导出图 7-11(b) 的等效电路，其中 V 的作用用开关 S 表示。

谐振直流环工作过程可用图 7-12 波形来说明。

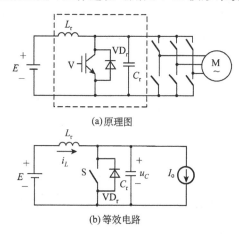

(a)原理图

(b)等效电路

图 7-11　谐振直流环电路

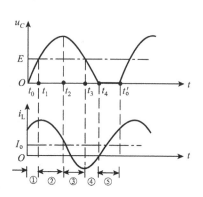

图 7-12　谐振直流环电路波形

(1) 阶段①($t_0 \sim t_1$)

设 t_0 前 S 闭合，谐振电感电流 $i_L > I_o$（负载电流）。t_0 时刻 S 打开，L_r-C_r 串联起谐振作用，i_L 对 C_r 充电，L_r 中磁场能量转换成 C_r 中电场能量，C_r 上电压 u_C 上升。t_1 时刻 $u_C = E$。

(2) 阶段②($t_1 \sim t_2$)

$u_C = E$，L_r 两端电压为零，谐振电流 i_L 达最大，全部转回为磁场能量。$t > t_1$ 后，C_r 继续充电，随着 u_C 的上升充电电流 i_L 减小。t_2 时刻再次达 $i_L = I_o$，u_C 达谐振峰值，全部转化为电场能量。

(3) 阶段③($t_2 \sim t_3$)

$t > t_2$ 后，由 u_C 提供负载电流 I_o；因 $u_C > E$，同时向 L_r 反向供电，促使 i_L 继续下降并过零反向。t_3 时刻 i_L 反向增长至最大，全部转化为磁场能量，此时 $u_C = E$。

(4) 阶段④($t_3 \sim t_4$)

$t > t_3$ 后，$|i_L|$ 开始减小，u_C 进一步下降。t_4 时刻 $u_C = 0$，使与 C_r 反并联二极 VD_r 导通，S 被箝位于零，为 V 零电压导通（S 闭合）提供了条件。

(5) 阶段⑤($t_4 \sim t_0'$)

S 闭合，i_L 线性增长直至 $t = t_0'$，S 再次打开。

采用这样的谐振直流环电路后，逆变器直流母线电压不再平直，而是如图 7-12 所示 u_C 电压波形。逆变器的功率开关器件应安排在 u_C 过零时刻（$t_4 \sim t_0'$）进行开关状态切换，实现零电压软开关操作。

这样，几乎将器件的开关损耗降低到零，提高了逆变器的运行效率和开关频率，避免了采用硬关断方式时的高 $\mathrm{d}v/\mathrm{d}t$、$\mathrm{d}i/\mathrm{d}t$，因而无须使用缓冲电路，简化了主电路结构。

然而这种原理性谐振直流环电路也存在一些问题：①逆变器开关元件承受的电压约为直流电源电压的 2～3 倍，因而必须使耐高压的器件；②为实现零损耗，开关器件必须在零电压条件下通、断，但零电压到来的时刻与由 PWM 调制确定的开关时刻难以一致，易造成时间上的误差，破坏了既定的 PWM 调制策略，导致逆变器输出谐波增加。因此，在原理性谐振直流环电路基础上，出现了各种不同的实用电路拓扑结构，如并联谐振直流环逆变器，结实型谐振直流环逆变器等，可参见有关资料。

7.2.4　全桥零电压开关 PWM 电路

移相控制全桥零电开关 PWM 电路如图 7-13 所示。H 型全桥各桥臂元件均由功率开关元件 V 及与之反并联的续流二极管 VD 构成，各 C_r 为开关器件的结电容，与谐振电感 L_r 构成谐振元件。负载 R 通过变压器 T（变比为 K_T）连接至全桥输出端，VD_5、VD_6 构成全波整流输出电路，L、C 为输出低通滤波元件。

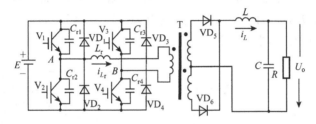

图 7-13　移相全桥零电压开关 PWM 电路

各桥臂元件按以下规律工作：

1) 一个开关周期 T 内，每个开关元件导通时间略小于 $\frac{T}{2}$，关断时间略大于 $\frac{T}{2}$。

2) 为防止同桥臂上、下元件直通短路，设置了开关切换死区时间。

3) 两对角元件中，V_1 触发信号 u_{g1} 超前 V_4 触发信号 $u_{g4}\left(0\sim\frac{T}{2}\right)$ 时间；V_2 触发信号 u_{g2} 超前 V_3 触发信号 $u_{g3}\left(0\sim\frac{T}{2}\right)$ 时间。因此常将 V_1、V_2 所在桥臂称为超前桥臂，V_3、V_4 所在桥臂称为滞后桥臂。

在理想开关器件的假定下，全桥零电压开关 PWM 电路主要工作波形如图 7-14 所示，可以通过分析 $t_0\sim t_5$ 半开关周期内的各过程来了解电路工作机理。

（1）阶段①（$t_0\sim t_1$）

V_1、V_4 导通。

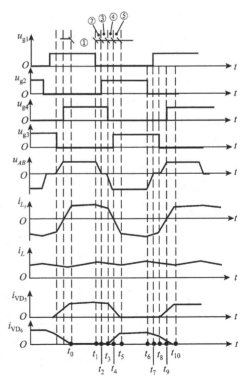

图 7-14　移相全桥零电压开关 PWM 电路主要波形

（2）阶段②（$t_1 \sim t_2$）

t_1 时刻 V_1 关断（V_4 仍导通），形成图 7-15 所示等效电路，构成 C_{r1}、C_{r2} 与 L_r 和 L（通过变压器作用）的谐振回路。谐振开始于 V_1 关断的 t_1 时刻，此时 $u_{C_{r1}} = 0$，A 点电压 $u_A = u_{C_{r2}} = E$ 加在负载上，i_{L_r} 电流对 C_{r1} 充电，$u_{C_{r1}}$ 上升。当 $u_{C_{r1}} = E$ 时，$u_A = 0$；VD_2 将被导通，致使电源 E 与负载电路隔离，负载经变压器通过 VD_2 续流。

（3）阶段③（$t_2 \sim t_3$）

t_2 时刻 V_2 被触发，但与之反并联的 VD_2 处于导通状态，使 V_2 获得零电压条件。一旦 VD_2 续流结束，V_2 实现零电压导通，图 7-16 等效电路拓扑不变，直于 t_3 时刻 V_4 关断。

（4）阶段④（$t_3 \sim t_4$）

t_3 时刻 V_4 关断后，等效电路如图 7-16 所示。此时变压器副边由 VD_5 导通换流至 VD_6 导通。由于有电感存在引起换流重叠，VD_5、VD_6 同时导通，变压器原、副边均呈现短路状态，使 C_{r3}、C_{r4} 与 L_r 构成谐振。谐振过程中，L_r 中电流不断减小，磁场能量转化为电场能量，使 C_{r4} 上电压不断上升，最终使 B 点电压达到电源电压 E，VD_3 导通，将 V_3 两端箝至零电压，为 V_3 实现零电压导通创造条件。

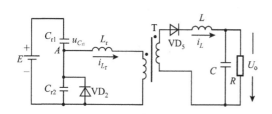

图 7-15　阶段②（$t_1 \sim t_2$）等效电路

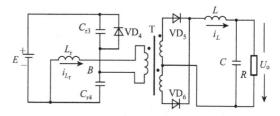

图 7-16　阶段④（$t_3 \sim t_4$）等效电路

（5）阶段⑤（$t_4 \sim t_5$）

t_4 时刻，触发导通 V_3。此时 L_r 中谐振电流 i_{L_r} 仍在减小，直至过零反向，然后反向增大至 t_5 时刻的 $i_{L_r} = i_L / K_T$（K_T 为变压器 T 的变化）。此时变压器副边 VD_5、VD_6 换流结束，负载电流 i_L 全部由 VD_6 提供，至此一个开关半周期过程结束。电路工作的另一开关半周期（$t_5 \sim t_{10}$）与此完全对称。

移相控制全桥零电压 PWM 电路多用于中、小功率的直流变换中，其电路简单，无须增加辅助开关便可使四个桥臂开关元件实现零电压导通。

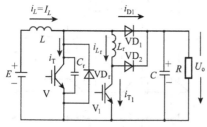

图 7-17　升压型零电压转换 PWM 电路

7.2.5　零电压转换 PWM 电路

升压型零电压转换 PWM 电路原理图如图 7-17 所示，其中 V 为主功率开关，V_1 为辅功率开关。V_1 超前 V 导通，V 导通后 V_1 立即关断，相应触发信号 u_g、u_{g1} 如图 7-18 所示。主要谐振过程发生在 V 导通前后。

升压型零电压转换 PWM 电路主要波形如图 7-18 所示。分析时假设电感 L 很大,可忽略电流波纹认为 $i_L = I_L$;输出滤波电容 C 很大,可以忽略输出电压 U_o 中的纹波。电路工作过程可按阶段来分析。

（1）阶段①（$t_0 \sim t_1$）

触发信号 u_{g1} 到来,V_1 导通,设此时二极管 VD_1 工作,使 L_r 两端电压 $u_{L_r} = U_o$,电感电流 i_{L_r} 线性增长,而 VD_1 中电流 i_{D1} 线性下降。t_1 时刻 $i_{L_r} = I_L$,$i_{D1} = 0$,VD_1 关断。

（2）阶段②（$t_1 \sim t_2$）

VD_1 关断后,整个电路等效成图 7-19 形式,L_r 与 C_r 构成谐振回路,因 L 很大,谐振时仍保持 $i_L = I_L$ 不变。谐振中 I_{L_r} 增加而 u_{C_r} 下降,t_2 时刻 $u_{C_r} = 0$,与 V 反并联的二极管 VD_r 导通,u_{C_r} 被箝位至零。

（3）阶段③（$t_2 \sim t_3$）

$u_{C_r} = 0$,i_{L_1} 保持不变,直到 t_3 时刻。

（4）阶段④（$t_3 \sim t_4$）

t_3 时刻触发脉冲 u_g 到来,V 在 $u_{C_r} = 0$ 的零电压条件下无损耗开通,其电流 i_T 线性上升。与此同时 V_1 关断,L_r 中储能通过 VD_2 送至负载,i_{L_r} 线性下降,直至 t_4 时刻 $i_{L_r} = 0$。

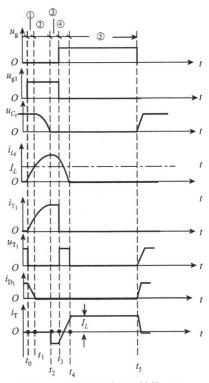

图 7-18　升压型零电压转换 PWM 电路主要波形

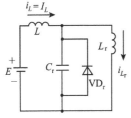

图 7-19　阶段②（$t_1 \sim t_2$）时等效电路

（5）阶段⑤（$t_4 \sim t_5$）

t_4 时刻 $i_{L_r} = 0$,VD_2 关断,V 电流上升至稳定值 $i_T = I_L$。t_5 时刻 V 关断,由于结电容 C_r 存在,V 两端电压上升速度受限,虽不是零电压关断,但降低了关断损耗。

零电压转换 PWM 电路结构简单,运行效率高,广泛用于功率因数校正（PFC）电路、DC-DC 变换器等场合。

本章小结

在本章之前本书所讨论的各类全控型器件变流电路中,功率器件多在其电压和电流两者不同时为零的状态下通、断,从而引起了开关过程的功率损耗,这是一种"硬"开关过程。而且随着开关频率的提高开关损耗自然增大,严重妨碍了变流电路的高频化、高效率化。为了减小开关损耗,必须设法使开关过程在器件上电压或电流为零时进行,这种通、断控制方式称为"软"开关,它的实现为变流电路高频化创造了条件。

本章介绍了谐振软开关技术的基本概念和各种谐振软开关电路的分类,并对零电压开关准谐振电路、零电流开关准谐振电路、零电压开关 PWM 电路、零电压转换 PWM 电路和谐振直流环电路运行原理做了仔细分析。学习中要注意如何控制辅助开关元件以起动 L_r-

C_r 谐振过程,以及如何控制与主开关并联的箝位二极管导通创造零电压条件,如何使与主开关串联的谐振电流振荡过零创造零电流条件的。

思考题与习题

1. 何谓软开关和硬开关? 谐振软开关的特点是什么?

2. 软开关电路可以分为哪几类? 其典型电路拓扑结构分别是什么的? 各有什么特点?

3. 用软开关方法减小开通损耗、关断损耗各有哪些方法?

4. 谐振直流环是一个什么概念? 谐振直流环逆变器实现开关 ZVS 的机理是什么? 它与传统逆变器相比有何优势和不足之处?

5. 零电压转换 PWM 电路中,辅助开关 V_1 和二极管 VD_2 是软开关还是硬开关? 为什么?

6. 试分析图 7-20 电路(a)及(b)在工作原理上的差别和异同之处。

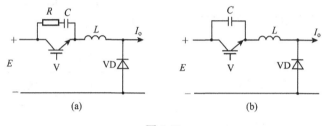

图 7-20

第八章　电力电子技术在电气工程中的应用

绪论中我们指出,电力电子技术是利用电子器件及其电路实现电能变换与控制的技术,横跨"电力"、"电子"及"控制"三个领域,构成了弱电子控制强电力的桥梁,被广泛应用于工农业生产、国防、交通、能源等各个领域。高电压、大功率、高频自关断功率半导体器件的不断涌现和发展,功率变换技术的日臻完善,极大地推动了电力电子技术在电气工程中的应用,构成了现代电气工程及其自动化的专业技术基础,在电能生产、传输、储存、变换、控制的各个环节都有很多典型应用。例如,直流电机调速系统,晶闸管无换向器电机,交流电机变频调速,可再生能源利用中的交流励磁变速恒频发电,分布式发电系统与微电网,多功能并网逆变器,超级电容器与蓄电池储能系统,电力谐波抑制与无功补偿应用中的有源电力滤波器、无功补偿装置、统一电能质量调节器,电力系统中的高压直流输电、灵活交流输电系统等。电力电子技术在电机中的应用,极大地提高了电能生产、利用、机电能量转换的效率和灵活性,产生了显著的高效、节能、减排、降耗和提高生产率的经济效果;电力电子技术在电力系统中的应用,对增强电力系统运行的稳定性和安全性,提高输电能力和用电效率,节能和改善电能质量方面发挥越来越重要的作用,使基本不可控的电力系统变为灵活可控的输电系统。特别是随着可再生能源的开发利用,新的分布式发电技术的形成和成熟,微电网及其相关技术定将对未来电力系统的发展产生重大影响,值得我们做好准备。因此,我们在学好电力电子技术本身的前提下,应该对它在电气工程及其自动化专业中的应用前景有一定的了解,以提升对电力电子技术课程的深入理解。

前面各章是从学科角度分别详述了四类基本变换电路:AC-DC 变换、DC-DC 变换、DC-AC 变换、AC-AC 变换,但在实际应用中的电力电子装置则是这几种基本电路的有机组合和拓展。为深化电力电子技术课程的学习,也需从组合变流电路角度来介绍一些电气工程中的电力电子装置,以提高工程实际概念,从中领会如何应用电力电子技术实现电能变换、传输和控制的思路与方法。

8.1　晶闸管-直流电动机调速系统

直流电动机具有良好的调速特性、宽广的调速范围,在对调速性能要求较高的场合中得到了广泛的应用。以前直流调速系统采用发电机-电动机组的配置形式,体积大,效率低,控制响应慢;随着电力电子技术的迅速发展,现已采用晶闸管整流器供电方式,其性能获得极大提高。另一方面随着全控型器件的出现,脉宽调制(PWM)调速或斩波调速方式也以其调制频率高、动态响应快的特点,在高性能直流伺服驱动中得到了广泛的应用。本节拟从变流技术角度对晶闸管供电直流电机调速系统进行讨论。

直流电动机主要采用调节电枢电压的方式调速,传统调压调速系统以直流发电机-直流电动机的机组形式实现,晶闸管出现后则被可控整流器供电方式所替代,图 8-1 为三相桥式可控整流器供电直流调速系统主电路原理图。图中,u_a、u_b、u_c 为三相交流相电压,u_d 为可

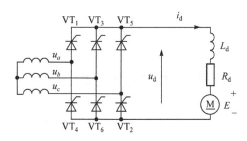

图 8-1　三相桥式可控
整流器-直流电动机调速系统

控整流器输出直流(电枢)电压,i_d 为直流电机电枢电流,L_d 为包括电机电枢电感在内的平波电抗器总电感,R_d 为包括平波电抗器电阻在内的电机电枢回路总电阻,E 为电机电枢反电势。

可控整流器供电直流电动机属于可控整流电路带电感-反电势负载,电流容易出现断续现象。一旦电枢电流断续,调速系统的机械特性很软,无法正常运行,因而调速系统特性必须按电流连续与否分开讨论。

8.1.1　电流连续时

如果电机电枢回路电感足够大,可使可控整流器输出电流连续。在不计换流重叠压降的情况下,按照可控整流电路的不同拓扑形式,其输出整流电压平均值分别如下。

对单相桥式整流

$$U_d = 0.9U\cos\alpha = U_{do}\cos\alpha$$

对三相半波整流

$$U_d = 1.17U\cos\alpha = U_{do}\cos\alpha \tag{8-1}$$

对三相桥式整流

$$U_d = 2.34U\cos\alpha = U_{do}\cos\alpha$$

式中,U 为电源相电压的有效值,α 为晶闸管移相触发角。

电流连续时,两晶闸管换流期间有重叠导通现象,会产生换流重叠压降,其对调速系统性能的影响可通过在整流电源内阻中计入一个不消耗功率的虚拟电阻 R_e 来考虑。根据第三章对换流重叠现象的讨论可知,如设一个工作周期内整流电路换流 m 次,则每两次换流间隔时间为 $2\pi/m$,若换流两管重叠导通的时间为 μ,则可求得造成整流平均电压 u_d 减少的换流重叠压降为

$$\Delta U_d = \frac{1}{2\pi/m}\int_\alpha^{\alpha+\mu}(u_b - u_d)d\omega t = \frac{m}{2\pi}\int_\alpha^{\alpha+\mu}L_B\frac{di_k}{dt}d\omega t$$

$$= \frac{m}{2\pi}\omega L_B I_d = R_e I_d \tag{8-2}$$

式中

$$R_e = \frac{m}{2\pi}\omega L_B \tag{8-3}$$

即 R_e 为换流重叠压降的等效电阻。考虑到单相全波整流时 $m=2$,$R_e=(1/\pi)\omega L_B$;三相半波整流时 $m=3$,$R_e=[3/(2\pi)]\omega L_B$;三相桥式整流时 $m=6$,$R_e=(3/\pi)\omega L_B$。

如果再考虑交流电源的等效内电阻 R_o,则在电流连续的情况下晶闸管整流器可以等效地看作是一个具有内电势 U_d、内电阻 R_e+R_o 的直流电源。在这个直流电源供电下,直流电动机的基本方程式为

$$U_d = (R_e + R_o + R)I_d + E = R_\Sigma I_d + E \tag{8-4}$$

和

$$n = \frac{E}{C_e \Phi} = \frac{1}{C_e \Phi}(U_d - R_\Sigma I_d) = \frac{1}{C_e \Phi}(U_{do}\cos\alpha - I_d R_\Sigma)$$

$$= \frac{1}{C_e \Phi}U_{do}\cos\alpha - \frac{R_\Sigma}{C_e \Phi}I_d = n_o - \Delta n \tag{8-5}$$

由式(8-5)可见,在电流连续的情况下若可控整流器移相角 α 不变,电动机的转速随负载电流 I_d 的增加而降低。图8-2中绘出了不同移相角 α 时直流电动机的一簇机械特性曲线,它们实际上是一组相互平行而向下倾斜的直线,其斜率为 $|\Delta n / \Delta I_d| = R_\Sigma / (C_e \Phi)$。但是当电流减小到一定程度时,平波是抗器中储存的能量将不足以维持电流连续,电流将出现断续现象,此时直流电动机的机械特性就会发生很大的变化,将不再是直线的简单延长,如图8-2中虚线所示。

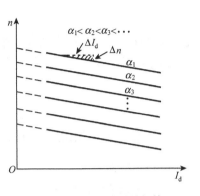

图8-2　电流连续时晶闸管-直流电动机机械特性

8.1.2　电流断续时

电枢电流断续时不再存在换流两相晶闸管重叠导通的现象,直流电机通电的情况可以用图8-3所示的等效电路来分析。在此等效电路中,电压 u_2 在单相和三相半波整流电路中是相电压;在三相桥式电路中则为线电压。由于电机有反电势 E 存在,显然只有在电源电压的瞬时值 u_2 大于反电势 E 时晶闸管才能导通,即要求整流触发角 $\alpha > \psi$,ψ 为自然换流点的位置(即 $\alpha = 0°$ 处),如图8-4所示。

根据图8-3所示交流等效电路,可写出电路的电压平衡关系

$$u_2 = \sqrt{2}U\sin\omega t = E + R_\Sigma i_d + L\frac{di_d}{dt} \tag{8-6}$$

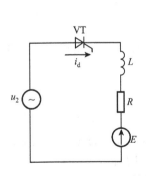

图8-3　电流断续时的直流电机等效电路

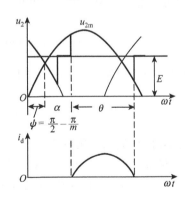

图8-4　电流断续时的直流电机电流

考虑到等效电阻 R_Σ 的作用主要是改变机械特性的斜率(硬度),为了简化分析,可先不计 R_Σ 的影响,以后再作特性斜率修正,于是回路电压平衡方程式简化为

$$u_2 = \sqrt{2}U\sin\omega t = E + L\frac{di_d}{dt}$$

式中,U 为电源电压的有效值。

求解以上方程可得

$$i_d = \frac{\sqrt{2}U}{\omega L}\cos\omega t - \frac{E}{L}t + C \tag{8-7}$$

式中，C 为积分常数，可由图 8-4 中边界条件决定。

由于电流断续，在晶闸管开始导通的瞬间 $\omega t = \psi + \alpha$ 时，$i_d = 0$，故可求得

$$C = \frac{\sqrt{2}U}{\omega L}\cos(\psi + \alpha) + \frac{E}{\omega L}(\psi + \alpha) \tag{8-8}$$

式中，ψ 为整流器移相角起算点（自然换流点）的相位，$\psi = \frac{\pi}{2} - \frac{\pi}{m}$，$m$ 为每周期换流次数，因整流电路不同而异。

在单相整流电路中 $m = 2$，$\psi = 0$；

在三相半波电路中 $m = 3$，$\psi = 30°$；

在三相桥式电路中 $m = 6$，$\psi = 60°$。

把式(8-8)代入式(8-7)可得

$$i_d = -\frac{\sqrt{2}U}{\omega L}[\cos\omega t - \cos(\psi + \alpha)] - \frac{E}{\omega L}[\omega t - (\psi + \alpha)] \tag{8-9}$$

由于电流不连续，晶闸管只在一段时间内导通。设晶闸管的导通角为 θ，则当 $\omega t = \psi + \alpha + \theta$ 时断流，又有 $i_d = 0$，故把 $\omega t = \psi + \alpha + \theta$ 代入式(8-9)应得

$$0 = \frac{-\sqrt{2}U}{\omega L}[\cos(\psi + \alpha + \theta) - \cos(\psi + \alpha)] - \frac{E}{\omega L}\theta$$

$$= \frac{\sqrt{2}U}{\omega L}\left[2\sin\left(\psi + \alpha + \frac{\theta}{2}\right)\sin\frac{\theta}{2}\right] - \frac{E\theta}{\omega L}$$

从而，可以求得反电势 E 和 θ 及 α 之间的关系为

$$E = \frac{\sqrt{2}U}{\theta}\left[2\sin\left(\psi + \alpha + \frac{\theta}{2}\right)\sin\frac{\theta}{2}\right] \tag{8-10}$$

在并励直流电动机中，$E = C_e\Phi n$，故由式(8-10)可转而求得转速和 θ 及 α 的关系为

$$n = \frac{\sqrt{2}U}{C_e\Phi\theta}\left[2\sin\left(\psi + \alpha + \frac{\theta}{2}\right)\sin\frac{\theta}{2}\right] \tag{8-11}$$

由于晶闸管的导通角 θ 和负载电流的大小有关，所以式(8-11)实际上隐含地给出了直流电动机在电流断续时的机械特性，只是关系式不直观，需要通过求解电机电枢电流平均值 I_d 与导通角 θ 间关系来揭示。由图 8-4 可见电枢电流平均值为

$$I_d = \frac{m}{2\pi}\int_{\psi+\alpha}^{\psi+\alpha+\theta} i_d d(\omega t)$$

将式(8-9)和式(8-10)代入上式进行积分和整理，可得负载电流 I_d 和导通角 θ 之间的关系为

$$I_d = \frac{m}{2\pi}\frac{\sqrt{2}U}{\omega L}\left[\cos\left(\psi + \alpha + \frac{\theta}{2}\right)\left(\theta\cos\frac{\theta}{2} - 2\sin\frac{\theta}{2}\right)\right] \tag{8-12}$$

这样，就可以 θ 角为参变量，把式(8-11)和式(8-12)联系起来，即可求得不同 α 和 θ 下

的直流电动机机械特性,图 8-5 示出了三相半波整流电路供电下的直流电机机械特性。可以看到,当负载电流 I_d 比较小时,晶闸管导通角 $\theta<120°$,电流进入断续状态,电机的机械特性变得很软;当负载增到一定数值时有 $\theta=120°$,即电流连续,于是机械特性变成了水平直线,如图中虚线所示。之所以成为水平直线是因为分析中忽略了电枢电阻的影响,如计及电阻,则电流连续时的特性将如图中实线所示,具有一定的斜度,其斜率为 $|\Delta n/\Delta I_d|=R_\Sigma/(C_e\Phi)$。

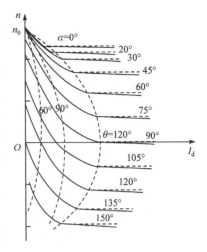

图 8-5　三相半波共阴极整流电路
供电直流电机机械特性

　　由于电流断续时直流电机电枢回路等效电阻增加很多,除使机械特性变软外,也对调速系统的特性产生很不利的影响,往往引起振荡,因此需要接入平波电抗器来防止电流的断续。在选择电抗器电感量时,按最小负载电流 I_{Lmin} 下保证电流仍连续的原则计算电感量。因为电流连续时的导通角应保持为 $2\pi/m$,则可由式 (8-12) 推得

$$I_{Lmin}=\frac{\sqrt{2}U}{\omega L}\left(\frac{m}{\pi}\sin\frac{\pi}{m}-\cos\frac{\pi}{m}\right)\sin\alpha$$

由此则可求得为保证电流连续必需的电感量

$$L\geqslant\frac{\sqrt{2}U}{I_{Lmin}\omega}\left(\frac{m}{\pi}\sin\frac{\pi}{m}-\cos\frac{\pi}{m}\right)\sin\alpha \tag{8-13}$$

　　一般来说,整流相数越多,整流电压脉动越小,所需的平波电抗器电感量可以选得小些。

　　单个三相整流电路供电的直流电动机机械特性只能位于 $n\text{-}I_d$ 平面的 Ⅰ、Ⅳ 象限,在生产实际中有许多场合要求电动机能作四象限运行,即要求电动机在正、反转条件下均能产生正、反两个方向的电磁转矩,如图 8-6(a)所示。并励直流电动机在磁场不变的情况下若作四象限运行时,需要改变电枢电流的方向,但可控整流器晶闸管 PN 结的导电机制只允许电流从一个方向上通过,所以单个整流桥不能满足直流电机四象限运行的要求。为此,通常采用两组整流器反并联的方式构成所谓的可逆整流电路。图 8-6(b)为两组三相桥式可控整流器反并联构成的可逆整流电路,其中一组整流器提供某一方向的电流,另一组整流器提供相反方向的电流,以此产生两个不同方向电枢电流及相应正、反转向的转矩。

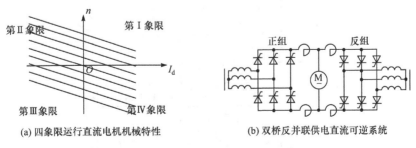

(a) 四象限运行直流电机机械特性　　　　(b) 双桥反并联供电直流可逆系统

图 8-6　四象限运行直流电机可逆系统

8.2 晶闸管无换向器电机

晶闸管无换向器电机由一台带转子磁极位置检测器 PS 的同步电机和一套晶闸管变频器所组成,如图 8-7、图 8-8 所示,因此它们是一种同步电机变频调速系统。由于变频器的输出频率不是由外界独立调节,而是受与电动机转子同轴安装的转子位置检测器控制的,每当电机转过一对磁极时,逆变器输出交流电相应地变化一个周期,故是一种"自控式同步电机变频调速系统",其特点是能保证变频器的输出频率与同步电动机的转速始终同步,同步电机不会失步。

无换向器电机有两种不同的系统结构形式:一种是直流无换向器电机,即自控式同步电机交-直-交变频调速系统,它是由电网频率交流经可控整流器 REC 变成大小可调的直流,然后再由晶闸管逆变器 INV 变换成频率可调的交流,供给同步电机实现变频调速,如图 8-7 所示。另一种是交流无换向器电机,即自控式同步电机交-交变频调速系统,它利用交-交型晶闸管变频器直接把电网频率交流转换成可变频率交流供给同步电动机,如图 8-8 所示。

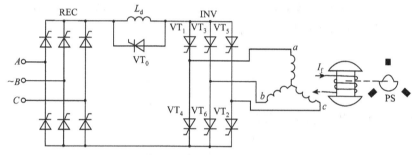

图 8-7 直流无换向器电机

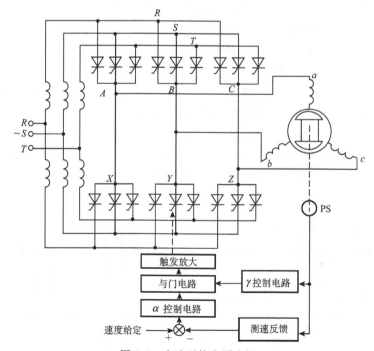

图 8-8 交流无换向器电机

交流无换向器电机变频器中晶闸管依靠电网交流电压实现换流,换流可靠,但所用晶闸管元件多,利用率低;直流无换向器电机系统简单,所用晶闸管元件少,但逆变器中晶闸管工作在极性不变的直流电源上,晶闸管的换流一直是直流无换向器电机的主要问题。

根据晶闸管换流理论,若作为负载的同步电机能够提供换流所需的感性无功电流,就能实现负载反电势自然换流;而根据同步电机理论,只要调节电机励磁使之工作在过励状态就能输出感性无功,因此直流无换向器电机通过励磁调节可以解决逆变器晶闸管的换流问题,无须设置辅助换流电路,大大简化了逆变器结构,是晶闸管负载自然换流的典范。下面以逆变器晶闸管 VT_1 到 VT_3 的换流为例说明负载反电势换流的机理。

设换流之前为晶闸管 VT_1、VT_2 导通,电流经由 $VT_1 \rightarrow a$ 相绕组 $\rightarrow c$ 相绕组 $\rightarrow VT_2$ 流通,如图 8-9(a)所示。如欲利用电枢反电势实现电流从 VT_1 至 VT_3 的转移,要求反电势 $e_a > e_b$,即换流时刻应比 a、b 两相反电势交点 K 提前一个换流超前角 γ_0,如图 8-9(b)中 S 点。一般定义 K 点处为 $\gamma_0 = 0°$,则 S 点处 $\gamma_0 > 0$(超前为正)。在 S 点处触发导通 VT_3 时,因 $e_a > e_b$,$e_{ab} = e_a - e_b > 0$,会在晶闸管 VT_1、VT_3 和电机 a、b 两相绕组间产生一个短路电流 i_k,其方向使 VT_1 中电流减小,VT_3 中电流增大。当 i_k 增长到原 VT_1 管中负担的负载电流大小时,VT_1 将因实际电流下降为零而关断,负载电流就全部转移至 VT_3 中,完成换流过程。由于 S 点处开始发生换流,即 VT_3 中电流开始形成,其相位比 b 相反电势 e_b 超前,这正是过励同步电机输出感性无功电流的结果。相反,若换流时刻发生在滞后 K 点的 S' 点处,此时换流超前角 $\gamma_0 < 0°$,在晶闸管 VT_1、VT_3 和电机 a、b 两相绕组间作用的反电势 e_{ab} 和所产生的短路电流将与 S 点处情况相反,它将阻止 VT_3 导通、维持 VT_1 继续导通,从而不能实现换流。

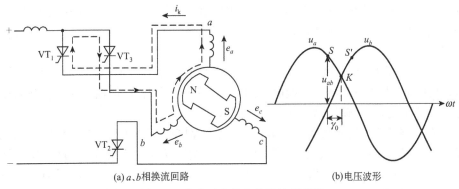

(a) a、b 相换流回路　　　　　　(b)电压波形

图 8-9　负载反电势自然换流原理图

在无换向器电机起动和低速运行时,反电势很小甚至为零,无法实现反电势自然换流,此时只得采用断续电流法实现换流。即每当检测到晶闸管需要换流时,控制电源侧整流器REC进入逆变状态,使电机侧逆变器INV的输入电流下降为零,逆变器所有晶闸管自然关断。然后再给换流后该导通的管子以触发脉冲,使之正确导通,实现可靠换流。由于电流的断续将导致电机产生的电磁转矩严重波动,这种换流方式只限于转速在 $(5\% \sim 10\%)n_N$ 的起动过程中采用。

8.3　异步电机变频调速系统

根据电机原理,一台异步电机欲获得期望的运行性能、良好的力能指标,必须保持其磁路工作点额定不变,即保持每极磁通量 Φ_m 额定不变,实现恒转矩控制;或控制磁路工作点

或每极磁通量 Φ_m 按给定规律随频率变化。从异步电机定子每相电势有效值公式看

$$E_1 = 4.44 f_1 W_1 k_{W1} \Phi_m \tag{8-14}$$

式中，f_1 为定子供电频率；W_1 为定子绕组每相串联匝数；k_{W1} 为基波绕组系数。当电机一旦选定，结构参数确定，则有

$$\Phi_m \propto \frac{E_1}{f_1} \tag{8-15}$$

说明在频率变化过程中，必须相应改变反电势。然而 E_1 是电机内部量，难以直接测量、控制，根据电机定子电压方程式

$$\dot{U}_1 = -\dot{E}_1 + \dot{I}_1 Z_1 \tag{8-16}$$

在运行频率较高时（$f_1 > 5\text{Hz}$），反电势较大，可以忽略定子漏阻抗压降 $\dot{I}_1 Z_1$，则有 $U_1 \approx E_1$，故可从外部通过 $U_1 = f_1$ 常数的恒电压频率比控制来保证气隙磁通恒定；或从外部通过改变 U_1/f_1 的比例来控制气隙磁通 Φ_m 按期望的规律变化，也就是变频时必须同时调压，这就是异步电机变频调速的 VVVF(variable voltage variable frequency)控制机理。

交-直-交变频调速系统中，变频器有四种主要结构形式：

1) 可控整流调压、方波(六脉波)逆变器调频，如图 8-10(a)所示。调压与调频功能分别在两个环节上实现，由控制电路按 $U_1/f_1 =$ 常数规律协调配合，故结构简单、控制方便。但由于 AC-DC 变换采用可控整流电路，当低频低压运行时，移相触发角 α 很大，会有输入功率因数低的缺陷。此外逆变器多为晶闸管六脉波逆变电路，开关频率低，每周仅换流六次，输出电压为方波，低次谐波含量大，对电机运行性能有不利影响。

这种结构形式主要用于中、大容量变频调速系统，特别是直流环节采用大电感滤波的电流源型逆变器-异步电机变频调速系统，在要求动态响应快、需要四象限运行的单机系统中应用较多。

2) 不控整流器整流、斩波器调压、逆变器调频方式，如图 8-10(b)所示。由于采用二极管整流，可使输入电压波基波与电网电压同相位，虽有电流谐波，但输入功率因数获得提高。输出逆变环节不变，仍有输出谐波成分大的弊病。

3) 不控整流器整流、脉宽调制(PWM)型逆变器同时调压调频，如图 8-10(c)所示。采用二极管整流提高了系统输入功率因数，但失去了调压功能。逆变器采用自关断器件实现高频开关后，提高了谐波频率、降低了谐波幅值、改善了输出特性，特别是采用正弦脉宽调制(SPWM)，除优化逆变器输出特性外，更能通过对正弦调制波的控制，同时实现调频和调压功能，因此直流环节采用大电容滤波的电压型 SPWM 变频器是异步电机变频调速中的主流结构形式，广泛地应用于中、小容量变速电力传动中。

4) PWM 型整流器调压、PWM 型逆变器变频方式，如图 8-10(d)所示。此时变频装置全部采用高频自关断器件构成的 PWM 变换器，其输入电流正弦、电流谐波很小，可获得领先、落后及单位功率因数；输出电压正弦、电压谐波很小。同时可实现电源与负载(电动机)间功率双向流动，使调速系统具有四象限运行能力。

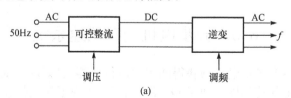

(a)

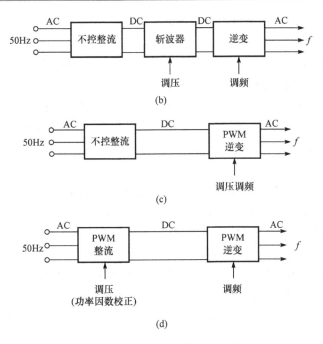

图 8-10　交-直-交变频装置结构形式

图 8-11 给出了一个 VVVF 控制、电压源型 SPWM 逆变器-异步电机变频调速系统的实例。在调速系统框图中,三相不控整流输出经大电容滤波后,形成低阻抗性质的电压源对逆

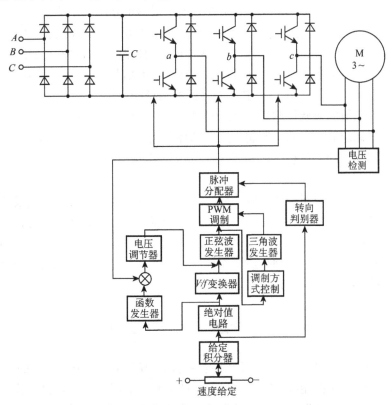

图 8-11　VVVF 控制、SPWM 逆变器-异步电机变频调速系统框图

变器激励。SPWM 逆变器采用 IGBT 作开关元件,180°导通型,即换流在同相上、下桥臂元件间进行。为了解决异步电机感性无功电流所需通路,每只 IGBT 旁均反并联一只快速恢复二极管。SPWM 逆变器采用微机数字控制,为表达控制信息传递、流动关系,框图中用方块表示系统中的功能部件或处理过程。

　　整个系统的控制信号源于速度给定。为使速度给定阶跃变化时不致产生过大的电流、转矩、转速冲击,采用给定积分器将时间阶跃的输入变成斜坡函数的输出。为控制电机的正、反转,速度给定需要有正、负,但控制逆变器输出频率及电压只需绝对值,为简化信号处理采用了绝对值电路。

　　由于 SPWM 调制主要通过正弦调制波与三角载波的控制来实现,需对输出 SPWM 电压的频率、幅值及调制方式(同步调制、异步调制、分段同步调制等)进行控制,因此代表运行频率的绝对值电路输出电压将分别进入频率控制及电压控制通道。进入频率控制通道的信号经 V/f 变换器后,产生决定正弦调制波频率的脉冲;进入电压控制通道的信号经函数发生器,产生与运行频率相适应的基波电压幅值。为确保变频过程中异步电机具有良好的运行性能,要求额定频率 f_{1N} 以下运行时函数发生器输出与频率正比变化,且根据电机定子电阻大小确定具体 U_1/f_1 的数值 C,以保持电机气隙磁通 Φ_m 恒定,实现恒最大转矩运行。当运行频率超过额定后,函数发生器输出限幅,限定电机电压为恒定,实现近似恒功率运行,因此函数发生器应具有图 8-12 所示形状,由它协调了变频调速系统的频率、电压控制。为了使 SPWM 逆变器输出基波电压严格按函数发生器的输出关系变化,电压通道采用闭环控制。电压反馈信号来自对逆变器输出的检测,与函数发生器产生的电压给定信号相比较后,差值信号通过电压控制信号,实现对正弦调制波的幅值控制。

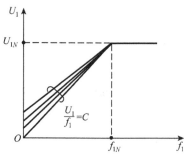

图 8-12　函数发生器特性

　　经过频率与幅值的协调控制后,正弦波发生器产生频率和幅值都与速度指令相适应的正弦调制波。该调制波一方面经调制方式控制环节决定出三角载波的频率,另一方面又将与三角波发生器生成的三角载波在 SPWM 调制环节合成,产生出驱动逆变器功率开关元件的 SPWM 调制信号。

　　本系统中电机转向控制是通过脉冲分配器来实现的。速度给定信号经极性判别器后获得速度给定的极性,即转向信号,用它参与三相逆变器开关元件驱动信号的分配。当速度给定为正时,使逆变器按 $a \rightarrow b \rightarrow c$ 相序依次导通各相开关元件,输出正序的三相 SPWM 电压,驱动电机正转;当速度给定为负时,逆变器按 $a \rightarrow c \rightarrow b$ 相序依次导通各相开关元件,输出负序的三相 SPWM 电压,驱动电机反转。

8.4　变速恒频发电技术

　　随着经济、生活的进步与发展,人们对能源的需求不断增长,全球范围的能源危机日显突出。目前使用的一次性能源(矿物燃料)存在两个致命的问题:一是面临枯竭,二是污染环境。因此可再生能源的开发利用就是确保长期能源供应、解决环境保护问题、实现经济可持续发展的根本措施之一。

可再生能源中风能、水能、潮汐能等流体形式能源多采取发电方式加以利用,其中风力发电、水力发电最为人们所熟悉。然而获得风能、水能的高效利用,还必须根据这些随机能源变化规律,寻找出最佳的发电运行方式。对于风力发电来说,一台确定的风力机在一种风速下只有一个最佳的转轴速度可获得最大风能,为在变化的风速下随时能捕获最大风能,风力机必须作变速运行,这样对并入电网的风力发电机而言就有变速恒频发电的运行要求。同样对于水力发电而言,丰水期、枯水期、建坝初期、建坝后期水头落差各不相同,为获得最高发电效率,不同落差水头应有不同的水轮机转速,这样对并网的水力发电机组而言也有变速恒频发电要求。此外在飞机、舰船等发电机使用变速主轴驱动的场合也有变速恒频发电的需要。

变速恒频发电是电力电子技术在发电系统、发电机励磁技术中的应用。实现变速恒频发电有两种技术方案。

1. 交-直-交全功率变换

交-直-交变换方案为全功率变换方式,发电机多采用永磁或电励磁同步发电机。在不同风速下为获得最大风能捕获,风电机组将在广泛的转速范围内作变速运行,发出变频电能。为获得并网所需恒频,先将发电机输出电能经整流器变换成直流后,再经逆变器变换成电网频率交流。根据交-直变换的不同形式,有两种具体实施方案。

(1) 电机侧不控整流器＋电网侧 PWM 逆变器(图 8-13)

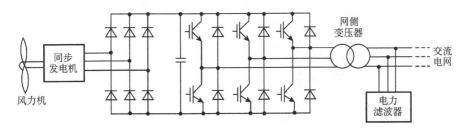

图 8-13　不控整流交-直-交全功率变换风电系统

为简化整流控制,同步发电机定子输出变频电能经不控整流器整成直流,再经 PWM 逆变器逆变成电网频率交流实现并网运行。这种交-直变换形式无须控制,但所采用的典型带电容滤波的三相不控整流电路,将使同步发电机定子电流包含丰富的低次谐波,特别是 5、7 次,会引起发电机定子谐波损耗增大,局部发热,电磁转矩产生脉动,影响风电机组机械轴系运行安全与寿命,对此必须注意采取措施抑制电力谐波,如发电机采用有一定相移的两套定子绕组、分别连接于两套不控整流器,通过整流器的多重化来减小谐波影响。

此外,为了能通过调节发电机的阻转矩实现风电机组的变速运行,达到最大风能捕获目的,常在不控整流的直流环节中加入一级 DC-DC 变换器,用以实现发电机用功功率调节。

(2) 电机侧 PWM 整流器＋电网侧 PWM 逆变器(图 8-14)

为改善交-直整流电路的输入特性,抑制低次电力谐波对发电机的负面影响,可将电机侧变流电路改为 PWM 整流器,并实现同步发电机的单位功率因数运行,达到减小整流器视在容量和减少发电机定子损耗的目的。电网侧 PWM 逆变器采用电网电压定向的矢量控制策略,通过控制其 d、q 轴分量电流达到风电系统输出有功、无功功率控制,进而实现追踪最

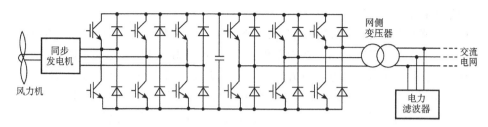

图 8-14　双 PWM 交-直-交全功率变换风电系统

大风能捕获的变速恒频运行。

交-直-交全功率变换方案技术简单、成熟,已用于 MW 级风力发电组,也可用于小功率水力发电系统,但交-直-交变换装置需要有与发电机相同的功率容量。

2. 交流励磁双馈发电

交流励磁变速恒频发电系统原理性示意图如图 8-15 所示。发电机采用双馈型异步发电机,定子绕组并网,转子绕组外接三相转差频率变频器实现交流励磁。当发电机变速运行、转子机械旋转频率 f_Ω 变化时,应控制转子励磁电流频率 f_2 以确保定子输出频率 f_1 恒定。设 p 为发电机极对数,则有

$$f_1 = p f_\Omega + f_2 \tag{8-17}$$

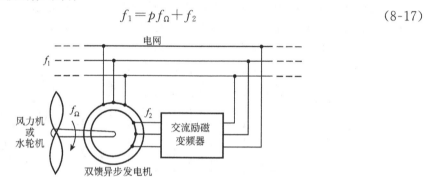

图 8-15　交流励磁双馈发电系统

这样,当发电转速低于气隙旋转磁场转速时,发电机作亚同步运行,$f_2 = f_1 - p f_\Omega > 0$,变频器向发电机转子提供正相序励磁电流;当发电机转速高于气隙旋转磁场转速时,发电机作超同步速运行,$f_2 = f_1 - p f_\Omega < 0$,变频器向发电机转子提供负相序励磁电流;当发电机转速等于气隙旋转磁场转速时,发电机作同步速运行,$f_2 = 0$,变频器应向发电机转子提供直流励磁。

此外,在不计损耗的理想条件下,可以得到励磁变频器的容量

$$P_2 \approx s P_1 \tag{8-18}$$

式中,P_2 为转子励磁电功率;P_1 为定子输出电功率。由此可知,交流励磁方案中变频器只需提供部分功率,其大小与变速范围有关。此式还表明,当发电机处于亚同步速运行时,$s > 0$,$P_2 > 0$,变频器向转子绕组送入有功功率;当发电机处于超同步速运行时,$s < 0$,$P_2 < 0$,转子绕组向变频器送入有功功率;只有当发电机处于同步速运行时,$s = 0$,$P_2 = 0$,变频器与转子绕组间无功率交换。

通过以上分析可以看出,作为交流励磁变速恒频发电机用励磁变频器有如下要求:

1）为了追踪最大风能或提高变水头状态下的发电效率，同时最大限度地减小励磁变频器容量，发电机需在同步速上、下作变速运行，此时双馈异步发电机励磁绕组中能量将双向流动，因而要求变频器具有能量双向流动的能力。

2）为确保发出电能质量符合电网要求，励磁变频器要有优良的输出特性：输出基波电压大、谐波电压小且频率高，便于滤除。

3）为了防止作为非线性负载的变频器对电网产生谐波电流污染，要求变频器有良好的输入特性。

采用当前电力电子技术制造、可满足交流励磁要求的变频器主要有交-交变频器和双PWM交-直-交变频器。

（1）交-交变频器

晶闸管交-交变频器由反并联相控整流电路构成，具有功率双向流动能力。由于输出电压是输入三相电压波形片段"拼凑"而成，除基波外有丰富的低次谐波，其含量与电路结构、脉波数有关。6脉波36管主电路输出电压低次谐波含量大，发电机输出电能质量不满足电网要求，需作电力谐波抑制，输入特性也不理想；12脉波72管主电路（图8-16）能满足交流励磁发电要求，但结构、控制均复杂，主要用于大功率的变速恒频水力发电系统。

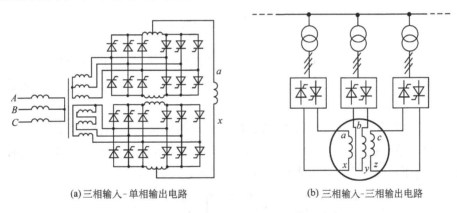

(a) 三相输入-单相输出电路　　　　(b) 三相输入-三相输出电路

图 8-16　12 脉波 72 管交-交变频器主电路

最近出现的矩阵式交-交变换器主电路结构简单，输入、输出特性好，输入功率因数接近于1，能量可双向流动，能满足交流励磁电源的各项要求，是十分理想的励磁变频器。只是目前尚无商品化的双向开关器件，控制方法还不够成熟，但其优良的特性和紧凑的结构，配合新型无刷双馈发电机，将构成极具潜力的变速恒频发电系统。

（2）双 PWM 交-直-交变频器

采用 PWM 整流-PWM 逆变的双 PWM 交-直-交变频器具有优良的输入、输出特性：输出电压正弦脉宽调制，输入电流正弦、与电网电压基本同相位，能量可双向流动。在目前商品化自关断功率器件的条件下，可以构成满足 MW 级变速恒频风电机组的励磁电源，有着工程现实意义。图 8-17 为交流励磁用双 PWM 变频器主电路结构，u_A、u_B、u_C 为三相电网电压，L_S、R_S 为交流进线电抗器的电感和等效电阻；e'_a、e'_b、e'_c 为发电机转子中三相反电势，R'_2、$L'_{2\sigma}$ 为转子绕组每相电阻和漏感。由于变速恒频发电运行时转子绕组内能量作双向流动，变频器中两个 PWM 变换器经常变换运行状态，在不同的能量流向下交替实现整流和逆变功能：亚同步速发电时能量从电网通过变频器流入发电转子绕组，网侧变换器工作在

PWM 整流状态、电机侧变换器工作在 PWM 逆变状态；超同步速发电时，能量从发电机转子绕组流向电网，电机侧变换器工作在 PWM 整流状态、网侧变换器工作在 PWM 逆变状态；两变换器工作状态的转换完全由功率流向决定，自动完成。

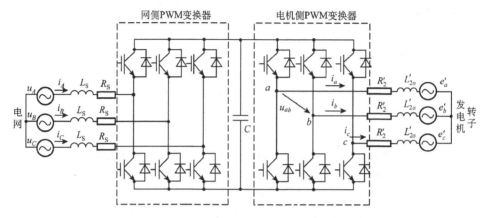

图 8-17　交流励磁用双 PWM 交-直-交变频器

8.5　不间断电源

一些重要的用电设备为避免电网电源的影响，同时能在过电压、欠电压时实现电压调整，对进入电源系统的瞬变和谐波扰动实施有效的抑制，常采用不间断电源（uninterruptible power supply，UPS）供电。

图 8-18 为 UPS 原理性结构框图，整流器将输入的交流电整成直流后作为逆变器的输入，同时对蓄电池组进行充电。正常工作时逆变器由整流器供电，当电源出现间断时则由蓄电池供电。由于负载一直由逆变器供电，这种 UPS 称为"在线式"。

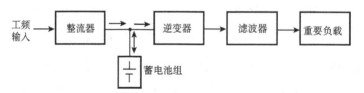

图 8-18　UPS 原理性结构框图

UPS 各部分由各种电力电子变换电路所构成。

1. 整流器

用于 UPS 中的整流电路类型很多，图 8-19（a）为晶闸管相控整流器和二极管整流器串联结构；图 8-19（b）为二极管整流与 Buck 型 DC-DC 变流电路级联结构；图 8-19（c）为带高频隔离变压器的 DC-DC 变流电路，可使负载与供电电源之间实现电气隔离。

2. 蓄电池组

蓄电池有许多类型，常见的有铅酸蓄电池、锂离子电池等，UPS 中多用传统的铅酸电池。

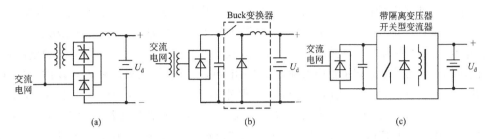

图 8-19　UPS 中的整流电路

正常工作时,负载由电网交流电源供电,蓄电池处于浮充电状态,不断吸取少量电流以补偿微小的自放电损耗,始终维持满充电状态。一旦电网供电间断,则转由蓄电池供电;电网供电一旦恢复,UPS 中蓄电池组进入全充电状态,包括恒流充电、恒压充电、浮充电等过程。

3. 逆变器

UPS 中的逆变器常采用 PWM 控制的开关型直-交变换,有单相和三相两种输出方式。逆变器输出端通常还装有隔离变压器,如图 8-20(a)所示。大型 UPS 可采用多个逆变器经相移变压器并联输出的电路结构,如图 8-20(b)所示。这种结构允许单个逆变器工作在相对低的开关频率下,但总输出则由于各逆变器移相的结果会使一些谐波相互抵消,获得较高的等效开关频率和更好的谐波抑制效果。

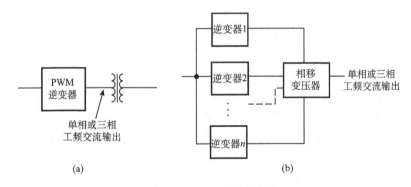

图 8-20　UPS 中的逆变器

由于 UPS 供电的多数负载非线性较严重,它们会向 UPS 中注入谐波电流,致使其输出电压波形畸变,一般要求 UPS 逆变器输出电压波形畸变很小,因此必须对输出交流电压波形实现瞬时值的反馈控制,即将 UPS 输出的实际波形与正弦参考波相比较,误差信号用来调节逆变器的开关动作,控制输出电压总谐波畸变率 THD 在一定的范围。

8.6　电力谐波抑制

在理想的电力系统中,电能是以三相对称、波形正弦、频率稳定、电压恒定的形态供给负载。电力系统中的负载(电动机、变压器、照明灯具、电热设备等)一般都被认为是线性的,因而负载电流应是三相对称、波形正弦无谐波。但实际系统中存在许多依靠铁磁材料作为介质实现能量变换与传输的装置,如电动机、变压器、铁心电感等,一旦它们工作在铁磁饱和状态就会呈现出非线性特征,致使电流波形畸变,产生电流谐波。另一方面,随着高度非线性电力电子设备的广泛应用,其开关器件的通、断工作方式不仅使电力系统中无功功率急剧变化,引起电压波动和闪变外,还导致电压和电流波形严重畸变,也会产生大量电力谐波,影响用电设备的运行效率、安全和使用寿命,恶化供电质量。这样,负载的铁磁非线性、电力电子装置开关过程的非线性都会给电网运行带来严重危害,特别是电力电子装置的谐波污染已成为阻碍电力电子技术本身发展的重大障碍。因此,抑制谐波污染、实现谐波有效治理,已成为当前电力领域内亟待解决的重大工程问题,也是电力电子技术研究中的重要课题。

8.6.1 电力谐波的来源、危害及抑制

1. 电力谐波的来源

电力系统中使用的电力电子装置,如各种交直流变流装置(整流器、逆变器、斩波器、变频器)、双向晶闸管可控开关设备、电力系统内部的变流设备(如直流输电的整流阀和逆变阀等),都是典型的非线性负荷,工作中都会引起电网电压畸变,产生整数倍基波频率的电压分量,构成了电力谐波的主要来源。

1) 可控整流器。交-直整流装置中,交流侧电流为矩形波,这是工频基波电流与工频基波奇数倍高次谐波电流的合成结果。由于高次谐波分量 I_n 与基波分量 I_1 之比最大为 $1/n$(n 为谐波次数),且随着晶闸管移相触发角 α 的减小(不控整流器 $\alpha=0$)和换流重叠角 μ 的增大,谐波分量有减小的趋势。此外整流器的运行模式对谐波电流的大小也有直接的影响,因此在调节整流电压、电流时,最好进行重叠角、换相压降以及谐波的预测,确定出安全、经济的运行模式。运行经验表明,当控制角 $\alpha\approx40°$,重叠角 $\mu\approx 8°$时谐波情况最严重,要尽量选择好变压器抽头、确定出合适的交流输入电压来避开这个谐波最严重的运行点参数。

2) 交流调压器。为连续调节输出电压的大小,一般采取相位控制,此时输出电压波形非正弦,含有丰富的低次谐波,谐波成分与移相控制角有关。

3) 交-交变频器。交-交变频器输出电压谐波成分十分复杂,与输入频率、输出频率、电路脉波数有关,且随输出频率连续变化。输入电流波形与幅值虽均按正弦规律调制,但与可控整流电路相比,其谐波成分还是要复杂得多。

4) 通用变频器。交-直-交型变频器的交-直部分电路通常由二极管不控整流电路和直流滤波电容器所组成,如图 8-21(a)所示。这种电路的输入电流波形随阻抗不同变化很大:在电源阻抗比较小时为窄而高的瘦长型波形,如图 8-21(b) 实线所示;当电源阻抗比较大时为矮而宽的扁平型波形,如图 8-21(b)虚线所示。两种波形下虽输入电压、电流基波的等效相位近似相同,但在电源阻抗比较小情况下的电流谐波成分严重,致使谐波无功增大、功率因数更加恶化。

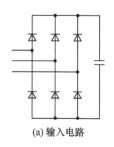

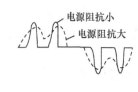

电源阻抗小
电源阻抗大

(a) 输入电路   (b) 输入电流波形

图 8-21 通用变频器

5) 家用电器。在电视机、洗衣机、空调、冰箱、微波炉、照明荧光灯、电池充电器等设备中,都大量采用二极管不控整流的交-直变换装置。虽然单台容量不大,但量大面广,向供电系统注入的谐波数量不容忽视,故也是重

要的电力谐波源。

2. 电力谐波的危害

电力谐波的危害主要表现如下。

1) 使电网中的电气装置或元件产生附加谐波损耗,降低了发电、输变电设备的运行效率;大量的 3 次谐波流过三相四线制系统中性线时,会导致线路过热、烧毁元器件。

2) 引起过电压、过电流,使变压器严重过热,使电容器、电缆绝缘老化,寿命缩短以致损坏;使电机产生机械振动、噪声和过电压,影响各种电气设备的正常工作。

3) 使公用电网中出现局部并联谐振和串联谐振,造成谐波放大,进而引起设备损坏和安全事故,值得特别关注。

4) 导致继电保护和自动装置误动作与拒动作,并使电气测量仪表计量不准确;还会对邻近通信系统、自动化系统以及包含微电子或计算机设备的各类电子系统造成严重电磁干扰,产生噪声、降低运行质量,或导致信息丢失而无法正常工作。

因此,必须对电力系统中的谐波实施管控。

3. 电力谐波的抑制

电力谐波抑制实施中首先要掌握用电系统中的谐波源及其分布,有的放矢地将谐波控制在允许范围。我国实际制定的电网谐波电压(相电压)限值电压规定参见表 8-1。

表 8-1　电网谐波电压(相电压)限值电压规定

电网标称 电压/kV	电压总谐波 畸变率/%	各次谐波电压含有率/%	
		奇次	偶次
0.38	5.0	4.0	2.0
6	4.0	3.2	1.6
10			
35	3.0	2.4	1.2
66			
100	2.0	1.6	0.8

为了达标,必须实施谐波治理。目前治理电力电子设备谐波的主要技术途径可归纳为主动型和被动型两类谐波抑制方式。主动型谐波抑制是通过对电力电子装置本身的改进使其不产生谐波,或根据需要对其功率因数进行矫正;被动型谐波抑制是不改变谐波负载本身拓扑结构,仅通过外部附加设备来对电网实施谐波补偿,一般是在电力系统或谐波负载的交流侧加装各类电力滤波器等谐波抑制装置。

(1) 主动型谐波抑制

从变流装置本身出发,通过装置的结构设计和增加辅助功能的办法来减少或消除谐波。这是一种改造谐波源的技术思想,具体方法如下。

1) 多脉波变流技术。针对大功率电力电子装置,将其原来 6 脉波变流器改造成 12 脉波或 24 脉波变流器,通过增加脉波数来减少交流侧的谐波电流含量。脉波数越多,谐波抑制效果越好,但会使整流变压器的结构复杂、体积越大,变流器的控制和保护变得困难,成本也增加,故需对此作出平衡。

2) 脉宽调制技术。其基本思想是控制变流器 PWM 输出波形的转换时刻,确保四分之一周期波形的对称性;再根据输出波形的傅里叶级数展开式,使需要消除的谐波幅值为零、基波幅值为给定值,以此组成非线性超越方程组,计算出各开关器件的通断时刻,使输出波形达到消除指定谐波和控制基波幅值的目的。

目前常用的 PWM 技术有最优脉宽调制、改进正弦脉宽调制、△调制、跟踪型 PWM 调制、自适应 PWM 控制和电压空间矢量调制等。此外还有一种移相式 SPWM,其基本思想是在多重化为 M 的组合装置中,使用一个共同的调制波,将各装置中频率为 K_c 的三角载波相位相互错开 $2\pi/(K_cM)$,利用 SPWM 技术中的波形生成方式和多重化技术中的波形叠加结构,产生出 SPWM 波形。

3) 多电平变流技术。针对各种电力电子变流器(电压型变流器则需通过电感与交流电源相连),采用移相多重法、顺序控制和非对称控制多重化等方法,将方波电流或电压进行叠加,使其在变流器的网侧产生接近正弦的阶梯波电流或电压,并与电源电压保持一定的相位关系,以此控制变流器的网侧谐波和输入功率因数。

4) 功率因数预调整。在电力电子装置中加入高功率因数预调整器,通过对预调整器直流侧的 DC-DC 变换来控制入端电流,确保输入电流正弦且与电网电压同相位,使装置入端功率因数接近为 1,以此消除电力谐波和补偿无功电流。

主动型谐波抑制方案存在成本高、效率低的问题,PWM 载波的高开关频率也会产生高次谐波,导致高电平的传导和辐射干扰窜入电网,除采用 EMI 滤波器滤除外,还需采用屏蔽措施来阻止它们以辐射干扰形式对空间产生电磁污染。因此对于较大功率的电力电子装置,除采用主动型谐波抑制方法外,还需辅以滤波器技术。

(2) 被动型谐波抑制

这种抑制方式无须改变谐波负载本身的拓扑结构,仅在电力系统或谐波负载的交流侧加装各种电力滤波装置,对电网谐波进行补偿。具体方法如下。

1) 无源电力滤波器(passive filter,PF)。通常采用电力电容器、电抗器和电阻作适当组合,在电力系统中为谐波提供一条并联低阻抗通路,使之不再注入系统,以此起到滤波作用。若要滤除若干个特征次的谐波,可采用相应数量的单调谐滤波器并联;还可以设计成双调谐型无源滤波器,以同时滤除两种频率的谐波;也还可以设计成高通滤波器形式,以滤除某一次以上的众多谐波。在吸收谐波的基础上,无源电力滤波器还可有补偿无功、改善功率因数的功能。鉴于其技术的成熟性、较高的可靠性、结构简单和维护方便等优点,无源电力滤波已成为目前采用得最为广泛的谐波抑制和无功补偿的主要方式。

但无源电力滤波器也存在一些缺点。

① 滤波特性由系统和滤波器的阻抗决定,只能消除特定次数谐波,且受系统参数与运行工况影响,较难设计。

② 所用 LC 元件的参数漂移也会导致滤波特性变化,使滤波性能不稳定。

③ 电网参数与无源电力滤波器中的 LC 参数在特定条件下可能产生并联谐振,放大相应次谐波分量,导致谐波电流增大、滤波器过载,恶化电网供电质量。

④ 难以协调滤波与无功补偿、调压等众多方面的要求。这些都是使用中值得注意的事项。

2) 有源电力滤波器(active power filter,APF)。这是一种采用可控功率开关器件构成的逆变装置,通过对电网中谐波电流的检测,控制其逆变电路产生与谐波源电流幅值相等、相位相反的补偿电流并注入电网,促使电源总谐波电流为零,达到实时补偿的目的。由此可见,APF 实现高次谐波抑制的基本思想是给谐波电流或谐波电压提供一个在谐振频率处等效导纳为无穷大的并联网络,或者等效阻抗为无穷大的串联网络。据此,可将有源电力滤波器分为并联 APF 和串联 APF 两大类,但其基本结构均是由一个 DC-AC 逆变桥与一个谐波注入电路所构成。由于 APF 的滤波特性不受系统阻抗影响,消除了与系统发生谐振的危险,具有高度的可控性、快速响应能力和自适应性,能补偿各次谐波、抑制电压闪变、补偿无功电流和自动跟踪补偿变化中的谐波,应用范围十分广泛。

按照其 PWM 逆变电路直流侧电源的滤波特性,APF 可以分为电压型及电流型;按照与被补偿对象的连接方式,APF 则可分为并联型、串联型、混合型和串-并联型。

① 并联型 APF。APF 与被补偿对象并联,可等效为一受控电流源,适用于感性电流源负载中的电力谐波及无功电流的动态补偿,且补偿特性不受电网阻抗的影响。目前并联型 APF 技术相当成熟,在工业领域获得了广泛应用。

② 串联型 APF。APF 与被补偿对象串联,可等效为一受控电压源,主要用于消除带电容滤波的二极管整流电路等所产生的电压型电力谐波,以及电力系统中的电压谐波和电压波动。串联型 APF 中流过的电流为非线性负载电流,损耗较大;设备的投切、故障后的退出等各种保护也较并联 APF 复杂,较少单独使用,多与 LC 无源电力滤波器构成混合型 APF。

③ 混合型 APF(hybrid active power filter,HAPF)。采用与 APF 串联的无源滤波网络来隔离或“移去”其基波电压,使常规 APF 只承受谐波电压,达到大幅降低有源装置的容量及成本、提高效率的目的,以使无源电力滤波器(PF)结构简单、容量大的特点和 APF 补偿性能好的优点有机结合。

④ 串-并联型 APF。同时具有串、并联 APF 的功能,可解决配电系统发生的绝大多数电能质量问题,又称电能质量调节器(unified power quality conditioner,UPQC),是一种很有发展前途的有源滤波装置。

直流系统中抑制谐波和提高功率因数的目标是一致的,可采用与交流电路中相似的方法来实现,即并联、串联无源或有源电力滤波器等方案。

8.6.2 有源电力滤波器

有源电力滤波器(APF)技术是随着自关断功率器件的长足进步、瞬时无功功率理论、有源谐波补偿原理和 PWM 技术的飞速发展而成熟起来的,成为当今有效的电力谐波抑制手段,本节拟作重点介绍。

1. 有源电力谐波补偿原理

如前所述,依据与被补偿负载之间的连接方式,有源电力滤波器可以分为串联型和并联型,其补偿原理不尽相同。

(1)串联型有源电力滤波器

串联型 APF 是针对改善无源电力滤波器(PF)滤波特性而提出的,故必须与并联无源滤波器共同使用,即在并联的负载和 LC 滤波器与电源之间,通过注入变压器串入有源滤波器,如图 8-22 所示。由于

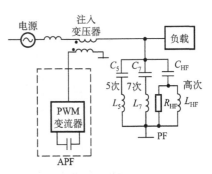

图 8-22 串联型有源电力滤波器原理

是有源与无源滤波器的混合使用,故有时也称为混合型有源电力滤波器。运行时电力谐波基本由 LC 无源滤波器补偿,有源滤波器用于改善无源滤波器的滤波特性。此时可将有源滤波器看作一个可变阻抗,使其对基波呈现零阻抗,对谐波呈现高阻抗,迫使谐波电流流入 LC 无源滤波网络而阻止其流入电源。可见串联有源滤波器起到了谐波隔离的作用,同时还可抑制电源与 LC 网络间的谐振。

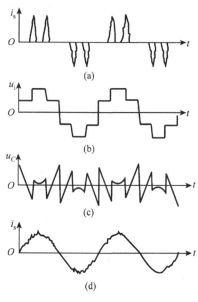

图 8-23　串联型有源电力
滤波器补偿效果

串联型有源电力滤波器主要适用于电压源性质的谐波源,如电容滤波型整流电路。图 8-23 显示了串联型有源电力滤波器对电容滤波的三相桥式不控整流电路实现谐波补偿的效果。图 8-23(a)为未使用电力滤波器时整流电路的交流输入电流波形;图 8-23(b)为投入有源电力滤波器后的交流输入电压波形,已非正弦,为富含低次谐波的阶梯波;图 8-23(c)为串联型有源电力滤波器产生的补偿电压,它是图 8-23(b)阶梯波电压与电源正弦电压之间的差值;图 8-23(d)为补偿后的交流输入电流波形,非常接近正弦波,说明串联型有源滤波器具有良好的补偿效果。

(2) 并联型有源电力滤波器

并联型有源电力滤波器是目前应用较多的一种形式,其谐波补偿原理和效果可用图 8-24、图 8-25 来说明。图 8-24 中负载为带电感负载的三相桥式全控整流电路,负载电流 i_L 除从电源吸取基波电流 i_{Lf} 外,还向电源排放高次谐波电流 i_{Lh},即有 $i_L = i_{Lf} + i_{Lh}$。如果电源 u_s 为三相正弦平衡系统,为确保电源电流 i_s 正弦,与负载并联的有源电力滤波器(APF)应利用其中的 PWM 变流器产生与负载高次谐波电流波形相同、相位相反的补偿电流 $i_C = -i_{Lh}$。这样,非线性负载产生的谐波电流就会被有源电力滤波器的补偿电流所抵消,不再注入系统造成对电网的谐波污染。如果能做到使补偿电流等于基波无功分量与谐波分量之和,则电源只需提供基波有功分量,其理想补偿效果如图 8-25 中 i_s 所示。

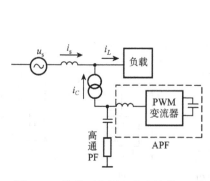

图 8-24　并联型有源电力滤波器原理

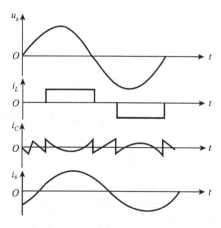

图 8-25　并联型有源电力滤波器补偿效果

2. 有源电力滤波器主电路结构

有源电力滤波器中,常用 PWM 变流器产生功率补偿电流或信号。根据 PWM 逆变器直流侧储能元件的不同,有源滤波器可分为采用电感的电流源型和采用电容的电压源型两种主电路形式,分别如图 8-26、图 8-27 所示。电压源型的直流侧电容上电压可以设法从交流电源取少量有功功率来补偿,以保持电压恒定。

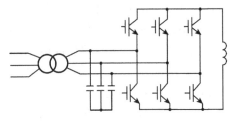
图 8-26　电流源型 APF 主电路

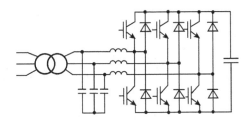
图 8-27　电压源型 APF 主电路

3. 谐波电流的检测

有源电力滤波器要求产生与谐波电流反相位的功率补偿信号,其谐波补偿效果的好坏很大程度上取决于对负载电流中谐波成分的检测。常用谐波检测方法如下。

1) 用带阻滤波器阻断基波以获得欲补偿(抑制)的总谐波信号。

2) 用多组带通滤波器或快速傅里叶变换(FFT)作谐波分解,再合成待补偿的总谐波信号。

3) 采用瞬时无功功率理论获得谐波电流补偿信号,以此作为调制信号与三角载波信号相比较,通过自然采样法形成 PWM 逆变器的功率开关驱动信号,实现电力谐波补偿。

有源电力滤波技术是改善供电质量的关键技术,发展很快,但目前还存在一些需要进一步解决的问题,如提高补偿容量、降低成本和损耗、进一步改善补偿性能、提高装置的可靠性等。同时还要注意 APF 本身的故障还易引发系统故障,对此需予以特别关注。

8.7　静止无功补偿

电能质量是评价电力系统运行性能优劣的指标,其中电压的稳定性尤为重要。电力系统运行中,必须确保各输配电线路的母线电压稳定在允许的偏差范围之内,目前大多数国家规定的电压允许变化范围一般为 $-10\%\sim+5\%$。

电压稳定与否主要取决于系统中无功功率的平衡。如果用电负荷的无功需求波动较大,而电网的无功功率来源及其分布不能及时调控,就会导致线路电压波动超出允许极限。另外从负载侧看,电力系统多由输配电线、变压器、发电机等构成,其内阻抗主要呈感性,使负载无功功率的需求变化对电网电压的稳定极为不利,因此电力系统的无功补偿和电力调整是保证电网安全、优质、经济运行的重要措施。

此外,可再生能源的日趋广泛应用也促使无功补偿技术迅速发展。风电场中经常会出现以下问题:①风电能量随机性、间歇性强,有效利用率低,可控能力差,致使风力发电机出力波动大,影响供电的平稳性。②风电机组本身的电压调节能力弱、调节范围有限,易引起电压波动,要求电网增加储能设备或提高自身负载吸纳能力。③风电场设置的传统无功补偿装置不能按要求自动调节,导致部分风电机组低压穿越失败脱网后系统电压飙升,进而造成大量风电机组又因过电压保护动作而跳闸,进一步扩大了故障范围。因此,风电场必须综合考虑各种发电设备的出力水平,接入系统在各种运行工况下的稳态、暂态及动态过程,配置足够的无功补偿容量,确保风电场内静止无功补偿装置的电容器、电抗器等静态支路能够快速、正确投切,同步补偿机等旋转补偿装置能动态地自动调节。

电力系统中的无功功率有两大来源,一是电压、电流基波间相位移产生的基波无功功率,二是基波电压与谐波电流间产生的谐波无功功率,不同无功功率需求可以采取不同的补偿方式应对。对于基波无功功率而言,考虑到工业供电系统中阻感型负载居多,如电动机、荧光灯、变压器和电抗器等,它们必须消耗感性无功功率才能正常工作,致使配电系统总等效负载呈感性,通常多采用并联电容器来实现无功功率补偿,提高系统功率因数。并联电容器补偿有三种方式:①集中补偿。将电容器组集中安装在母线上,提高整个电力系统的功率因数,减少馈出线路上的无功损耗。②分区补偿。将电容器组分别装设在功率因数较低的局域母线上,虽补偿范围缩小但补偿效果更好。③就地补偿。针对异步电动机、荧光灯照明线路等感性设备,将电容器组安装在负载设备附近作就地无功补偿。虽然电容器安装分散、维护工作量大,但随着低压自愈式电容器技术的发展和产品质量的提高,就地补偿方式显示出重大优势。

电力电子变换装置的广泛使用也造成了系统谐波无功功率的增加,如简单的二极管整流装置中尽管其交流侧电压、电流基本同相,但由于电流波形的畸变,所产生的谐波无功功率也是重要的无功功率需求根源。对于谐波无功功率的补偿而言,则需采取谐波抑制的方式来解决,大多涉及各种滤波器技术的应用。

由此可见,电力系统为保持电压稳定而进行的电压调整过程,其实就是电网无功功率的补偿与再分配的过程。采用无功补偿方式实现电压调整,一般都需要有能提供无功功率的设备,即无功补偿装置。

无功补偿装置及技术的发展经历了几个阶段。

1) 早期无功补偿装置。主要有同步调相机和并联电容器。同步调相机(又称同步补偿机)是一种运行在电动机状态,不带原动机也不带机械负载,只向电力系统提供或吸收无功功率的同步电机。调节调相机的励磁电流使之处在过励状态时,可从电网中吸收相位超前的容性无功或补充相位滞后的感性无功,以此改善电网的功率因数,维持电网电压的稳定。同步调相机虽能对无功功率进行动态补偿,但不易维护。并联电容器是 20 世纪 70 年代最为普遍采用的无功补偿方式,简单有效,但当电网中有电力谐波时,可能会因此诱发谐波谐振,导致谐波放大和烧毁电容器。此外电容器在开关投切过程中还会产生约 10 倍以上浪涌电流,威胁设备安全;而所采用的离散式调节方式又易产生过补或欠补,也会引起电压波动。尽管如此,这种机械式投切的慢速无功补偿装置目前在低压配电网中仍有应用。

2) 第二代无功补偿装置。第二代为静止无功补偿装置(static var compensator, SVC),可分为电磁型和晶闸管控制型两大类。电磁型无功补偿装置也使用机械开关,调节的快速性、连续性较差,不能迅速纠正电压的升高或跌落,已被逐渐淘汰。晶闸管控制的静止无功补偿装置出现于 20 世纪 70 年代,主要类型有晶闸管投切电容器(TSC)、晶闸管控制电抗器(TCR)和磁控电抗器(MCR)等。SVC 本质上是一个可动态调节的无功源,根据所接电网的需求通过电容器组的接入向电网提供无功功率(容性),或通过并联空心电抗器以吸收电网多余的无功功率(感性)。虽然其无功调节响应速度已大幅提高,补偿效果好,还能较好地解决单相负荷造成的供电系统严重三相不平衡及功率因数低、谐波、电压波动与闪变等问题,但因机理上仍属阻抗型装置,其使用会使电网系统参数发生改变,影响补偿功能和效果,特别是波阻抗、电气距离和系统母线输入阻抗等参数。加上 TCR、MCR 本身还是谐波源,使用中容易产生谐波放大等问题,值得关注。总的来说,SVC 属无源、可动态补偿的无功补偿装置,适用于负载变化平稳、电压波动及谐波变化不大的场合,在一些低压配电系统中已逐步占据主导地位,但输电网络中应用很少。

3) 第三代无功补偿装置。第三代为静止无功发生器(static var generator,SVG),也称静止同步补偿器(static synchronous compensator,STATCOM),属于有源、快速动态无功补偿装置。SVG 的特点是能双向调节,既可发出又可吸收无功功率;可快速跟踪系统无功需求实现连续平滑调节,有效提高电力系统的安全性与稳定性;同时还具备有源滤波功能,可实现对谐波、电压闪变的有效抑制,解决三相不平衡等电能质量问题,特别适合于输电系统中枢纽点电压支撑与调节、配电网络中非线性负荷的补偿等,作用重大。

本节重点讨论 SVC 及 SVG。

8.7.1　静止无功补偿器

晶闸管控制型 SVC 的主要类型有:①晶闸管可控电抗器(thyristor controlled reactor, TCR)型;②晶闸管投切电容器(thyristor switched capacitor,TSC)型;③TCR＋TSC 混合型;④TCR 与固定电容器(fixed capacitor,FC)混合型 TCR＋FC;⑤TCR 与机械投切电容器(mechanical switched capacitor,MSC)混合型 TCR＋MSC 等。其中,TCR 只能吸收感性无功功率并可进行连续调节,但有谐波产生,一般情况下与 FC 配套使用;TSC 只能对容性无功功率断续调节,无谐波产生,可单独使用或与 FC 配套使用。

1. 晶闸管可控电抗器(TCR)

TCR 主要起可变电感的作用,实现感性无功功率的快速、平滑调节。当然也可在 TCR 两端并联一定的电容器组,以满足系统对一定容性无功的要求。图 8-28(a)为 TCR 的简化单相电路,其中电抗器 L 通过反并联晶闸管构成的双向开关与交流电源 u_s 相连,这种电路拓扑可视为交流调压器带纯电感负载。为确保两晶闸管在正、负半周内可靠、对称导通,避免偶次谐波和直流分量产生,应采用宽脉冲或脉冲列触发。

不同晶闸管移相触发角 α 下电感电流 i_L 及其基波 i_{Lf} 不同。图 8-28(b)为 $\alpha=0°$ 时的电源电压 u_s 与 i_L 波形,此时电感电流正弦,其有效值为 $I_L=I_{Lf}\dfrac{U_s}{\omega L}$。由于纯电感负载的功率因数角 $\varphi=90°$,故在 $0°\leqslant\alpha\leqslant90°$ 范围内双向晶闸管处于失控状态,不能通过 α 变化来改变 I_L 大小。

如果 $\alpha>90°$,电感中电流 i_L 将受到控制,即随着 α 角的增大,电感电流基波分量 I_{Lf} 相应减小,如图 8-28(c)、(d)所示。在电感电流可控制条件下,电抗器等效电感值 $L=\dfrac{U_s}{\omega I_{Lf}}$ 随之可控,继而 TCR 吸收的感性无功功率 $Q=U_s I_{Lf}=\dfrac{U_s^2}{\omega L}$ 也可平滑调节,其规律是:$\alpha=180°$ 时,$Q=0$;$\alpha=90°$ 时,$Q=Q_{max}$。从图 8-28(c)、(d)还可看出,当 $\alpha>90°$ 后,i_L 已非正弦,除基波 i_{Lf} 外富含 $3,5,7,9,\cdots$ 奇次谐波,其大小与 i_{Lf} 成正比,并随 α 变化。为了防止 3 及 3 的倍数次

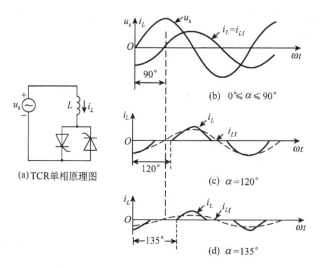

图 8-28　TCR 单相原理图及电压、电流波形

谐波对交流系统的影响,常将三相 TCR 作三角形连接,使这些 3 倍次谐波可经三相电感形成环流而不注入交流电网。为消除其他奇次谐波,可在 TCR 上并联电容吸收,此时还可提供一定程度的容性无功。

FC+TCR 型 SVC 装置单相电路如图 8-29(a)所示,电压、电流波形如图 8-29(b)所示。同样,当导通角 $0°{\leqslant}\alpha{\leqslant}90°$ 时双向晶闸管组全导通,电感支路呈现为一纯电感,消耗最大无功功率,补偿装置输出由固定电容器(FC)提供的最小无功功率;增大导通角令电感支路电流减小,当增大到 $\alpha=180°$ 时电感电流为零,电感支路不吸收无功,FC+TCR 型补偿装置输出最大无功功率,因此,改变晶闸管导通角就可实现对无功功率的连续调节。考虑到晶闸管是在承受正向阳电压时通过门极触发强制导通,电流自然过零时自动关断,这种导通方式畸变了电流波形。

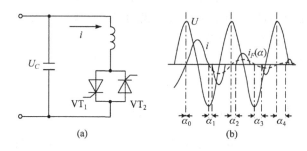

图 8-29　FC+TCR 型的单相电路结构图

FC+TCR 型 SVC 一般采用电压外环、电流内环的闭环反馈控制结构,控制模式如下。

1) 开环控制。依据所需电流通过查表获得控制晶闸管的导通角 α。

2) 闭环控制。如图 8-30 所示,电压给定与反馈比较后,其差值经过 PI 控制器调节确定出电流参考值,再经电流控制回路通过查表选择出控制角 α,为晶闸管门极电路提供触发信号。由于控制量输出与导通角之间为三角函数关系,故电流闭环中存在严重的非线性,应采用非线性控制理论中的鲁棒控制、自适应控制、模式识别等高级算法;同时输出电流容易饱和,还需作限流保护。

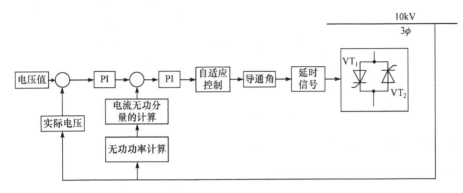

图 8-30　FC+TCR 型 SVC 闭环控制系统

2. 晶闸管投切电容器(TSC)

TSC 采用两反并联晶闸管或双向晶闸管构成交流无触点开关,根据负载感性无功功率的变化将若干组电容器在交流母线上作投入和切出,其原理性示意图如图 8-31 所示。此时晶闸管只作投切开关使用,采用过零触发方式,实际系统中每个电容器组都串联有一阻尼电抗器,用以降低投、切时刻对晶闸管构成危害的冲击电流,同时避免与系统发生谐振。实际应用中通常采用三相电路,可以 Y 连接,也可以△连接。而电容器一般分为几组,可

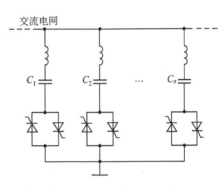

图 8-31　TSC 原理性示意图

以根据电网对无功的需求改变投入电容器的组数,使 TSC 成为容量分级可调的动态无功补偿装置。

TSC 运行时,应选择交流电源电压和电容器预充电电压相等时刻触发导通相应晶闸管,确保电容投入时电容电压不突变、不产生冲击电流。理想情况是电容器预充电至电源峰值电压,此时电源电压变化率为零,可使投入时的电容电流为零,图 8-32 给出了 TSC 理想投切时刻电压、电流波形图。设投入前电容上端电压 u_C 已由上次最后导通的 VT_1 充至电源电压 u_s 的正峰值,故本次导通应选在 u_s 与 u_C 相等的 t_1 时刻使 VT_2 触发导通,电容电流开始建立,以后每半周期在过零点处轮流触发 VT_1、VT_2。需要切除电容时,选择 i_C 降为零的 t_2 时刻撤除触发脉冲,使 VT_2 关断、VT_1 也不再导通,u_C 则保持 VT_2 导通结束时的电源电压负峰值,为下次投入电容做准备。由于 TSC 中电容器只是在两个极端的电流值之间切换,不会产生谐波,但无功功率不能平滑调节,只能作阶跃式的补偿。

晶闸管可控电抗器与晶闸管投切电容器可联合使用,构成 TCR+TSC 混合型 SVC,其运行原则是当系统电压低于设定值时,根据所需补偿的无功功率数量投入适当的电容器组数,并略作过补偿,再用 TCR 输出的感性无功功率来抵消这部分过补偿容性无功;当系统电压高于设定电压时,则切除所有电容器组,仅留下 TCR 运行。图 8-33 为稳定电网电压时的控制框图,控制器所需信号为电网线电压 U_s 和线电流 I_s。如果仅作系统无功补偿或系统功率因数校正,只需将电压设定值改为相应的无功功率或功率因数设定值即可。控制器

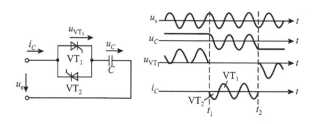

图 8-32　TSC 理想投切时刻电压、电流波形

可采用变参数的 PI 调节器,其算法简单、可靠,易实现。

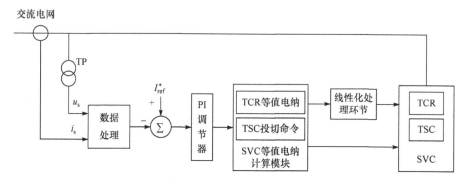

图 8-33　稳定电网电压的 SVC 控制框图

由以上分析可见,TCR 和 TSC 的优势是可连续调节和快速控制无功功率,故可降低过电压、降低电压闪烁、改善电压调整特性、提高电力系统静态和动态稳定性;还可阻尼次同步振荡,减少电流和电压的不平衡等。特别是 TCR 和 TSC 可按每相电压或无功的要求实行分相调节,因而能在不对称故障条件下实现对电网电压的支撑,保障电网不因电压崩溃而失步。

然而 SVC 采用的是阻抗型补偿方式,随着电压的降低,其无功输出会与电压呈平方地降低,这是其弱点;此时若采用基于电压源逆变器的 SVG 或 STACTOM,这一缺陷则可获得有效解决。

8.7.2　静止无功发生器

8.7.1 节介绍的静止无功补偿器(SVC)主要针对缓慢变化无功功率的补偿,且都离不开大容量的储能元件,如大电感、大电容。由于储能元件的时滞影响,SVC 无法实现瞬时无功调节。另外,传统的无功功率定义只限于处理正弦周期变化的电量,对功率急剧变化所出现的瞬变或随机变化的非周期现象已不能适应。此外,SVC 采用晶闸管作为开关元件,存在关断不可控问题,会影响其对电网电压波动的调节能力,还容易产生较大的谐波电流。

随着工业生产过程及生产设备的复杂化,电网中的功率需求常发生急剧变化,特别是冲击性的负载日益增多,如大型轧钢机、电气化机车、功率变流装置。这类用电设备往往起动过程快,起动频率高,频繁地吸收大量动态无功功率,引起母线电压的快速波动,给电网的稳定带来极为不利的影响。

随着大功率全控型电力电子器件 GTO、IGBT 及 IGCT 的出现,特别是相控技术、脉宽调制(PWM)技术、四象限变流技术的成熟,直-交逆变技术得到迅速发展。利用电力电子技术以及瞬时无功功率概念和补偿原理,可以在很小容量储能元件的条件下(如 10％的计算补偿容量),实现瞬时无功补偿。这种新型补偿器就是静止无功功率发生器(SVG),或称静止同步补偿器(STATCOM)。

电压型 SVG 通过电力电子开关的通断控制,将直流电压转换成与电网同频的交流(脉冲)电压输出,因此 SVG 可以看成一个与电网同频率、通过电抗器连到电网上的交流电压源(逆变器);通过实时调节其输出电压的相位和幅值,改变该逆变器吸收或发出的无功电流,实现无功功率的动态补偿。由于只需起电压支撑作用,SVG 直流侧电容容量要比 SVC 中的电容小得多;当只考虑基波成分时,SVG 调节速度要比 SVC 更快、调节范围更广、欠压条件下的无功调节能力更强,且谐波含量和占地面积都大为减小。

1. SVG 补偿原理

SVG 的基本电路和原理可用图 8-34 来说明。假设电网电压三相平衡、波形正弦,构成 SVG 的开关型 PWM 逆变器与电网之间采用纯电感 L_A、L_B、L_C 连接,其直流侧电容器 C 可看作大小为 U_d 的直流电压源,理想条件下不产生功率损耗。当逆变器输出基波电压 U_i 与电网电压 U_s 同频且同相位时,流过连接电感中的电流 I 为纯净无功电流,其无功功率为

$$Q_c = U_i I = \frac{U_i}{\omega L}(U_s - U_i)$$

当 $U_i > U_s$ 时,无功电流从逆变器流向电网,无功功率 $Q_c < 0$,表示 SVG 发出无功,起到可变电容器作用;当 $U_i < U_s$ 时,无功电流从电网流向逆变器,$Q_c > 0$,表示 SVG 吸收无功,起到可变电抗器作用;当 $U_i = U_s$ 时,$Q_c = 0$,两者之间没有无功功率交换;其电流电压表达的无功性质如图 8-34(c)矢量图所示。

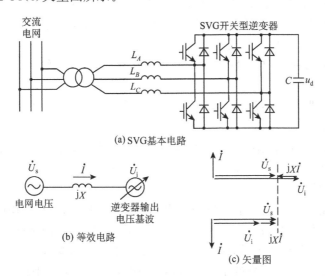

图 8-34　瞬时无功补偿基本电路及运行原理图

根据三相系统稳定、对称原则,在不计损耗的理想条件下,电压源型逆变器构成的瞬时无功补偿器与交流电网系统之间无有功功率的流动,SVG 发出或吸收的无功功率实际上是利用开关器件通、断过程在三相间作循环,因此 SVG 逆变器直流侧电源中不会有功率交换,

用一个已充电的电容器来维持即可。考虑实际电容的漏电和由输出电压谐波引起的电容充、放电现象,电容量不能太小,约为 SVG 设计容量的 15%。

2. SVG 结构

为减少补偿电流中的谐波含量,工程实际中 SVG 一般采用多重化、多电平或链式的结构。典型(主流)的链式接法如图 8-35 所示。这是一种将多组逆变器串联而构成的新型多电平结构,每组逆变器均为一典型 H 型桥,具有相同的直流电压源 U_d 输入,通过控制各逆变器的导通角,就可产生等高、不同宽度的正、负脉冲波。将各 H 型桥的输出串联,就可产生接近于正弦的阶梯波电压输出。

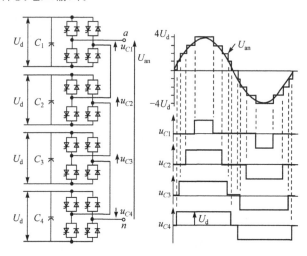

图 8-35　链式结构 SVG 电压波形产生示意图

SVG 采用链式结构后,其性能获得明显提升。

1) 所有链节的结构完全相同,易实现模块化设计,便于装置容量扩展及维护。每相电路中可设置 1~2 个冗余链节,以此提高装置的可靠性。

2) 可独立分相控制,有利于解决系统的相间平衡问题,在系统受到扰动时能更好地提供电压支撑。

3) 无连接变压器,占地面积不到 SVC 的一半,大大降低了装置体积、成本和损耗,效率可达 99.2% 及以上。

4) 谐波特性优越,可通过控制各逆变器的导通角,使输出的一系列方波电压叠加后产生接近正弦的阶梯波电压,同时还可采用 PWM 技术进一步减小谐波。

3. SVG 的控制

为使 SVG 快速响应无功负载的急剧变化,采用一个周期内波形平均值来控制无功功率的传统电工方法已不适用,目前多采用瞬时无功功率和矢量变换控制技术。

一组变量以列矩阵形式表示时称为矢量;以矩阵形式表示变量的线性变换为矢量变换。在电网电压三相对称、正弦交变的条件下,若对三相负载电流进行坐标变换,就可获得撤除基波有功分量后的待补偿电流。用此补偿电流矢量作为可控变量来实时补偿三相负载无功功率的变动,即可抑制电网电压的波动和闪变。

图 8-36 为 SVG 控制原理图,图中采用了电流滞环控制的电流型 PWM 来实现瞬态无功补偿,即采用瞬时矢量法(图中为 P、Q 算法)计算出瞬时无功补偿电流矢量 $i_C^* = [i_{CA}^*, i_{CB}^*,$

$i_{CC}^*]^{\mathrm{T}}$，将它与实测的无功补偿电流矢量 $i_C=[i_{CA},i_{CB},i_{CC}]^{\mathrm{T}}$ 相比较，按照设定的滞环宽度控制生成 PWM 信号，使逆变器输出的补偿电流能快速跟随电流指令 i_C^* 的变化，以此实现 SVG 的闭环控制。

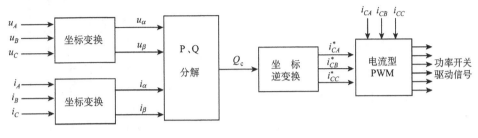

图 8-36　SVG 控制框图

与静止无功补偿装置(SVC)相比，静止无功发生器(SVG)优势明显。

1) 响应速度快。SVG 采用高频开关器件 IGBT，$10\mu s$ 开关一次；SVC 采用晶闸管 SCR，约 10ms 开关一次，使 SVG 的动态响应速度远快于 SVC，相同的补偿程度下补偿效果更好。

2) 低电压特性好。SVC 主要由电容器和电抗器构成，本质上属于阻抗型器件，其输出无功功率 $Q=U^2/R$ 受系统电压影响很大；SVG 则具有电流源特性，输出无功功率 $Q=UI$，受系统电压影响很小。再考虑到 SVG 响应速度快的优势，在获得同样的动态补偿效果条件下所需容量小。

3) 运行损耗低。研究表明，SVG 的损耗小于同容量 SVC 的一半，小于同容量的磁阀式饱和电抗器 MCR 的三分之一。

4) 运行安全性能大大提高。采用 TCR+FC 型 SVC 实现无功补偿时，极易发生谐振放大现象，使系统电压波动变大、补偿效果受到影响。而 SVG 配合电容器使用时无须设置滤波器组，不存在谐振放大现象；更由于采用全控型器件 IGBT 作开关元件，从机理上避免了谐振现象，大幅提高了安全性，是目前最先进的无功补偿装置。

8.8　高压直流输电

由于交流电在发电、变压、输送、分配和使用中都很便利，现在规模巨大的电力系统几乎都采用交流电能形态。然而在某些场合下直流输电更为理想，如远距离送电，采用两根输电线的直流比采用三根输电线的交流更经济。此外采用地下或海底电缆线路时，如近海风力发电机组与大电网之间连接等，由于高压电缆分布电容和充电功率的限制，长距离交流输电几乎不可能。有时为改善交流输电系统的暂态稳定性，加强对电力系统振荡的动态阻尼，都会优先选用直流输电形式。在两个或多个不同步甚至不同频的交流电网连接时，也只能采用直流输电方式。

最简单高压直流输电(HVDC)系统原理性框图如图 8-37(a)所示，系统中交流电网 I 一侧的交流功率经过整流后，其直流电能用两根输电线送至逆变方式工作的另一变流器，再连接至另一交流电网 II。变流器组一般由两套三相桥式全控变流电路组成，每套桥路均为 12

脉波变流器,如图 8-37(b)所示。高压直流输电线的中点接地,形成正、负双极性直流输电系统。

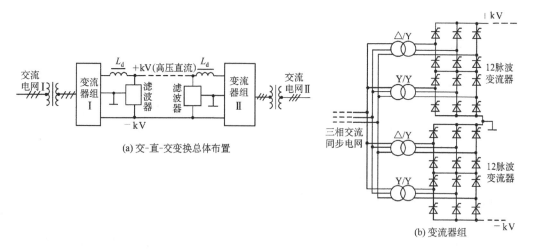

图 8-37 高压直流输电系统

8.8.1 12 脉波变流器

在 HVDC 系统中,所用变流器均要负担很高的功率等级,同时要设法减少因换流产生的交流侧谐波电流和直流侧纹波电压,此时多采用 12 脉波变流器。它是两个 6 脉波变流器和 Y/Y 连接及 △/Y 连接三相变压器合理连接而成的,其中两个 6 脉波变流器的交流侧并联、直流侧串联,以满足直流输电系统高电压的要求。其中 Y/Y 连接变压器副边相电压超前 △/Y 连接副边相电压 30°,两者相电压幅值之比为 $1/2 : 1/(2\sqrt{3})$。设直流侧平波电抗器 L_d 足够大,直流电流平直,再忽略换流电感,则 6 脉波变流器输入交流电流为阶梯方波,如图 8-38(a)所示。如果每个 6 脉波变流器触发角 α 相同,12 脉波变流器输入交流总电流应为 $i_A = i_{A1} + i_{A2}$,其电流谐波含量比 6 脉波变流器明显减小,最低次谐波电流为 11、13 次。

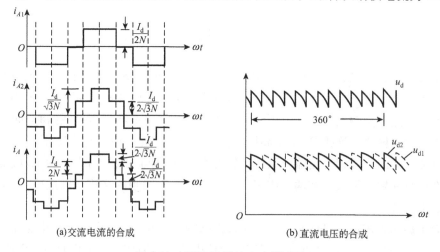

图 8-38 理想 12 脉波变流器波形

输出直流电压波形如图 8-38(b)所示,其中 u_{d1}、u_{d2} 为两个 6 脉波变流器输出直流电压,它们波形相同,互差 30°,而两变流器串联构成的总直流电压 $u_d=u_{d1}+u_{d2}$,电压纹波的幅值减小、频率增高,每个基波周期有 12 次脉动。

8.8.2 变流器的控制

HVDC 为双极性系统,为简化分析,图 8-39(a)中 HVDC 以单极性作示意性表示。设 I 组变流器工作在整流状态,直流电压为 U_{dI};II 组变流器工作在逆变状态,直流电压为 U_{dII},稳定条件下所输送直流电流 $I_d=(U_{dI}-U_{dII})/R_d$,R_d 为输电线等值电阻,可见 I_d 的大小取决于两个变流器高压直流之间的差值。HVDC 功率控制时常采取这样的方式:指定一台变流器控制直流输电电压,而由另一台变流器控制直流电流。考虑到尽可能减少逆变器换流所需无功功率,常使逆变器(II 组)运行在逆变超前角 $\gamma=\gamma_{min}=C$ 恒定方式,以控制直流电压 U_d,而用整流器(I 组)来控制直流电流 I_d 及其传输功率。

图 8-39(b)表示了 HVDC 两组变流器在 U_d-I_d 平面上的控制特性,其中逆变器 $\gamma=\gamma_{min}=C$ 控制特性与整流器 $I_d=C$ 恒流特性的交点即为系统的稳定工作点,此点决定了此时 HVDC 系统的直流电压大小及输送功率数值。

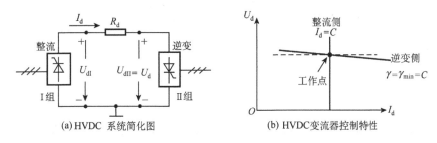

(a) HVDC 系统简化图   (b) HVDC 变流器控制特性

图 8-39 HVDC 变流器控制特性

8.9 分布式发电系统与微电网

集中发电、远距离输电和大电网互联的电力系统是我国当前的主流输、配电形式,长时间的运行表明存在结构庞大和易发生连锁故障的弊端。新近发展起来的分布式发电单元靠近负荷末端,采用"分散式接入"模式,能有效解决大规模远距离传输带来的诸多隐患。因此大电网与分布式电网的结合,是公认的节省成本、降低能耗、提高电力系统稳定性和灵活性的有效方式,是 21 世纪电力工业的发展方向。

我国幅员辽阔,风光等可再生能源富集区域与用电负荷中心区域之间呈逆向分布态势,例如,风光可再生能源富集于我国北方和西部地区,但用电负荷中心则集中在我国东部和南方地区,迫使大型风光电站必须通过高压、远距离传输才能将电能送达负荷末端,这种集中接入方式给电力系统的稳定运行带来了冲击。相反,分布式可再生能源并网单元靠近负荷末端,采用"分散式接入"模式,能充分利用本地丰富的风光可再生"清洁能源",并可随其发展不断扩大,具有可持续发展的重要前景。采用分布式发电系统或微电网形式将可再生能源分散地接入电网,极大地促进了分布式发电技术快速发展,已成为智能电网的一大重要组成部分,具有国家战略层面上的重要意义。

8.9.1　分布式发电系统的构成

分布式发电系统中除了传统水、煤、石油和原子能等能源形式外,还广泛采用新型替代能源,如风力发电系统、光伏电池、微型汽轮发电机、燃料电池等。由于电力系统负荷变化具有极大的不确定性,需及时进行调控,要求控制装置必须具有快速响应能力。考虑到电力电子设备反应迅速,控制灵活、高效,应用在分布式发电系统的功率平衡和故障保护中能有效提高系统的稳定性,因此电力电子技术是分布式发电系统中的核心技术。

分布式发电系统可包含这些子系统。

1. 微型汽轮机发电系统

微型汽轮机运行速度高达 $6 \times 10^4 \text{r/min}$,使得同轴交流同步发电机输出电能频率很高,不能直接并至交流电网,需通过一个中间直流环节实现频率变换。故发电机输出交流电能先经整流后送至直流电容储存,再经过有源 DC-AC 逆变成工频交流后并入交流电网,如图 8-40 所示。整流和有源逆变是其关键电力电子技术。

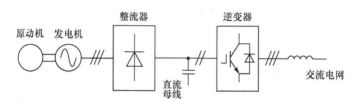

图 8-40　微型汽轮机发电系统

2. 风力发电系统

风力机既可恒速也可变速运行,既可驱动同步发电机也可驱动异步发电机实现发电,图 8-41 所示为异步风力发电机系统。由于异步发电机在输出有功功率的同时还需要吸收一定数量的无功功率,故常需配备一定容量的无功补偿电容器来提高其功率因数。发电机输出的变频交流电能经整流、有源逆变后才能与工频交流电网相连,整流和有源逆变也是其关键电力电子技术。

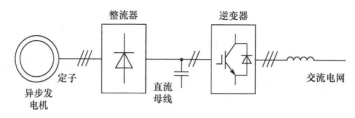

图 8-41　风力发电系统

3. 光伏发电系统

光伏发电系统由光伏电池阵列和并网逆变器组成。光伏电池根据光照强度和环境温度产生直流电能储存在直流电容中,再通过并网用 DC-AC 逆变器将直流电能变换成电网频率交流电能,通过升压变压器并网,如图 8-42 所示。此外,光伏并网逆变器还具有最大功率点跟踪(MPPT)的功能,实现发电能力最大化。因此,有源逆变是其关键电力电子技术。

4. 燃料电池系统

燃料电池(fuel cell,FC)是一种直接将储存在燃料和氧化剂中的化学能高效($\eta=50\%\sim70\%$)、无污染地转化为电能的发电装置,其燃料和氧化剂储存在电池外的储罐中,发电时会连续不断地向电池内送入,排出反应产物和一定的废热。因此燃料电池本身只决定输出功率的大小,而储存能量则由储罐内的燃料与氧化剂的存量决定。由于燃料电池在发电方式上高效率、无污染、易维护、低成本,是继火电、水电、核电后的第4代绿色发电方式,有着广泛的应用前景。

燃料电池产生的直流电能送入直流母线电容中储存,同样需通过有源DC-AC逆变成与电网同频的交流电能来实现并网,如图8-43所示。可见有源逆变也是其关键电力电子技术。

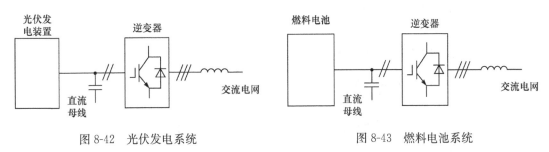

图 8-42　光伏发电系统　　　　　　　　　　图 8-43　燃料电池系统

5. 储能系统

储能对微电网的作用体现在组网运行、稳定控制、电能质量改善、一定程度上的容量保证等,以克服微电网惯性小、抗扰动能力弱的缺陷,消减风光等可再生能源发电间歇性对系统的不利影响,使微电网具有一定的可预测性和可调度性,进而可被视为大电网的"可控单元"。设计上应考虑接纳可再生能源转化而来的电能并分配给户,在负荷需求低谷时可储存多余的电能,负荷需求高峰时则能将储存的电能回馈给微电网,起到削峰填谷、平抑功率波动的作用,解决微电网中的电压波动、电压跌落等问题,提高微电网电能质量,确保其稳定运行,故是微电网中非常重要的组成部分。

现代储能技术已经得到相应的发展,较有前途的储能方式有蓄电池储能、超级电容器储能和飞轮储能。蓄电池储能和超级电容器储能是先将交流电能变换为直流电能,储存在蓄电池或电容器中;当需要用电时再将直流电能变换为与系统兼容的交流电能。这种可逆变换中,整流与逆变是其关键电力电子技术。

飞轮储能则是先将电能转换为旋转飞轮的机械能进行存储,这个环节中无源逆变的交流电机变频驱动技术起了重要作用。当需要将储存的机械能释放出来时,飞轮驱动的电机作发电机运行,所产生的电能经有源逆变成工频后馈入电网。因此,飞轮储能系统基本结构包括飞轮转子、电力变换器等部分,正是高强度纤维材料、低损耗轴承、电力电子技术等的成功发展确保了飞轮储能的应用成为现实。

综上可见,分布式发电系统中各类新型替代能源生产的第一步大体是产生直流电能;为满足大电网及人们生产、生活中所需稳定频率的交流电能,需采用整流、逆变等变流技术来实现电能的变换和传输,因此,由电力电子技术支撑的整流、逆变电路及其他电力电子接口设备在分布式发电系统中起着极其关键的重要作用。

8.9.2 微电网

以分布式发电系统为基础,以靠近分散型资源或用户的小型电站为主体,结合终端用户电能质量管理和能源梯级利用技术形成的小型模块化、分散式的供电网络,就是微电网的基本构成形式。

1. 微电网典型结构

和分布式发电系统所包含的子系统相同,微电网结构也包括风力发电单元、光伏电池及其并网发电单元、储能单元、能量管理系统(EMS)及负荷等,如图 8-44 所示。可以看出,微电网电源通过 2 条辐射状馈电线给负荷供电,公共连接点(PCC)处的静态开关 S_{grid} 用于连接微电网与传统配电网。图中的风力发电单元、光伏发电单元等已在前面作了介绍,现对蓄电池储能单元、能量管理系统作补充说明。

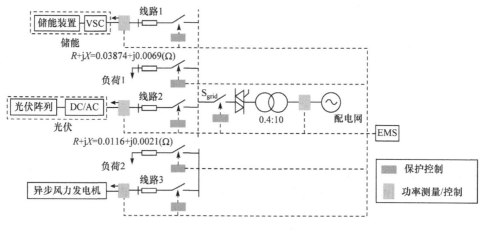

图 8-44 典型微电网结构

1) 蓄电池储能单元。储能单元在微电网中担任着组网和运行控制的基本功能。为获得稳定的直流母线电压并使逆变器在三相控制上相对独立,储能用电压型逆变器(VSC)常采用三相四线制的三相半波逆变电路、LCL 滤波器,并将直流母线电容中点与逆变器输出中点相连形成中线,如图 8-45 所示。图中采用 LCL 滤波器是考虑以较小的电感和电容值获得较好的滤波效果。滤波电容支路还加入阻尼电阻 R_d 以对谐振点处的谐振峰值起抑制作用,有效增强系统的稳定性。实际装置中功率变换器、滤波电感以及线路等的内阻和集肤效应均可等效视为阻尼电阻。

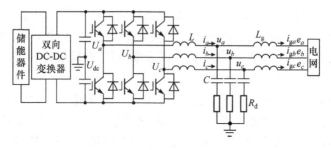

图 8-45 储能 VSC 主电路

2) 能量管理系统(EMS)。EMS 的作用是通过对微电网内各单元的运行控制和调度，实现微电网的多目标优化运行。结构上由数据采集监控(SCADA)、高级自动管理软件(MG-PAMS)、实时控制软件(MG-RTCS)等构成，如图 8-46 所示。

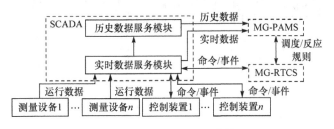

图 8-46　微电网 EMS 结构

2. 微电网运行模式

图 8-44 所示微电网采取以储能作组网单元、风电和光伏作并网单元的形式，运行中存在离网(孤岛)运行和并网运行 2 种模式，且需要在 2 种运行模式之间实现无缝切换操作，以确保微电网内负荷供电的连续性和电能质量，其运行控制过程如图 8-47 所示。

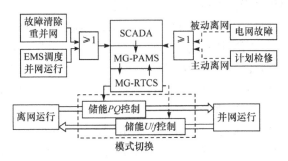

图 8-47　基于储能的微电网运行控制框图

1) 并网运行模式切换至离网(孤岛)运行模式。当电网出现故障时，微电网能够快速识别并迅速切换到离网运行模式。此外当电网进行计划检修需要停电时，EMS 能主动将微电网切换至离网运行模式，以确保微电网内负荷供电的连续性。

2) 离网(孤岛)运行模式切换至并网运行模式。微电网处于离网运行模式时，应不断检测电网的状态，当判断出电网恢复供电时，能够逐渐调整自身电压的幅值和相位；在与电网电压取得同步之后，触发静态开关 S_{grid}，实现并网运行。

3) 储能电压型逆变器(VSC)控制。

储能单元担负微电网组网和运行模式无缝切换的保障功能，十分关键。根据图 8-45 储能 VSC 的主电路结构，VSC 可采取三环控制策略，即并网电感 L_g 电流环控制、滤波电容 C 电压环控制和滤波电感 L 电流环协同控制。并网电感电流环接受微电网 EMS 的调度，实现储能输出功率的调节；滤波电感电流环用于提高储能 VSC 的动态性能，并实现对主电路的过流保护。VSC 控制关系如图 8-48 所示，可形成几种运行模式：

① 离网运行模式。储能 VSC 采用 U/f 控制方式，建立并维持系统的电压及频率。其指令 u_{dref} 和 u_{qref} 取自系统预设值，经滤波电容电压环、滤波电感电流环后，产生出控制储能 VSC 的 PWM 信号。

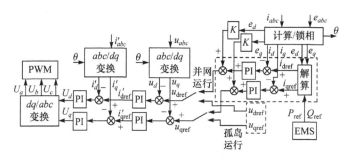

图 8-48　储能 VSC 控制结构

② 并网运行模式。储能 VSC 采用 PQ 控制方式,由微电网 EMS 发出储能单元输出有功 P_c、无功 Q_c 等功率指令,求解出相应 i_{dref}、i_{qref} 电流指令,进而产生滤波电容电压指令 u_{dref} 和 u_{qref},从而获得滤波电感电流值,产生控制储能 VSC 的 PWM 信号。

在该运行模式下,储能可以根据系统需求(或接收微电网 EMS 指令),从大电网中吸收或向大电网输出一定的有功/无功功率,以期在适度的时间内维持微电网与配电网 PCC 处的潮流稳定,使微电网相对于大电网成为一个"可控单元"。

③ 离网/并网模式切换。离网运行模式下微电网接收到 EMS 并网指令时,储能 VSC 检测配电网的电压幅值与相位,以此为参考调整自身的输出电压幅值和相位。当符合并网条件时触发静态开关,同时储能 VSC 从滤波电容电压环和滤波电感电流内环的双环工作基础上增加并网电感电流外环,转为间接电流控制模式。快速精确的电网状态检测锁相控制技术可以确保减少并网冲击,实现平稳的模式切换。

当实施计划检修或检测到大电网故障时,微电网将从并网模式切换至离网运行模式,储能 VSC 及时地从三环控制方式切换至双环工作方式。由于滤波电容电压环和滤波电感电流环在两种工作模式中保持不变,因而能够确保模式转换的平滑性和快速性。

微电网是可再生能源分布式发电高效利用的有效载体形式,是其规模化发展的重要方向。值得指出的是,相比于传统交流微电网,交直流混合微电网更是微电网的未来发展趋势,其显著优势是:交流电源连接在交流母线上,为交流负荷提供电力;直流电源连接在直流母线上,为直流负荷提供电力;交直流母线之间装设有总的换流装置,比单纯的交流微电网和直流微电网减少了换流装置数量,因而降低了系统的换流损耗,提高了微电网的经济性。此外直流部分的电源、负荷虽连接在直流母线上,但可通过换流装置与交流母线连接和进行功率交换,可以更好地在交流侧实施运行控制,保证并网运行时的电能质量,提高微电网系统稳定性。

8.10　多功能并网逆变器

微电网中为将光伏电池、风力发电机、微型燃气轮机发电机、储能装置等设备接入电网时,普遍采用逆变器实现并网,高效和低成本是这类并网逆变器的两项重要指标。随着逆变器功率变换级数的增加,所用元部件会增多,系统效率会降低,因此并网逆变器的功率变换通常只有两级,如图 8-49、图 8-50(a)所示。典型的两级并网逆变器由 DC-DC 直流变换级和 DC-AC 并网逆变级组成,其中 DC-DC 变换级常用于实现风力发电机或光伏电池的最大功率点跟踪(maximum power point tracking,MPPT),或用于控制储能装置的能量双向流动;而 DC-AC 变换级则用于控制注入电网的功率和电流。单级并网逆变器仅含有 DC-AC 级,如图 8-50(b)所示,该级必须同时完成两级并网逆变器的所有功能。由于两级结构的DC-DC 和 DC-AC 级能独立控制,两级并网逆变器控制显得更方便、有效。此外,输出直流电压较低的微电源还可以通过 DC-DC 变换级升压,以达到 DC-AC 级的并网要求,此时采用两级并网逆变器更显优势。因此,从更加灵活的控制功能和更宽的直流电源电压接入范围考虑,小容量并网系统喜欢采用两级结构;从更高的运行效率和可靠性考虑,大容量并网系统则更偏爱单级结构。

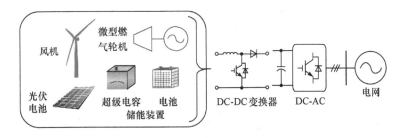

图 8-49　微电源典型并网结构

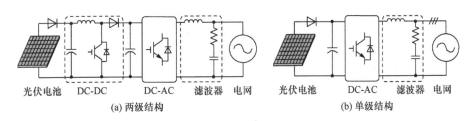

图 8-50　光伏发电系统中的并网变换器

微电网中常用储能装置来平衡能量的交换,储能装置多采用图 8-51 所示并网变换器与电网连接。同样,当储能单元输出直流电压足够高时,可采用单级的 DC-AC 变换器直接接入电网;当输出电压不能满足并网要求时,需采用

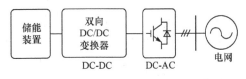

图 8-51　储能并网发电系统中的变换器

额外的双向 DC-DC 变换器对其输出电压进行泵升并实施能量流动管理。

值得注意的是传统并网逆变器大多只能"刚性地"向电网输出纯正弦的工频基波有功电流,不能实现微电网所需的其他重要功能。随着大规模可再生能源分散地通过微电网接入配电网,这类刚性并网逆变器将面临必要的技术改造,以促进微电网中并网逆变器的多功能化。

为了实现可再生能源的柔性并网并向微电网提供一定的辅助服务功能,电能质量治理、分散自治运行、谐波谐振抑制等构成了微电网并网逆变器需要具备的几项关键技术能力。考虑到 DC-AC 并网变换器与传统有源电能质量治理装置具有相同的电路拓扑,因而可以要求并网逆变器在实现微电源的并网功能外,还应具备向电网提供一系列辅助服务的能力,这就构成了"多功能并网逆变器"的概念。

并网逆变器多功能化的相关关键技术如下。

（1）电能质量治理技术

微电网中包含众多的电力电子装置，局部负载中也存在大量的非线性、不平衡和无功负荷，这都极大地恶化了微电网公共耦合点（point of common coupling，PCC）处的电能质量，直接影响并网逆变器的电压、电流控制效果，甚至会导致逆变器运行不稳定而跳闸，因此具备电能质量管理能力是对并网逆变器一项十分重要的性能要求。近年来大电网中广泛使用了静止无功发生器、有源滤波器、动态电压调节器（dynamic voltage regulators，DVR）等有源电能质量治理装置，但应用在微电网中则会有成本高、运行及维护费用大的问题。考虑到并网逆变器与电能质量治理装置具有相似的电路拓扑结构，且本身还具有一定的冗余容量，应能在完成并网发电基本功能的同时，还有对微电网实现电能质量治理的潜力。一种具备电能质量治理功能的多功能化单相全桥并网逆变器电路如图 8-52 所示，典型控制框图如图 8-53 所示。

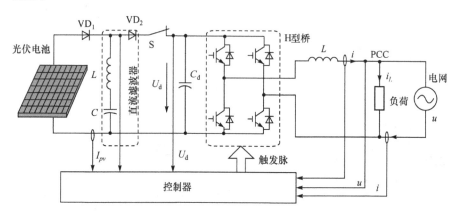

图 8-52　单相全桥多功能并网逆变器典型电路

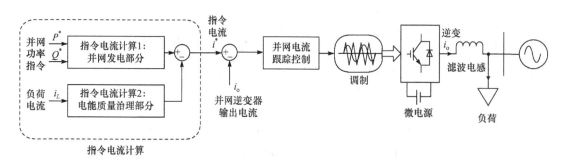

图 8-53　单相多功能并网逆变器典型控制框图

图 8-52 是从对输出电流实施补偿的角度来确保负载电能质量，故图 8-53 的控制结构主要由指令电流计算、输出电流跟踪控制和逆变器调制等部分组成。图中"指令电流计算 1"在最大功率点跟踪（MPPT）控制器管理下，获得逆变器直流母线电压 U_{dc}，并网有功、无功功率指令 P 和 Q 值，据此计算出光伏并网发电部分的指令电流；"指令电流计算 2"中采样负荷电流并进行滤波处理，得到所需补偿的谐波和无功电流分量，据此实现 PCC 处电能质量的改善。

为了能按输出电压补偿的方式保障负载的供电质量，还可采用将图 8-54 所示的全桥多功能并网逆变器串接于电网和负荷之间的方案。此时电网电压 u_g、负荷电压 u_L、逆变器输出电压 u_i 之间满足 $u_i = u_L + u_g$ 关系,因而可通过控制 u_i 的幅值和相位来实现对负荷电压 u_L 的辅助调节。

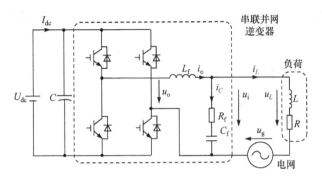

图 8-54　单相全桥串联型多功能并网逆变器

对于三相系统的微电网而言,三相多功能并网逆变器大多采用如图 8-55 所示的两电平典型电路结构,其控制框图如图 8-56 所示。不同控制方案之间的差异主要体现在补偿电流指令计算方式上。

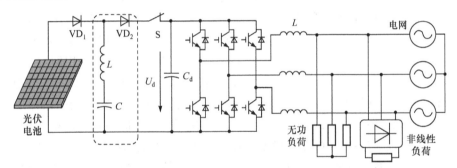

图 8-55　三相多功能并网逆变器的典型电路

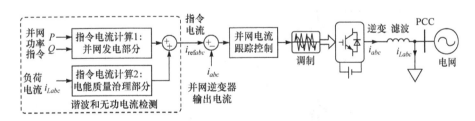

图 8-56　三相多功能并网逆变器控制框图

还有一种类似于统一电能质量调节器(UPQC)的多功能并网逆变器电路,通过其直流母线来接入分布式发电单元,如图 8-57 所示。其中,并联变流器始终处于工作状态,实现分布式电源并网,同时补偿负荷中的谐波和无功电流;串联变流器只有当电网电压跌落、骤升或不平衡时才投入工作。

值得指出的是,具有电能质量治理功能的多功能并网逆变器关注的只是工频整数倍的谐波负荷电流及基频无功负荷电流,以此实现可再生能源并网发电和本地负荷电能质量的

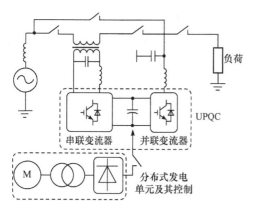

图 8-57　具有 UPQC 功能的多功能并网逆变器

统一控制,对于其他谐波并未作专门处理。

（2）独立自治运行技术

分布式电源通过并网逆变器接入电网的方式,具有暂态响应快、控制灵活的特点,但也因此缺少惯性和阻尼,不具备传统同步发电机那种独立自治运行能力,不能参与电网的调频和调压。随着分布式电源渗透率的不断增加,电网中同步发电机的比例逐渐降低,导致电源网络呈现低惯量、欠阻尼状态,稳定性问题日益严重。近来,有学者发现并网逆变器和传统同步发电机在物理结构上存在对偶性,若能通过先进的控制算法使得并网逆变器和同步发电机在数学上实现等效,即可将并网逆变器虚拟成传统同步发电机,使分布式电源也有可能参与电网的调频和调压,这就会大大提高微电网和配电网对分布式电源的适应性和接纳能力,这也就催生了虚拟同步发电机(virtual synchronous generator,VSG)技术的出现。

VSG 技术主要通过模拟同步发电机的本体模型、有功调频以及无功调压等控制特性,使并网逆变器从运行机制和外特性上与传统同步发电机相一致。为使并网逆变器能模拟同步发电机运行,图 8-58 分析了并网逆变器的基本结构和与同步发电机的等效关系。图中,$e_{abc}=[e_a,e_b,e_c]^T,u_{abc}=[u_a,u_b,u_c]^T,i_{abc}=[i_a,i_b,i_c]^T$ 分别为 VSG 的三相感应电动势、输出端电压与并网电流矢量;R_s 和 L_s 分别为虚拟的定子电枢电阻与同步电感;P_e 与 Q_e 分别为 VSG 输出有功功率与无功功率。可以看出,VSG 主电路为常规并网逆变器拓扑形式,包括直流电压源(可视为原动机)、DC-AC 变换器及滤波电路等(对应同步发电机的机电能量转换过程);控制系统则包括 VSG 本体模型与控制算法,其中本体模型主要是从机理上模拟同步发电机的电磁关系与机械运动过程,控制算法则从外特性上模拟同步发电机的有功调频与无功调压等特征。

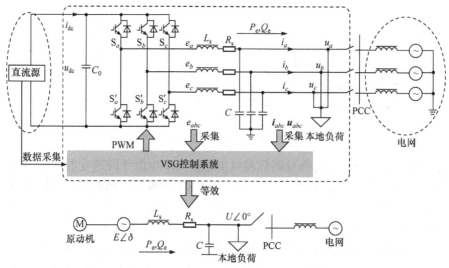

图 8-58　VSG 基本拓扑和与同步发电机的等效关系

可以看出,虚拟同步发电机(VSG)技术将电力电子装置的灵活性与同步电机的运行机制融合在一起,实现了分布式电源的即插即用与自主运行,有效解决了系统欠阻尼、低惯性问题,改善了微电网系统的运行稳定性,为分布式电源的有效应用提供了良好途径,具有广阔的应用前景。

(3) 谐波谐振抑制技术

微电网中设置有多台并网逆变器和大量的本地负荷,网络阻抗十分复杂,可能包含各种串、并联谐振回路。而并网逆变器中功率器件的开关过程会给微电网带来复杂的电力谐波,极易激发串、并联谐波谐振。为避免并网逆变器输出中的高频谐波电压或电流注入电网,常需在输出侧加装无源低通滤波器,如图 8-59 所示。为提高 L 滤波器的谐波抑制能力、减小滤波电感的体积和成本,可考虑引入并联电容支路,构成 LC 或 LCL 滤波网络。值得指出的是因微电网的阻抗较大,电网电感 L_g 会和 LC 滤波器构成 3 阶的 LCL 滤波网络,无阻尼条件下 3 阶系统可能会引发高频谐波谐振,如图 8-60 所示,严重时会引起并网逆变器无故障跳闸事故,给微电网的安全稳定运行带来重大危害,必须认真应对。

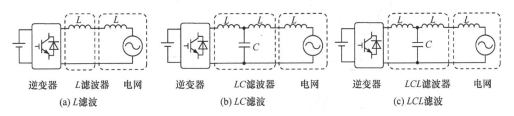

(a) L 滤波　　　　　　　　(b) LC 滤波　　　　　　　　(c) LCL 滤波

图 8-59　并网逆变器的滤波网络

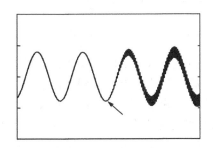

图 8-60　LCL 滤波并网逆变器无阻尼时的谐振特性

谐波谐振的根源在于并网逆变器与微电网网络阻抗之间可能构成了串、并联谐振,而网络阻抗中又缺乏阻尼分量,因此可以考虑在并联电容支路中串联无源阻尼电阻来进行抑制。具体办法如下。

1) 改造微电网的网络阻抗性质,通过控制器重塑并网逆变器的输出阻抗,从根源上解决微电网的谐波谐振问题。

2) 对并网逆变器虚拟无源电阻采取有源阻尼控制,既可保证并网逆变器的运行效率,更可使逆变器所能调控的频率范围拓展,具有很高的实用价值。

3) 重塑并网逆变器的输出阻抗,借此向微电网提供更多的串联或并联虚拟电阻,有效抑制微电网中的谐波谐振。

这些方法都存在一定的局限性,特别是对并网逆变器实施硬、软件改造,会改变逆变器的典型工作模式,影响并网逆变器的固有输出特性。对此,有人提出了有源阻尼器(active damper,AD)的概念,其基本思想是通过加装额外的有源阻尼器向微电网的谐波网络注入虚拟电阻和电导。有源阻尼器是一种小容量、类似于有源滤波器的电力电子装置,可向微电网注入特定频率的谐波电流,消除微电网中的谐波谐振。由于只需治理微电网中高次谐波谐振频率的电压和电流,所需检测的电量只是并网点处的电压和电气下游的电流,无须采样负荷电流,因而为治理所付代价较小。

有源阻尼器的具体电路和控制结构如图 8-61 所示。有源阻尼器(AD)和分布式电源(DG)一样均采用三相两电平电路和 LCL 滤波器结构,其中 L_1 和 L_2 分别为逆变器侧和网侧滤波电感,R 为阻尼电阻,C 为滤波电容,系统采用恒功率 Park 变换的控制算法。

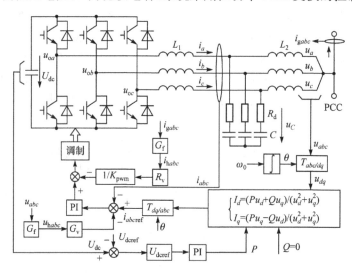

图 8-61　有源阻尼器的电路和控制结构

为了使有源阻尼器获得输出虚拟电阻的能力,有源阻尼器检测电网公共耦合点(PCC)处的电流 i_{gabc},经过陷波器 G_f 滤除基波电流后得到谐波电流 i_{habc},再引入虚拟电阻 R_v 后经PI 控制器输出的作用,实现 PWM 调制,其中系数 $1/K_{pwm}$ 用以考虑逆变电路的放大作用。同样,电网电压 u_{abc} 经过陷波器滤除基波分量后,引入虚拟电导 G_v,然后加入有源阻尼器的输出电流指令之中。R_v、G_v 越大,虚拟电阻和电导对谐波电流的衰减能力越强。若没有虚拟电阻或虚拟电导加入,并网逆变器输出电流所激发的谐波谐振电流将无衰减地注入电网,使微电网的入网电流畸变增大,并网功率也相应地出现了谐振;当谐振抑制功能激活后,通过R_v、G_v 的干预,有效改善了入网电流的电能质量,降低了微电网对配电网的冲击和不利影响。

综上可见,有源阻尼器可在不改变并网逆变器及其控制策略的基础上,通过简单加装一个小容量的变换器装置,向微电网提供必要的虚拟电阻和虚拟电导,就可有效抑制微电网内可能出现的谐波谐振。由于有源阻尼器容量很小,又无须改变并网逆变器的硬件或软件,故是微电网中实现谐波谐振抑制的方便、有效技术方案。

8.11　超级电容器与蓄电池混合储能

一个典型的微电网由多种分布式发电单元、储能及负荷组成,并由一个中央能量管理单元负责网内的发电调度。其中,储能对于微电网的稳定控制、电能质量的改善和不间断供电具有非常重要的作用,是微电网安全可靠运行的关键。此外,微电网运行中有"并网"及"孤岛"两种主要运行模式,两种模式应能相互转换,但需防范转换过程中可能出现的一定功率缺损,也需设置储能装置来确保运行模式的平滑转换。

当今现代储能技术已获得重大的发展,目前较有前途的储能方式有蓄电池储能、超级电容器储能和飞轮储能。蓄电池储能和超级电容器储能都是先将交流电能变换为直流电能储存起来,需要的时候再逆变为与系统兼容的交流电能,这种可逆变换中电力电子技术是其实现关键。飞轮储能则是将电能转换为机械能实现储存,此时高速电机作电动机运行;当需要电力形式的能源时,高速电机作发电机运行,将机械能转换为电能;故储能系统的基本结构包括飞轮转子、高速电机、电力变换器等部分。高强度纤维、低损耗电机及轴承、电力电子技术等是飞轮储能的关键技术。

蓄电池是应用最广、最有前途的储能手段,但使用时受到一定限制:一是充电电压不能太高,要求充电器具备稳压和限压功能;二是充电电流不能过大,要求充电器具有稳流和限流功能,再是充电时间长、允许充放电次数少(仅数百次),严重限制了使用寿命。常见的蓄电池有铅酸蓄电池、锂离子电池等。超级电容器则是一种由特殊材质制作的多孔储能介质电容,其介电常数远比普通电容器大,耐压水平及储能容量更高,有较高的可靠性,其原理性结构图如图 8-62 所示。

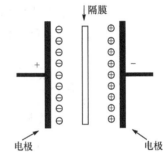

图 8-62　超级电容器原理性结构图

将超级电容器与蓄电池结合起来构成的混合储能系统(hybrid energy storage system, HESS),整合了两种储能方式的优点。即超级电容器的大功率密度弥补了蓄电池功率密度低和充放电效率低的不足,而且可通过减少蓄电池的频繁大功率充放电次数,保护其使用寿命;蓄电池的较大能量密度弥补了超级电容器容量小的缺欠,满足了大容量电力储能的需要。因此,混合储能方式能有效提升储能系统的输出能力和工作性能。

图 8-63 所示为超级电容器与蓄电池混合储能系统(HESS)的组成。蓄电池组通过双向 DC-DC 变换器与 SPWM 型三相 DC-AC 变换器的直流母线相连;超级电容器组则直接接至三相 DC-AC 变换器的直流母线;逆变器经升压变压器接入交流母线,通过与微电网之间的有功和无功功率 P、Q 交换实现瞬时功率平衡和稳定控制。这种系统组成可以充分发挥超级电容器功率密度高的优势,提升混合储能单元的功率输出能力和响应速度。混合储能系统采用了多滞环控制结构,由多滞环电流给定计算单元和电流调节器两部分组成。多滞环电流给定计算单元的控制逻辑由两个三模态滞环组成,其输入为直流母线电容电压 u_C,输出为电流给定 i_{Lref} 和 Buck/Boost 型双向 DC-DC 功率变换器的工作模式指令。瞬时功率平衡和稳定控制由能量管理系统监管实施,根据系统需要产生有功、无功功率指令 P^*、Q^*,与由电网电压 u_{abc}、电流 i_{abc} 采集得到的实际功率相比较后,实行 PQ 控制或下垂控制,输出三相 DC-AC 变换器的 SPWM 调制信号,实现对超级电容器的充、放电控制。可以看出,Buck/Boost 型双向 DC-DC 变换器是实施混合储能系统内超级电容器与蓄电池能量管理的关键功能部件。

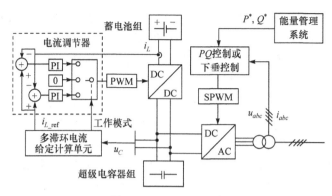

图 8-63　HESS 的组成

图 8-64 是 HESS 的一种基本电路具体结构。图中,PCS 模块是实现储能系统与电网能量交换的核心,包括超级电容器阵列(SC)、蓄电池堆(Battery)、DC-DC 变换器和 DC-AC 变换器;此外,PCS 模块还负责 SC 与 Battery 两种储能介质之间的功率分配控制。

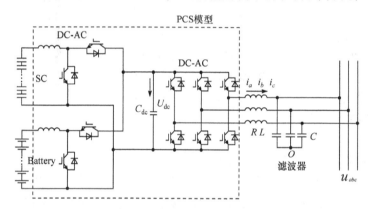

图 8-64　HESS 基本电路结构

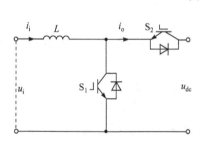

图 8-65　DC-DC 变换器电路拓扑

DC-DC 变换器主要用于实现储能装置的充放电控制,并可将较低的储能单体电压变换到较高的直流电压以满足逆变要求,其电路结构如图 8-65 所示。其中 S_1、S_2 为由 IGBT 和二极管反并联构成的功率开关,L 为变换器电感。S_1、S_2 采用 PWM 方式工作,互补导通。降压时,S_1 作为主功率开关,电流由高压侧流向低压侧,变换器工作在 Buck 模式,储能系统工作在充电模式;升压时,S_2 作为主功率开关,变换器工作在 Boost 模式,电流由低压侧流向高压侧,储能系统工作在放电模式。

DC-DC 变换器的控制目标是保持直流母线电压恒定,抑制母线电压纹波,其恒压控制策略如图 8-66 所示。图中,DC-DC 变换器的功率开关信号由直流母线电压 u_{dc} 与参考电压 u_{dc}^* 的偏差决定,误差信号经过 PI 调节后作为电感电流指令 i^*,与实际电流值 i_i 相比较,其误差信号经过 PI 调节后再通过 PWM 调制实现对功率开关 S_1、S_2 的通断控制。

双向 DC-AC 变换器是直流储能系统与交流电网间的连接桥梁,需确保二者间的功率双向流动,其拓扑如图 8-63 HESS 组成中的右半部分所示。图中采用如图 8-64 所示的三相

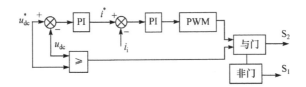

图 8-66　DC-DC 直流母线电压恒压控制框图

桥式逆变电路，U_{dc} 为直流母线电压；L、R 和 C 为滤波电感、电感电阻和滤波电容；u_{abc} 为电网电压。各桥臂上下开关元件互补导通，实现 SPWM 调制。当 HESS 放电时，能量由 DC 侧流向 AC 侧，变换器处于有源逆变状态；当 HESS 充电时，能量由 AC 侧流向 DC 侧，变换器处于整流状态。由于超级电容器具有较强的功率吞吐能力，确保了逆变器快速的动态响应，能有效平抑交流侧功率波动。DC-AC 变换器采用的主要控制策略有 PQ（有功、无功功率）控制、平抑功率波动以及 V/f 控制。考虑 HESS 的功能设计主要是满足功率跟踪需要，故 DC-AC 变换器采用电流源模式控制，即 PQ 模式下的输出电流控制。

　　为确保各单元的工作安全和发挥优势，混合储能系统各部件充、放电时需遵循一定的控制规律。

　　1）蓄电池。根据蓄电池的特性，充电方式有恒流恒压充电、分阶段充电和脉冲充电等；放电时则需要考虑直流母线电压、蓄电池的放电程度和深度，以期最大限度地保护蓄电池。因此蓄电池充、放电控制系统常采用电压外环、电流内环的双 PI 闭环方式，如图 8-67 所示，图中主电路即为图 8-65 所示形式的双向 DC-DC 变换器。

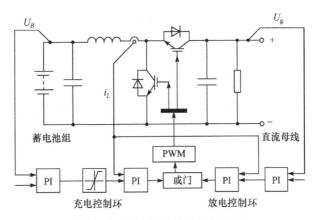

图 8-67　蓄电池充放电控制框图

　　2）超级电容器。超级电容器充电方式灵活，可采取分阶段充电：先作恒流充电，继而转到稳压充电，如图 8-68（a）所示；此时蓄电池充放电控制框图演变成如图 8-68（b）所示形式。为稳定微电网运行，可利用超级电容器的放电特性来补偿瞬态能量，此时应检测高压侧直流母线的电压和电流，计算出母线侧的功率，实现瞬态能量补偿的功能，其控制框图如图 8-69 所示，主电路也采用图 8-65 形式的双向 DC-DC 变换器。

　　3）并联模式的混合储能系统。还有一种如图 8-70 所示的并联模式混合储能系统，其超级电容器和蓄电池分别通过两双向 DC-DC 变换器并联在直流母线上。这样，可利用超级电容器来平抑微电网中的瞬时高频波动能量，利用蓄电池来平抑波动能量中的低频能量，从而使混合储能系统具有高可靠性、高安全性和易维修性。

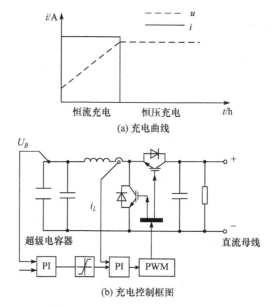

(a) 充电曲线

(b) 充电控制框图

图 8-68　超级电容器充电控制框图

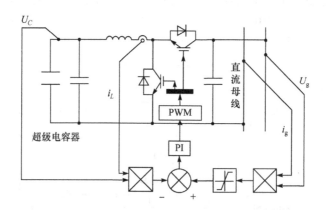

图 8-69　超级电容器放电控制框图

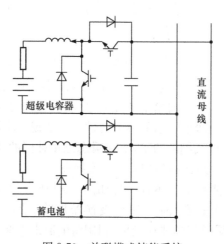

图 8-70　并联模式储能系统

本 章 小 结

前七章都是从学科系统的角度来分别叙述四类基本变换电路,即 AC-DC 变换、DC-DC 变换、DC-AC 变换和 AC-AC 变换。众所周知,电力电子技术是利用电子器件构成装置来实现电能变换、控制与应用的技术,因此电力系统及机电能量转换装备是电力电子技术最大的应用领域。为使读者能理论联系实际地学好这门应用性很强的课程,需要对电气工程及其自动化领域内的电力电子技术应用情况、电力电子技术对该专业发展的促进作用做出介绍,使课程学习有的放矢,这是编写本章的主要目的。

此外,实际的电力电子装置是由若干基本功能变换电路组合而成。在掌握了四种基本变换电路的基础上,需要从组合变换电路的角度来深化对基本变换电路的认识,熟悉它们之间的联系和相辅相成的关系与作用。从电力电子技术的角度来审视、把握这些典型应用是本章学习的主要目的和要求。

1) 晶闸管-直流电动机调速系统中,注意电流连续与电流断续时晶闸管可控整流电路须用不同等效电路来分析,获得不同的机械特性;平波电抗器的主要作用是保证最小电流下电流能连续。

2) 晶闸管无换向器电机是晶闸管元件采用负载自然换流的典型范例,注意掌握负载反电势换流的基本机理和条件。

3) 异步电机变频调速系统是典型的 AC-DC 变换与 DC-AC 变换的组合,注意采用 VVVF 控制的道理和实现技术。

4) 变速恒频发电方案中,交-直-交变换是典型的 AC-DC 变换和 DC-AC 变换的组合;交流励磁双馈发电则涉及功率可双向流动变频器的结构:交-交变频器和双 PWM 变频器。其中双 PWM 变频器的优良输入、输出特性和能量双向流动能力特别值得注意,它也是构成现代可逆电力调速传动系统的核心变流电路。

5) 电力电子装置中开关器件的通、断工作方式会导致电压和电流波形畸变,产生大量电力谐波,谐波污染已成为电力装置及系统应用中的主要考虑。电力谐波治理可归纳为主动型和被动型两类,主动抑制是改进电力电子装置本身的输入、输出特性使之少产生电力谐波,被动抑制则是通过附件相关电子设备消除已产生的各类电力谐波。有源电力滤波器(APF)采用可控功率开关构成逆变装置,产生与谐波源电流幅值相等、相位相反的补偿电流,使电源总谐波电流为零,达到实时补偿的目的。有源电力滤波器的基本电路是 DC-AC 变换,不同的连接方式具有不同的补偿特性和作用,用于抑制(补偿)不同类型的谐波源。要深刻理解电力谐波有源补偿的基本原理。

6) 不间断电源技术中,应用了 AC-DC、DC-AC 的组合变换技术,要熟悉其中整流及逆变变换所用电路的基本结构。

7) 电力系统中的无功功率来源:一是电压、电流基波间相位移产生的基波无功功率;二是基波电压与谐波电流间产生的谐波无功功率。不同无功功率类型可以采取不同的补偿方式应对。静止无功补偿装置是无触点交流开关的典型应用方式,主要用于补偿基波无功功率。须注意晶闸管可控电抗器中双向晶闸管的触发要求、无功调节原理和晶闸管投切电容器无电流冲击的投切条件及机理。静止无功发生器是一种典型的 PWM 逆变电路,可用来补偿除正序基波以外的无功功率及电力谐波,可应用瞬时无功功率理论来生成逆变电路的

PWM 调制指令。

8) 高压直流输电是可控整流和逆变变换在高压、大功率电力系统中的应用,变流器组采用了多重化、移相和触发相位控制技术来抑制低频开关过程引入的电流、电压谐波。

9) 分布式发电单元靠近负荷末端,采用"分散式接入"模式,能有效解决大规模远距离传输带来的诸多隐患,电力电子技术是分布式发电系统中的核心技术。以分布式发电系统为基础,以靠近分散型资源或用户的小型电站为主体,形成小型模块化、分散式的供电网络则是微电网的基本构成形式。微电网运行中存在离网(孤岛)运行和并网运行两种工作模式,为确保微电网内负荷供电的连续性和电能质量,需注意两种运行模式之间的无缝切换要求。

10) 为将光伏电池、风力发电机、微型燃气轮机发电机、储能装置等接入微电网,普遍采用并网逆变器,需注意单级、两级并网逆变器的特点和使用场合。为使大规模可再生能源通过微电网接入配电网,要求并网逆变器除能实现发电并网外,还能向微电网提供电能质量治理、分散自治运行、谐波谐振抑制等关键技术能力,这就是"多功能并网逆变器"的概念。并网逆变器应用中特别要注意谐波谐振问题,其根源在于并网逆变器与微电网网络阻抗之间可能构成了串、并联谐振。为抑制谐波谐振,可简单地加装一个小容量的有源阻尼器,向微电网提供必要的虚拟电阻和电导。

11) 灵活交流输电系统是电力电子技术在交流电力系统中应用的技术总成,它可使现有电网的功率输送能力、潮流和电压的可控性极大程度地获得提高,本章中介绍的很多电力电子装置都属于这个范畴。应从系统和持续发展的角度去了解和认识 FACTS 技术。

参 考 文 献

陈坚,2000. 电力电子学. 北京：高等教育出版社.

贺益康,潘再平,1995. 电力电子技术基础. 杭州：浙江大学出版社.

贺益康,潘再平,2010. 电力电子技术. 2 版. 北京：科学出版社.

胡崇岳,1998. 现代交流调速技术. 北京：机械工业出版社.

华伟,周文定,2002. 现代电力电子器件及其应用. 北京：清华大学出版社.

黄俊,1991. 电力电子自关断型器件及电路. 北京：机械工业出版社.

金如麟,1995. 电力电子技术基础. 北京：机械工业出版社.

李乔,吴捷,2004. 关于电力电子装置谐波问题的综述. 电源技术应用,7(7)：443-447.

刘军锋,李叶松,2007. 死区对电压型逆变器输出误差的影响及其补偿. 电工技术学报,22(5)：117-122.

刘勇,贺益康,2002. 矩阵式变换器交-交直接变换控制分析. 电网技术,26(2)：37-40.

莫颖涛,吴为麟,2004. 分布式发电中的电力电子技术. 电源技术应用,7(1)：628-630.

潘再平,2000. 电力电子技术与电机控制实验教程. 杭州：浙江大学出版社.

石玉,粟书贤,王文郁,1999. 电力电子技术题例与电路设计指导. 北京：机械工业出版社.

孙树朴,肖亮,王旭光,等,1996. 半导体变流技术. 徐州：中国矿业大学出版社.

王兆安,黄俊,2000. 电力电子技术. 北京：机械工业出版社.

王兆安,杨君,刘进军,1998. 谐波抑制和无功功率补偿. 北京：机械工业出版社.

吴守箴,臧英杰,1997. 电气传动的脉宽控制技术. 北京：机械工业出版社.

吴为麟,2001. 电力电子变流技术自学辅导. 杭州：浙江大学出版社.

徐德鸿,马皓,汪槱生,2006. 电力电子技术. 北京：科学出版社.

徐以荣,冷增祥,1996. 电力电子学基础. 南京：东南大学出版社.

许大中,贺益康,1998. 电机的电子控制及其特性. 北京：机械工业出版社.

许大中,贺益康,2002. 电机控制. 2 版. 杭州：浙江大学出版社.

应建平,林渭勋,黄敏超,2003. 电力电子技术基础. 北京：机械工业出版社.

张可斌,陈国雄,1993. 电力电子变流技术. 上海：上海交通大学出版社.

张立,赵永健,1995. 现代电力电子技术. 北京：科学出版社.

赵宏伟,吴涛涛,2008. 基于分布式电源的微网技术. 电力系统及其自动化学报,20(1)：121-128.

赵良炳,1995. 现代电力电子技术基础. 北京：清华大学出版社.

曾正,2014. 多功能并网逆变器及其微电网应用. 杭州：浙江大学.